国家级一流线下本科课程配套教材
河南省“十四五”普通高等教育规划教材
普通高等学校“十四五”规划机械类专业精品教材

工业机器人

（第五版）

主编　韩建海

华中科技大学出版社
中国·武汉

内容简介

本书共8章，内容包括工业机器人的基本概念和基础理论、工业机器人的机械结构、运动学和动力学分析、控制技术、与机器人相关的传感技术、轨迹规划、机器人编程语言，以及工业机器人在制造业和非制造业中的应用。每章均附有习题。

本书可作为地方普通工科院校的机械工程及其自动化、机械设计制造及其自动化、机械电子工程等机械类专业，以及机器人工程、智能制造工程等新工科专业的教材，也适合作为广大自学者的自学用书及工程技术人员的培训用书，对于从事机器人技术研究工作的科技人员也有一定的参考价值。

为了顺应课程思政和“金课”建设要求，本书以二维码形式提供了课程思政元素库、深层次知识点等拓展内容，以及习题的参考答案。此外，还配套提供了免费教学课件(二维码见封底)。以上数字资源读者均可通过在微信端扫码获取(二维码资源使用说明见书末)。

图书在版编目(CIP)数据

工业机器人/韩建海主编. —5版. —武汉：华中科技大学出版社，2022.7(2025.2重印)
ISBN 978-7-5680-8472-7

Ⅰ.①工… Ⅱ.①韩… Ⅲ.①工业机器人-教材 Ⅳ.①TP242.2

中国版本图书馆CIP数据核字(2022)第117234号

工业机器人(第五版)
Gongye Jiqiren

韩建海　主编

策划编辑：俞道凯　胡周昊
责任编辑：姚同梅
封面设计：原色设计
责任监印：周治超
出版发行：华中科技大学出版社(中国·武汉)　　电话：(027)81321913
　　　　　武汉市东湖新技术开发区华工科技园　　邮编：430223
录　　排：武汉市洪山区佳年华文印部
印　　刷：武汉开心印印刷有限公司
开　　本：787mm×1092mm　1/16
印　　张：13.75
字　　数：335千字
版　　次：2025年2月第5版第5次印刷
定　　价：49.80元

“爆竹一声除旧，桃符万户更新。”在新年伊始，春节伊始，“十一五规划”伊始，来为“普通高等院校机械类精品教材”（现已更新为“普通高等学校‘十五四’规划机械类专业精品教材”）这套丛书写这个序，我感到很有意义。

近十年来，我国高等教育取得了历史性的突破，实现了跨越式的发展，毛入学率由低于10%达到了高于20%，高等教育由精英教育跨入了大众化教育。显然，教育观念必须与时俱进而更新，教育质量观也必须与时俱进而改变，从而教育模式也必须与时俱进而多样化。

以国家需求与社会发展为导向，走多样化人才培养之路是今后高等教育教学改革的一项重要任务。在前几年，教育部高等学校机械学科教学指导委员会对全国高校机械专业提出了机械专业人才培养模式的多样化原则，各有关高校的机械专业都在积极探索适应国家需求与社会发展的办学途径，有的已制订了新的人才培养计划，有的正在考虑深刻变革的培养方案，人才培养模式已呈现百花齐放、各得其所的繁荣局面。精英教育时代规划教材模式一致、要求雷同的局面，显然无法适应大众化教育形势的发展。事实上，多年来许多普通院校采用规划教材就十分勉强，而又苦于无合适教材可用。

“百年大计，教育为本；教育大计，教师为本；教师大计，教学为本；教学大计，教材为本。”有好的教材，就有章可循、有规可依、有鉴可借、有道可走。师资、设备、资料（首先是教材）是高校的三大教学基础。

“山不在高，有仙则名。水不在深，有龙则灵。”教材不在厚薄，内容不在深浅，能切合学生培养目标，能抓住学生应掌握的要言，能做到彼此呼应、相互配套就行，此即教材要精、课程要精，能精则名、能精则灵、能精则行。

华中科技大学出版社主动邀请了一大批专家，联合了全国几十所院校的应用型机械专业，在教育部高等学校机械学科教学指导委员会的指导下，在保证当前形势下机械学科教学改革的发展方向，交流各校的教改经验与教材建设计划的基础上，确定了一批面向普通高等院校机械学科精品课程的教材编写计划。特别要提出的，教育质量观、教材质量观必须随高等教育大众化而更新。大众化、多样化绝不是降低质量，而是要面向、适应与满足人才市场的多样化需求，面向、符合、激活学生个性与能力的多样化特点。“和而不同”，才能生动活泼地繁荣与发展。脱离市场实际的、脱离学生实际的一刀切的质量不仅不是“万应灵丹”，反而是“千篇一律”的桎梏。正因为如此，为了真正确保高等教育大众化时代的教学质量，教育主管部门正在对高校进行教学质量评估，各高校正在积极进行教材建设，特别是精品课程、精品教材建设。也因为如此，华中科技大学出版社组织出版普通高等院校应用型机械学科的精品教材，可谓正得其时。

我感谢参与这批精品教材编写的专家们！我感谢出版这批精品教材的华中科技大学出版社的有关同志！我感谢关心、支持与帮助这批精品教材编写与出版的单位与同志们！我深信编写者与出版者一定会同使用者沟通，听取他们的意见与建议，不断提高教材的水平！

特为之序。

中国科学院院士

教育部高等学校机械学科指导委员会主任

杨叔子

2006.1

第五版前言

本教材自2009年第一版问世以来，经四次再版、十多次印刷，发行了10万多册，被全国几十所院校机械类相关专业采用，深受读者的厚爱。在使用中，许多授课老师和读者向我们提出了宝贵意见和建议，使我们受益匪浅，在此，向热心支持和帮助我们的相关兄弟院校的教师以及读者表示衷心的感谢。经过近几年努力，本教材入选2021年河南省“十四五”普通高等教育规划教材（重点立项），教材支撑建设的“工业机器人”课程2021年获批国家级一流线下本科课程。

工业机器人被称为“制造业皇冠顶端的明珠”，是衡量一个国家科技创新和高端制造业水平的重要标志。随着“中国制造2025”“机器换人”“智能制造”国家发展战略的快速推进，我国已经成为全球规模最大的工业机器人市场，机器人技术人才需求空间巨大。在机器人市场需求的强力驱动下，工业机器人课程成为传统机械类专业改造升级、新工科专业必开的骨干核心专业课程，也迎来了快速发展的新阶段。由此可见，工业机器人教材建设至关重要，这也促使我们不断修订、完善本教材，以顺应时代发展对机器人技术的新要求。

此次再版围绕课程思政与“金课”建设两个着力点展开修订。仍以地方院校机械类应用型高级人才培养为目标，强调机器人理论知识和工程实际应用技术的最佳结合，在适当展开理论分析的基础上，着重强调多学科知识的综合应用和最新工程应用案例介绍，强化机器人技术工程应用能力的培养。遵循“两性一度”金课建设要求，精心梳理教材基本知识与拓展知识两部分内容的深浅界限，构建工程创新应用和设计研究分析两层次的教材体系，特意增加了加深教材难度的拓展知识内容，如第3章运动学部分，增加了旋量理论基本概念和PoE指数积运动学建模方法等拓展内容，为增加课堂教学难度和拓展教学深度留下一定的空间，满足学生个性化发展的需求。

在教材修订过程中，我们力求以学生成长为中心，以立德树人为引领，构建教材内容与课堂思政教学一体化融合的课程思政体系，润思政教育于日常课堂教学中。例如：从机器人发展历程中，让学生领会科技工作者追求技术创新的锲而不舍的探索精神，体会科技创新过程的艰辛和创新成果对社会进步的推动作用及给生活带来的便利，感受我国机器人技术的快速发展，增强民族自信心；从工业机器人机械结构演变过程中，理解仿人手臂机械结构设计的最优性，体会仿生结构设计的重要性；将机器人系统的构成与人类身体由四肢、肌肉、五官和大脑所组成相比拟，帮助学生深刻理解和掌握机器人的机械结构、驱动方式、传感检测和控制策略等相关核心知识点；从北京冬奥会冰雪运动比赛中跳跃、旋转等美妙、流畅、丝滑的动作谈起，讨论运动员空中位姿到位与否对落地成败的关键影响，引入准确求解刚体位置与姿态的重要性，激发学生探究位姿描述数学方法的斗志和对运动学的学习兴趣，强化数学对机器人理论支撑的重要性，让学生体会到数学与工程应用完美结合的魅力；等等。

此外，还建立了教材每章的课程思政元素库（扫相关二维码获取），供老师们在课程教学中参考和灵活运用，以期达到抛砖引玉的作用。

此次再版更注重细节内容的校对与修订，以及深层次知识点的拓展、仿真技术应用和前沿工程技术的增添。相关知识以二维码形式呈现，供学有余力的同学选择。再版教材更有利于读者理解课程难点和要点，给出了进一步提升、拓展知识的努力方向。同时，调整、删减了一些使用不多、关联不大的传统知识内容。

本书共分 8 章：第 1 章绪论、第 2 章工业机器人机械系统设计、第 3 章工业机器人运动学、第 4 章工业机器人静力计算及动力学分析、第 5 章工业机器人控制、第 6 章工业机器人感觉系统、第 7 章工业机器人轨迹规划与编程、第 8 章工业机器人的应用。

本次再版具体分工为：第 1 章由河南科技大学韩建海、库柏特机器人有限公司闫琳负责；第 2 章由河南科技大学韩建海、李向攀负责；第 3 章由河南科技大学韩建海、安徽工业大学叶晔负责；第 4 章由湖北工业大学张铮、河南科技大学郭冰菁负责；第 5 章由河南科技大学韩建海、河南农业大学李慧琴负责；第 6 章由河南科技大学郭冰菁、安阳工学院韩向可负责；第 7 章由河南科技大学郭冰菁、中原科技学院陈天聪负责；第 8 章由河南科技大学韩建海、河南科技大学李向攀负责。本书由韩建海担任主编，并负责全书统稿工作。张文飞等硕士研究生在习题集资料收集与整理、仿真分析等方面做了许多工作。

在教材修订过程中我们参阅了同行专家学者和一些院校的教材、资料和文献，在此谨致谢意。修订后的教材有较明显的改进与提高，但由于编者水平有限，书中难免仍存在不足之处和错误，敬请读者批评指正。

编　者

2022 年 3 月

目　　录

第1章　绪　论

机器人技术集中了机械工程、电子技术、计算机技术、自动控制理论及人工智能等多学科的最新研究成果，代表了机电一体化的最高成就，是当代科学技术发展最活跃的领域之一。科学技术的不断进步，推动着机器人技术不断发展和完善；机器人技术的发展和广泛应用，又促进了人民生活的改善，推动着生产力的提高和整个社会的进步。

机器人技术作为当今科学技术发展的前沿学科，将成为未来社会生产和生活中不可缺少的一门技术。本章首先从人们身边的机器人谈起，然后分别介绍机器人的定义、发展历史，机器人的分类、应用、组成与技术参数等，以及本书主要内容、特色、教与学的要求。

拓展内容：课程思政元素库、说课视频。

1.1　机器人概述

1.1.1　机器人发展现状

在传统的制造领域，工业机器人经过诞生和成长、成熟期后，已成为不可缺少的核心自动化装备，目前，世界上有近百万台工业机器人正在各种生产现场工作。在非制造领域，上至太空作业、宇宙航行、月球探险，下至极限环境作业、医疗手术、日常生活服务都已应用机器人，机器人的应用已拓展到社会经济发展的诸多领域。

在全球经济一体化发展的大背景下，我国转型升级压力加大、人口红利减少等问题突显，同时对稳定品质、高附加值制造加工的需求日益迫切。正因为此，从2000年起，我国对机器人的需求开始进入井喷式增长状态。国际机器人联盟的统计显示，我国2000年至2013年对产业机器人的采购增长率维持在年均36%以上。尤其是2013年我国采购的产业机器人数量多达36 560台，较2012年增长近60%，占到全球产业机器人销量（约16.8万台）的约1/5，我国就此一跃超过日本，成为全球机器人需求第一大国。

从产业机器人存量及使用密度来看，我国对产业机器人的需求存在着巨大潜力。2013年度的国际机器人联合会（International Federation of Robotics，IFR）全球机器人产业统计报告显示，每万名产业工人对应的产业机器人导入数量，日本超过1500台，法国、德国、美国均超过1000台，韩国为396台，相比之下，中国则只有23台。但我国工业机器人使用数量近年来正在快速增加，2017年我国工业机器人使用密度达到97台/万人，已经超过全球平均水平。预计我国机器人使用密度将在2022年突破150台/万人，达到发达国家平均水平。

毋庸置疑，我国已经成为全球最大的工业机器人市场，将工业机器人引到生产线上取代人力已是大势所趋，国内“机器换人”规模逐渐辐射到全国各个产业集聚群。世界最大代工企业富士康公司已启动实施“百万机器人战略”，以艾美特、华为等为代表的大企业正在计划添置机器人，推进自动化。机器人产业大时代已经来临，而2014年被业界誉为“中国工业机器人发展的元年”。

当前，我国生产制造智能化改造升级的需求日益迫切，工业机器人的市场需求依然旺盛。据IFR统计，2017年，我国工业机器人市场需求仍然保持高速增长态势，销量达13.8万台，销售同比增长30%。虽然2018年我国工业机器人市场规模增长速度放缓，但仍维持在10%以上，销量达到15.6万台。2020年下半年多个行业出现井喷，对工业机器人的需求增长明显。2020年工业机器人市场规模达到422.5亿元，同比增长18.9%。2021年我国工业机器人市场规模将达到445.7亿元，到2023年，国内市场规模进一步扩大，预计将突破589亿元。

1.1.2 机器人的定义

除了在工业自动化生产线、太空探测、高科技实验室、科幻小说或电影里面有机器人，现实生活中机器人也无处不在，在人们的生活中起着重要的作用，并已经完全融入了人们的生活。例如，能够双足行走的仿人型机器人ASIMO，可以逼真地表达喜怒哀乐情感的机器小狗AIBO，打扫房间的吸尘器机器人，为残疾人服务的就餐辅助机器人，应用于医院的看护助力机器人等，都已成为人们生活中不可分割的一部分。

虽然在我们的身边活跃着各种类型的机器人，但不是所有的机电产品都属于机器人，不能把我们看到的每一个自动化装置都称为机器人，机器人有它的特征和定义。

虽然机器人问世已有几十年，但目前关于机器人仍然没有一个统一、严格、准确的定义。其原因之一是机器人还在发展，新的机型不断涌现，机器人可实现的功能不断增多；而根本原因则是机器人涉及了人的概念，这就使“什么是机器人”成为一个难以回答的哲学问题。就像“机器人”一词最早诞生于科幻小说中一样，人们对机器人充满了幻想。也许正是机器人定义的模糊，才给了人们充分的想象和创造空间。

目前，大多数国家倾向于认可美国机器人工业协会(RIA)给出的定义：机器人是一种用于移动各种材料、零件、工具或专用装置，通过可编程序动作来执行各种任务并具有编程能力的多功能机械手。这个定义实际上针对的是工业机器人。

日本工业机器人协会(JIRA，Japanese Industrial Robot Association)给出的定义是：机器人是一种可编程的多功能操作机，用于移动各种材料、零件、工具等；或者是一种专用装置，通过改变程序流程来执行各种任务。这个定义实际上针对的也是工业机器人。

日本著名学者加藤一郎提出了机器人三要件：① 具有脑、手、脚等要素；② 具有非接触传感器(如视觉、听觉传感器等)和接触传感器；③ 具有用于平衡和定位的传感器。

我国科学家对机器人的定义是：机器人是一种自动化的机器，所不同的是这种机器具备一些与人或生物相似的智能能力，如感知能力、规划能力、动作能力和协同能力，是一种具有高度灵活性的自动化机器。

一般来说，机器人应该具有以下三大特征。

(1) 拟人化　机器人是模仿人或动物肢体动作的机器，能像人那样使用工具。因此，一般的汽车不是机器人，而无人驾驶汽车则属于机器人。

(2) 可编程　机器人具有智力或具有感觉与识别能力，可随工作环境变化的需要而再编程。一般的电动玩具没有感觉和识别能力，不能再编程，因此不能称为真正的机器人。

(3) 通用性　一般机器人在执行不同作业任务时，具有较好的通用性。比如，通过更换末端操作器，机器人便可执行不同的任务。因此，一般的数控机床不是机器人，虽然它可以编程,但使用的是专门工具。

1.1.3　机器人的发展历史

机器人技术一词虽出现得较晚,但这一概念在人类的想象中早已出现。制造机器人是机器人技术研究者的梦想,它体现了人类重塑自身、了解自身的一种强烈愿望。自古以来,有不少科学家和杰出工匠都曾制造出具有人类特点或模拟动物特征的机器人雏形。

在我国,西周时期的能工巧匠偃师就研制出了能歌善舞的伶人;春秋后期,著名的木匠鲁班曾制造过一只木鸟,能在空中飞行"三日而不下",体现了我国劳动人民的聪明才智。

1920年捷克作家卡雷尔·恰佩克(Karel Capek)在他的讽刺剧《罗莎姆的万能机器人》中首先提出了"robot"一词。剧中描述了一个与人类相似,但能不知疲倦工作的机器奴仆Robot。从那时起,"robot"一词就被沿用下来,中文译成"机器人"。

1942年,美国科幻作家埃萨克·阿西莫夫(Isaac Asimov)在他的科幻小说《我,机器人》中提出了"机器人三定律",这三条定律后来成为学术界默认的研发原则。

现代机器人出现于20世纪中期,当时数字计算机已经出现,电子技术也有了长足的发展,在产业领域出现了受计算机控制的可编程的数控机床,与机器人技术相关的控制技术和零部件加工也已有了扎实的基础。同时,人类需要开发自动机械,替代人去从事一些在恶劣环境下的作业。正是在这一背景下,机器人技术的研究与应用得到了快速发展。

以下列举了现代机器人工业史上的几个标志性事件。

1954年:美国人戴沃尔(G. C. Devol)制造出世界上第一台可编程的机械手,并注册了专利。这种机械手能按照不同的程序从事不同的工作,因此具有通用性和灵活性。

1959年:戴沃尔与美国发明家英格伯格(Ingerborg)联手制造出第一台工业机器人。随后,成立了世界上第一家机器人制造工厂——Unimation公司。由于英格伯格对工业机器人富有成效的研发和宣传,他被称为"工业机器人之父"。

1962年:美国AMF公司生产出万能搬运(Verstran)机器人,与Unimation公司生产的万能伙伴(Unimate)机器人一样成为真正商业化的工业机器人,并出口到世界各国,掀起了全世界对机器人研究的热潮。

1967年:日本川崎重工公司和丰田公司分别从美国购买了工业机器人Unimate和Verstran的生产许可证,日本从此开始了机器人研究和制造。20世纪60年代后期,喷漆弧焊机器人问世并逐步开始应用于工业生产。

1968年:美国斯坦福研究所公布他们研发成功的机器人Shakey,由此拉开了第三代机器人研发的序幕。Shakey带有视觉传感器,能根据人的指令发现并抓取积木,不过控制它的计算机有一个房间那么大。Shakey可以称为世界上第一台智能机器人。

1969年:日本早稻田大学加藤一郎实验室研发出第一台以双脚走路的机器人,后来进一步催生出本田公司的ASIMO机器人和索尼公司的QRIO机器人。

1973年:世界上机器人和小型计算机第一次"携手合作",诞生了美国Cincinnati Milacron公司的机器人T3(见图1-1)。

1979年:美国Unimation公司推出通用工业机器人PUMA(programmable universal machine for assembly,见图1-2),应用于通用公司汽车装配线,这标志着工业机器人技术已经成熟。PUMA 至今仍然工作在生产第一线，许多机器人技术的研究都以该机器人为模型和对象。

图 1-1　机器人 T3

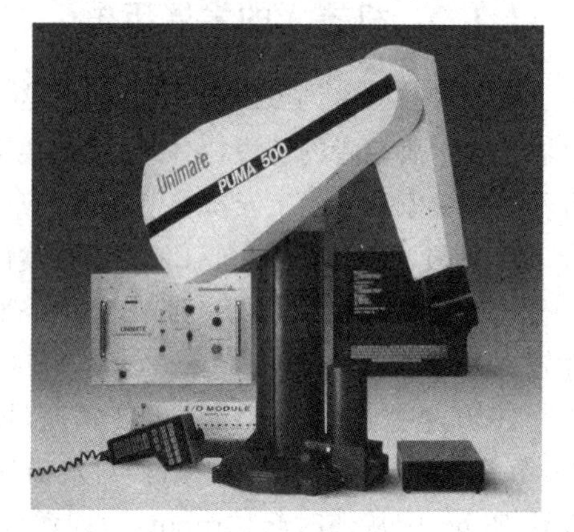

图 1-2　机器人 PUMA

1979 年：日本山梨大学牧野洋发明了平面关节型机器人 SCARA(selective compliance assembly robot arm)，该型机器人此后在装配作业中得到了广泛应用。

1980 年：工业机器人在日本开始普及。随后，工业机器人在日本得到了巨大发展，日本也因此而赢得了“机器人王国”的美称。

1984 年：英格伯格再次推出机器人 Helpmate，这种机器人能在医院里为病人送饭、送药、送邮件。同年，英格伯格还放言：我要让机器人擦地板、做饭、出去帮我洗车、检查安全。

1985 年：法国 Clavel 教授发明了并联结构的 Delta 机械手，其因结构像倒置的希腊字母 Δ 而得名。Delta 机械手具有刚度大、精度高、运动速度快等特点，在电子、轻工、食品等行业的物品分拣、抓取、搬运中得到了广泛应用。

1996 年：本田公司推出仿人型机器人 P2，使双足行走机器人的研究达到了一个新的水平。随后，许多国际著名企业争相研制代表自己公司形象的仿人型机器人，以展示公司的科研实力。

1998 年：丹麦乐高公司推出机器人 Mind-storms 套件，让机器人制造变得跟搭积木一样相对简单又能任意拼装，使机器人开始走入个人世界。

1999 年：日本索尼公司推出机器狗爱宝(Aibo)，其甫一投放市场即销售一空，从此娱乐机器人迈进普通家庭。

2002 年：美国 iRobot 公司推出了吸尘器机器人 Roomba，它是目前世界上销量最大、商业化最成功的家用机器人。

2006 年：微软公司推出 Microsoft Robotics Studio 机器人，从此机器人模块化、平台统一化的趋势越来越明显。比尔·盖茨预言，家用机器人很快将席卷全球。

2009 年：丹麦优傲机器人 (Universal Robot)公司推出第一台轻量型的 UR5 系列工业机器人(见图 1-3)，它是一款六轴串联的革命性机器人产品，质量为 18 kg，负载高达 5 kg，工作半径为 85 cm，适合中小企业选用。UR5 优傲机器人拥有轻便灵活、易于编程、高效节能、低成本和投资回报快等优点。UR5 机器人的另一显著优势是不需安全围栏即可直接与人协同工作。一旦人与机器人接触并产生 150 N 的力，机器人就会自动停止工作。

2012年：多家机器人著名厂商开发出双臂协作机器人。如ABB公司开发的YuMi双臂工业机器人（见图1-4），能够满足电子消费品行业对柔性和灵活制造的需求，未来也将逐渐应用于更多市场领域。又如Rethink Robotics公司推出Baxter双臂工业机器人，其示教过程简易，能安全和谐地与人协同工作。在未来的工业生产中双臂机器人将会发挥越来越重要的作用。

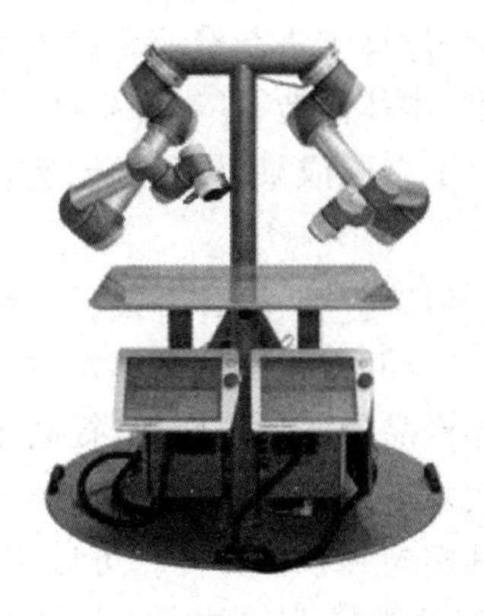

图1-3 UR5优傲机器人

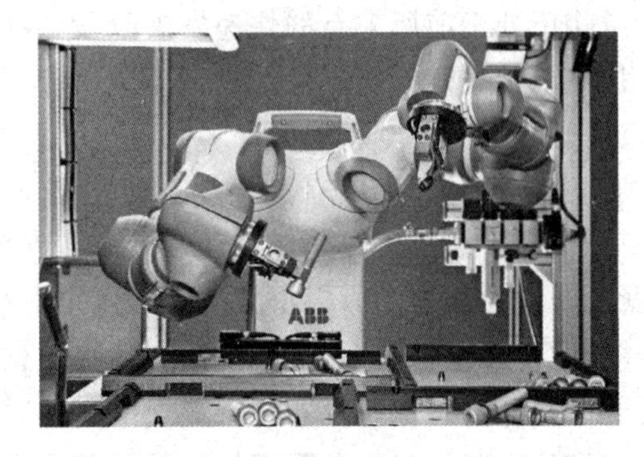

图1-4 双臂工业机器人YuMi

我国对机器人的研究起步较晚，从20世纪80年代初才开始。我国在“七五”计划中把机器人列入国家重点科研规划内容，在“863计划”的支持下，机器人基础理论与基础元、器件研究全面展开。我国第一个机器人研究示范工程1986年在沈阳建立。目前，我国已基本掌握了机器人的设计制造技术、控制系统硬件和软件设计技术、运动学和轨迹规划技术，生产了部分机器人关键元、器件，开发出喷漆、弧焊、点焊、装配、搬运机器人等。截至2007年年底，已有130多台/套喷漆机器人在20余家企业的近30条自动喷漆生产线（站）上获得规模应用。弧焊机器人已应用在汽车制造厂的焊装线上。20世纪90年代中期，我国6 000 m以下深水作业机器人试验成功。以后的近10年中，在步行机器人、精密装配机器人、多自由度关节机器人的研制等国际前沿领域，我国逐步缩小了与世界发达国家的差距。

但现阶段，我国的工业机器人产业的整体水平与世界先进水平还有相当大的差距，缺乏关键核心技术，高性能交流伺服电动机、精密减速器、控制器等关键核心部件长期依赖进口。国际工业机器人领域的“四大家族”——德国KUKA、瑞士ABB、日本FANUC和Yaskawa占据着我国市场60%～70%的份额。

2012年，我国工业机器人迎来战略发展期，在工业和信息化部制定的《高端装备制造业“十二五”发展规划》中提出，我们要攻克工业机器人本体、精密减速器、伺服驱动器和电动机、控制器等核心部件的共性技术，自主研发工业机器人工程化产品，实现工业机器人及其核心部件的技术突破和产业化。2013年12月工业和信息化部又出台了《关于推进工业机器人产业发展的指导意见》，工业机器人产业发展目标的制定意味着未来工业机器人将进入产业化生产阶段，工业机器人产业将步入新的征程。

在中央领导人的关怀及一系列政策的支持下，民族品牌机器人的发展已上升至国家战略层面。中共中央总书记习近平在2014年的中国科学院第十七次院士大会、中国工程院第十二次院士大会上，曾多次强调民族品牌机器人在“第三次工业革命”和抢占市场高点中所起的关键作用。中国机器人产业在中央领导人关怀下，借助于政策红利和“中国制造”向“中国智造”的转型升级，迎来爆发式增长期。沈阳、芜湖、上海、哈尔滨、广州、天津、重庆、青岛等地都建立了工业机器人产业园，出现了一批国产工业机器人企业。广州数控设备有限公司、广东拓斯达科技股份有限公司、上海新时达电气股份有限公司、沈阳新松机器人自动化股份有限公司、安徽埃夫特智能装备有限公司等36家优秀工业机器人生产企业被评为2014年中国首批优质国产工业机器人品牌企业。

党的十九大报告明确指出，要加快建设制造强国，加快发展先进制造业。我国的机器人产业当前正处于前所未有的快速发展阶段，在技术研发、本体制造、零部件生产、系统集成、应用推广、市场培育、人才建设、产融合作等方面取得了丰硕成果，为我国制造业提质增效、换挡升级提供了全新动能。

为加快制造强国建设步伐，推动工业机器人产业发展，2021年我国出台了一系列政策，进一步推动工业机器人产业高质量发展。2021年12月，工业和信息化部发布《“十四五”机器人产业发展规划》，提出要重点推进工业机器人等产品的研制及应用，提高工业机器人性能、质量和增强其安全性，推动产品高端化、智能化发展，同时开展工业机器人创新产品发展行动，完善《工业机器人行业规范条件》并加大其实施和采信力度。可以相信，在国家“十四五”机器人产业发展规划政策的指导下，我国机器人产业与技术将快速向发达国家的行列迈进。

1.2 机器人的分类

关于机器人如何分类，国际上没有制定统一的标准。从不同的角度看机器人，就会有不同的分类方法。下面介绍几种具有代表性的分类方法。

1.2.1 机器人的分类

1. 按机器人发展的程度分类

按从低级到高级的发展程度，机器人可分为以下几类。

(1) 第一代机器人　第一代机器人是指只能以示教-再现方式工作的工业机器人。

(2) 第二代机器人　第二代机器人带有一些可感知环境的装置，可通过反馈控制使其在一定程度上适应变化的环境。

(3) 第三代机器人　第三代机器人是智能机器人，它具有多种感知功能，可进行复杂的逻辑推理、判断及决策，可在作业环境中独立行动，具有发现问题并自主地解决问题的能力。这类机器人具有高度的适应性和自治能力。

(4) 第四代机器人　第四代机器人为情感型机器人，它具有与人类相似的情感。具有情感是机器人发展的最高层次，也是机器人科学家的梦想。

2. 按控制方式分类

按控制方式可将机器人分为操作机器人、程控机器人、示教-再现机器人、数控机器人和智能机器人等。

(1) 操作机器人　操作机器人(operating robot)是指人可在一定距离处直接操纵其进行作业的机器人。通常采用主、从方式实现对操作机器人的遥控操作。

(2) 程控机器人　程控机器人(sequence control robot)可按预先给定的程序、条件、位置等信息进行作业，其在工作过程中的动作顺序是固定的。

(3) 示教-再现机器人　示教-再现机器人(playback robot)的工作原理是：由人操纵机器人执行任务，并记录下这些动作，机器人进行作业时按照记录下的信息重复执行同样的动作。示教-再现机器人的出现标志着工业机器人广泛应用的开始。示教-再现方式目前仍然是工业机器人控制的主流方式。

(4) 数控机器人　数控机器人(numerical control robot)动作的信息由编制的计算机程序提供，机器人依据动作信息进行作业。

(5) 智能机器人　智能机器人(intelligent robot)具有感知和理解外部环境信息的能力，即使工作环境发生变化，其也能够成功地完成作业任务。

实际应用的机器人多是这些类型机器人的组合。

3. 按机器人的应用领域分类

按机器人的应用领域，机器人可分为三大类：产业用机器人、特种用途机器人和服务型机器人。

(1) 产业用机器人　按照服务产业种类的不同，产业用机器人又可分为工业机器人、农业机器人、林业机器人和医疗机器人等，本书所涉及的主要是工业机器人。按照用途的不同，产业用机器人还可分为搬运机器人、焊接机器人、装配机器人、喷漆机器人、检测机器人等。

(2) 特种用途机器人　特种用途机器人是指代替人类从事高危环境和特殊工况下工作的机器人，主要包括军事应用机器人、极限作业机器人和应急救援机器人。其中极限作业机器人是指在人们难以进入的极限环境，如核电站、宇宙空间、海底等特殊环境中完成作业任务的机器人。太空机械臂、"嫦娥五号"月球探测车、"奋斗者"深海潜水器等，是我国近几年在特种用途机器人领域取得的标志性成果。

(3) 服务型机器人　服务型机器人是指用于非制造业并服务于人类的各种先进机器人，包括娱乐机器人、福利机器人、保安机器人等。如在2022年北京冬奥会上亮相的消杀机器人、炒菜机器人、递送机器人、AI主播，等等，都属于服务型机器人。目前，服务型机器人发展速度很快，代表着机器人未来的研究和发展方向。

4. 按机器人关节连接布置形式分类

按机器人关节连接布置的形式，机器人可分为串联机器人和并联机器人两类。

串联机器人的杆件和关节是采用串联方式进行连接，即开链(open chain)式的；并联机器人的杆件和关节是采用并联方式进行连接(闭链式)的。本书所涉及的主要是串联机器人。

并联机器人是指运动平台和基座至少由两根活动连杆连接，具有两个或两个以上自由度的闭链式机器人。

并联机器人的并联布置类型可分为Stewart平台型和Stewart变异结构型两种。1965年英国高级工程师Stewart提出了用于飞行模拟器的六自由度并联机构——Stewart平台(见图1-5)，推动了对并联机构的研究。Stewart机构可作为六自由度的闭链式操作臂，运动平台(上平台)的位置和姿态由六个直线油缸的行程长度决定，油缸的一端与基座(下平台)由二自由度的万向联轴器(胡克铰)相连，另一端(连杆)由三自由度的球-套关节(球铰)与运动平台相连。

1978年澳大利亚著名机构学教授Hunt提出把六自由度的Stewart平台机构作为机器人机构；而在1985年Clavel教授设计出简单、实用的并联机构——Delta并联机构后，并联机器人技术得到推广与应用。Delta机构被称为"最成功的并联机器人设计"。Delta机器人是一种高速、轻载的并联机器人,通常具有三至四个自由度,可以实现在工作空间中沿 x、y、z 方向的平移及绕 z 轴的旋转运动。Delta驱动电动机安装在固定基座上,可大大减少机器人运动过程中的惯量。机器人在运动过程中可以实现快速加、减速,最快抓取速度可达每秒2~4次。其配备视觉定位识别系统,定位精度可达±0.1 mm。图1-6所示为Adept公司生产的Delta并联机器人。

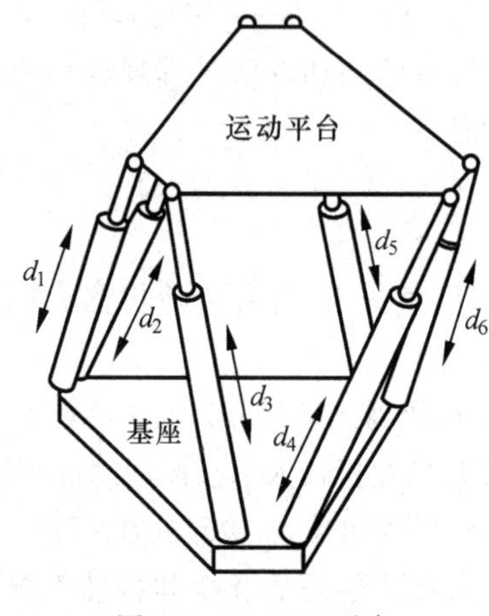

图1-5 Stewart平台

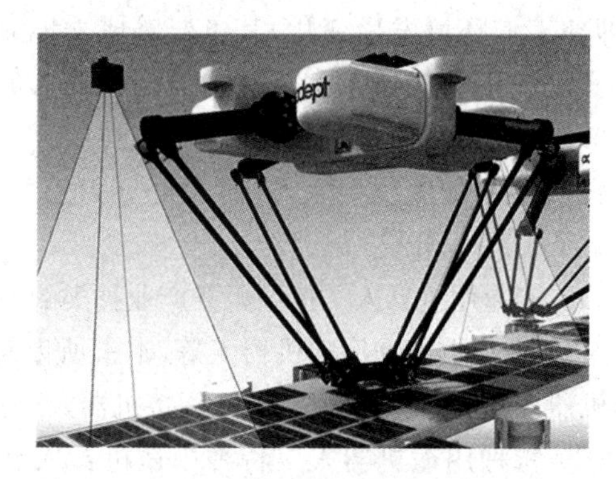

图1-6 Delta并联机器人

Delta机器人具有重量轻、体积小、运动速度快、定位精确、成本低、效率高等特点,加之配置视觉传感器后能够智能识别、检测物体,主要应用于食品、药品和电子产品等的快速分拣、抓取、装配。

1.2.2 工业机器人的分类

1. 工业机器人的关节

通常将由机身、臂部、手腕和末端操作器所组成的结构称为机器人的操作臂,它由一系列的连杆(link)通过关节(joint)顺序相串联而成。关节决定了两相邻连杆副之间的连接关系,也称为运动副。机器人最常用的两种关节是移动关节(prismatic joint)和回转关节(revolute joint),通常用P表示移动关节,用R表示回转关节。

刚体在三维空间中有六个自由度,显然,机器人要完成任一空间作业,也需要有六个自由度。机器人的运动由臂部和手腕的运动组合而成。通常臂部有三个关节,用于改变手腕参考点的位置,称为定位机构;手腕部分也有三个关节,通常这三个关节的轴线相互垂直相交,用来改变末端操作器的姿态,称为定向机构。整个操作臂可以看成是由定位机构连接定向机构而构成的。

工业机器人操作臂的关节常为单自由度主动运动副,即每一个关节均由一个驱动器驱动。典型的关节自由度种类及其图形符号如表1-1所示。

机器人臂部三个关节的种类决定了操作臂作业范围的形状。按照臂部关节沿坐标轴的运动形式,即按P和R的不同组合,可将机器人分为直角坐标型、圆柱坐标型、球(极)坐标型、关节坐标型和SCARA型等五种类型。机器人的结构形式由用途决定,即由其所完成工作的性质决定。

表 1-1 典型的关节自由度种类及其图形符号

名 称	符 号	举 例
平移		
回转		
摆动(1)		
摆动(2)		

2. 五种坐标形式的机器人

(1) 直角坐标型机器人 直角坐标型机器人(cartesian coordinates robot)的外形与数控镗铣床和三坐标测量机相似,如图 1-7(a)所示,其三个关节都是移动关节(3P),关节轴线相互垂直,相当于笛卡儿坐标系的 x 轴、y 轴和 z 轴,作业范围为立方体形状的。其优点是刚度好,多做成大型龙门式或框架式结构,位置精度高,运动学求解简单,控制无耦

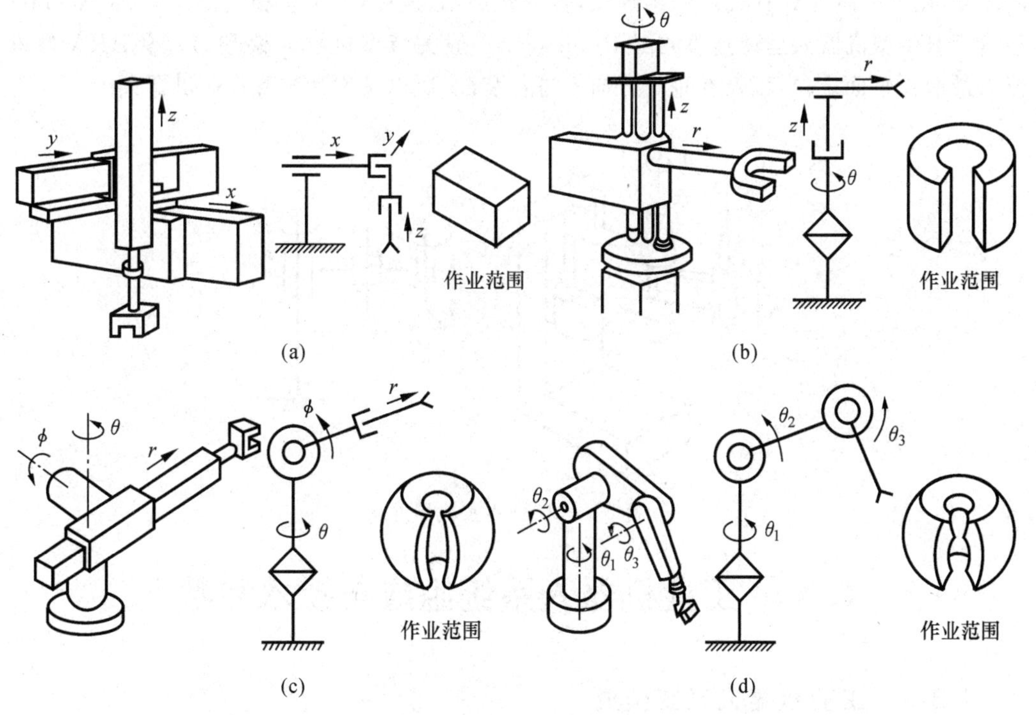

图 1-7 四种坐标形式的机器人

(a) 直角坐标型机器人;(b) 圆柱坐标型机器人;(c) 球(极)坐标型机器人;(d) 关节坐标型机器人

合;但其结构较庞大,作业范围小,灵活性差且占地面积较大。因其稳定性好,适用于大负载搬送。

(2) 圆柱坐标型机器人　圆柱坐标型机器人(cylindrical coordinates robot)具有两个移动关节(2P)和一个转动关节(1R),作业范围为圆柱形状的,如图 1-7(b)所示。其特点是:位置精度高,运动直观,控制简单;结构简单,占地面积小,价廉,因此应用广泛;但其不能抓取靠近立柱或地面上的物体。Verstran 机器人是该类机器人的典型代表。

(3) 球(极)坐标型机器人　球(极)坐标型机器人(polar coordinates robot)具有一个移动关节(1P)和两个转动关节(2R),作业范围为空心球体形状的,如图 1-7(c)所示。其优点是结构紧凑,动作灵活,占地面积小,但其结构复杂,定位精度低,运动直观性差。Unimate 机器人是该类机器人的典型代表。

(4) 关节坐标型机器人　关节坐标型机器人(articulated robot)由立柱、大臂和小臂组成。其具有拟人的机械结构,即大臂与立柱构成肩关节,大臂与小臂构成肘关节;具有三个转动关节(3R),可进一步分为一个转动关节和两个俯仰关节,作业范围为空心球体形状的,如图 1-7(d)所示。该类机器人的特点是作业范围大、动作灵活、能抓取靠近机身的物体;运动直观性差,要得到高定位精度困难。该类机器人由于灵活性高,应用最为广泛。PUMA 机器人是该类机器人的典型代表。

(5) SCARA 型机器人　SCARA 型机器人有三个转动关节,其轴线相互平行,可在平面内进行定位和定向。其还有一个移动关节,用于完成手爪在垂直于平面方向上的运动,如图 1-8 所示。手腕中心的位置由两个转动关节的角度 θ_1 和 θ_2 及移动关节的位移 z 决定,手爪的方向由转动关节的角度 θ_3 决定。该类机器人的特点是在竖直平面内具有很好的刚度,在水平面内具有较好的柔顺性,且动作灵活、速度快、定位精度高。例如,Adept 1 型 SCARA 型机器人运动速度可达10 m/s,比一般关节型机器人快数倍。SCARA 型机器人最擅长平面定位,以及在垂直方向上进行装配,所以又称为装配作业机器人。

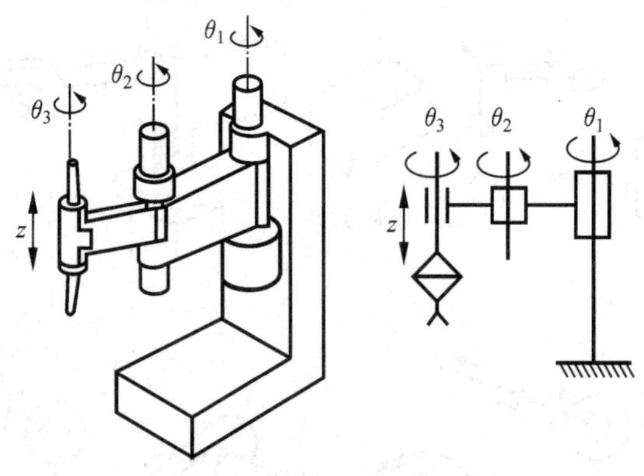

图 1-8　SCARA 型机器人

1.3　工业机器人系统组成与技术参数

1.3.1　工业机器人系统组成

机器人系统是由机器人和作业对象及环境共同构成的,其中包括机器人机械系统、驱动系统、控制系统和感知系统四大部分,它们之间的关系如图 1-9 所示。

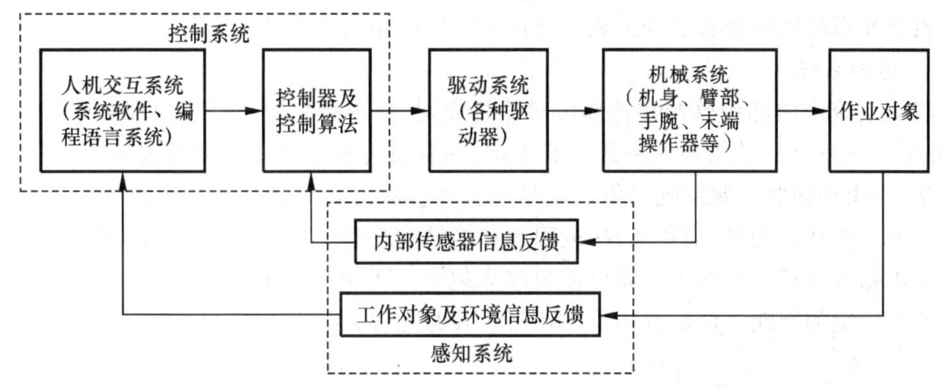

图 1-9 机器人系统组成及各部分之间的关系

1. 机械系统

工业机器人的机械系统一般包括机身、臂部、手腕、末端操作器等部分,每一部分都有若干个自由度,构成一个多自由度的机械系统。此外,有的机器人还具备行走机构(mobile mechanism)。若机器人具备行走机构,则构成行走机器人;若机器人不具备行走及腰转机构,则构成单机器人臂(single robot arm)。末端操作器是直接装在手腕上的一个重要部件,它可以是两手指或多手指的手爪,也可以是喷漆枪、焊枪等作业工具。工业机器人的机械系统的作用相当于人的身体(骨骼、手、臂、腿等)。

2. 驱动系统

驱动系统主要指驱动机械系统动作的驱动装置。根据驱动源的不同,驱动系统可分为电气、液压、气压驱动系统以及把它们结合起来应用的综合系统。该部分的作用相当于人的肌肉。

电气驱动系统在工业机器人中应用得最普遍,可分为步进电动机驱动系统、直流伺服电动机驱动系统和交流伺服电动机驱动系统三种。早期多采用步进电动机驱动,后来发展了直流伺服电动机驱动,现在交流伺服电动机驱动也开始广泛应用。上述驱动系统有的用于直接驱动机构运动,有的通过减速器减速后驱动机构运动,其结构简单紧凑。

液压驱动系统运动平稳,且负载能力大,对于重载的搬运和零件加工机器人,采用液压驱动系统比较合理。但液压驱动系统存在管道复杂、清洁困难等缺点,因此,它在装配作业中的应用受到限制。

气压驱动机器人结构简单、动作迅速、价格低廉,但由于空气具有可压缩性,其工作速度稳定性差。所以气压驱动广泛应用在小型、精度要求低的机械手,以及机器人工作站周边夹紧、变位设备的驱动中。无论采用电气还是液压驱动系统的机器人,其手爪的开合多数采用气动方式实现。空气的可压缩性,可使手爪在抓取或卡紧物体时的顺应性提高,防止力度过大而造成被抓物体或手爪本身的破坏。气压系统压力一般为 0.7 MPa,因而抓取力小,只有几十牛到几百牛。

3. 控制系统

控制系统的任务是根据机器人的作业指令程序及从传感器反馈回来的信号,控制机器人的执行机构,使其完成规定的运动和功能。如果机器人不具备信息反馈特征,则该控制系统称为开环控制系统;如果机器人具备信息反馈特征,则该控制系统称为闭环控制系统。该部分主要由计算机硬件和控制软件组成。软件主要由实现人与机器人之间的联系的人机交互系统和控制算法等组成。该部分的作用相当于人的大脑。

4. 感知系统

感知系统由内部传感器和外部传感器组成，其作用是获取机器人内部和外部环境信息，并把这些信息反馈给控制系统。其中，内部状态传感器用于检测各关节的位置、速度等变量，为闭环伺服控制系统提供反馈信息。外部状态传感器用于检测机器人与周围环境之间的一些状态变量，如距离、接近程度和接触情况等，用于引导机器人，便于其识别物体并做出相应处理。外部传感器可使机器人以灵活的方式对它所处的环境做出反应，赋予机器人一定的智能。该部分的作用相当于人的五官。

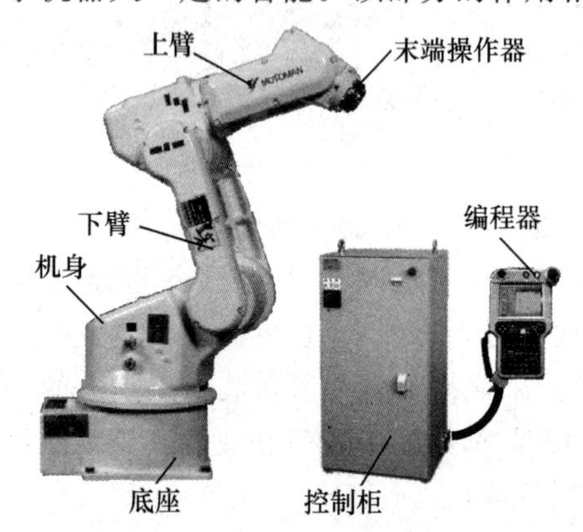

图 1-10　MOTOMAN SV3 机器人的组成

由图 1-9 可以看出，机器人系统实际上是一个典型的机电一体化系统，其工作原理为：控制系统发出动作指令，控制驱动器动作，驱动器带动机械系统运动，使末端操作器到达空间某一位置和实现某一姿态，实施一定的作业任务。末端操作器在空间的实时位姿由感知系统反馈给控制系统，控制系统把实际位姿与目标位姿相比较，发出下一个动作指令，如此循环，直到完成作业任务为止。

图 1-10 所示为 MOTOMAN SV3 机器人的组成。

1.3.2　工业机器人的技术参数

技术参数是机器人制造商在产品供货时所提供的技术数据。技术参数反映了机器人可胜任的工作、具有的最高操作性能等情况，是选择、设计、应用机器人时必须考虑的数据。机器人的主要技术参数一般有自由度、精度、重复定位精度、作业范围、承载能力及最大速度等。

1. 自由度

自由度(DOF，degree of freedom)是指机器人所具有的独立坐标轴运动的数目，不包括末端操作器的开合自由度。机器人的一个自由度对应一个关节或一个轴，所以自由度数目与关节或轴的数目是相等的。自由度是表示机器人动作灵活程度的参数，自由度越多就越灵活，但机器人结构也越复杂，控制难度越大。所以机器人的自由度要根据其用途设计，一般在三至六个之间。

机器人关节自由度大于末端操作器自由度的机器人称为有冗余自由度的机器人。冗余自由度增加了机器人的灵活性，可方便机器人躲避障碍物和改善机器人的动力性能，如图 1-11 所示。冗余自由度会降低系统位置精度，增加系统成本和系统控制难度。

七自由度轻量型机械臂广泛用于人机协同作业，是新一代机械臂研发的方向之一。通常是在六自由度机械臂的大臂上增加一个绕轴线旋转的关节来构成七自由度机械臂，如图 1-12 所示。七自由度机械臂的特点是：相邻两关节的轴线相互垂直；关节 1～3 和关节 5～7 的作业范围均为球体，两个球体通过关节 4 连接。

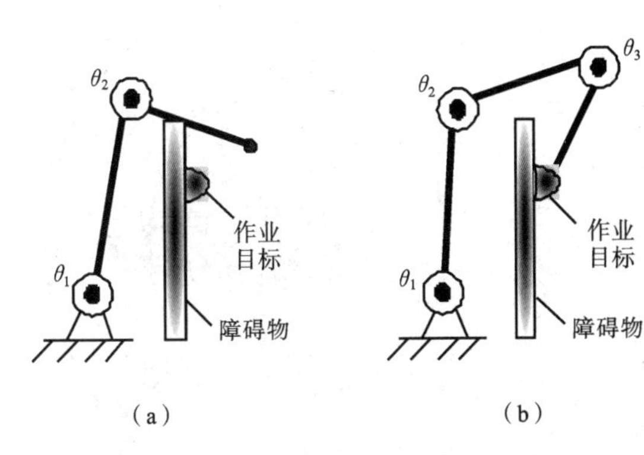

图 1-11 冗余自由度便于机器人躲避障碍物
(a) 无冗余自由度;(b) 有冗余自由度

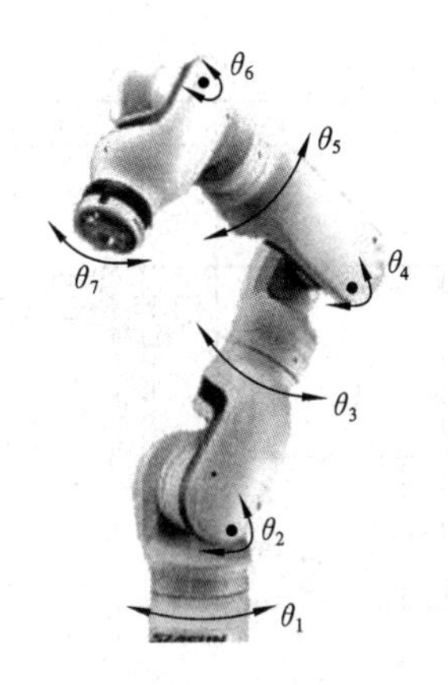

图 1-12 七自由度机械臂的关节配置

人类的手臂(大臂、小臂、手腕)通常被简化认为有七个自由度,所以工作起来很灵巧,可避开障碍物,并可从不同方向到达同一个目标位置。

2. 定位精度和重复定位精度

定位精度和重复定位精度是机器人的两个精度指标。定位精度是指机器人末端操作器的实际位置与目标位置之间的偏差,由机械误差、控制算法误差与系统分辨率等部分组成。重复定位精度是指在同一环境、同一条件、同一目标动作、同一命令之下,机器人连续重复运动若干次时,其位置的分散情况,是关于精度的统计数据。因重复定位精度不受工作载荷变化的影响,故通常用重复定位精度这一指标作为衡量示教-再现工业机器人水平的重要指标。图 1-13 表示了定位精度与重复定位精度的好与差(N/A 意为不适用)。

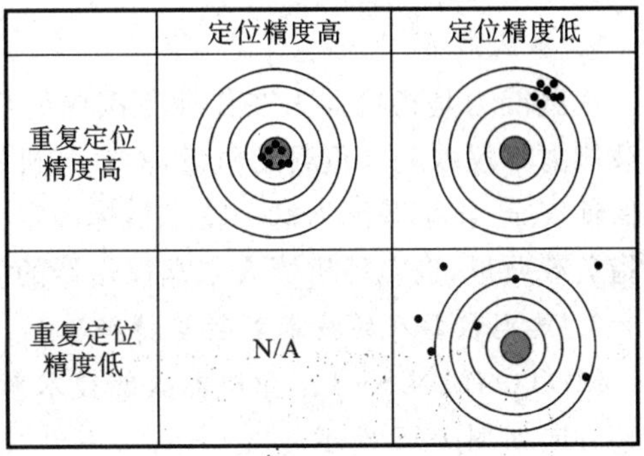

	定位精度高	定位精度低
重复定位精度高		
重复定位精度低	N/A	

图 1-13 定位精度与重复定位精度的好与差

工业机器人具有定位精度低、重复定位精度高的特点,例如:MOTOMAN SV3 机器人的定位精度为±0.2 mm,而重复定位精度为±0.03 mm。

3. 作业范围

作业范围是机器人运动时手臂末端或手腕中心所能到达的所有点的集合。由于末端操作器的形状和尺寸是多种多样的,为真实反映机器人的特征参数,故作业范围是指不安装末端操作器时的工作区域。作业范围的大小不仅与机器人各连杆的尺寸有关,而且与机器人的总体结构形式有关。

作业范围的形状和大小是十分重要的,机器人在执行某作业时可能会因存在手部不能到达的作业死区(dead zone)而不能完成任务。图 1-14 所示为 MOTOMAN SV3 机器人的作业范围。

4. 最大工作速度

生产机器人的厂家不同,最大工作速度的含义也可能不同。有的厂家将其定义为

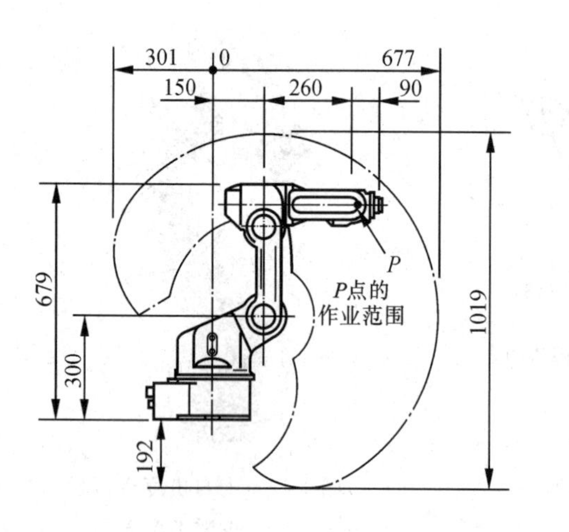

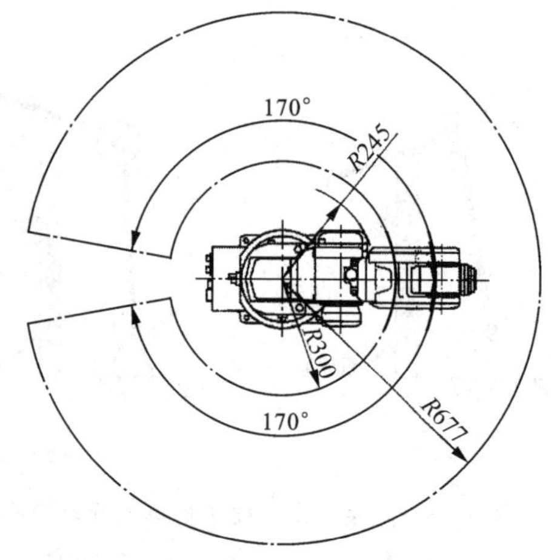

图 1-14　MOTOMAN SV3 机器人的作业范围

工业机器人主要自由度上最大的稳定速度，有的厂家将其定义为手臂末端最大的合成速度，对此通常都会在技术参数中加以说明。最大工作速度愈高，工作效率就愈高。但是，工作速度高就要花费更多的时间加速或减速，或者对工业机器人的最大加速率或最大减速率的要求就更高。

5. 承载能力

承载能力是指机器人在作业范围内的任何位置上以任意姿态所能承受的最大质量。承载能力不仅取决于负载的质量，而且与机器人运行的速度和加速度的大小和方向有关。为保证安全，将承载能力这一技术指标确定为高速运行时的承载能力。通常，承载能力不仅指负载质量，也包括机器人末端操作器的质量。

6. 典型机器人的技术参数与特征

MOTOMAN SV3 工业机器人的技术参数与特征如表 1-2 所示。其六根轴的名称与旋转方向如图 1-15 所示。

表 1-2　MOTOMAN SV3 **工业机器人的技术参数与特征**

项　　目		参数/特征
机 械 结 构		垂直多关节型
自由度数		6
载荷质量		3 kg
重复定位精度		±0.03 mm
本体质量		30 kg
安装方式		地面安装
电源容量		1.0 kV·A
最大作业范围	*S* 轴(回转)	±170°
	L 轴(下臂倾动)	+150°、−45°
	U 轴(上臂倾动)	+190°、−70°
	R 轴(手臂横摆)	±180°

续表

项　目		参数/特征
最大作业范围	B 轴(手腕俯仰)	±135°
	T 轴(手腕回转)	±350°
最大速度	S 轴	210(°)/s
	L 轴	170(°)/s
	U 轴	225(°)/s
	R 轴	300(°)/s
	B 轴	300(°)/s
	T 轴	420(°)/s
容许力矩	R 轴	5.39 N·m (0.55 kgf·m)
	B 轴	5.39 N·m (0.55 kgf·m)
	T 轴	2.94 N·m (0.3 kgf·m)
容许转动惯量	R 轴	0.1 kg·m^2
	B 轴	0.1 kg·m^2
	T 轴	0.03 kg·m^2
标准涂色		活动部位:淡灰色
		固定部位:深灰色
		电动机:黑色
安装环境	温度	0~45 ℃
	湿度	20%~80% RH (不能结露)
	振动	4.9 m/s^2 以下
	其他	避免接触易燃及腐蚀性气体或液体;不可接近水、油、粉尘等;远离电气噪声源

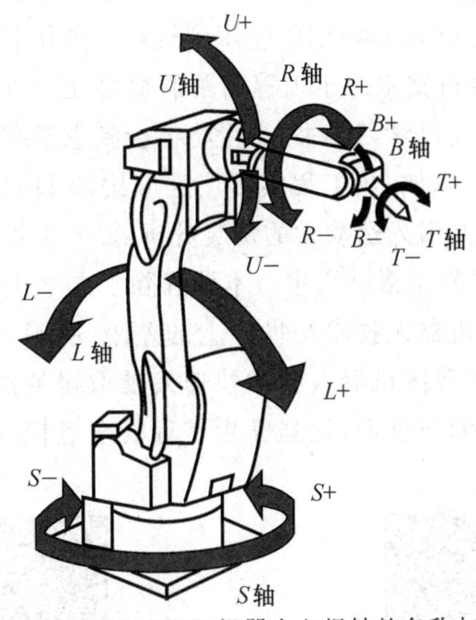

图 1-15　MOTOMAN SV3 机器人六根轴的名称与旋转方向

1.4 本书教学要求

本书从工程教育认证的理念出发而编写,以培养学生综合运用所学知识解决实际工程问题的能力和创新设计能力。本书以通用六关节型工业机器人为典型教学案例,对机器人机械结构、运动学和动力学建模、电动机伺服控制、传感器、轨迹规划、编程操作和应用等内容进行系统讲解。

机器人技术虽然涉及多门学科,但许多知识点在其他课程中已经学过,所以本门课程除了运动学和动力学等机器人基础知识外,不追求理论知识的完整性和系统性,而把重点放在多学科知识的综合工程应用上。

本书教与学的要求如下:

(1) 以知识点为微课,采用多媒体与板书相结合的教学方式。对机器人概述、机械结构、驱动控制和传感器等内容则借助多媒体教学手段进行动态演示,引入前沿机器人研究成果和相关科研成果,引发学生的学习兴趣;对课程的难点如齐次坐标变换、D-H 参数法、运动学和动力学描述,利用板书进行详细的推导和示例讲解,便于学生理解与掌握。

(2) 采用类比、比拟等教学方法。由于机器人是模仿人类而设计的,是仿生设计最成功的案例之一,所以在整个课程的教学中始终可以以人类为例进行一些内容的讲解。从结构组成、各部分所起的作用出发,可适时地将机器人与人类自身(如人手在空间位置姿态的求解、小脑的前馈控制、眼睛的全闭环伺服系统、手臂在运动中刚度与阻尼的调节等)相比拟来讲解,让学生体会人体这一最高级系统为机器人技术推进带来的启迪与灵感。

(3) 培养从工程师的角度来思考和解决问题的意识。工业机器人是典型的机电一体化设备,无论从结构设计、数学应用,还是从控制策略、传感技术的角度来说都是非常经典的成功应用案例,要引导学生理解和掌握这些经典工程技术的核心思想,使学生开阔思维,能做到举一反三,将所掌握的知识创新应用到机电一体化装备的设计中。

(4) 强调数学和仿真分析技术对于工程问题的重要性。机器人技术是数学和仿真技术与工程应用的完美结合,通过学习本书,学生将体会到数学和仿真分析技术在解决工程问题方面的作用和有效性。例如:从工程实际广泛应用的 D-H 参数法运动学,拓展到理论性强的旋量理论运动学,并引入运动学的仿真分析,提升课程的高阶性和挑战性。

(5) 融思政教育于日常教学活动之中。本课程除了向学生传授工业机器人核心知识点外,还要让学生知道我国机器人技术与世界上的差距,明确自身肩上的责任,不能妄自菲薄,更应自强不息,同时对我国机器人技术快速发展取得的成果感到自豪;培养学生精益求精、追求卓越的意识及创新意识,加强学生工程安全意识、绿色设计思想及职业道德等工程素养的培养。

拓展 1-1:课程思政元素库

拓展 1-2:说课视频

习 题

1.1 工业机器人由哪几部分组成？各部分的作用分别是什么？

1.2 简述机器人自由度的定义。为什么说通用机器人是六自由度机器人？

1.3 工业机器人按坐标形式可分为哪几类？请画简图说明。

1.4 什么是有冗余自由度机器人？

1.5 何谓 SCARA 机器人？其在应用上有何特点？

1.6 简述 MOTOMAN SV3 机器人的结构特点，并画出它的简图。

1.7 七自由度机械臂的冗余自由度增加在哪个部位？

1.8 人的手臂有多少个自由度？

第2章 工业机器人机械系统设计

工业机器人机械系统是机器人的支承基础和执行机构，计算、分析和编程的最终目的是要通过本体的运动和动作完成特定的任务。机械系统设计是机器人设计的一个重要内容，其结果直接决定了机器人工作性能的好坏。工业机器人不同于其他自动化专用设备，在设计上具有较大的灵活性。不同应用领域的工业机器人在机械系统设计上的差异较大，使用要求是工业机器人机械系统设计的出发点。

本章主要对工业机器人总体设计、驱动机构、常用减速器、机身和臂部设计、腕部设计、手部设计和行走机构设计等方面的内容进行介绍，以机器人关节传动链为要点，着重对当前流行的六自由度关节型机器人的电动机布置方案、关节布置特点进行详细介绍与总结，引导学生体会工业机器人机械结构的经典设计思路，并灵活应用到其他机电装备的创新设计之中。

拓展内容：国产精密减速器发展生态、六轴工业机器人结构、上肢康复训练机器人结构设计案例、ABB210小六轴机器人结构、工业机器人结构创新发展历程。

2.1 工业机器人总体设计

工业机器人的设计过程是跨学科的综合设计过程，涉及机械设计、传感技术、计算机应用和自动控制等多方面内容。应将工业机器人作为一个系统，从总体出发研究系统内部各组成部分之间及外部环境与系统之间的相互关系。

机器人总体设计一般分为系统分析和技术设计两大步骤。

2.1.1 系统分析

机器人是实现生产过程自动化、提高劳动生产率的一种有力工具。要使一个生产过程实现自动化，需要对各种机械化、自动化装置进行综合的技术和经济分析，确定使用机器人是否合适。一旦确定使用机器人，设计人员一般要先做好如下工作。

（1）根据机器人的使用场合，明确机器人的目的和任务。

（2）分析机器人所在系统的工作环境，包括机器人与已有设备的兼容性。

（3）认真分析系统的工作要求，确定机器人的基本功能和方案，如机器人的自由度、信息的存储容量、计算机功能、动作速度、定位精度、抓取质量、容许的空间结构尺寸，以及温度、振动等环境条件的适用性等。进一步根据被抓取、搬运物体的质量、形状、尺寸及生产批量等情况，确定机器人末端操作器的形式及抓取工件的部位和握力大小。

（4）进行必要的调查研究，搜集国内外的有关技术资料，进行综合分析，找出可借鉴之处，了解设计过程中需要注意哪些问题。

2.1.2 技术设计

1. 机器人基本参数的确定

在系统分析的基础上，具体确定机器人的自由度、作业范围、承载能力、运动速度及定位精度等基本参数。

1）自由度数目的确定

自由度是机器人的一个重要技术参数，由机器人的机械结构形式决定。在三维空间中描述一个物体的位置和姿态（简称位姿）需要六个自由度。但是，机器人的自由度是根据其用途而设计的，可能少于六个自由度，也可能多于六个自由度。例如：A4020型装配机器人具有四个自由度，可以在印刷电路板上接插电子器件；三菱重工的PA-10型机器人具有七个自由度，可以进行全方位打磨工作。在满足机器人工作要求的前提下，为简化机器人的结构和控制，应使自由度最小。工业机器人的自由度一般为四至六个。

自由度的选择也与生产要求有关。如果生产批量大、操作可靠性要求高、运行速度快、周围设备构成比较复杂、所抓取的工件质量较小，机器人的自由度可少一些；如果要便于产品更换、增加柔性，则机器人的自由度要多一些。

2）作业范围的确定

机器人的作业范围需根据工艺要求和操作运动的轨迹来确定。一条运动轨迹往往是由几个动作合成的。在确定作业范围时，可将运动轨迹分解成单个动作，由单个动作的行程确定机器人的最大行程。为便于调整，可适当加大行程数值。各个动作的最大行程确定之后，机器人的作业范围也就定下来了。

但要注意的是，作业范围的形状和尺寸会影响机器人的坐标形式、自由度、各手臂关节轴线间的距离和各关节轴转角的大小及变动范围。作业范围大小不仅与机器人各杆件的尺寸有关，而且与它的总体构形有关；在作业范围内要考虑杆件自身的干涉，也要防止构件与作业环境发生碰撞。此外，还应注意：在作业范围内某些位置（如边界）机器人可能达不到预定的速度，甚至不能在某些方向上运动，此即机器人的奇异性。

3）运动速度的确定

确定机器人各动作的最大行程之后，可根据生产需要的工作节拍分配每个动作的时间，进而确定完成各动作时机器人的运动速度。如一个机器人要完成某一工件的上料过程，需完成夹紧工件及手臂升降、伸缩、回转等一系列动作，这些动作都应该在工作节拍所规定的时间内完成。至于各动作的时间究竟应如何分配，则取决于很多因素，不是通过一般的计算就能确定的。要根据各种因素反复考虑，制订各动作的分配方案，比较动作时间的平衡后再确定。节拍较短时，更需仔细考虑。

机器人的总动作时间应小于或等于工作节拍。如果两个动作同时进行，要按时间较长的计算。一旦确定了最大行程的动作时间，其运动速度也就确定下来了。

4）承载能力的确定

承载能力代表着机器人搬运物体时所能达到的最大臂力。目前，使用的机器人的臂力范围较大。对于专用机械手来说，承载能力主要根据被抓取物体的质量来定，其安全系数一般可在1.5～3.0之间选取。对于工业机器人，承载能力要根据被抓取、搬运物体的质量变化范围来确定。

5）定位精度的确定

机器人的定位精度是根据使用要求确定的，而机器人本身所能达到的定位精度，则取决于机器人的定位方式、运动速度、控制方式、臂部刚度、驱动方式、所采取的缓冲方式等因素。

工艺过程不同，对机器人重复定位精度的要求也不同。不同工艺过程所要求的定位精度一般如表 2-1 所示。

表 2-1　不同工艺过程要求的定位精度

工 艺 过 程	要求的定位精度
金属切削机床上、下料	±(0.05～1.00) mm
冲床上、下料	±1 mm
点焊	±1 mm
模锻	±(0.1～2.0) mm
喷涂	±3 mm
装配、测量	±(0.01～0.50) mm

当机器人达到所要求的定位精度有困难时，可采用辅助工、夹具协助定位，即机器人把被抓取物体先送到工、夹具进行粗定位，然后利用工、夹具的夹紧动作实现工件的最后定位。采用这种办法既能保证工艺要求，又可降低机器人的定位要求。

2. 机器人运动形式的选择

根据主要的运动参数选择运动形式是机械结构设计的基础。常见机器人的运动形式有五种：直角坐标型、圆柱坐标型、球(极)坐标型、关节坐标型和 SCARA 型(详见第 1 章的相关内容)。为适应不同生产工艺的需要，同一种运动形式的机器人可采用不同的结构。具体选用哪种形式，必须根据工艺要求、工作现场、位置以及搬运前后工件中心线方向的变化等情况分析比较、择优选取。

为了满足特定工艺要求，专用的机械手一般只要求有二至三个自由度，而通用机器人必须具有四至六个自由度，以满足不同产品的不同工艺要求。所选择的运动形式，在满足需要的情况下，应以使自由度最小、结构最简单为宜。

3. 拟定检测传感系统框图

确定机器人的运动形式后，还需拟定检测传感系统框图，选择合适的传感器，以便在进行结构设计时考虑安装位置。关于传感器的内容将在后面章节中介绍。

4. 确定控制系统总体方案，绘制框图

按工作要求选择机器人的控制方式，确定控制系统类型，设计计算机控制硬件电路并编制相应控制软件。最后确定控制系统总体方案，绘制出控制系统框图，并选择合适的电气元件。

5. 机械结构设计

确定驱动方式，选择运动部件和设计具体结构，绘制机器人总装图及主要零部件图。

2.2　传动机构

传动机构(transmission mechanism)用于把驱动元件的运动传递到机器人的关节和动作部位。按实现的运动方式，传动机构可分为直线传动机构和旋转传动机构两种。传动机构的运动可以由不同的驱动方式来实现。

2.2.1 驱动方式

机器人常用的驱动方式主要有液压驱动、气压驱动和电气驱动三种基本类型。

工业机器人出现的初期，由于其大多采用曲柄机构和连杆机构等，所以较多使用液压与气压驱动方式。但随着人们对机器人作业速度的要求越来越高，以及机器人的功能日益复杂化，目前采用电气驱动的机器人所占比例越来越大。但在需要大功率的应用场合，或运动精度不高、有防爆要求的场合，液压、气压驱动仍应用较多。

1. 液压驱动方式

液压驱动的特点是功率大，结构简单，可省去减速装置，能直接与被驱动的杆件相连，响应快，伺服驱动具有较高的精度，但需要增设液压源，而且易产生液体泄漏，故目前多用于特大功率的机器人系统。

液压驱动有以下几个优点：

(1) 液压容易达到较高的单位面积压力(常用油压为2.5～6.3 MPa)，液压设备体积较小，可以获得较大的推力或转矩；

(2) 液压系统介质的可压缩性小，系统工作平稳可靠，并可得到较高的位置精度；

(3) 在液压传动中，力、速度和方向比较容易实现自动控制；

(4) 液压系统采用油液做介质，具有防锈蚀和自润滑性能，可以提高机械效率，系统的使用寿命长。

液压驱动的不足之处如下：

(1) 油液的黏度随温度变化而变化，会影响系统的工作性能，且油温过高时容易引起燃烧爆炸等危险；

(2) 液体的泄漏难以克服，要求液压元件有较高的精度和质量，故造价较高；

(3) 需要相应的供油系统，尤其是电液伺服系统要求液压油经过严格的滤油，否则会引起故障。

2. 气压驱动方式

气压驱动的能源、结构都比较简单，但与液压驱动相比，相同体积条件下设备功率较小，而且速度不易控制，所以多用于精度不高的点位控制系统。

与液压驱动相比，气压驱动的优点如下：

(1) 压缩空气黏度小，容易达到高速(1 m/s)；

(2) 利用工厂集中的空气压缩机站供气，不必添加动力设备，且空气介质对环境无污染，使用安全，可在易燃、易爆、多尘埃、强磁、辐射、振动等恶劣工作环境中工作；

(3) 气动元件工作压力低，故制造要求也比液压元件低，价格低廉；

(4) 空气具有可压缩性，使气动系统能够实现过载自动保护，提高了系统的安全性和柔软性。

气压驱动的不足之处如下：

(1) 压缩空气常用压力为0.4～0.6 MPa，若要获得较大的动力，其结构就要相对增大；

(2) 空气压缩性大，工作平稳性差，速度控制困难，要实现准确的位置控制很困难；

(3) 压缩空气的除水问题是一个很重要的问题，处理不当会使钢类零件生锈，导致机器失灵；

(4) 排气会造成噪声污染。

3. 电气驱动

电气驱动是指利用电动机直接或通过机械传动装置来驱动执行机构,其所用能源简单,机构速度变化范围大,效率高,速度和位置精度都很高,且具有使用方便、噪声低和控制灵活的特点,在机器人中得到了广泛应用。

根据选用电动机及配套驱动器的不同,电气驱动系统大致分为步进电动机驱动系统、直流伺服电动机驱动系统和交流伺服电动机驱动系统等。步进电动机多采用开环控制方式,控制简单但功率不大,多用于低精度、小功率机器人系统;直流伺服电动机易于控制,有较理想的机械特性,但其电刷易磨损,且易形成火花;交流伺服电动机结构简单,运行可靠,可频繁启动、制动,没有无线电波干扰。交流伺服电动机与直流伺服电动机相比较又具有以下特点:没有电刷等易磨损元件,外形尺寸小,能在重载下高速运行,加速性能好,能实现动态控制和平滑运动,但控制较复杂。目前,常用的伺服电动机有交流永磁伺服电动机(PMSM)、感应异步电动机(IM)、无刷直流电动机(BLDCM)等。交流伺服电动机驱动已逐渐成为机器人的主流驱动方式。

2.2.2 直线传动机构

机器人采用的直线驱动方式包括直角坐标结构的 x、y、z 三个方向的驱动,圆柱坐标结构的径向驱动和垂直升降驱动,以及极坐标结构的径向伸缩驱动。直线运动可以直接由气压缸或液压缸和活塞产生,也可以采用齿轮齿条、丝杠、螺母等传动元件由旋转运动转换而得到。

1. 齿轮齿条装置

通常齿条是固定不动的。当齿轮转动时,齿轮轴连同拖板一起沿齿条方向做直线运动。这样,齿轮的旋转运动就转换成为拖板的直线运动。拖板是由导杆或导轨支承的。该装置的回差较大,在大位移桁架机器人中应用广泛。

2. 普通丝杠

普通丝杠驱动是指采用一个旋转的精密丝杠驱动一个螺母沿丝杠轴向移动,从而将丝杠的旋转运动转换成螺母的直线运动。由于普通丝杠的摩擦力较大,效率低,惯性大,在低速时容易产生爬行现象,精度低,回差大,所以在机器人中很少采用。

3. 滚珠丝杠

在机器人中经常采用滚珠丝杠,这是因为滚珠丝杠的摩擦力很小且运动响应速度快。由于滚珠丝杠螺母的螺旋槽里放置了许多滚珠,丝杠在传动过程中所受的是滚动摩擦力,摩擦力较小,因此传动效率高,同时可消除低速运动时的爬行现象;在装配时施加一定的预紧力,可消除回差。

4. 液压(气压)缸

液压(气压)缸是将液压泵(空气压缩机)输出的压力能转换为机械能、做直线往复运动的执行元件。使用液压(气压)缸可以很容易地实现直线运动。液压(气压)缸主要由缸筒、缸盖、活塞、活塞杆和密封装置等部件构成,活塞和缸筒采用精密滑动配合,压力油(压缩空气)从液压(气压)缸的一端进入,把活塞推向液压(气压)缸的另一端,从而实现直线运动。通过调节进入液压(气压)缸液压油(压缩空气)的流动方向和流量可以控制液压

(气压)缸的运动方向和速度。液压缸功率大,结构紧凑,在大型、重载的特种机械臂中广泛采用液压缸驱动。

2.2.3 旋转传动机构

多数普通电动机和伺服电动机都能够直接产生旋转运动,但其输出力矩比所要求的力矩小,转速比所要求的转速高,因此需要采用齿轮链、带传动装置或其他运动传动机构,把较高的转速转换成较低的转速,并获得较大的力矩。有时也采用液压缸或气压缸作为动力源,这就需要附加把直线运动转换成旋转运动的机构。运动的传递和转换必须高效率地完成,并且不能有损于机器人系统所需要的特性,特别是定位精度、重复定位精度和可靠性。通过下列设备可以实现运动的传递和转换。

1. 齿轮机构

齿轮机构是由两个或两个以上的齿轮组成的传动机构。它不但可以传递运动角位移和角速度,而且可以传递力和力矩。现以具有两个齿轮的齿轮机构为例,说明其中的传动转换关系。如图 2-1 所示,一个齿轮装在输入轴上,另一个齿轮装在输出轴上,可以得到输入、输出运动的若干关系式。为了简化分析,假设齿轮工作时没有能量损失,齿轮的转动惯量和摩擦力略去不计。

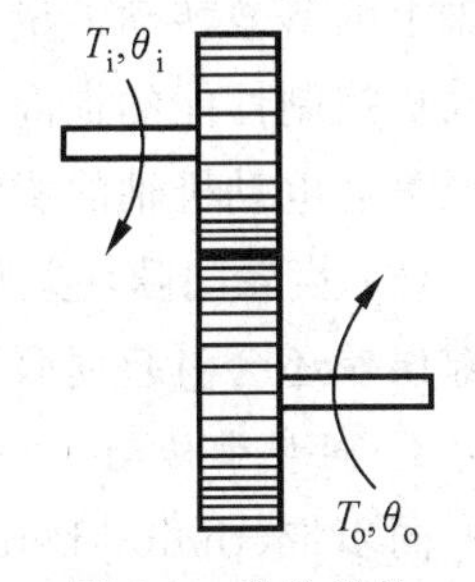

图 2-1 齿轮机构

首先分析能量传递关系。由于不存在能量损失,故输入轴所做的总功与输出轴所做的总功相等,即

$$T_i\theta_i=T_o\theta_o \tag{2-1}$$

式中:T_i 为输入力矩(N·m);T_o 为输出力矩(N·m);θ_i 为输入齿轮角位移(°);θ_o 为输出齿轮角位移(°)。

由于啮合齿轮转过的总的圆周距离相等,可以得到齿轮半径与角位移之间的关系:

$$R_i\theta_i=R_o\theta_o \tag{2-2}$$

式中:R_i 为输入轴上的齿轮半径(m);R_o 为输出轴上的齿轮半径(m)。考虑到一对齿轮的齿数比等于齿轮分度圆半径比,即

$$\frac{z_i}{z_o}=\frac{R_i}{R_o} \tag{2-3}$$

一对齿轮的齿数比等于齿轮转动角速度的反比,即

$$\frac{z_i}{z_o}=\frac{\omega_o}{\omega_i} \tag{2-4}$$

一对啮合齿轮的传动比 i 定义为输入齿轮与输出齿轮的角速度之比,由式(2-4)得

$$i=\frac{\omega_i}{\omega_o}=\frac{z_o}{z_i}$$

进一步可以得到输出轴与输入轴之间的力、运动转换关系,即力矩

$$T_o=\frac{z_o}{z_i}T_i=iT_i \tag{2-5}$$

角位移

$$\theta_o=\frac{z_i}{z_o}\theta_i=\frac{1}{i}\theta_i \tag{2-6}$$

角速度

$$\omega_o=\frac{z_i}{z_o}\omega_i=\frac{1}{i}\omega_i \tag{2-7}$$

上述各式中：z_i 为输入轴上齿轮的齿数；z_o 为输出轴上齿轮的齿数；ω_i 为输入轴上齿轮的角速度(rad/s)；ω_o 为输出轴上齿轮的角速度(rad/s)。

最后通过动力学分析，将输出轴的转动惯量等效转化到输入轴上，便可以得到，在与驱动电动机相连的输入轴上，系统总的等效转动惯量为

$$J_\theta=\left(\frac{z_i}{z_o}\right)^2 J_o+J_i=\frac{1}{i^2}J_o+J_i \tag{2-8}$$

式中：J_o 为输出轴系统的总转动惯量(kg·m²)；J_i 为输入轴系统的总转动惯量(kg·m²)。

使用齿轮机构时应注意以下两点：

(1) 齿轮机构的引入会减小系统的等效转动惯量，从而使驱动电动机的响应时间缩短，这样，伺服系统就更加容易控制。由式(2-8)可知，输出轴的转动惯量折算到驱动电动机轴上的等效转动惯量与传动比的平方成反比，负载转动惯量得到了较大地衰减，有利于电动机控制性能的提高。通常，机器人使用的减速器传动比较大，可以有效地降低负载转动惯量对电动机轴的影响，这是机器人驱动系统使用减速器的另一优点。

(2) 齿轮间隙误差将导致机器人手臂的定位误差增加，而且，假如不采取补偿措施，齿隙误差还会引起伺服系统的不稳定。

2. 同步带传动

同步带(timing belt)传动用来传递平行轴间的运动或将回转运动转换成直线运动，在机器人中主要起前一种作用。同步带和带轮上都制出相应的齿形，靠啮合传递功率，其传动原理如图 2-2 所示。同步带的主要材料是氯丁橡胶，中间用钢、玻璃纤维等拉伸刚度大的材料做加强层，齿面覆盖有耐磨性能好的尼龙布。用来传递轻载荷的同步带可用聚氨基甲酸酯制造。齿的节距用包络带轮时的圆节距 t 表示。

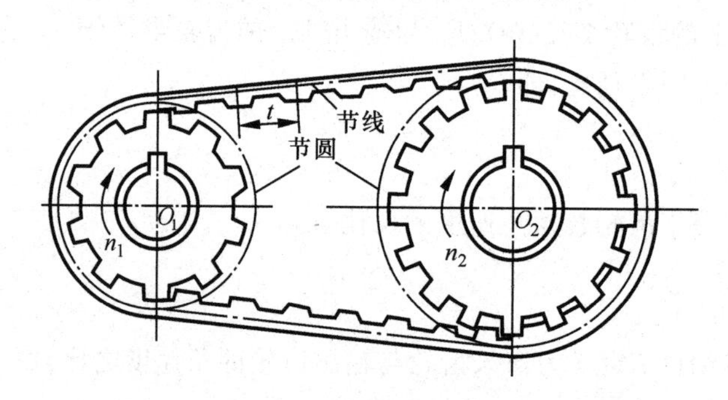

图 2-2 同步带传动原理

同步带传动的传动比计算公式为

$$i=\frac{n_1}{n_2}=\frac{z_2}{z_1} \tag{2-9}$$

式中：n_1 为主动轮转速(r/min)；n_2 为被动轮转速(r/min)；z_1 为主动轮齿数；z_2 为被动轮齿数。

同步带传动的优点是：传动时无滑动，传动比准确，传动平稳；速比范围大；初始拉力

小，轴及轴承不易过载。但是，这种传动机构的制造及安装要求严格，对带的材料要求也较高，因而成本较高。同步带传动是低惯性传动，适合于电动机和高减速比减速器之间的传动。

在工程应用中，通常将同步带安装在电动机和减速器之间，从而减小同步带所受拉力，提高其使用寿命。同步带传动在工业机器人中得到了广泛应用，图 2-3 所示为使用同步带完成机器人关节动力传递的一个典型应用案例。

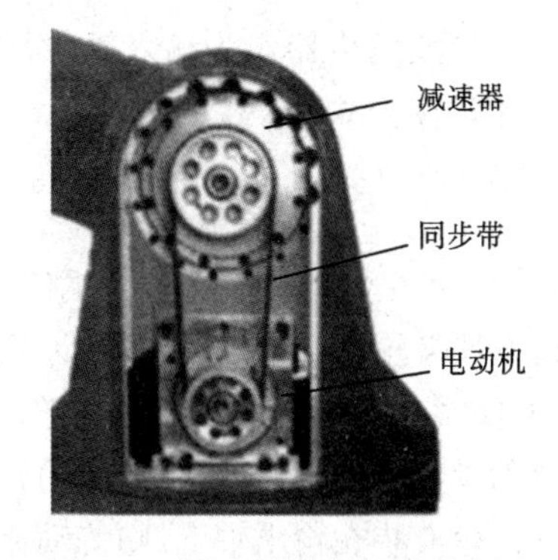

图 2-3　同步带传动的典型应用

2.2.4　机器人中主要使用的减速器

在实际应用中，驱动电动机的转速非常高，达到每分钟几千转，但机械本体的动作较慢，减速后要求输出转速为每分钟几百转，甚至低至每分钟几十转，所以减速器在机器人的驱动中是必不可少的。由于机器人的特殊结构，人们对减速器提出了较高要求：① 减速比要大，可达数百；② 重量要轻，结构要紧凑；③ 精度要高，回差要小。目前，在工业机器人中主要使用的减速器是谐波齿轮减速器和 RV 减速器。

1. 谐波齿轮减速器

虽然谐波齿轮已问世多年，但直到近年来人们才开始广泛地使用它。目前，机器人的旋转关节有 60%～70%都是使用的谐波齿轮传动。

谐波齿轮减速器(harmonic gear reducer)主要由刚性齿轮、谐波发生器和柔性齿轮三个零件组成，如图 2-4 所示。工作时，刚性齿轮 6 固定安装，各齿均布于圆周上，具有外齿圈 2 的柔性齿轮 5 沿刚性齿轮的内齿圈 3 转动。柔性齿轮比刚性齿轮少 2 个齿，所以柔性齿轮沿刚性齿轮每转一圈就反方向转过 2 个齿的相应转角。谐波发生器 4 具有椭圆形轮廓，装在其上的滚珠用于支承柔性齿轮，谐波发生器驱动柔性齿轮旋转并使之发生塑性变形。转动时，柔性齿轮的椭圆形端部只有少数齿与刚性齿轮啮合，只有这样，柔性齿轮才能相对刚性齿轮自由地转过一定的角度。通常，刚性齿轮固定，谐波发生器作为输入端，柔性齿轮与输出轴相连。

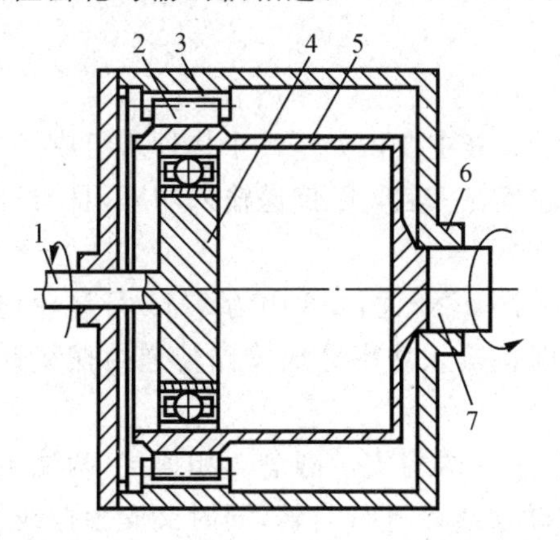

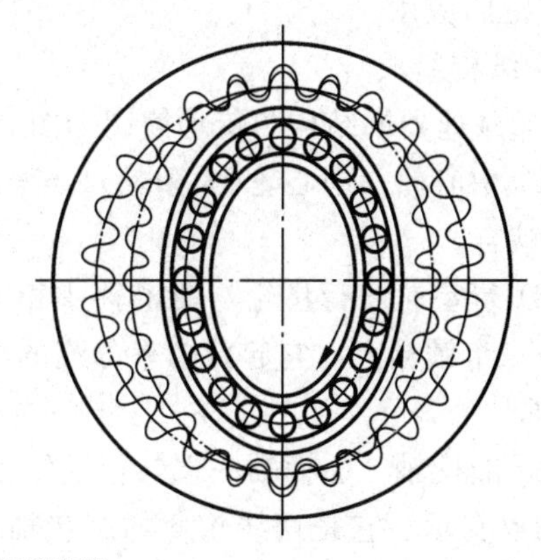

图 2-4　谐波齿轮减速器

1—输入轴；2—柔性齿轮外齿圈；3—刚性齿轮内齿圈；4—谐波发生器；5—柔性齿轮；6—刚性齿轮；7—输出轴

当谐波发生器作为输入轴，柔性齿轮作为输出轴，刚性齿轮固定时，谐波齿轮传动的传动比计算公式为

$$i=-\frac{z_1}{z_2-z_1} \tag{2-10}$$

式中：z_1 为柔性齿轮齿数；z_2 为刚性齿轮齿数。负号表示输出轴与输入轴的旋转方向相反。假设刚性齿轮有 100 个齿，柔性齿轮比它少 2 个齿，由式(2-10)得 $i=-49$，则当谐波发生器转 49 圈时，柔性齿轮转 1 圈，这样，只占用很小的空间就可得到1∶49的减速比。由于同时啮合的齿数较多，谐波发生器的力矩传递能力较强。在使用中，也可以把柔性齿轮固定，将刚性齿轮安装在输出轴上，则传动比的计算公式为

$$i=\frac{z_2}{z_2-z_1} \tag{2-11}$$

由于自然形成的预加载谐波发生器啮合齿数较多，齿的啮合比较平稳，谐波齿轮传动的齿隙几乎为零，因此传动精度高，回差小。但是，由于柔性齿轮的刚性较差，承载后会出现较大的扭转变形，从而会引起一定的误差。不过，对于多数应用场合，这种变形将不会引起太大的问题。

谐波齿轮减速器的特点如下：

(1) 结构简单，体积小，重量轻。

(2) 传动比范围大，单级谐波减速器传动比可在 50～300 之间，优选在 75～250 之间。

(3) 运动精度高，承载能力大。由于是多齿啮合，与相同精度的普通齿轮相比，其运动精度能提高四倍左右，承载能力也大大提高。

(4) 运动平稳，无冲击，噪声小。

(5) 齿侧间隙可以调整。

2. RV 减速器

RV(rot-vector)减速器由第一级渐开线圆柱齿轮行星减速机构和第二级摆线针轮行星减速机构两部分组成，为一封闭差动轮系。RV 减速器具有结构紧凑、传动比大、振动小、噪声低、能耗低的特点，日益受到国内外的广泛关注。与机器人中常用的谐波齿轮减速器相比，具有高得多的疲劳强度、刚度和寿命，而且回差精度稳定，不像谐波齿轮减速器那样随着使用时间增长运动精度就会显著降低，故 RV 减速器在高精度机器人传动中得到了广泛的应用。

1) 结构组成

RV 减速器的结构与传动简图如图 2-5 所示。其主要由如下几个构件所组成。

(1) 中心轮　中心轮(太阳轮)1 与输入轴连接在一起，以传递输入功率，且与行星轮 2 相互啮合。

(2) 行星轮　行星轮与曲柄轴 4 相连接，n 个($n\geqslant2$，图 2-6 中为 3 个)行星轮均匀地分布在一个圆周上。它起着功率分流的作用，即将输入功率分成 n 路传递给摆线针轮行星机构。

(3) 曲柄轴　曲柄轴一端与行星轮相连接，另一端与支承圆盘 3 相连接，两端用圆锥滚子轴承支承。它是摆线轮 6 的旋转轴，既带动摆线轮进行公转，同时又支承摆线轮，便于其产生自转。

(4) 摆线轮　摆线轮的齿廓通常为短幅外摆线的内侧等距曲线。为了实现径向力

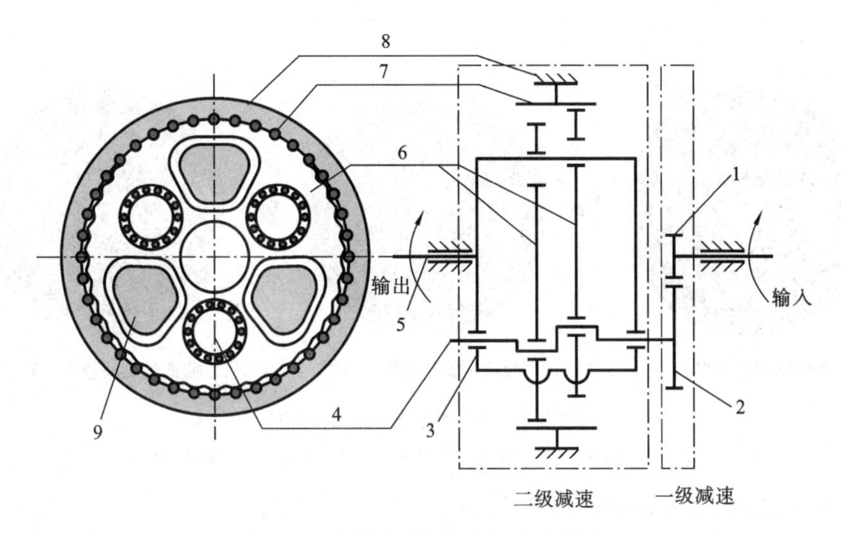

图 2-5 RV 减速器结构与传动简图

1—中心轮;2—行星轮;3—支承圆盘;4—曲柄轴;5—输出轴;6—摆线轮;7—针齿销;8—针轮壳体;9—输出块

的平衡,一般采用两个结构完全相同的摆线轮,通过偏心套安装在曲柄轴的曲柄处,且偏心相位差为 180°。在曲柄轴的带动下,摆线轮与针轮相啮合,既产生公转,又产生自转。

(5) 针齿销　数量为 N 个的针齿销,固定安装在针轮壳体 8 上,构成针轮,与摆线轮相啮合而形成摆线针轮行星传动。一般针齿销的数量比摆线轮的齿数多一个。

(6) 针轮壳体(机架)　针齿销的安装壳体。通常针轮壳体固定,输出轴 5 旋转。如果输出轴固定,则针轮壳体旋转,两者由内置轴承支承。

(7) 输出轴　输出轴与支承圆盘相互连接成为一个整体,在支承圆盘上均匀分布 n 个(图 2-5 中为 3 个)曲柄轴的轴承孔和输出块 9 的支承孔。在三对曲柄轴支承轴承推动下,通过输出块和支承圆盘,把摆线轮上的自转矢量以 1∶1 的速比传递出来。

2) 工作原理

驱动电动机的旋转运动由中心轮传递给 n 个行星轮,进行第一级减速。行星轮的旋转运动传给曲柄轴,使摆线轮产生偏心运动。当针轮固定(与机架连成一体)时,摆线轮一边随曲柄轴产生公转,一边与针轮相啮合。由于针轮固定,摆线轮在与针轮啮合的过程中,产生一个绕输出轴旋转的反向自转运动,这个运动就是 RV 减速器的输出运动。

通常摆线轮的齿数比针齿销数少一个,且齿距相等。如果曲柄轴旋转一圈,摆线轮与固定的针轮相啮合,沿与曲柄轴相反的方向转过一个针齿销,形成自转,其动作原理如图 2-6 所示。摆线轮的自转运动通过支承圆盘上的输出块传递给输出轴,使输出轴运动,实现第二级减速输出。

3) RV 减速器的主要特点

RV 减速器具有两级减速装置和曲轴,采用了中心圆盘支承结构的封闭式摆线针轮行星传动机构。其主要特点:三大(传动比大、承载能力大、刚度大)、二高(运动精度高、传动效率高)、一小(回差小)。

(1) 传动比大　通过改变第一级减速装置中中心轮和行星轮的齿数,可以方便地获

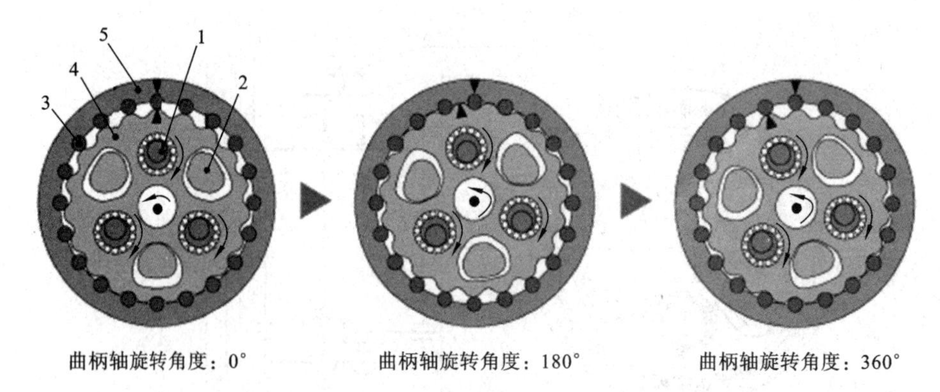

图 2-6　RV 减速器的工作原理

1—曲柄轴；2—输出块；3—针齿销；4—摆线轮；5—针轮壳体

得范围较大的传动比，其常用的传动比范围为 $i=57\sim192$。

(2) 承载能力大　由于采用了 n 个均匀分布的行星轮和曲柄轴，可以进行功率分流，而且采用了具有圆盘支承装置的输出机构，故其承载能力大。

(3) 刚度大　采用圆盘支承装置，改善了曲柄轴的支承情况，使得其传动轴的扭转刚度增大。

(4) 运动精度高　由于系统的回转误差小，因此可获得较高的运动精度。

(5) 传动效率高　除了针轮的针齿销支承部分外，其他构件均为滚动轴承支承，传动效率高。传动效率 $\eta=0.85\sim0.92$。

(6) 回差小　各构件间所产生的摩擦和磨损较小，间隙小，传动性能好，间隙回差(backlash)小于 $1'$。

拓展 2-1：国产精密减速器发展生态

2.2.5　机器人单关节伺服驱动系统

1. 单关节伺服驱动系统构成

六自由度关节型工业机器人有六个独立的单轴伺服驱动系统，每个单轴伺服驱动系统均由伺服电动机、减速器和动力传动链构成。伺服电动机有步进电动机、直流伺服电动机和交流伺服电动机三种，目前交流伺服电动机是主流伺服电动机。由于机器人驱动系统的传动比高达 100 左右，宜采用结构紧凑、减速比大的减速器(如前文所述，工业机器常用的减速器为谐波齿轮减速器和 RV 减速器)。动力传动链通常由齿轮、同步带、细长轴、套筒等传动部件构成。减速器通常安装于传动链最末端，即与关节轴线同轴直连，带动关节连杆旋转。而伺服电动机可以根据安装空间和重力平衡等因素考虑，安装到合适的位置，由动力传动链完成伺服电动机与减速器之间功率的传递。机器人单关节伺服驱动系统构成如图 2-7 所示。

2. 单关节半闭环伺服系统

工业机器人的末端要安装各种类型的工具来完成作业任务，所以难以在末端安装位

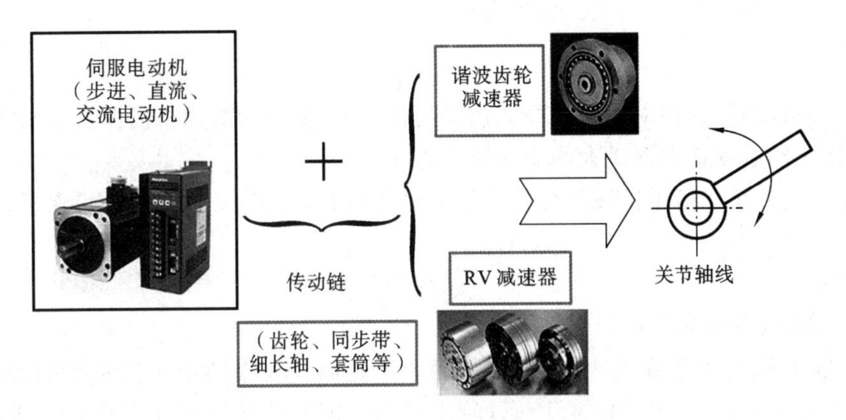

图 2-7　机器人单关节伺服驱动系统构成

移传感器来直接检测手部在空中的位姿。采取的办法是利用各个关节伺服电动机自带的编码器检测到的关节角度信息，依据正运动学公式间接地计算出手部在空中的位姿，所以工业机器人和大多数数控机床一样，采用的是半闭环伺服控制系统，如图 2-8 所示。

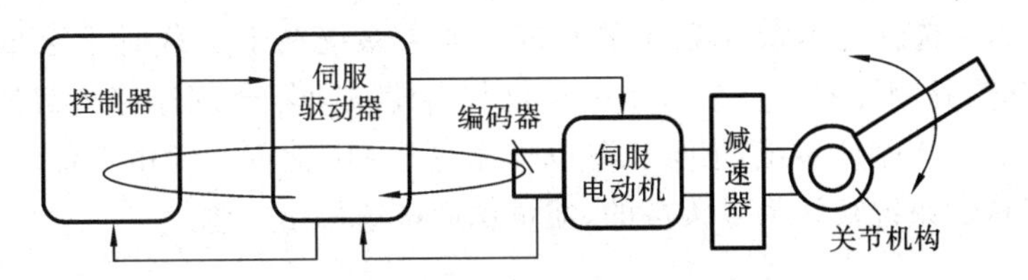

图 2-8　单关节半闭环伺服控制系统原理

半闭环伺服控制系统具有结构简单、价格低廉的优点，但不能检测减速器、关节机构等传动链的制造误差，所以系统控制精度有限。为了提高机器人系统的控制精度，要求减速器、关节机构等传动链具有较高的加工精度、良好的稳定性，并且要求系统控制性能佳。

3. 伺服电动机的惯量匹配

电动机伺服驱动系统设计的目的就是配置满足应用需求的最小容量电动机和合适传动比的减速器。电动机和减速器的合理选择非常重要。在设计中，除了考虑电动机和减速器是否满足速度和力矩的要求外，驱动元件惯量与负载惯性是否匹配也是要考虑的重要一环。

惯量是物体对绕旋转轴产生的角加速度变化的阻抗，即惯量是阻碍物体旋转运动变化的惯性量值，与直线运动中的质量概念等价。机械传动系统的惯量比 J_r 的定义为：电动机必须拖动的总负载折算到电动机轴上的惯量与电动机自身的惯量之比。由式(2-8)可得：

$$J_r = \frac{J_o / i^2}{J_i} \tag{2-12}$$

式中：J_o 为输出轴系统的总惯量；i 为减速器的传动比；J_o/i^2 为输出轴系统总惯量折算到电动机轴上的惯量；J_i 为电动机自身的惯量，具体数值由电动机厂商提供。

对于机械传动系统，当惯量比 $J_r=1$ 时，即总负载折算到电动机轴上的惯量与电动机自身的惯性相等时，驱动元件惯量与负载惯性实现最佳匹配，系统能量传递效率达到最

高，即

$$i^2 J_i = J。 \tag{2-13}$$

由式(2-13)可以看出，如果适当选择减速器的传动比，使驱动电动机的惯量与负载惯量一致，就会使驱动电动机发挥最大的驱动能力。

由于上述分析忽略了机械系统的黏性阻尼的影响，在实际工程应用中，惯量比取值通常为

$$J_r \leqslant 5 \tag{2-14}$$

确定惯量比时通常考虑以下三点：

(1) 总体来讲，惯量比越小，系统性能趋向于越高。如果期望机械系统响应敏捷、快速移动、起停频繁，惯量比可以取 1～2；若不以高性能和快速响应作为设计要求，惯量比可取为 10，甚至取为 20 或者更大都可能是合适的。

(2) 一般来讲，随着惯量比的下降，系统力学性能会提升，控制器调节也变得容易。如果所有其他因素相同，惯量比小是比较好的。然而，如果惯量比太小，电动机尺寸、功率、重量都会太大，对保证机械系统整体性能并没有太大好处。

(3) 惯量比的选择还取决于系统的刚度。如果系统在带负载时不会偏斜、拉长、弯曲，系统就被认为是刚性的。一个采用电动机与齿轮减速器合理连接负载的机械系统被认为是刚性的。对于刚性系统，惯量比可以选择在 5～10 之间。而由于传动带会被拉长，采用带传动机构的系统被认为是柔性的，惯量比应该选得小一些。

2.3 机身和臂部设计

工业机器人机械部分主要由四大部分构成：机身(即立柱)、臂部、腕部、手部。此外，工业机器人必须有一个便于安装的基础件，即机器人的机座，机座往往与机身做成一体。基座必须具有足够的刚度和稳定性，主要有固定式和移动式两种。采用移动式基座可以扩大机器人的工作范围。基座可以安装在小车或导轨上。图 2-9 所示为一个安装在自动导引小车(automated guided vehicle，AGV)上的机械臂，广泛用于智能生产线上加工装备之间物料的传输。图 2-10 所示为一个采用过顶安装方式的具有导轨行走机构的工业机器人。

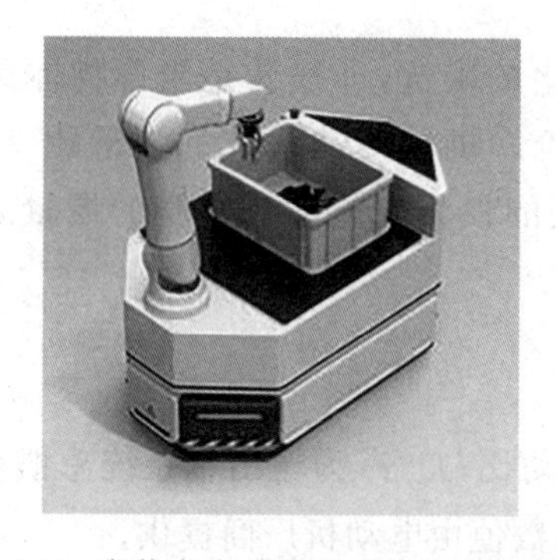

图 2-9　安装在自动导引小车上的机械臂

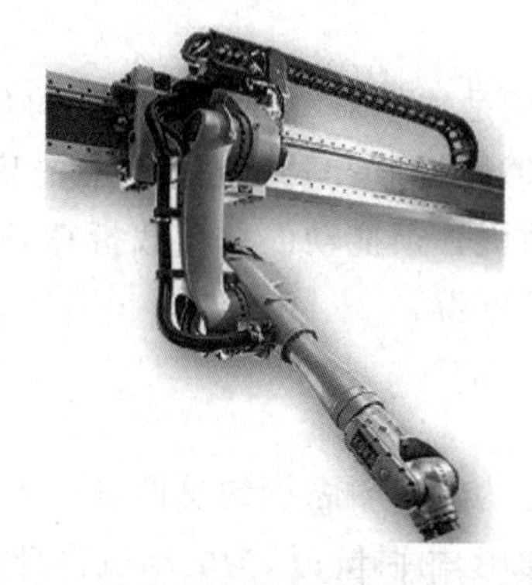

图 2-10　具有导轨行走机构的工业机器人

2.3.1 机身设计

机身和臂部相连，机身支承臂部，臂部又支承腕部和手部。机身一般用于实现升降、回转和俯仰等运动，常有一至三个自由度。

1. 机身的典型结构

机身结构一般由机器人总体设计确定。圆柱坐标型机器人的回转与升降这两个自由度归属于机身；球(极)坐标型机器人的回转与俯仰这两个自由度归属于机身；关节坐标型机器人的腰部回转自由度归属于机身；直角坐标型机器人的升降与水平移动自由度有时也归属于机身。

1) 关节型机身的典型结构

关节型机器人机身只有一个回转自由度，即腰部的回转运动。腰部要支承整个机身，使其绕基座进行旋转，在机器人六个关节中受力最大，也最复杂，既承受很大的轴向力、径向力，又承受倾覆力矩。机器人关节传动链由电动机、减速器和中间传递运动部件(如齿轮、同步带、细长轴、套筒等)组成。按照驱动电动机旋转轴线与减速器旋转轴线是否在一条线上，机器人关节传动链布置方案可分为同轴式与偏置式两种，如图 2-11(a)、(b)所示。

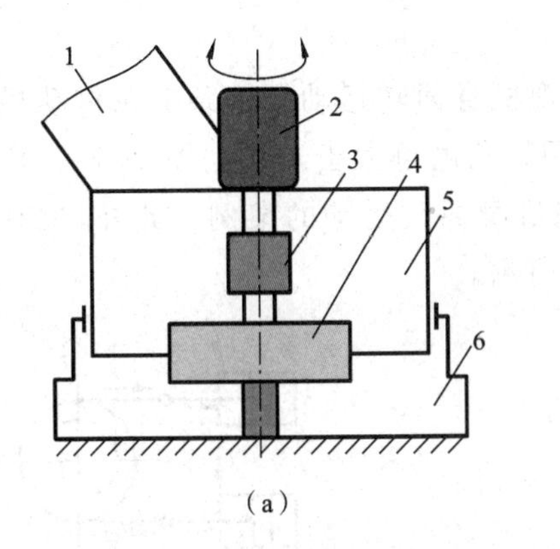

(a)

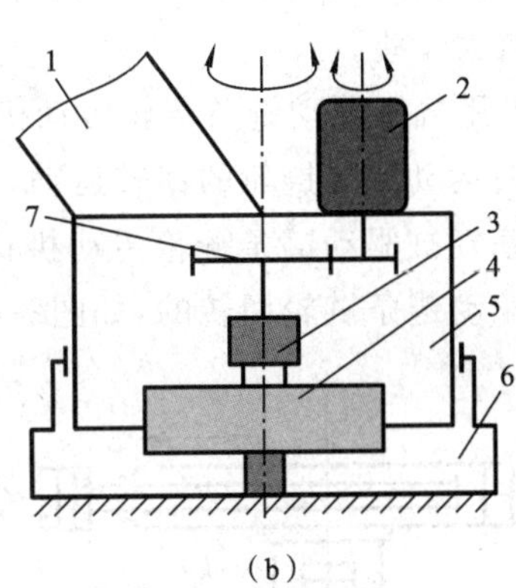

(b)

图 2-11 腰部关节电动机布置方案

(a) 同轴式；(b) 偏置式

1—大臂；2—驱动电动机；3—联轴器；4—减速器；5—腰部；6—基座；7—齿轮

腰部驱动电动机多采用立式倒置布置方案。在图 2-11(a)中，驱动电动机 2 的输出轴与减速器 4 的输入轴通过联轴器 3 相连，减速器 4 输出轴法兰与基座 6 相连并固定，这样减速器 4 的外壳旋转，将带动安装在减速器机壳上的腰部 5 绕基座 6 做旋转运动。

在图 2-11(b)中，从重力平衡的角度考虑，电动机 2 与机器人大臂 1 相对安装，电动机 2 通过一对外啮合齿轮 7 做一级减速，把运动传递给减速器 4，工作原理与图 2-11(a)所示结构相同。

图 2-11(a)所示的同轴式布置方案多用于小型机器人，而图 2-11(b)所示的偏置式布置方案多用于中、大型机器人。腰关节多采用高刚度和高精度的 RV 减速器传动，RV 减速器内部有一对径向推力球轴承可承受机器人的倾覆力矩，能够满足在无基座轴承时抗倾覆力矩的要求，故可取消基座轴承。机器人腰部回转精度靠 RV 减速器的回转精度

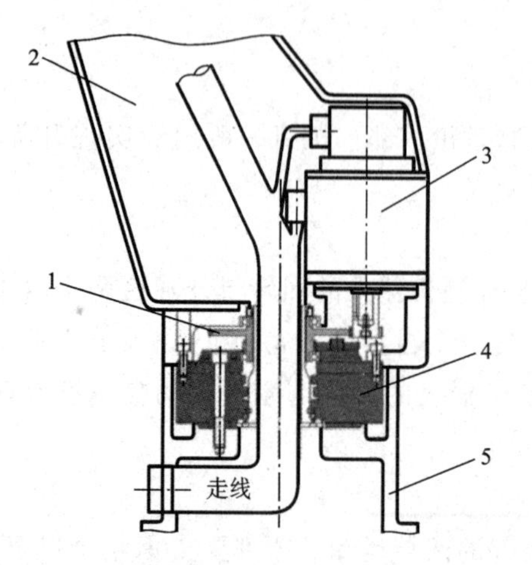

图 2-12　腰部使用中空 RV 减速器驱动案例
1—中空齿轮；2—大臂；3—驱动电动机
4—RV 减速器；5—基座

保证。

对于中、大型机器人，为方便走线，常采用中空型 RV 减速器，其典型使用案例如图2-12所示。电动机 3 的轴齿轮与 RV 减速器输入端的中空齿轮 1 相啮合，实现一级减速；RV 减速器 4 的输出轴固定在基座 5 上，减速器的外壳旋转实现二级减速，带动安装于其上的机身做旋转运动。

2）液压（气压）驱动的机身典型结构

圆柱坐标型机器人机身具有回转与升降两个自由度，升降运动通常采用油缸来实现，回转运动可采用以下几种驱动方案来实现。

（1）采用摆动油缸驱动，升降油缸在下，回转油缸在上。因摆动油缸安置在升降活塞杆的上方，故升降油缸的活塞杆的尺寸要加大。

（2）采用摆动油缸驱动，回转油缸在下，升降油缸在上，相比之下，回转油缸的驱动力矩要设计得大一些。

（3）采用气缸驱动链条链轮传动机构实现机身回转运动。链条链轮传动机构可将链条的直线运动变为链轮的回转运动，它的回转角度可大于 360°。图 2-13(a)所示为采用单杆活塞气缸驱动链条链轮传动机构实现机身回转运动的案例。此外，也有用双杆活塞气缸驱动链条链轮回转的，如图2-13(b)所示。

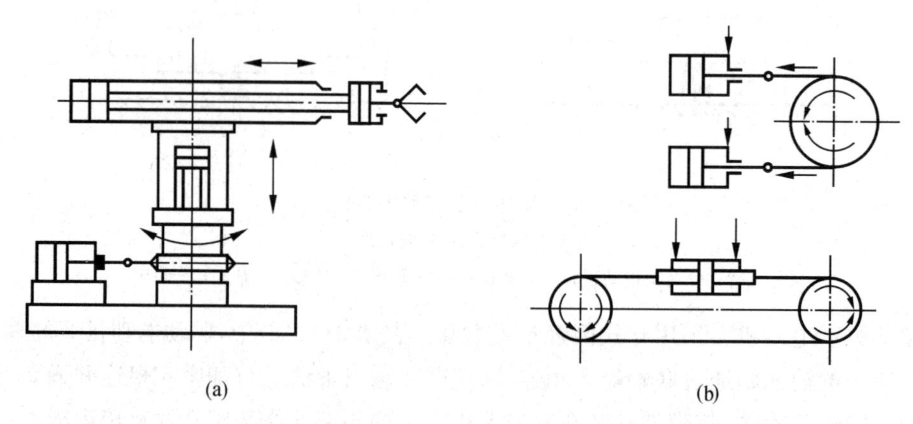

图 2-13　采用气缸驱动链条链轮传动机构实现机身回转运动
(a) 单杆活塞气缸驱动链条链轮传动机构；(b)双杆活塞气缸驱动链条链轮传动机构

球（极）坐标型机身具有回转与俯仰两个自由度，回转运动的实现方式与圆柱坐标型机身相同，而俯仰运动一般采用液压（气压）缸与连杆机构来实现。手臂俯仰运动用的液压缸位于手臂的下方，其活塞杆和手臂用铰链连接，缸体采用尾部耳环或中部销轴等方式与机身连接，如图 2-14 所示。此外，有时也采用无杆活塞缸驱动齿条齿轮或四连杆机构实现手臂的俯仰运动。

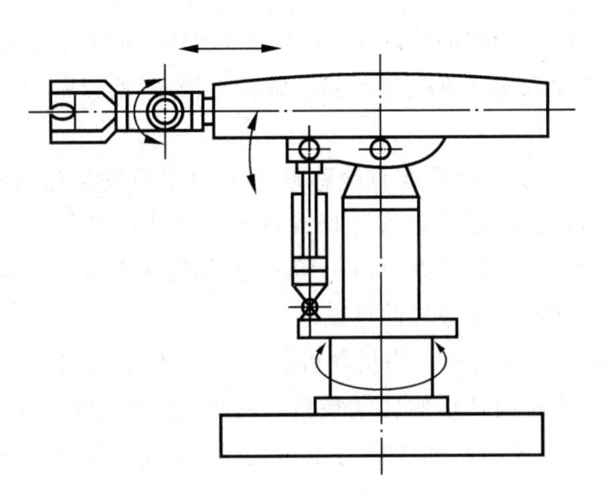

图 2-14 球(极)坐标型机身

2. 设计机身时要注意的问题

工业机器人要完成特定的任务,如抓、放工件等,就需要有一定的灵活性和准确性。机身需支承机器人的臂部、手部及所握持物体的重量,因此,设计机身时应注意以下几个方面的问题:

(1) 机身要有足够的刚度、强度和稳定性;

(2) 运动要灵活,用于实现升降运动的导向套长度不宜过短,以避免发生卡死现象;

(3) 驱动方式要适宜;

(4) 结构布置要合理。

2.3.2 臂部设计

工业机器人的臂部由大臂、小臂(或多臂)所组成,一般具有两个自由度,可以是伸缩、回转、俯仰或升降。臂部总重量较大,受力一般较复杂。在运动时,直接承受腕部、手部和工件(或工具)的静、动载荷,尤其在高速运动时,将产生较大的惯性力(或惯性力矩),引起冲击,从而影响定位的准确性。臂部是工业机器人的主要执行部件,其作用是支承手部和腕部,并改变手部的空间位置。

臂部运动部分零件的重量直接影响着臂部结构的刚度和强度。工业机器人的臂部一般与控制系统和驱动系统一起安装在机身(即机座)上,机身可以是固定式的,也可以是移动式的。

1. 臂部设计的基本要求

臂部的结构形式必须根据机器人的运动形式、抓取动作自由度、运动精度等因素来确定。同时,设计时必须考虑到手臂的受力情况、液压(气压)缸及导向装置的布置、内部管路与手腕的连接形式等因素。因此,设计臂部时一般要注意下述要求。

(1) 手臂应具有足够的承载能力和刚度。手臂在工作中相当于一个悬臂梁,如果刚度差,手臂会在其垂直面内产生弯曲变形和侧向扭转变形,从而导致臂部产生颤动,影响手臂在工作中允许承受的载荷大小、运动的平稳性、运动速度和定位精度等,以致无法工作。为防止手臂在运动过程中产生过大的变形,要合理选择手臂的截面形状。由材料力学知识可知，在横截面面积相同的情况下，工字形截面构件的弯曲刚度一般比圆截面构件的大，空心轴的弯曲刚度和扭转刚度都比实心轴的大得多，所以常用工字钢和槽钢做支承板，用钢管做臂杆及导向杆。

(2) 导向性要好。为了使手臂在直线移动过程中不致发生相对转动，以保证手部的方向正确，应设置导向装置或设计方形臂杆或花键等形式的臂杆。导向装置的具体结构形式一般应根据载荷大小、手臂长度、行程以及手臂的安装形式等因素来确定。导轨的长度不宜小于其间距的两倍，以保证导向性良好。

(3) 重量要轻，转动惯量要小。为提高机器人的运动速度，要尽量减轻臂部运动部分的重量，以减小整个手臂对回转轴的转动惯量。另外，应注意减小偏重力矩(臂部全部零部件与工件的总重量对机身回转轴的静力矩)，偏重力矩过大，易使臂部在升降时发生卡死或爬行现象。

通过以下方法可以减小或消除偏重力矩：① 尽量减轻臂部运动部分的重量；② 使臂部的重心与立柱中心尽量靠近；③ 采用配重。

(4) 运动要平稳、定位精度要高。运动平稳性和重复定位精度是衡量机器人性能的重要指标，影响这些指标的主要因素有：① 惯性冲击；② 定位方法；③ 结构刚度；④ 控制及驱动系统性能等。

臂部运动速度越高，由惯性力引起的定位前的冲击就越大，不仅会使运动不平稳，而且会使定位精度不高。因此，除了要力求臂部结构紧凑、重量轻外，还要采取一定的缓冲措施。

工业机器人常用的缓冲装置有弹性缓冲元件、液压(气压)缸端部缓冲装置、缓冲回路和液压缓冲器等。按照它们在机器人或在机械手结构中设置位置的不同，可以分为内部缓冲装置和外部缓冲装置两类。在驱动系统内设置的缓冲部件属于内部缓冲装置，液压(气压)缸端部节流缓冲环节与缓冲回路均属于此类。弹性缓冲部件和液压缓冲器一般设置在驱动系统之外，故属于外部缓冲装置。内部缓冲装置具有结构简单、紧凑等优点，但其安装位置受到限制；外部缓冲装置具有安装简便、灵活、容易调整等优点，但其体积较大。

2. 关节型机器人臂部的典型结构

关节型机器人的臂部由大臂和小臂组成，大臂与机身相连的关节称为肩关节，大臂和小臂相连的关节称为肘关节。

1) 肩关节电动机布置

肩关节要承受大臂、小臂、手部的重量和载荷，受到很大的力矩作用，也同时承受来自平衡装置的弯矩，应具有较高的运动精度和刚度，多采用高刚度的 RV 减速器传动。按照电动机旋转轴线与减速器旋转轴线是否在一条线上，肩关节电动机布置方案也可分为同轴式与偏置式两种。

图 2-15 所示为肩关节电动机布置方案，电动机和减速器均安装在机身上。图 2-15(a)中电动机 3 与减速器 2 同轴相连，减速器 2 输出轴带动大臂 1 实现旋转运动，多用于小型机器人；图 2-15(b)中电动机 3 的轴与减速器 2 的轴偏置相连，电动机通过一对外啮合齿轮 5 做一级减速，把运动传递给减速器 2，减速器输出轴带动大臂 1 实现旋转运动，多

用于中、大型机器人。图 2-15(c)所示为偏置式布置肩关节的实物。

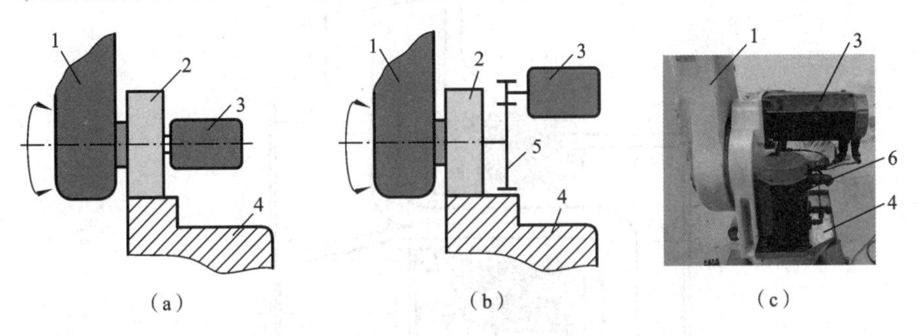

(a)　(b)　(c)

图 2-15　肩关节电动机布置方案

(a) 同轴式;(b) 偏置式;(c) 偏置式布置肩关节实物

1—大臂;2—减速器;3—肩关节电动机;4—机身;5—齿轮;6—腰关节电动机

2) 肘关节电动机布置

肘关节要承受小臂、手部的重量和载荷,受到很大的力矩作用。肘关节也应具有较高的运动精度和刚度,多采用高刚度的 RV 减速器传动。按照电动机旋转轴线与减速器旋转轴线是否在一条线上,肘关节电动机布置方案也可分为同轴式与偏置式两种。

图 2-16 所示为肘关节电动机布置方案,电动机和减速器均安装在小臂上。图 2-16(a)中电动机 4 与减速器 2 同轴相连,减速器 2 的输出轴固定在大臂 1 上端,减速器 2 的外壳旋转带动小臂 3 做上下摆动。该方案多用于小型机器人。图 2-16(b)中电动机 4 与减速器 2 偏置相连,电动机 4 通过一对外啮合齿轮 5 做一级减速,把运动传递给减速器 2。由于减速器 2 输出轴固定于大臂 1 上,所以外壳旋转时将带动安装于其上的小臂 3 做相对于大臂 1 的俯仰运动。该方案多用于中、大型机器人。图 2-16(c)所示为偏置式布置肘关节的实物。

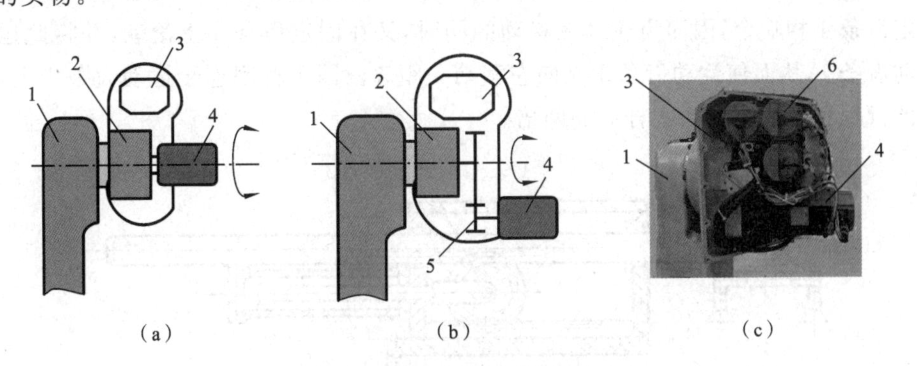

(a)　(b)　(c)

图 2-16　肘关节电动机布置方案

(a) 同轴式;(b) 偏置式;(c) 偏置式布置肘关节实物

1—大臂;2—减速器;3—小臂;4—肘关节电动机;5—齿轮;6—手腕关节电动机

对于中、大型机器人,为方便走线,肘关节也常采用中空型 RV 减速器,其典型使用案例如图 2-17 所示。电动机 5 的轴齿轮与 RV 减速器 2 输入端的中空齿轮 3 相啮合,实现一级减速,减速器 2 的输出轴固定在大臂 1 的上端,减速器的外壳旋转实现二级减速,并带动安装于其上的小臂 4 相对大臂 1 做俯仰运动。

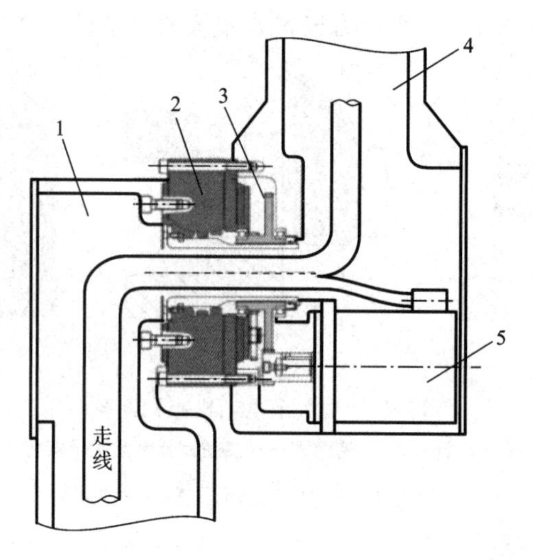

图 2-17　肘关节使用中空 RV 减速器驱动案例

1—大臂；2—RV 减速器；3—中空齿轮；4—小臂；5—驱动电动机

3. 液压(气压)驱动的臂部典型结构

1) 手臂直线运动机构

机器人手臂的伸缩、横向移动均属于直线运动。实现手臂往复直线运动的机构形式比较多，常用的有液压(气压)缸、齿轮齿条机构、丝杠螺母机构及连杆机构等。由于液压(气压)缸的体积小、重量轻，因而在机器人的手臂结构中应用比较多。

在手臂的伸缩运动中，为了使手臂移动的距离和速度按定值增加，可以采用齿轮齿条传动式增倍机构。图 2-18 所示为采用气压传动的齿轮齿条式增倍机构的手臂结构。活塞杆 3 左移时，与活塞杆 3 相连接的齿轮 2 也左移，并使运动齿条 1 一起左移；由于齿轮 2 与固定齿条 4 相啮合，因而齿轮 2 在移动的同时，又在固定齿条 4 上滚动，并将此运动传给运动齿条 1，从而使运动齿条 1 又向左移动一距离。因手臂固连于运动齿条 1 上，所以手臂的行程和速度均为活塞杆 3 的两倍。

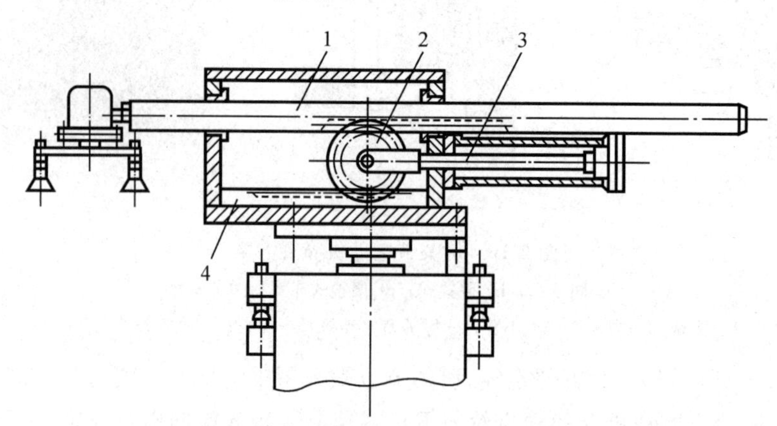

图 2-18　采用气压传动的齿轮齿条式增倍机构的手臂结构

1—运动齿条；2—齿轮；3—活塞杆；4—固定齿条

2）手臂回转运动机构

实现机器人手臂回转运动的机构形式多种多样，常用的有叶片式回转缸、齿轮传动机构、链轮传动机构、活塞缸和连杆机构等。

图 2-19 所示为利用齿轮齿条液压缸实现手臂回转运动的机构。压力油分别进入液压缸两腔，推动齿条活塞 2 往复移动，与齿条啮合的齿轮 1 即做往复回转运动。齿轮与手臂固连，从而实现手臂的回转运动。

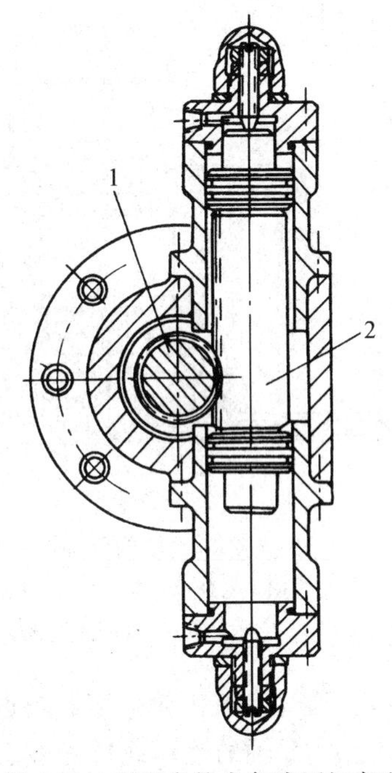

图 2-19　利用齿轮齿条液压缸实现手臂回转运动的机构

1—齿轮；2—齿条活塞

图 2-20 所示为采用活塞油缸和连杆机构的一种双臂机器人手臂的结构。手臂的上、下摆动由铰接液压缸（活塞油缸）和连杆机构来实现。当液压缸 3 的两腔通压力油时，连杆 2（即活塞杆）带动曲柄 1（即手臂）绕轴心 O 做幅度为 90°的上、下摆动（图中双点画线所示为竖直方向极限位置）。手臂下摆到水平位置时，其水平和竖直方向的定位分别由支承架 4 上的定位螺钉 6 和 5 来调节。此手臂结构具有传动结构简单、紧凑和轻巧等特点。

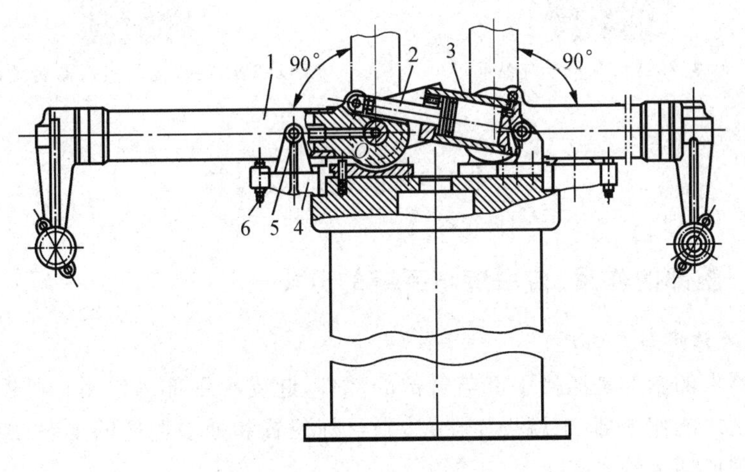

图 2-20　双臂机器人手臂的结构

1—曲柄；2—连杆；3—液压缸；4—支承架；5、6—定位螺钉

2.3.3　MOTOMAN SV3 机器人的机身与臂部

MOTOMAN SV3 机器人的机身与臂部共有三个旋转自由度，分别是机身腰关节的旋转（S 轴）、大臂肩关节的摆动（L 轴）和小臂肘关节的摆动（U 轴），其各轴的旋转方向和结构示意图如图1-15所示。机身的回转运动加上大臂和小臂的平面摆动，决定了机器人的作业范围。

腰关节 S 轴竖直布置，整个机器人的活动部分绕该轴回转。S 轴驱动电动机采用同

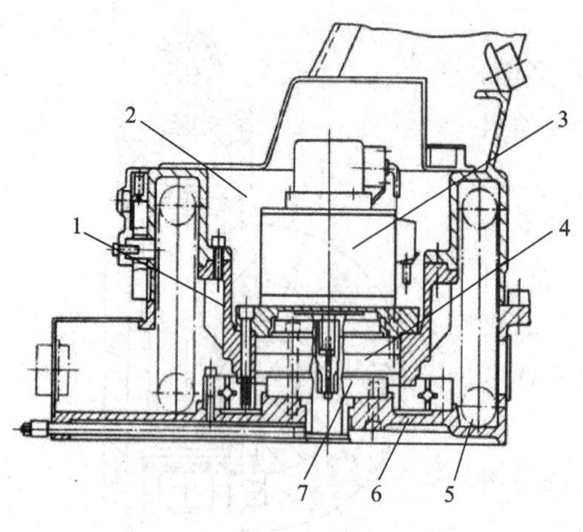

图 2-21　S 轴的驱动结构图

1—壳体；2—机身；3—电动机；4—RV 减速器；5—支承轴承；6—基座；7—输出盘

轴式布置方案，其传动链原理与图 2-11(a)相似。图 2-21 所示为 S 轴的驱动结构图，交流伺服电动机 3 和 RV 减速器 4 安装在机器人机身内部，电动机 3 与减速器 4 输入轴同轴相连，减速器输出轴固定，而减速器壳体 1 输出旋转运动。当电动机 3 转动时，由于减速器输出盘 7 与基座 6 固定，迫使减速器壳体 1 旋转，从而带动机身 2 转动，实现 S 轴的旋转运动。由于该 RV 减速器本身不带支承轴承，机身旋转体与固定机座间采用推力向心交叉短圆柱滚子轴承 5 进行支承。采用两个极限开关及死挡铁，限制 S 轴旋转的极限位置。

肩关节 L 轴水平布置，由交流伺服电动机驱动，通过谐波齿轮减速器减速，使大臂相对于腰部回转。肘关节 U 轴水平布置，在大臂的上方，L 轴的运动通过摆线针轮传动减速器减速后传动到关节，驱动小臂绕 L 轴回转，并驱动小臂绕 U 轴旋转，相对于大臂摆动。

拓展 2-2：机身与臂部结构

拓展 2-3：上肢康复机器人结构设计案例

2.4　腕部设计

2.4.1　腕部的作用、自由度与手腕的分类

1. 腕部的作用与自由度

工业机器人的腕部是连接手部与臂部的部件，起支承手部的作用。机器人一般要具有六个自由度才能使手部(末端操作器)达到目标位置和处于期望的姿态，腕部的自由度主要用来实现所期望的姿态。

为了使手部能处于空间任意方向，要求腕部能实现绕空间三个坐标轴 x、y、z 的转动，即具有回转、俯仰和偏转运动自由度，如图 2-22 所示。通常，把手腕的回转称为 Roll，用 R 表示；把手腕的俯仰称为 Pitch，用 P 表示；把手腕的偏转称为 Yaw，用 Y 表示。

2. 手腕的分类

手腕按自由度可分为单自由度手腕、二自由度手腕、三自由度手腕等。

1) 单自由度手腕

单自由度手腕如图 2-23 所示。其中：图(a)所示为一种回转(roll)关节，也称为 R 关节，它使手臂纵轴线和手腕关节轴线构成共轴线形式。这种 R 关节旋转角度大，可达到 360°以上。图(b)、(c)所示为一种弯曲(bend)关节，也称为 B 关节，关节轴线与前、后两个

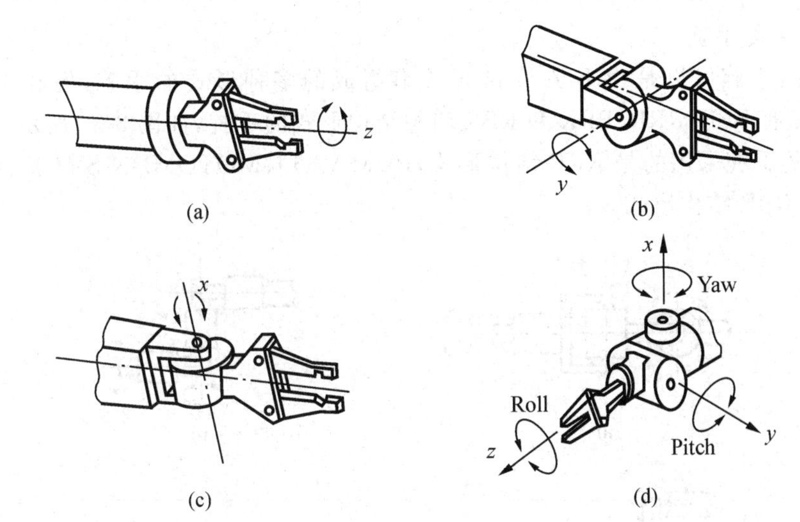

图 2-22 腕部的自由度

(a) 手腕的回转;(b) 手腕的俯仰;(c) 手腕的偏转;(d) 腕部的三个自由度

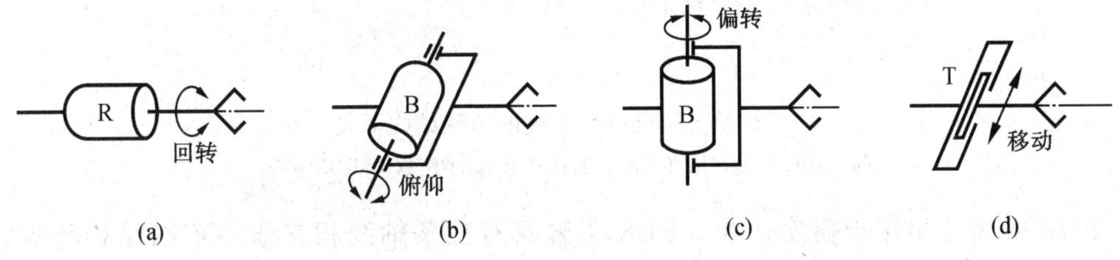

图 2-23 单自由度手腕

(a) R关节;(b)(c) B关节;(d) T关节

连接件的轴线相垂直。这种B关节因为受到结构上的限制,旋转角度小,方向角大大受限。图(d)所示为移动(translate)关节,也称为T关节。

2) 二自由度手腕

二自由度手腕如图2-24所示。二自由度手腕可以是由一个B关节和一个R关节组成的BR手腕(见图2-24(a)),也可以是由两个B关节组成的BB手腕(见图2-24(b))。但是,不能是由两个R关节组成的RR手腕,因为两个R关节共轴线,所以退化了一个自由度,实际上只构成单自由度手腕(见图2-24(c))。二自由度手腕中最常用的是BR手腕。

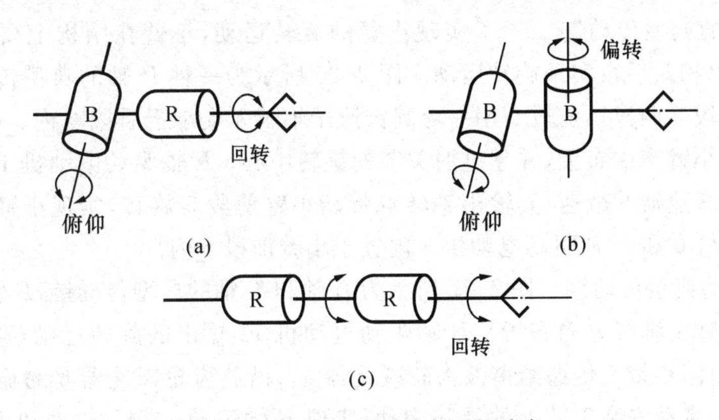

图 2-24 二自由度手腕与RR手腕

(a) BR手腕;(b) BB手腕;(c) RR手腕

3）三自由度手腕

三自由度手腕可以是由 B 关节和 R 关节组成的多种形式的手腕，但在实际应用中，常用的只有 BBR、RRR、BRR 和 RBR 四种结构形式的手腕，如图 2-25 所示。PUMA 262 机器人的手腕采用的是 RRR 结构形式，PUMA 560、MOTOMAN SV3 机器人的手腕采用的是 RBR 结构形式。

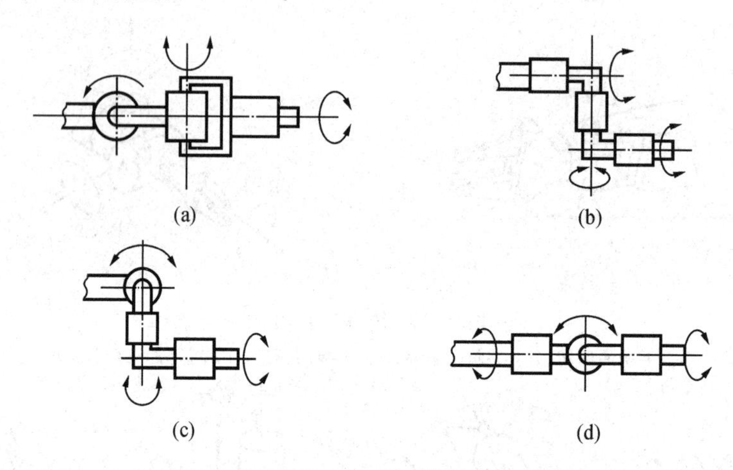

图 2-25 三自由度手腕的四种结构形式

(a) BBR 手腕；(b) RRR 手腕；(c) BRR 手腕；(d) RBR 手腕

RRR 手腕主要用于喷涂作业。RBR 手腕具有三条轴线相交于一点的结构特点，又称为欧拉手腕，其运动学求解较简单，是一种主流的机器人手腕结构。

2.4.2 手腕关节的典型结构

1. RBR 手腕的典型结构

RBR 手腕具有三个自由度，分别对应小臂旋转关节（*R* 轴）、手腕摆动关节（*B* 轴）和手腕旋转关节（*T* 轴）。对于小负载机器人，手腕三个关节电动机一般布置在机器人小臂内部；对于中、大负载机器人，手腕三个关节电动机一般布置在机器人小臂的末端，以尽量缓解小臂所受重力的不平衡状态。

1）电动机内藏于小臂内的典型结构

（1）*R* 轴的典型传动链　为了实现小臂的旋转运动，小臂在结构上要做成前、后两段，其前段可以相对后段实现旋转运动。图 2-26 所示为一种 *R* 轴的典型传动链，小臂分为后段 2 和前段 5 两段。前段 5 用一对圆锥滚子轴承 4 支承于后段 2 内。*R* 轴驱动电动机 1 尽量靠近小臂末端布置，并超过肘关节的旋转中心。*R* 轴驱动电动机 1 做旋转运动，通过谐波齿轮减速器 3 减速，其输出轴转盘带动小臂前段 5 旋转，实现小臂的旋转运动。*B* 轴驱动电动机 6 和 *T* 轴驱动电动机 7 内置于小臂前段 5 内。

（2）*B* 轴的典型传动链　图 2-27 所示为 *B* 轴和 *T* 轴的典型传动链，*B* 轴和 *T* 轴驱动电动机均沿小臂 1 轴线方向布置。*B* 轴驱动电动机 11 输出的旋转运动，通过锥齿轮 10 改变方向后，由同步带 9 传递给谐波齿轮减速器 8。谐波齿轮减速器 8 的输出轴固定，减速器壳体旋转，带动安装于其上的手腕摆动，实现 *B* 轴运动。锥齿轮轴和 *B* 轴分别由向心球轴承支承。

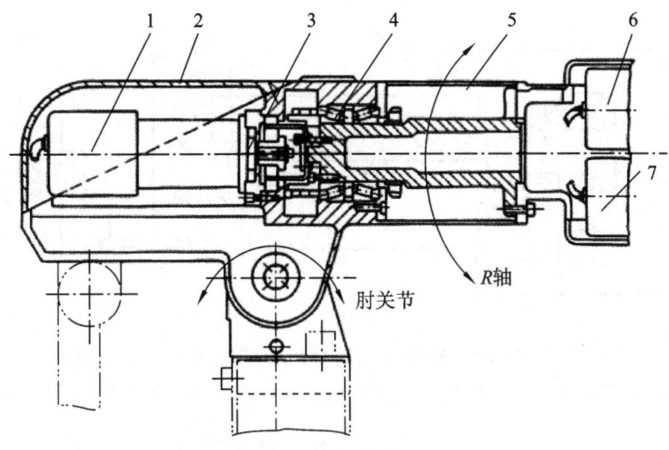

图 2-26 R 轴的典型传动链

1—R 轴驱动电动机；2—小臂后段；3—谐波齿轮减速器；

4—轴承；5—小臂前段；6—B 轴驱动电动机；7—T 轴驱动电动机

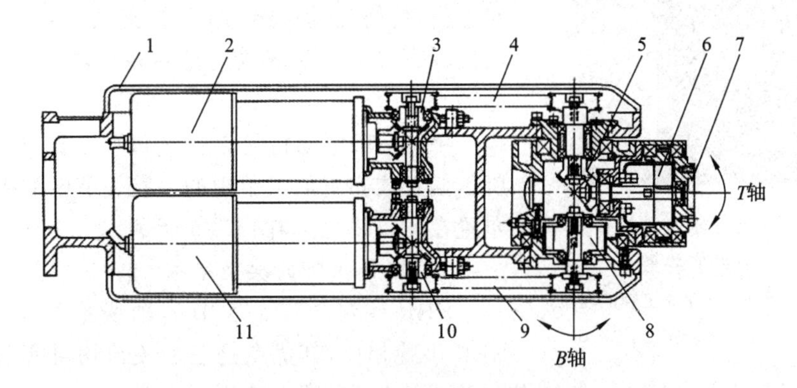

图 2-27 B 轴和 T 轴的典型传动链

1—小臂；2—T 轴驱动电动机；3,5,10—锥齿轮；4,9—同步带；

6,8—谐波齿轮减速器；7—T 轴法兰盘；11—B 轴驱动电动机

（3）T 轴的典型传动链　T 轴的运动传递与 B 轴相似。如图 2-27 所示，T 轴驱动电动机 2 输出旋转运动，通过锥齿轮 3 改变旋转方向后，由同步带 4 将运动传递给锥齿轮 5，再次改变旋转方向后将运动传递给谐波齿轮减速器 6，谐波齿轮减速器 6 的输出轴直接带动手腕旋转，实现 T 轴运动。T 轴由一对圆锥滚子轴承支承在手腕体内，T 轴法兰盘 7 连接末端操作器。

在实际应用中，B 轴、T 轴驱动电动机也可以垂直于小臂轴线内置，电动机的输出轴直接与带轮相连，省去一对改变方向的锥齿轮。T 轴电动机如果体积允许，也可直接与减速器相连，省去中间的传动链，使结构大大简化。

2）电动机置于小臂末端的典型结构

中、大负载机器人的小臂和电动机的重量较小负载机器人的大很多，考虑到重力平衡问题，手腕三轴驱动电动机应尽量靠近小臂的末端布置，并超过肘关节旋转中心。图2-28 所示为某一手腕三轴驱动电动机后置结构的典型传动原理，三轴驱动电动机内置于小臂的后段 1 内。R 轴驱动电动机 D4 通过中空型 RV 减速器 R4，直接带动小臂前段 2 相对后段旋转，实现 R 轴的旋转运动；B 轴驱动电动机 D5 通过两端带齿轮的薄壁套筒 3，将运

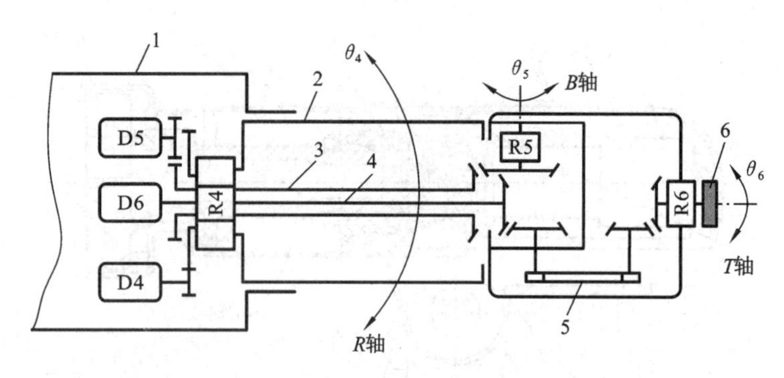

图 2-28　手腕三轴驱动电动机后置结构的典型传动原理

1—小臂后段;2—小臂前段;3—薄壁套筒;4—细长轴;5—同步带;6—法兰盘

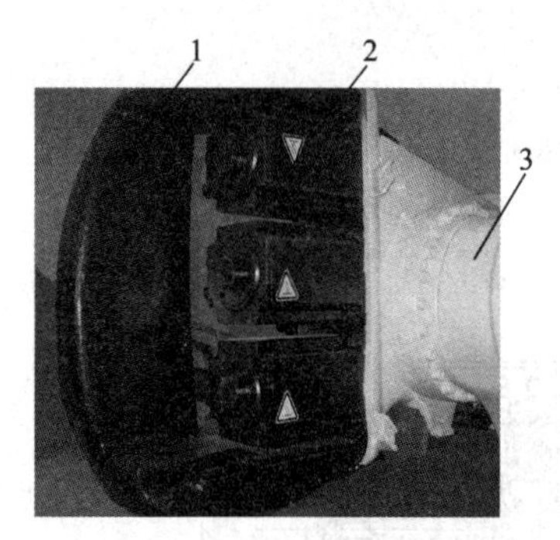

图 2-29　手腕三轴电动机直线布置的实物照片

1—小臂配重块;2—手腕三轴电动机;3—肘关节

动传递给 RV 减速器 R5,减速器 R5 通过其轴带动手腕摆动,实现 B 轴的旋转运动;T 轴驱动电动机 D6 通过实心细长轴 4 和一对锥齿轮,以及带传动装置和一对锥齿轮,将运动传递给 RV 减速器 R6,减速器 R6 的输出轴直接带动手腕法兰盘 6 转动,实现 T 轴的旋转运动。

手腕三轴电动机可以呈三角形布置,如图 2-16(c)所示偏置式布置肘关节中的手腕关节电动机 6;也可以布置在一条线上,如图 2-29 所示。

2. RRR 手腕的典型结构

RRR 手腕的三个关节的轴线不相交于一点,与 RBR 手腕相比,其优点是三个关节均可实现 360°的旋转,灵活性好,作业范围大。由于其手腕灵活性好,因此特别适合用于复杂曲面及狭小空间内的喷涂作业,能够高效、高质量地完成涂装任务。RRR 手腕按其相邻关节轴线夹角又可以分为正交型手腕(相邻轴线夹角 90°)和偏交型手腕两种,如图 2-30 所示。

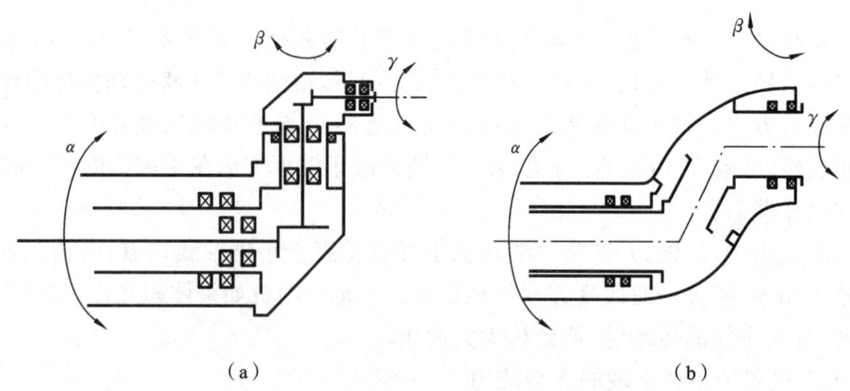

图 2-30　RRR 手腕的常用结构原理图

(a) 正交型;(b) 偏交型

在实际喷涂作业中,需要接入气路、液路、电路等管线,若这些管线悬于机器人手臂外部,容易造成管线与和喷涂对象之间的干涉,附着在管线上涂料的滴落也会对喷涂产品质量和生产安全造成影响。针对涂装工艺的特殊要求,中空结构的 RRR 手腕得到了广泛应用。采用中空手腕，各种管线就可以从机器人手腕内部穿过来与喷枪连接，使机器人变得整洁且易于维护。由于偏交型 RRR 手腕中的管路弯曲角度较小，非相互垂直，不容易堵塞甚至折断管道，因而具有中空结构的偏交型 RRR 手腕最适合于喷涂机器人。

图 2-31 所示为中空偏交型 RRR 手腕的内部结构，置于小臂内部的三个驱动电动机的动力，通过细长轴传递到腕部，再通过空心套筒驱动腕部的三个关节旋转。

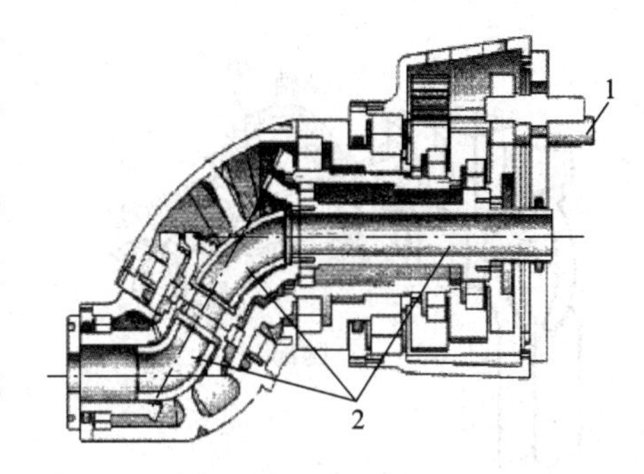

图 2-31 中空偏交型 RRR 手腕内部结构
1—传动轴；2—空心套筒

3. 液压(气压)驱动的手腕典型结构

如果采用液压(气压)传动，选用摆动油(气)缸或液压(气压)马达来实现旋转运动，将驱动元件直接装在手腕上，可以使结构十分紧凑。图 2-32 所示为 Moog 公司的一种采用液压直接驱动的 BBR 手腕，设计紧凑巧妙。其中 M_1、M_2、M_3 是液压马达，分别直接驱动实现手腕偏转、俯仰和回转运动的轴。决定这种直接驱动手腕的性能好坏的关键在于能否选到尺寸小、重量轻而驱动力矩大、驱动特性好的摆动油缸或液压马达。

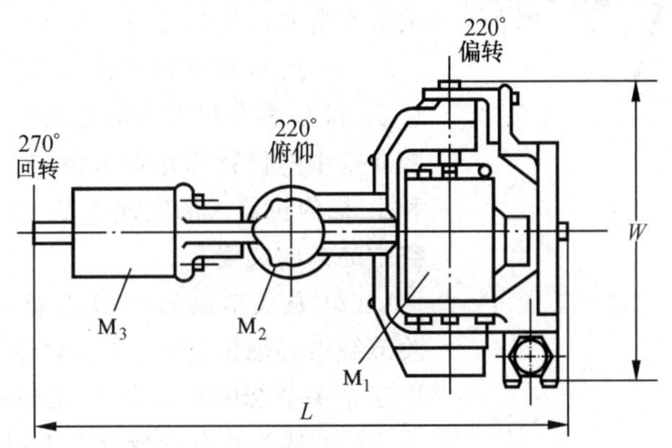

图 2-32 液压直接驱动的 BBR 手腕

2.4.3 MOTOMAN SV3 机器人的手腕结构

MOTOMAN SV3 机器人的腕关节由 *R* 轴、*B* 轴和 *T* 轴组成，具有三个自由度，如图 2-33所示。其中 *R* 轴以小臂中心线为轴线，由交流伺服电动机驱动，首先通过同步带传动，然后通过 RV 减速器减速，驱动小臂绕 *R* 轴旋转。为了减小转动惯量，其电动机安装在肘关节处，即和 *L* 轴的电动机交错安装。*B* 轴结构如图 2-34 所示。驱动 *B* 轴的交流伺服电动机轴与 *R* 轴的轴线垂直，其安装在小臂内部末端，先通过同步带将动力传到 *B* 轴，然后通过谐波齿轮减速器减速，驱动腕关节做俯仰运动。*T* 轴的轴线与 *B* 轴的轴线垂直；*T* 轴驱动电动机为交流伺服电动机，直接安装在腕部，省去了中间传动链，通过谐波齿轮减速器，驱动法兰盘(末端操作器机械接口单元)绕 *T* 轴转动。

由上面的分析可知，该机械手的驱动系统均采用交流伺服电动机驱动，而传动系统则采用谐波齿轮减速器、RV 减速器和同步带传动。当要求末端操作器执行某个任务时，由控制系统协调各轴的运动，按给定轨迹运动。

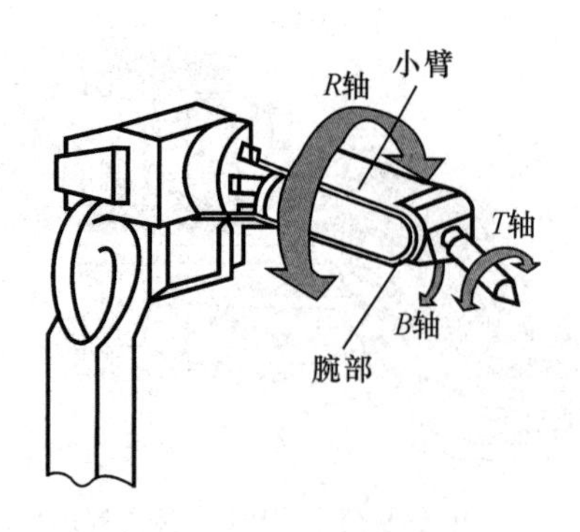

图 2-33 MOTOMAN SV3 机器人的手腕结构

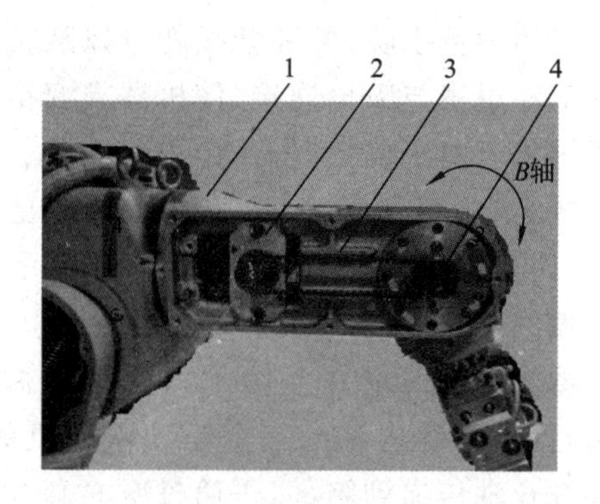

图 2-34 MOTOMAN SV3 机器人的 B 轴结构

1—小臂；2—B 轴电动机；3—同步带；4—B 轴减速器

2.4.4 六自由度关节型机器人的关节布置与结构特点

目前，各大工业机器人厂商提供的通用型六自由度关节型机器人的机械结构从外观上看大同小异，相差不大。从本质上讲，关节布置和机身、臂部、手腕结构基本一致，如图 2-35 所示。其关节布置和结构特点总结如下。

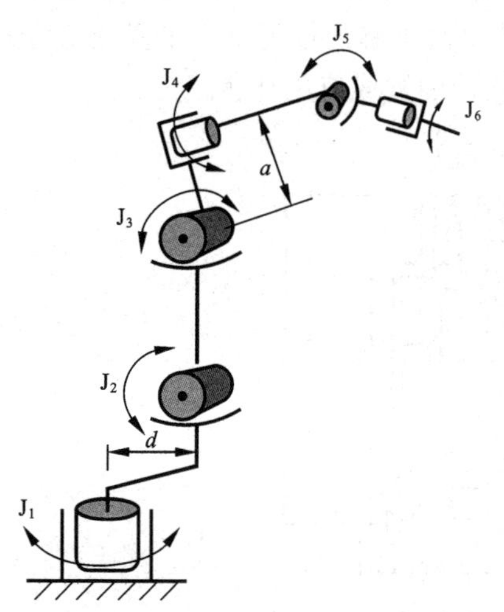

图 2-35 六自由度关节型机器人的关节布置与结构特点

(1) 从关节所起的作用来看：前三个关节（轴）J_1、J_2 和 J_3 称为机器人的定位关节，决定了机器人手腕在空中的位置和作业范围；后三个关节（轴）J_4、J_5 和 J_6 称为机器人的定向关节，决定了机器人手腕在空中的方向或姿态。

(2) 从关节旋转的形式来看：J_1、J_4 和 J_6 三个关节绕中心轴做旋转运动，动作角度较大；J_2、J_3 和 J_5 三个关节绕中心轴摆动，动作角度较小。

(3) 从关节布置特点上看：J_2 关节轴线前置，偏移量为 d，从而扩大了机器人向前的灵活性和作业范围；为了减小运动惯量，J_4 关节的电动机要尽量向后放置，所以 J_3 和 J_4 关节轴线在空中呈十字形垂直交叉，相距量为 a；为了运动学求解计算方便，J_4、J_5 和 J_6 三个关节轴线相交于一点，形成 RBR 手腕结构。

(4) 从电动机布置位置来看：对于小型机器人，J_1、J_2 和 J_3 三个关节电动机轴线与减速器轴线通常同轴，J_4、J_5 和 J_6 三个关节电动机内藏于小臂内部；对于中、大型机器人，J_1、J_2 和 J_3 三个关节电动机轴线与减速器轴线通常偏置，中间通过一级外啮合齿轮传递运动，而 J_4、J_5 和 J_6 三个关节电动机后置于小臂末端，从而可减小运动惯量。

拓展 2-4：机器人手腕结构

拓展 2-5：ABB210 小六轴机器人结构

拓展 2-6：工业机器人结构创新发展历程

2.5 手部设计

2.5.1 手部的特点

工业机器人的手部是装在工业机器人手腕上直接抓握工件或执行作业的部件。

工业机器人手部有以下一些特点：

(1) 手部与手腕相连处可拆卸。手部与手腕有机械接口，也可能有电、气、液接头，当工业机器人作业对象不同时，可以方便地拆卸和更换手部。

(2) 手部是工业机器人的末端操作器。它可以像人手那样具有手指，也可以不具备手指；可以是类人的手爪，也可以是进行专业作业的工具，如装在机器人手腕上的喷漆枪、焊具等，如图 2-36 所示。

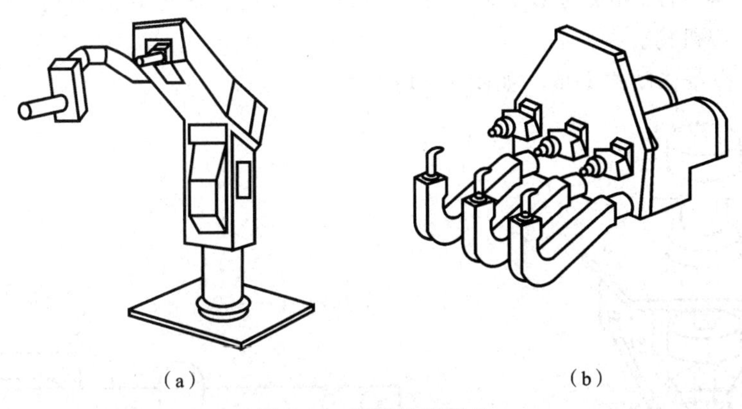

(a)　　(b)

图 2-36　喷漆枪和焊具

(a) 喷漆枪；(b) 焊具

(3) 手部的通用性比较差。工业机器人的手部通常是专用的装置，一种手爪往往只能抓握一种工件或几种在形状、尺寸、重量等方面相近似的工件，只能执行一种作业任务。

(4) 手部是一个独立的部件，假如把手腕归为臂部，那么，工业机器人机械系统的三大件就是机身、臂部和手部。手部是决定整个工业机器人作业完成好坏、作业柔性好坏的关键部件之一。

2.5.2 手部的分类

由于手部要完成的作业任务繁多，手部的类型也多种多样。根据其用途，手部可分为手爪和工具两大类。手爪具有一定的通用性，它的主要功能是抓住工件、握持工件、释放工件。工具用于进行某种作业。

根据其夹持原理，手部又可分为机械钳爪式和吸附式两大类。吸附式手部机构的功能超出了人手的功能范围。在实际应用中，也有少数特殊形式的手部。

1. 机械钳爪式手部结构

机械钳爪式手部按夹取的方式，可分为内撑式和外夹式两种，分别如图 2-37 与图2-38 所示。两者的区别在于夹持工件的部位不同，手爪动作的方向相反。

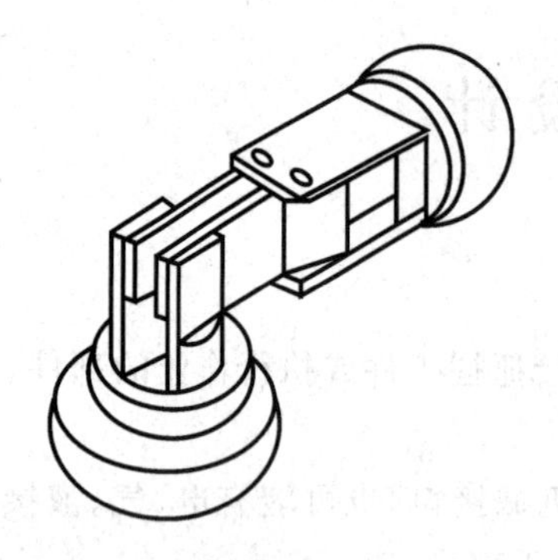

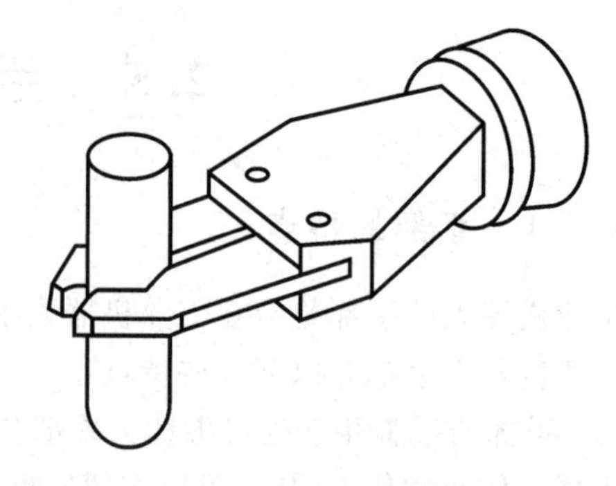

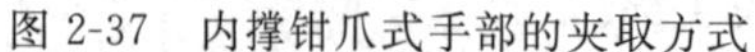

图 2-37　内撑钳爪式手部的夹取方式

图 2-38　外夹钳爪式手部的夹取方式

由于采用两爪内撑式手部夹持时不易达到稳定，工业机器人多用内撑式三指钳爪来夹持工件，如图 2-39 所示。

按机械结构特征、外观与功用来区分，钳爪式手部还有多种结构形式，下面介绍几种不同形式的手部机构。

（1）齿轮齿条移动式手爪　如图 2-40 所示。

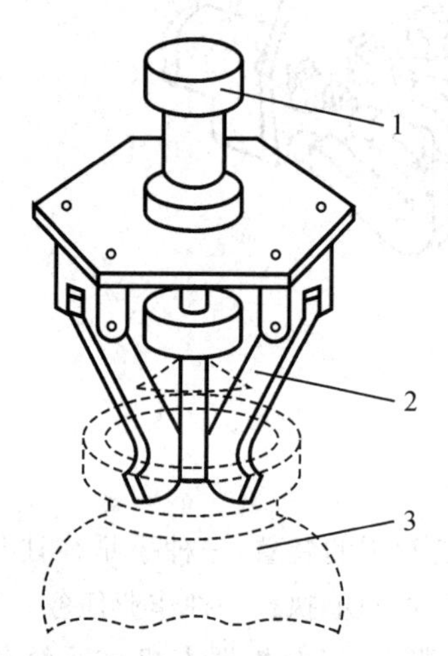

图 2-39　内撑式三指钳爪

1—手指驱动电磁铁；2—钳爪；3—工件

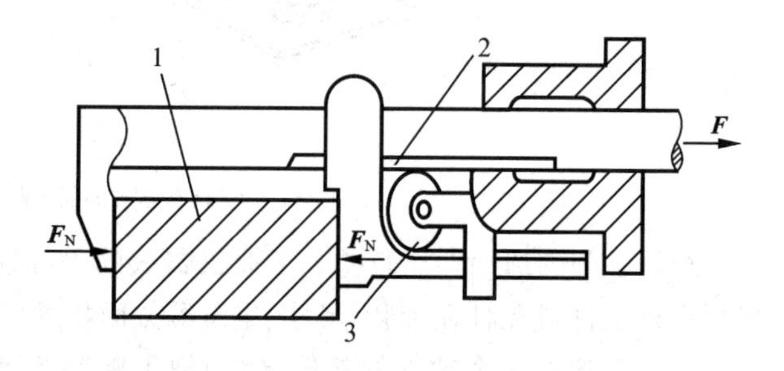

图 2-40　齿轮齿条移动式手爪

1—工件；2—齿条；3—齿轮

（2）重力式钳爪　如图 2-41 所示。

（3）平行连杆式钳爪　如图 2-42 所示。

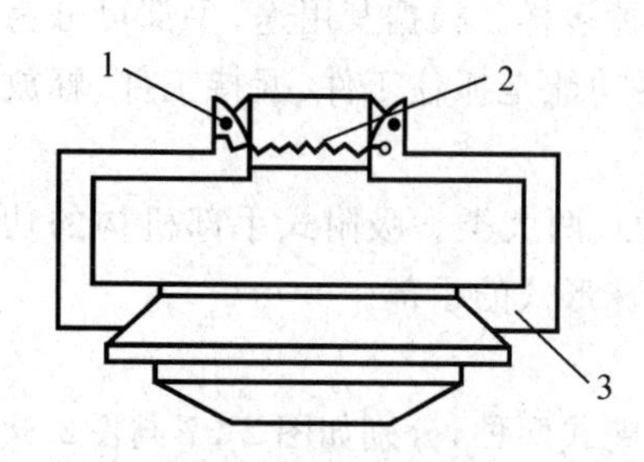

图 2-41　重力式钳爪

1—销；2—弹簧；3′—钳爪

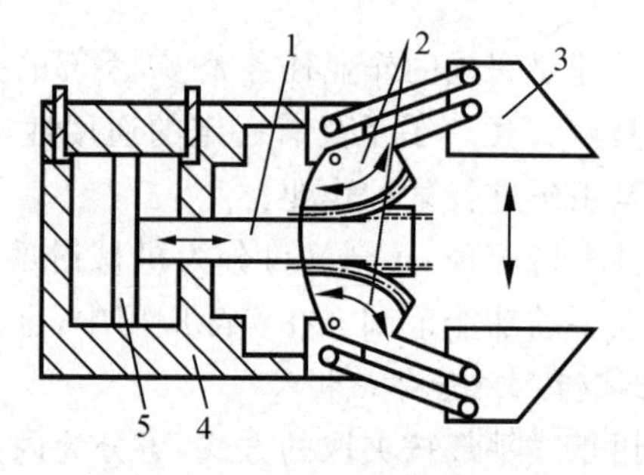

图 2-42　平行连杆式钳爪

1—齿条；2—扇形齿轮；3—钳爪；4—气(油)缸；5—活塞

(4) 拨杆杠杆式钳爪　如图2-43所示。

(5) 自动调整式钳爪　如图2-44所示。自动调整式钳爪的调整范围在0～10 mm，适用于抓取多种规格的工件，当更换产品时可更换V形钳爪。

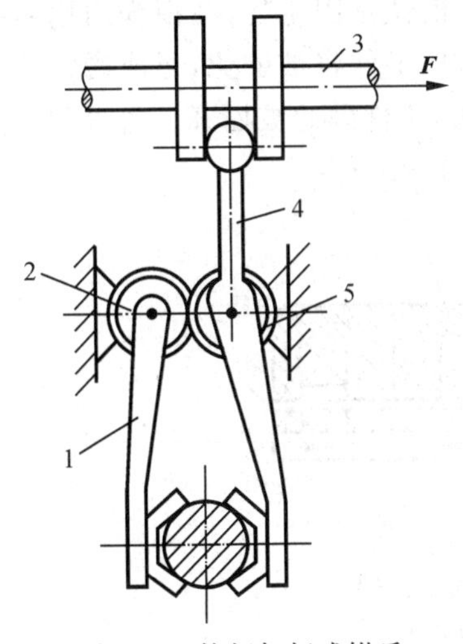

图2-43　拨杆杠杆式钳爪

1—钳爪；2，5—齿轮；3—驱动杆；4—拨杆

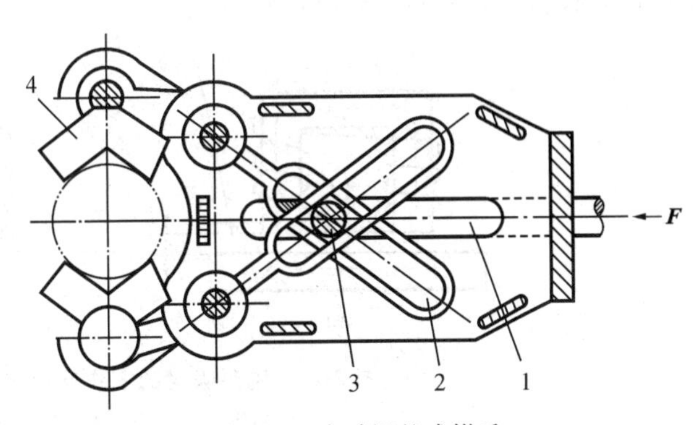

图2-44　自动调整式钳爪

1—推杆；2—滑槽；3—轴销；4—V形钳爪

(6) 特殊形式手爪　机器人手爪中形式最完美的是模仿人手的多指灵巧手，如图2-45所示。多指灵巧手有多个手指，每个手指有三个回转关节，每一个关节的自由度都是独立控制的，因此，人手能完成的许多复杂动作如拧螺钉、弹钢琴、做礼仪手势等它都能完成。在手部配置有触觉、力觉、视觉、温度传感器，可使多指灵巧手更趋完美。多指灵巧手的应用十分广泛，可在各种极限环境下完成人无法实现的操作，如在核工业领域内，在宇宙空间，在高温、高压、高真空环境下作业等。

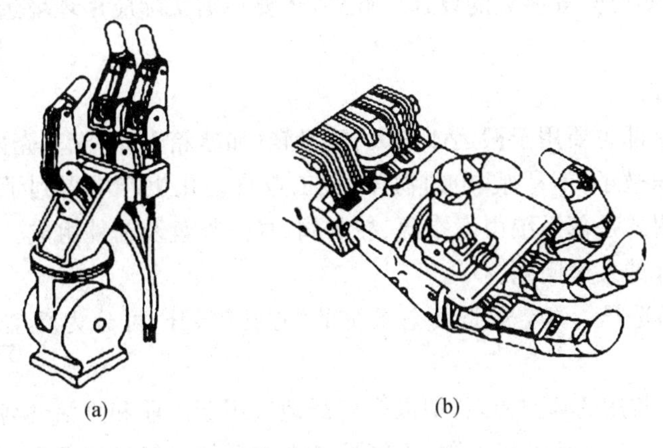

图2-45　多指灵巧手

(a) 三指式；(b) 四指式

2. 吸附式手部结构

吸附式手部即为吸盘，主要有磁力吸附式和真空吸附式两种。

1) 磁力吸附式

磁力吸盘是在手部装上电磁铁而形成的，可通过磁场吸力把工件吸住，有电磁吸盘和永磁吸盘两种。

图 2-46(a)所示为电磁吸盘的工作原理：线圈 1 通电后，在铁芯 2 内外产生磁场，磁力线经过铁芯，空气隙和衔铁 3 被磁化并形成回路，衔铁受到电磁吸力的作用被牢牢吸住。实际使用时，往往采用如图 2-46(b)所示的盘式电磁铁。衔铁是固定的，在衔铁内用隔磁材料将磁力线切断，当衔铁接触由铁磁材料制成的工件时，工件将被磁化，形成磁力线回路并受到电磁吸力而被吸住。一旦断电，电磁吸力即消失，工件因此被松开。若采用永久磁铁作为吸盘，则必须强制性取下工件。

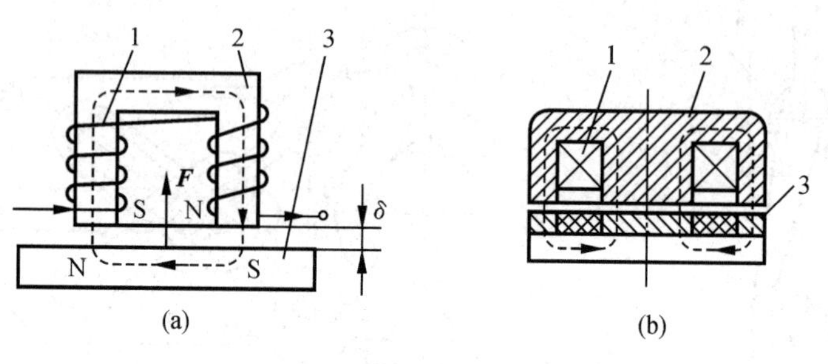

图 2-46　电磁吸盘的工作原理与盘式电磁铁

(a) 电磁吸盘的工作原理；(b) 盘式电磁铁

1—线圈；2—铁芯；3—衔铁

磁力吸盘只能吸住由铁磁材料制成的工件，吸不住采用非铁磁质金属和非金属材料制成的工件。磁力吸盘的缺点是被吸取过的工件上会有剩磁，且吸盘上常会吸附一些铁屑，致使其不能可靠地吸住工件。磁力吸盘只适用于工件对磁性要求不高或有剩磁也无妨的场合。对于不准有剩磁的工件，如钟表零件及仪表零件，不能选用磁力吸盘。所以，磁力吸盘的应用有一定的局限性，在工业机器人中使用较少。

磁力吸盘的设计计算主要是电磁吸盘中电磁铁吸力的计算，其中包括铁芯截面面积、线圈导线直径、线圈匝数等参数的设计。此外，还要根据实际应用环境选择工作情况系数和安全系数。

2）真空吸附式

真空吸附式手部主要用于搬运体积大、重量轻(如冰箱壳体、汽车壳体等)，易碎(如玻璃、磁盘等)或体积微小(不易抓取)的物体，在工业自动化生产中得到了广泛的应用。一个典型的真空吸附式手部系统由真空源、控制阀、真空吸盘及辅件组成。下面介绍真空吸附式手部系统设计的关键问题。

(1) 真空源的选择　真空源是真空系统的“心脏”部分，可分为真空泵与真空发生器两大类。

真空泵是比较常用的真空源，长期以来广泛地应用于工业和生活的各个方面。真空泵的结构和工作原理与空气压缩机相似，不同的是真空泵的进气口接负压，排气口接大气压。真空吸附系统一般对真空度要求不高，属低真空范围，主要使用各种类型的机械式真空泵。

真空发生器是一种新型的真空源，它以压缩空气为动力源，利用在文丘里管中流动、喷射的高速气体对周围气体的卷吸作用来产生真空。真空发生器的工作原理与图形符号如图 2-47 所示。真空发生器本身无运动部件，不发热，结构简单，价格便宜，因此，在某些应用场合有代替真空泵的趋势。

对于一个确定的真空吸附系统，应从以下三方面考虑真空源的选择：① 如果有压缩空气源，选用真空发生器，这样可以不增加新的动力源，从而可简化设备结构；② 对于真空连续工作场合，优先选用真空泵，对于真空间歇工作场合，可选用真空发生器；③ 对于易燃、易爆、多尘埃的恶劣工作环境，优先选用真空发生器。

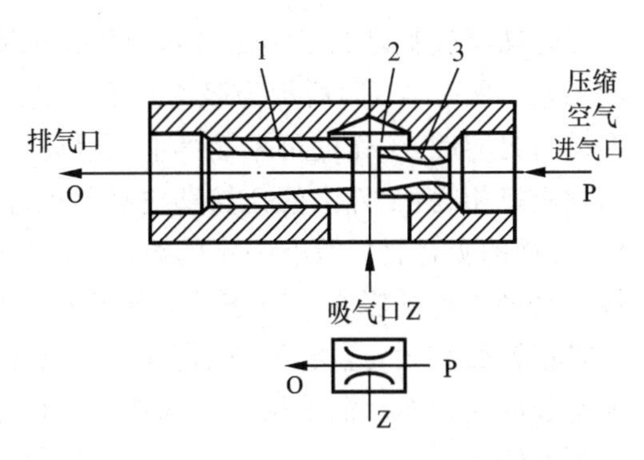

图 2-47 真空发生器的工作原理与图形符号

1—接收管；2—混合室；3—喷射管

(2) 吸盘的结构 真空吸盘按结构可分为普通型与特殊型两大类。

普通型吸盘一般用来吸附表面光滑平整的工件，如玻璃、瓷砖、钢板等。吸盘的材料有丁腈橡胶、硅橡胶、聚氨酯、氟橡胶等。要根据工作环境对吸盘耐油、耐水、耐腐、耐热、耐寒等性能的要求，选择合适的材料。普通吸盘橡胶部分的形状一般为碗状，但异形的也可使用，这要视工件的形状而定。吸盘的形状可为长方形、圆形和圆弧形等。

常用的几种普通型吸盘的结构如图 2-48 所示。图 2-48(a)所示为普通型直进气吸盘，其可通过头部的螺纹直接与真空发生器的吸气口相连，从而与真空发生器成为一体，结构非常紧凑。图 2-48(b)所示为普通型侧向进气吸盘，其中弹簧用来缓冲吸盘部件的运动惯性，可减小对工件的撞击力。图 2-48(c)所示为带支撑楔的吸盘，这种吸盘结构稳定，变形量小，并能在竖直吸吊物体时产生更大的摩擦力。图 2-48(d)所示为采用金属骨架，由橡胶压制而成的碟形大直径吸盘，吸盘作用面采用双重密封结构面，大径面为轻吮吸启动面，小径面为吸牢有效作用面。柔软的轻吮吸启动使得吸着动作特别轻柔，不伤工件，且易于吸附。图2-48(e)所示为波纹形吸盘，其可利用波纹的变形来补偿高度的变化，往往用于吸附工件高度会产生变化的场合。图 2-48(f)所示为球铰式吸盘，吸盘可自由转动，以适应工件吸附表面的倾斜，转动范围可达 30°～50°，吸盘体上的抽吸孔通过贯穿球节的孔，与安装在球节端部的吸盘相通。

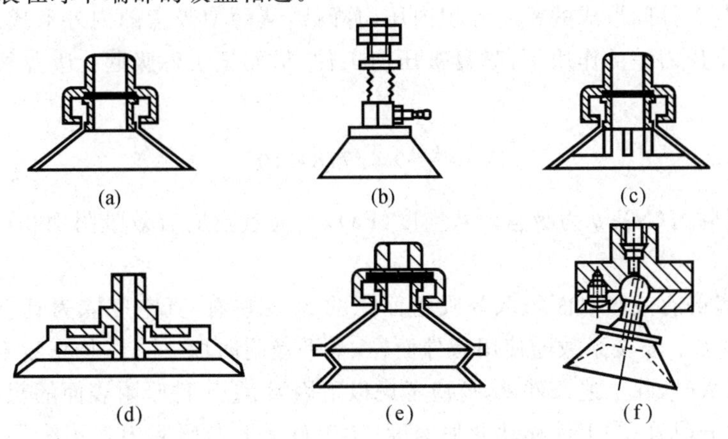

图 2-48 几种普通型吸盘的结构

(a) 普通型直进气吸盘；(b) 普通型侧向进气吸盘；(c) 带支撑楔的吸盘；
(d) 碟形大直径吸盘；(e) 波纹形吸盘；(f) 球铰式吸盘

特殊型吸盘是为了满足特殊应用需求而专门设计的，图 2-49 所示为两种特殊型吸盘的结构。图 2-49(a)所示为吸附有孔工件的吸盘。当工件表面有孔时，普遍型吸盘不能形成密封容腔，工作的可靠性得不到保证。吸附有孔工件吸盘的环形腔室为真空吸附腔，与抽吸口相通，工件上的孔与真空吸附区靠吸盘中的环形区隔开。为了获得良好的密封性，所用的吸盘材料具有一定的柔性，以利于吸附表面的贴合。图 2-49(b)所示为吸附可挠性轻型工件的吸盘。对于可挠性轻型工件如纸、聚乙烯薄膜等，采用普通吸盘时，由于吸盘接触面积大，这类轻、软、薄工件沿吸盘边缘易皱折，出现许多狭小缝隙，从而会降低真空腔的密封性。而采用该结构形式的吸盘，可很好地解决工件起皱问题。其材料可选用铜或铝。

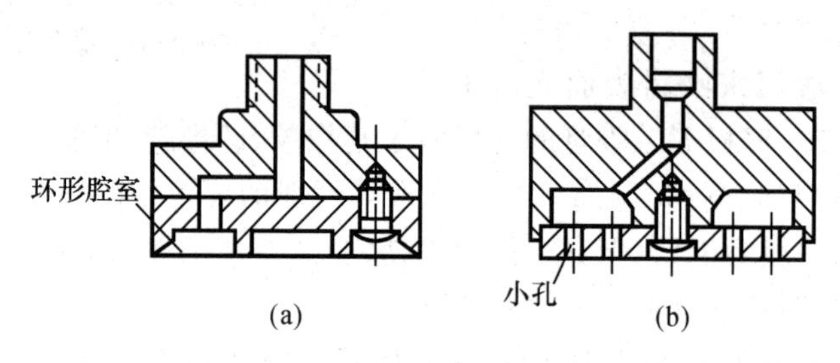

图 2-49　两种特殊型吸盘的结构

(a) 吸附有孔工件的吸盘；(b) 吸附可挠性轻型工件的吸盘

最近几年，一种使用海绵材料做成的海绵真空吸盘，在机器人搬运、码垛作业中得到了广泛应用。这种海绵吸盘底部有许多个独立的小孔，每一个小孔处都形成一个小吸盘，在吸取那些不规则的物体时，小孔吸盘会自动感应到自身是否接触到物体，而那些没有接触到物体的小孔会自动关闭阀门，这就会让整个海绵真空吸盘具有很好的密封性能，也就能适用于不同形状的单个或者多个物体的抓取。

由于整个海绵吸盘柔软并具有可塑性，能够很好地与那些表面不平整的物体充分接触，整块海绵可以很好地保持密封真空性能，所以海绵吸盘的用途非常广泛。

(3) 吸盘的吸附能力　真空吸盘以大气压为作用力，通过真空源抽出一定量的气体分子，使吸盘与工件间形成的密闭容积内压力降低，从而使吸盘的内外形成压力差(见图 2-50)。在这个压力差的作用下，吸盘被压向工件，从而把工件吸起。吸盘所产生的吸附力为

$$F_W=\frac{pA}{f}\times 1.778\times 10^{-4} \tag{2-15}$$

式中：F_W 为吸附力(N)；p 为吸盘内真空度(Pa)；A 为吸盘的有效吸附面积(m^2)；f 为安全系数。

通常，吸盘的有效吸附面积取为吸盘面积的 80%左右，真空度取为真空泵产生的最大值的 90%左右。安全系数随使用条件而异，水平吸附时取 $f\geqslant 4$，竖直吸附时取 $f\geqslant 8$。在确定安全系数时，除上述条件外，还应考虑以下因素：①工件吸附表面的粗糙度；②工件表面是否有油分附着；③工件移动的加速度；④工件重心与吸附力作用线是否重合；⑤工件的材料。可根据实际情况再增加 1～2 倍。

图 2-51 所示为生产线上广泛应用的典型真空吸附回路。该回路由真空发生器、电磁换向阀、过滤器和吸盘等组成。图中真空发生器 4 将气源 1 的压缩空气能量转化为真空

能量，电磁换向阀2控制真空发生器的通气和断气，当电磁换向阀2接通时，真空发生器接通气源，产生真空，吸盘6在负压作用下吸住工件7，实现工件的搬运。当搬运到位电磁换向阀2断电时，真空发生器停止产生真空，工件靠自重与吸盘分离，完成一次工件的吸附搬运任务。对于轻薄难以快速分离的工件，可以通过电磁换向阀3向吸盘内吹入压缩空气，从而快速地破坏掉吸盘内的真空，实现工件与吸盘的迅速分离，提高生产节拍。过滤器5的作用是过滤掉吸入的异物和粉尘等杂质，确保真空发生器能正常工作。

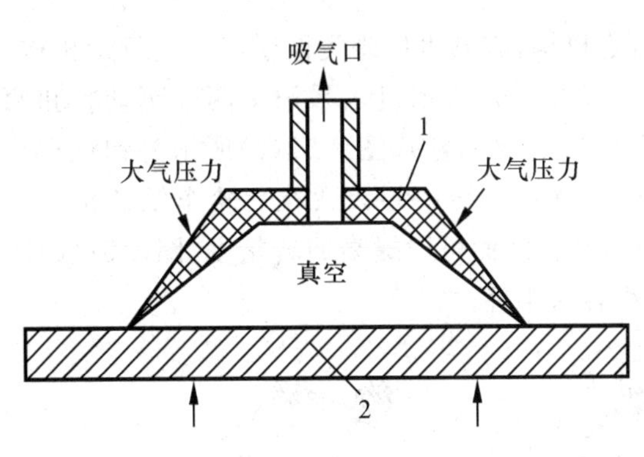

图2-50 吸盘的吸附力计算

1—吸盘；2—工件

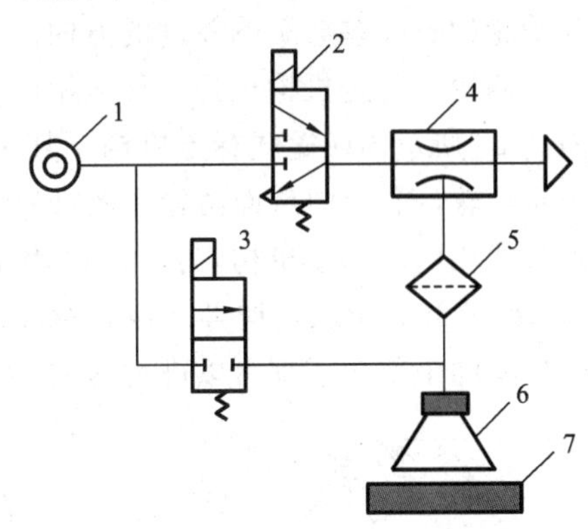

图2-51 典型真空吸附回路

1—气源；2,3—电磁换向阀；4—真空发生器；5—过滤器；6—吸盘；7—工件

2.6 行走机构设计

机器人可以分为固定式和行走式两种。一般的工业机器人大多是固定式的，还有一部分可以沿固定轨道移动。但是随着海洋开发、原子能工业及宇宙空间事业的发展，可以预见，具有一定智能的可移动的行走式机器人将是今后机器人发展的方向之一，并将在上述领域内得到广泛的应用。

行走机构是行走式机器人的重要执行部件，它由行走驱动装置、传动机构、位置检测元件、传感器、电缆及管路等组成。行走机构一方面支承机器人的机身、臂部和手部，因而必须具有足够的刚度和稳定性；另一方面，还需根据作业任务的要求，实现机器人在更广阔的空间内的运动。

行走机构按其运动轨迹可分为固定轨迹式和无固定轨迹式两类。固定轨迹式行走机构主要用于工业机器人，如横梁式机器人。无固定轨迹式行走机构根据其结构特点分为轮式行走机构、履带式行走机构和关节式行走机构等。在行走过程中，前两种行走机构与地面连续接触，其形态为运行车式，应用较多，一般用于野外、较大型作业场合，也比较成熟；后一种与地面为间断接触，为动物的腿脚式，该类机构正在发展和完善中。

行走机构根据其结构分为车轮式、步行式、履带式和其他方式。以下分别论述各行走机构的特点。

2.6.1 车轮式行走机构

车轮式行走机构具有移动平稳、能耗小，以及容易控制移动速度和方向等优点，因此得到了普遍的应用，但这些优点只有在平坦的地面上才能发挥出来。目前应用的车轮式行走机构主要为三轮式或四轮式。

三轮式行走机构具有最基本的稳定性，其主要问题是如何实现移动方向的控制。典型车轮的配置方法是一个前轮、两个后轮，前轮作为操纵舵，用来改变方向，后轮用来驱动；另一种是用后两轮独立驱动，另一个轮仅起支承作用，并靠两轮的转速差或转向来改变移动方向，从而实现整体灵活的、小范围的移动。不过，要做较长距离的直线移动时，两驱动轮的直径差会影响前进的方向。

四轮式行走机构也是一种应用广泛的行走机构，其基本原理类似于三轮式行走机构。图 2-52 所示为四轮式行走机构。其中图 2-52(a)、(b)所示机构采用了两个驱动轮和两个自位轮（图(a)中后面两轮和图(b)中左、右两轮是驱动轮）；图 2-52(c)所示是和汽车行走方式相同的移动机构，为转向采用了四连杆机构，回转中心大致在后轮车轴的延长线上；图2-52(d)所示机构可以独立地进行左、右转向，因而可以提高回转精度；图 2-52(e)所示机构的全部轮子都可以进行转向，能够减小转弯半径。

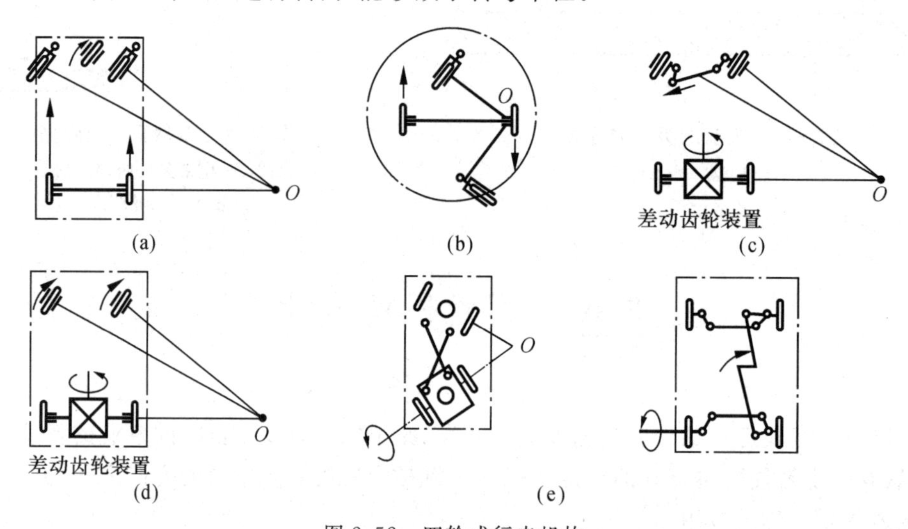

图 2-52　四轮式行走机构

(a)、(b) 采用两个驱动轮和两个自位轮的行走机构；(c) 移动机构；
(d) 可独立转向的机构；(e) 全部轮子均可转向的机构

在四轮式行走机构中，自位轮可沿其回转轴回转，直至转到要求的方向上为止，这期间驱动轮产生滑动，因而很难求出正确的移动量。另外，用转向机构改变运动方向时，在静止状态下行走机构会产生很大的阻力。

2.6.2　履带式行走机构

履带式行走机构的特点很突出，采用该类行走机构的机器人可以在凸凹不平的地面上行走，也可以跨越障碍物、爬不太高的台阶等。一般类似于坦克的履带式机器人，由于没有自位轮和转向机构，要转弯时只能靠左、右两个履带的速度差，所以不仅在横向，而且在前进方向上也会产生滑动，转弯阻力大，不能准确地确定回转半径。

图 2-53(a)所示是主体前、后装有转向器的履带式机器人，它没有上述的缺点，可以上、下台阶。它具有提起机构，该机构可以使转向器绕着图中的 A—A 轴旋转，这使得机

器人上、下台阶非常顺利，能实现诸如用折叠方式向高处伸臂、在斜面上保持主体水平等各种各样的姿势。图 2-53(b)所示机器人的履带形状可为适应台阶形状而改变，也比一般履带式机器人的动作更为自如。

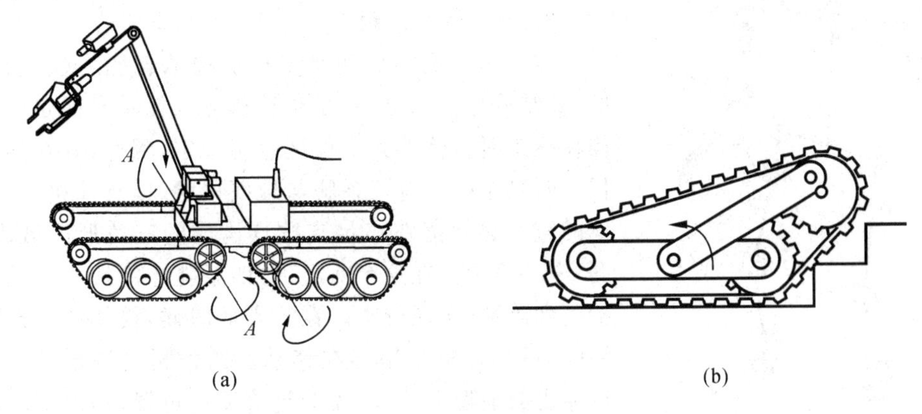

图 2-53　容易上、下台阶的履带式机器人

(a) 双重履带式机器人；(b) 形状可变式履带机构

2.6.3　步行机构

类似于动物那样，利用脚部关节机构、用步行方式实现移动的机构，称为步行机构。采用步行机构的步行机器人，能够在凸凹不平的地上行走、跨越沟壑，还可以上、下台阶，因而具有广泛的适应性。但控制上有相当的难度，完全实现上述要求的实际例子很少。步行机构有两足、三足、四足、六足、八足等形式，其中两足步行机构具有最好的适应性，也最接近人类，故又称为类人双足行走机构。

1. 两足步行机构

两足步行机构是多自由度的控制系统，是现代控制理论很好的应用对象。这种机构结构简单，但其静、动行走性能及稳定性和高速运动性能都较难实现。

如图 2-54 所示，两足步行机构是一空间连杆机构。在行走过程中，行走机构始终满足静力学的静平衡条件，也就是机器人的重心始终落在支持地面的一脚上，如图2-55所示。这种行走方式称为静止步态行走。

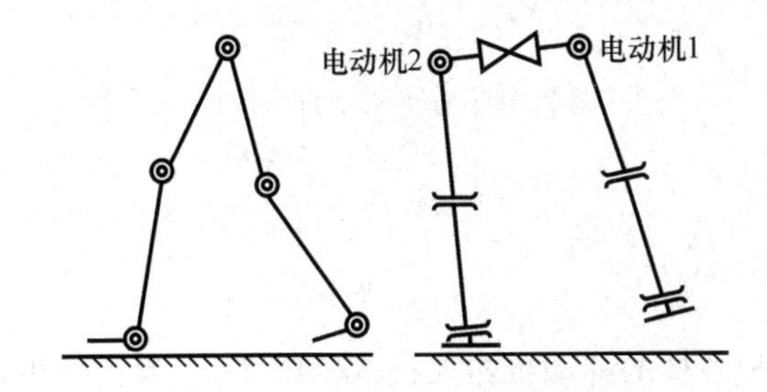

图 2-54　两足步行机构原理图

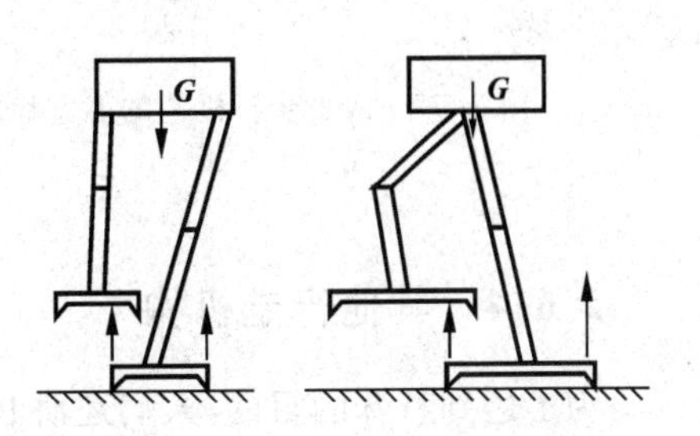

图 2-55　两足步行机构的静止步态

两足步行机器人的动步行有效地利用了惯性力和重力。人的步行就是动步行，动步行的典型例子是踩高跷。高跷与地面只是单点接触，两根高跷在地面不动时人想站稳是非常困难的，要想原地停留，必须不断踏步，不能总是保持步行中的某种瞬间姿态。

图 2-56 所示为本田公司开发的两足步行机器人 ASIMO 的机构模型，其共有二十六

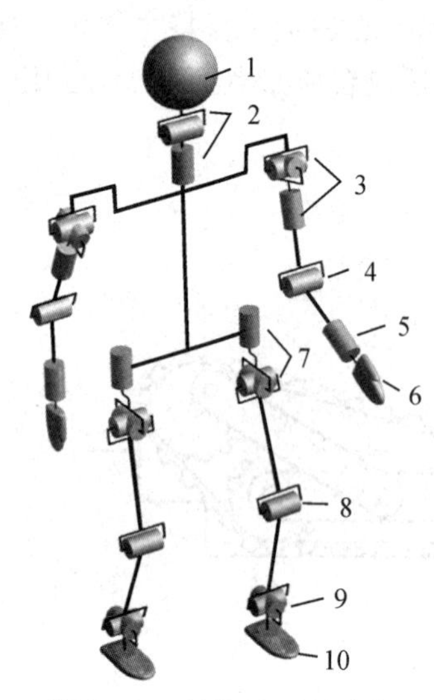

图 2-56　ASIMO 两足步行机器人机构模型

1—头部；2—颈部；3—肩关节；4—肘关节；5—腕关节；6—手；7—髋关节；8—膝关节；9—踝关节；10—足

个自由度。它有效地采用了现代机械技术和计算机技术，人工配置了多种行走模式，这些模式存储在计算机的存储器内，使机器人可像人一样以各种步态行走。

2. 四足步行机构

四足步行机构比两足步行机构承载能力强、稳定性好，其结构也比六足、八足步行机器人简单。四足步行机构在行走时机体首先要保证静态稳定，因此，其在运动的任一时刻至少应有三条腿与地面接触，以支撑机体，且机体的重心必须落在三足支撑点构成的三角形区域内，如图 2-57 所示。在这个前提下，四条腿才能按一定的顺序抬起和落地，实现行走。在行走的时候，机体相对地面始终向前运动，重心始终在移动。四条腿轮流抬、跨，相对机体也向前运动，不断改变足落地的位置，构成新的稳定三角形，从而保证静态稳定。

然而为了适应凸凹不平的地面，以及便于在上、下台阶时改变步行方向，每只脚必须有两个以上的自由度。

3. 六足步行机构

六足步行机器人的控制比四足步行机器人的控制更容易，六足步行机构也更加稳定。图 2-58 所示为有十八个自由度的六足步行机器人，该机器人能够实现相当从容的步态。但要实现十八个自由度及包含力传感器、接触传感器、倾斜传感器在内的稳定的步行控制也是相当困难的。

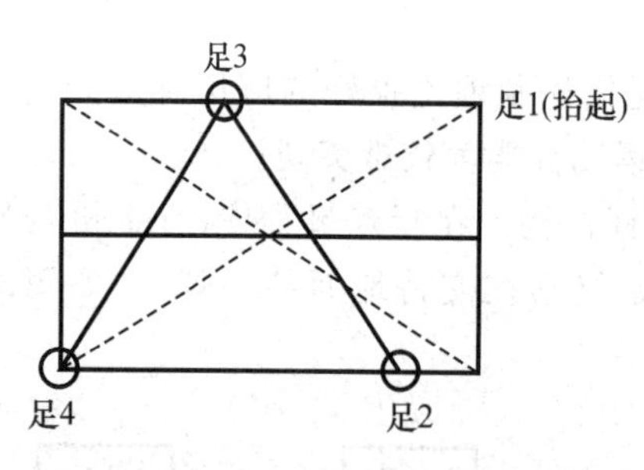

图 2-57　四足步行机构的静态稳定

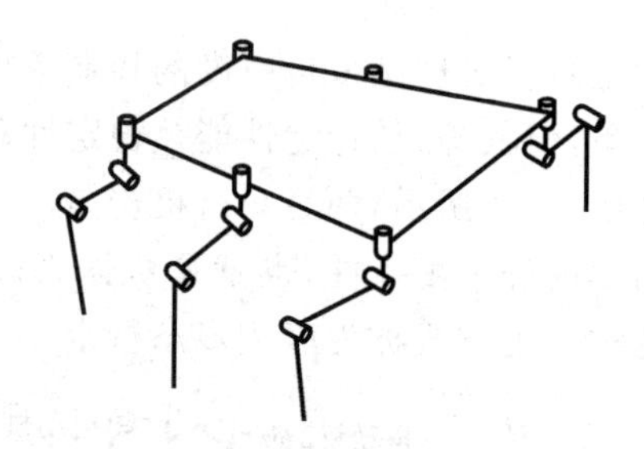

图 2-58　有十八个自由度的六足步行机器人

2.6.4　其他行走机构

为了达到特殊的目的，人们还研制了各种各样的移动机器人机构。图 2-59 为爬壁机器人的行走机构示意图。图 2-59(a)所示为吸盘式行走机构，其用吸盘交互地吸附在壁面上来移动。图 2-59(b)所示机构的滚子是磁铁，当然该机构在壁面是磁性体时才适用。图2-60所示是车轮和脚并用的机器人，脚端装有球形转动体。除了普通行走之外，该机器人可以在管内把脚向上方伸，用管断面上的三个点支撑来移动，也可以骑在管子上沿轴向或圆周方向移动。其他行走机构还有次摆线机构推进移动车，用辐条突出的三轮车登台阶的轮椅机构，用压电晶体、形状记忆合金驱动的移动机构等。

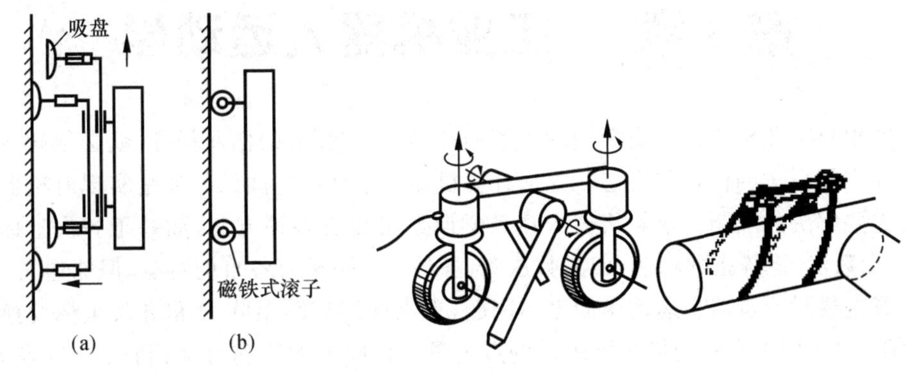

图2-59 爬壁机器人行走机构
(a)吸盘式；(b)磁吸滚子式

图 2-60 车轮和脚混合行走机器人

习 题

本章习题
参考答案

2.1 简述工业机器人机械系统这一内容的学习要点。

2.2 工业机器人机械系统总体设计主要包括哪几个方面的内容？

2.3 机器人的三种驱动方式是什么？请说明其各自的优缺点。

2.4 工业机器人关节传动链的特点是什么？

2.5 工业机器人常用减速器有哪几种类型？

2.6 在工业机器人机身设计中要注意什么？

2.7 对工业机器人臂部设计的基本要求有哪些？

2.8 工业机器人常用的腕部结构形式有哪些？

2.9 工业机器人手部的特点是什么？

2.10 为什么工业机器人的钳爪或周边的夹具多采用气压传动系统？

2.11 典型六自由度工业机器人关节布置和结构的特点是什么？

第3章 工业机器人运动学

要实现对工业机器人的空间运动轨迹的控制，完成预定的作业任务，就必须知道机器人手部在空间瞬时的位置与姿态。如何计算机器人手部在空间的位姿是实现对机器人的控制首先要解决的问题。求解机器人运动学问题可以有多种方法，如基于齐次坐标变换的 D-H 参数法、矩阵指数积法、四元数法等，各种方法虽然有各自的特点，但殊途同归。

本章主要讨论机器人运动学的基本问题，重点阐述旋转矩阵 $\boldsymbol{R}$ 和齐次坐标变换矩阵 $\boldsymbol{T}$ 的性质，深入探讨坐标变换矩阵表示的点矢量坐标映射的物理意义；利用 D-H 参数法，确定连杆关节两级坐标系之间的四个连杆参数，进一步推导建立多关节机械臂的运动学方程；介绍机器人逆向运动学的特点和求解过程。

拓展内容：李群李代数基本概念、旋转矩阵的指数表示、万向节死锁、刚体姿态的四元数表达、D-H 参数法课堂教学视频、PoE 指数积运动学建模、太空机械臂运动学建模、基于 MATLAB 的机器人工具箱安装、PUMA560 机器人三维建模与运动学仿真。

3.1 概 述

工业机器人是空间连杆机构，通过各连杆的相对位置变化、速度变化和加速度变化，可使末端操作器达到不同的空间位置并呈现不同的姿态，得到不同的速度和加速度，从而满足期望的工作要求。

本书所讲的工业机器人采用的都是开链式结构，即机器人是由一系列关节将连杆连接起来所构成的。为了定量地确定和分析机器人手部在空间的运动规律，需要一种合适的描述运动的数学方法。通常采用矩阵法来描述机器人的运动学问题，即把坐标系固定于每一个连杆的关节上，如果知道了这些坐标系之间的相互关系，手部在空间的位姿也就能够确定了。那么，如何描述两个相邻坐标系(adjacent link coordinates)之间的相互关系呢？答案是用具有较直观几何意义的齐次坐标变换(homogeneous coordinate transformation)来描述，建立机器人的运动学方程，从而解决机器人运动学问题。

3.2 刚体在空间中的位姿描述

3.2.1 刚体在空间中的位置和姿态

刚体(rigid body)在空间中运动的位置(position)与姿态(orientation)简称为刚体的位姿(configuration)，通常用固定于刚体上任一点的坐标系的位置和姿态来描述。假设 $\{O_0:x,y,z\}$ 为固定于地面上的固定坐标系，通常称为参考坐标系(reference frame)或空间坐标系(spatial frame)，简写为 $\{A\}$；$\{O_b:x_b,y_b,z_b\}$ 为固定于运动刚体上任一点的坐标系，通常称为动坐标系(motion frame)或物体坐标系(body frame)，简写为 $\{B\}$，且 $\{B\}$ 坐标系相对于 $\{A\}$ 坐标系经过平移、旋转运动而得到，如图 3-1 所示。

设 $\boldsymbol{i},\boldsymbol{j},\boldsymbol{k}$ 分别是{A}坐标系对应坐标轴 x,y,z 的单位矢量，$\boldsymbol{i}_b,\boldsymbol{j}_b,\boldsymbol{k}_b$ 分别是{B}坐标系对应坐标轴 x_b,y_b,z_b 的单位矢量。刚体在空间的位置可以用{B}坐标系坐标原点 O_b 相对于{A}坐标系坐标原点 O_0 的位移来表示，即

$$\boldsymbol{X}_0=\overrightarrow{O_0O_b}=\begin{bmatrix}x_0\\y_0\\z_0\end{bmatrix} \tag{3-1}$$

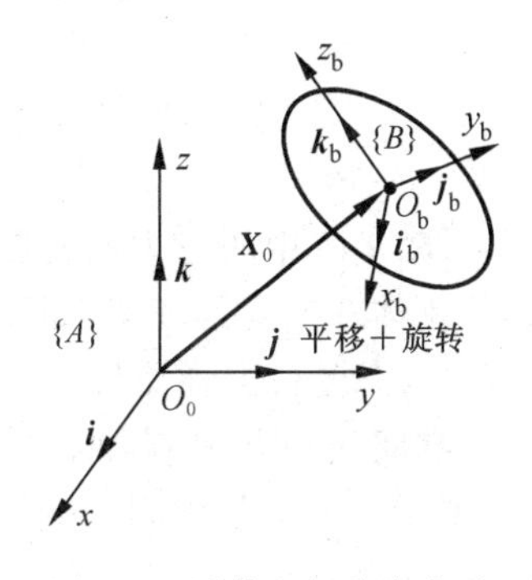

图 3-1　刚体空间位姿表示

这里 $\boldsymbol{X}_0$ 为 3×1 的列矢量，称为位置矩阵，表示动坐标系原点与固定坐标系原点之间的距离。

刚体在空间的姿态可以用动坐标系{B}三个坐标轴单位矢量 $\boldsymbol{i}_b,\boldsymbol{j}_b,\boldsymbol{k}_b$ 的方向来描述，也就是用 $\boldsymbol{i}_b,\boldsymbol{j}_b,\boldsymbol{k}_b$ 分别相对于固定坐标系各坐标轴的单位矢量 $\boldsymbol{i},\boldsymbol{j},\boldsymbol{k}$ 的方向余弦来表示。

由于单位矢量点积与其方向余弦相等，例如：$\boldsymbol{i}\cdot\boldsymbol{i}_b=|\boldsymbol{i}||\boldsymbol{i}_b|\cos\alpha=\cos\alpha$，所以 $\boldsymbol{i}_b,\boldsymbol{j}_b,\boldsymbol{k}_b$ 三个单位矢量相对于 $\boldsymbol{i},\boldsymbol{j},\boldsymbol{k}$ 的方向余弦分别表示为($\boldsymbol{i}\cdot\boldsymbol{i}_b,\boldsymbol{j}\cdot\boldsymbol{i}_b,\boldsymbol{k}\cdot\boldsymbol{i}_b$)，($\boldsymbol{i}\cdot\boldsymbol{j}_b,\boldsymbol{j}\cdot\boldsymbol{j}_b,\boldsymbol{k}\cdot\boldsymbol{j}_b$)，($\boldsymbol{i}\cdot\boldsymbol{k}_b,\boldsymbol{j}\cdot\boldsymbol{k}_b,\boldsymbol{k}\cdot\boldsymbol{k}_b$)，用矩阵的形式表示，有

$${}^{A}_{B}\boldsymbol{R}=\begin{bmatrix}\boldsymbol{i}\cdot\boldsymbol{i}_b & \boldsymbol{i}\cdot\boldsymbol{j}_b & \boldsymbol{i}\cdot\boldsymbol{k}_b\\ \boldsymbol{j}\cdot\boldsymbol{i}_b & \boldsymbol{j}\cdot\boldsymbol{j}_b & \boldsymbol{j}\cdot\boldsymbol{k}_b\\ \boldsymbol{k}\cdot\boldsymbol{i}_b & \boldsymbol{k}\cdot\boldsymbol{j}_b & \boldsymbol{k}\cdot\boldsymbol{k}_b\end{bmatrix} \tag{3-2}$$

式中：${}^{A}_{B}\boldsymbol{R}$ 的上标 A 代表固定坐标系{A}，下标 B 代表动坐标系{B}，其本身表示了坐标系{B}相对坐标系{A}进行的旋转变换；$\boldsymbol{i}\cdot\boldsymbol{i}_b$ 表示 x_b 轴与 x 轴两个单位矢量的点积，也即方向余弦，其他类推。

矩阵 $\boldsymbol{R}$ 为由三列方向余弦构成的 3×3 的矩阵，描述了动坐标系经过旋转变换后相对于固定坐标系在空间中的姿态，所以称为姿态矩阵(orientation matrix)，通常称为旋转矩阵(rotation matrix)。

3.2.2 R 矩阵的特性

(1) $\boldsymbol{R}$ 矩阵为正交矩阵，其九个元素中只有三个是独立的，满足六个约束条件，即矩阵中每行和每列中元素的平方和为 1(正则条件)，两个不同列或不同行中对应元素的乘积之和为 0(正交条件)，亦即

$$\boldsymbol{R}\boldsymbol{R}^{\mathrm{T}}=\boldsymbol{I}$$

(2) 矩阵 $\boldsymbol{R}$ 的旋转符合右手螺旋定则，即行列式值 $\det(\boldsymbol{R})=1$，因此有

$$\boldsymbol{R}^{-1}=\boldsymbol{R}^{\mathrm{T}}$$

由特性(1)(2)，称矩阵 $\boldsymbol{R}$ 为特殊正交矩阵(special orthogonal matrix)。

3.2.3 R 矩阵的作用

$\boldsymbol{R}$ 矩阵描述了刚体空间姿态，在实际坐标变换运算中有三种作用。

1. 坐标系(刚体)的空间姿态表示

坐标系(刚体)的空间姿态表示为

$$
{}_B^A\boldsymbol{R}=\begin{bmatrix} | & | & | \\ x_b & y_b & z_b \\ | & | & | \end{bmatrix}
$$

${}_B^A\boldsymbol{R}$ 矩阵中的三个列矢量表示$\{B\}$坐标系三坐标轴相对于$\{A\}$坐标系的方向，也即表达了刚体在空间的姿态，如图 3-2(a)所示。

2. 矢量的坐标变换

空间任一点 P 在$\{A\}$坐标系和$\{B\}$坐标系的位置矢量分别表示为${}^A\boldsymbol{P}$ 和${}^B\boldsymbol{P}$，如图 3-2(b)所示。两矢量之间的变换关系为

$$
{}^A\boldsymbol{P}={}_B^A\boldsymbol{R}\,{}^B\boldsymbol{P} \tag{3-3}
$$

式(3-3)表示了不同坐标系下矢量坐标的变换作用，其物理意义为：如果用某一旋转矩阵左乘一矢量，就是对该矢量做了一次线性变换，即将矢量在$\{B\}$坐标系下的坐标值变换成了$\{A\}$坐标系下的坐标值，反映了矢量坐标值在两坐标系下的映射(mapping)关系。

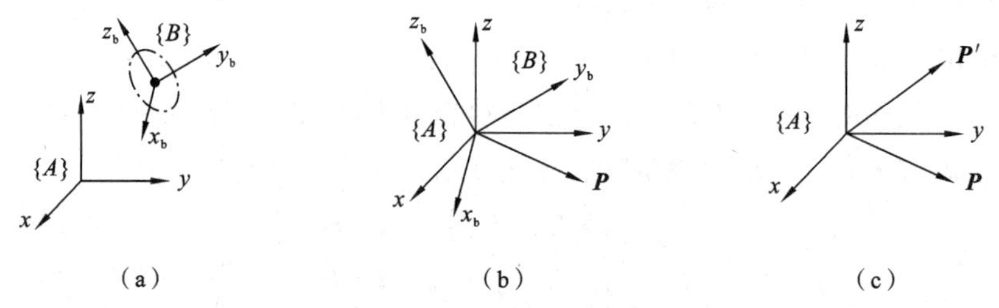

图 3-2　旋转矩阵的作用

(a) 坐标系(刚体)位姿表示；(b) 矢量的坐标变换；(c) 矢量的旋转表示

3. 矢量的旋转表示

坐标系$\{\boldsymbol{A}\}$中任一矢量 $\boldsymbol{P}$ 经过旋转变换后将达到新的位置，如图 3-2(c)所示，则新位置矢量 $\boldsymbol{P}'$为

$$
\boldsymbol{P}'=\boldsymbol{R}(\theta)\boldsymbol{P}
$$

实际上，将旋转矩阵 $\boldsymbol{R}$ 左乘矢量就是对该矢量做了一次旋转变换，即将矢量从初始位置旋转变换到新位置。旋转矩阵 $\boldsymbol{R}$ 起着简化运算的作用，所以又称为线性变换旋转算子。

3.3　齐次坐标与齐次坐标变换

3.3.1　齐次坐标

将一个 n 维空间的点用 $n+1$ 维坐标表示，则该 $n+1$ 维坐标即为 n 维坐标的齐次坐标。令 w 为该齐次坐标中的比例因子，当 $w=1$ 时，其表示方法称为齐次坐标的规格化形式。例如，在选定的坐标系$\{O:x,y,z\}$中，对于空间任一点 P 的位置矢量 $\boldsymbol{P}$，有

$$
\boldsymbol{P}=[P_x \quad P_y \quad P_z \quad 1]^{\mathrm{T}}
$$

式中：P_x,P_y,P_z 为点 P 在坐标系中的三个坐标分量。

当 $w\neq 1$ 时，则相当于将该列阵中各元素同时乘以一个非零的比例因子 w，仍表示同一点 P，即

$$
\boldsymbol{P}=[a \quad b \quad c \quad w]^{\mathrm{T}}
$$

式中：$a=wP_x$；$b=wP_y$；$c=wP_z$。

分别表示 x,y,z 坐标轴单位矢量的 $\boldsymbol{i},\boldsymbol{j},\boldsymbol{k}$ 用齐次坐标可表示为

$$\boldsymbol{X}=[1\quad 0\quad 0\quad 0]^{\mathrm{T}}$$

$$\boldsymbol{Y}=[0\quad 1\quad 0\quad 0]^{\mathrm{T}}$$

$$\boldsymbol{Z}=[0\quad 0\quad 1\quad 0]^{\mathrm{T}}$$

由上述可知：若规定 4×1 的列阵 $[a\quad b\quad c\quad w]^{\mathrm{T}}$ 中第四个元素为零，且满足 $a^2+b^2+c^2=1$，则 $[a\quad b\quad c\quad 0]^{\mathrm{T}}$ 中的 a,b,c 表示矢量的方向；若规定 4×1 的列阵 $[a\quad b\quad c\quad w]^{\mathrm{T}}$ 中第四个元素不为零，则 $[a\quad b\quad c\quad w]^{\mathrm{T}}$ 中的 a,b,c 表示空间某点的位置。

显然，任意一点的齐次坐标表达不是唯一的，随 w 值的不同而不同。在计算机图学中，w 作为通用比例因子，可取任意正值，但在机器人运动分析中，总是取 $w=1$。

3.3.2　齐次坐标变换

在机器人坐标系中，运动时相对连杆不动的坐标系为固定坐标系，随着连杆运动的坐标系为动坐标系。

假设机器人手部拿一个钻头在工件上实施钻孔作业，已知钻头中心 P 点相对于手部中心的位置，求点 P 相对于基座的位置。在基座上设置固定坐标系 $\{O_0:x,y,z\}$ 记为 $\{A\}$ 坐标系；在手部设置动坐标系 $\{O_b:x_b,y_b,z_b\}$，记为 $\{B\}$ 坐标系，如图 3-3 所示。点 P 相对于固定坐标系 $\{A\}$ 的坐标为 (x,y,z)，相对于动坐标系 $\{B\}$ 的坐标为 (x_b,y_b,z_b)；点 O_b 相对于固定坐标系 $\{A\}$ 的坐标为 (x_0,y_0,z_0)。三个矢量之间的关系为

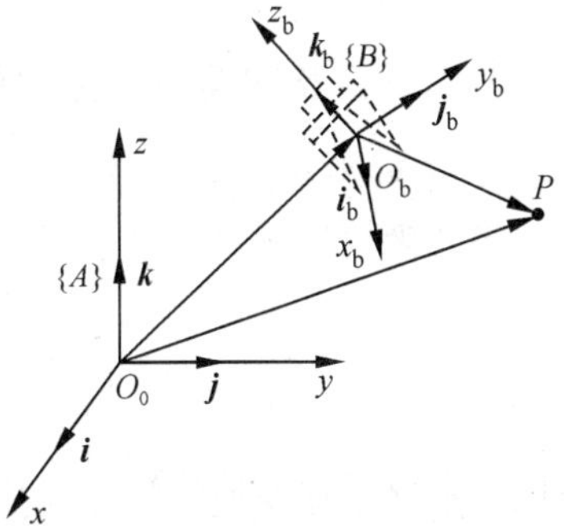

图 3-3　齐次坐标变换

$$\overrightarrow{O_0P}=\overrightarrow{O_0O_b}+\overrightarrow{O_bP} \tag{3-4}$$

式中：$\overrightarrow{O_0P}=x\boldsymbol{i}+y\boldsymbol{j}+z\boldsymbol{k}$；$\overrightarrow{O_0O_b}=x_0\boldsymbol{i}+y_0\boldsymbol{j}+z_0\boldsymbol{k}$；$\overrightarrow{O_bP}=x_b\boldsymbol{i}_b+y_b\boldsymbol{j}_b+z_b\boldsymbol{k}_b$。将这三个式子代入式(3-4)并写成矩阵形式，得

$$[\boldsymbol{i}\quad \boldsymbol{j}\quad \boldsymbol{k}]\begin{bmatrix}x\\y\\z\end{bmatrix}=[\boldsymbol{i}\quad \boldsymbol{j}\quad \boldsymbol{k}]\begin{bmatrix}x_0\\y_0\\z_0\end{bmatrix}+[\boldsymbol{i}_b\quad \boldsymbol{j}_b\quad \boldsymbol{k}_b]\begin{bmatrix}x_b\\y_b\\z_b\end{bmatrix} \tag{3-5}$$

利用式(3-3)，把 $\{B\}$ 坐标系下矢量 $\overrightarrow{O_bP}$ 的坐标值变换到 $\{A\}$ 坐标系下，即

$$[\boldsymbol{i}_b\quad \boldsymbol{j}_b\quad \boldsymbol{k}_b]\begin{bmatrix}x_b\\y_b\\z_b\end{bmatrix}=[\boldsymbol{i}\quad \boldsymbol{j}\quad \boldsymbol{k}]\boldsymbol{R}\begin{bmatrix}x_b\\y_b\\z_b\end{bmatrix} \tag{3-6}$$

将式(3-6)代入式(3-5)，整理后得

$$\begin{bmatrix}x\\y\\z\end{bmatrix}=\boldsymbol{R}\begin{bmatrix}x_b\\y_b\\z_b\end{bmatrix}+\begin{bmatrix}x_0\\y_0\\z_0\end{bmatrix} \tag{3-7}$$

将式(3-7)进一步整理成矢量形式，有

$$\boldsymbol{X}=\boldsymbol{R}\boldsymbol{X}_b+\boldsymbol{X}_0 \tag{3-8}$$

式中：$\boldsymbol{X}=[x\quad y\quad z]^{\mathrm{T}}$，$\boldsymbol{X}_b=[x_b\quad y_b\quad z_b]^{\mathrm{T}}$，$\boldsymbol{X}_0=[x_0\quad y_0\quad z_0]^{\mathrm{T}}$。式(3-8)称为坐标变换方程。

式(3-8)可以进一步表示为

$$\boldsymbol{X}={}_B^A\boldsymbol{T}\boldsymbol{X}_b \tag{3-9}$$

式中：$\boldsymbol{X}$ 和 $\boldsymbol{X}_b$ 称为点 P 在不同坐标系下的齐次坐标，$\boldsymbol{X}=[x \quad y \quad z \quad 1]^T$，$\boldsymbol{X}_b=[x_b \quad y_b \quad z_b \quad 1]^T$；${}_B^A\boldsymbol{T}=\begin{bmatrix}\boldsymbol{R} & \boldsymbol{X}_0\\0 & 1\end{bmatrix}$称为齐次坐标变换矩阵（homogeneous coordinate transformation matrix），简称为变换矩阵，表示坐标系$\{B\}$相对坐标系$\{A\}$进行的包含平移和旋转的坐标变换。式(3-9)称为齐次坐标变换方程或位移方程。

变换矩阵 $\boldsymbol{T}$ 是由位置矢量和旋转矩阵构成的 4×4 的矩阵，包含两级坐标变换之间的相对平移和旋转信息，与刚体螺旋运动的概念是等价的。与旋转矩阵 $\boldsymbol{R}$ 一样，变换矩阵 $\boldsymbol{T}$ 也具有类似的特性和三种坐标变换作用，这里不再赘述。

拓展 3-1：李群、李代数的基本概念

3.3.3 齐次坐标变换举例

1. 平移坐标变换（translation）

将动坐标系相对固定坐标系平移 $[x_0 \quad y_0 \quad z_0]$，则

$$\boldsymbol{R}=\begin{bmatrix}1 & 0 & 0\\0 & 1 & 0\\0 & 0 & 1\end{bmatrix},\quad \boldsymbol{X}_0=\begin{bmatrix}x_0\\y_0\\z_0\end{bmatrix}$$

所以经平移坐标变换后的齐次坐标变换矩阵为

$$\boldsymbol{T}=\mathrm{Trans}(x_0,y_0,z_0)=\begin{bmatrix}1 & 0 & 0 & x_0\\0 & 1 & 0 & y_0\\0 & 0 & 1 & z_0\\0 & 0 & 0 & 1\end{bmatrix} \tag{3-10}$$

2. 旋转坐标变换（rotation）

动坐标系与固定坐标系初始位置重合，即 $\boldsymbol{X}_0=[0,0,0]^T$。将动坐标系绕固定坐标系 z 轴旋转 θ 角，按右手规则确定旋转方向，如图 3-4 所示。

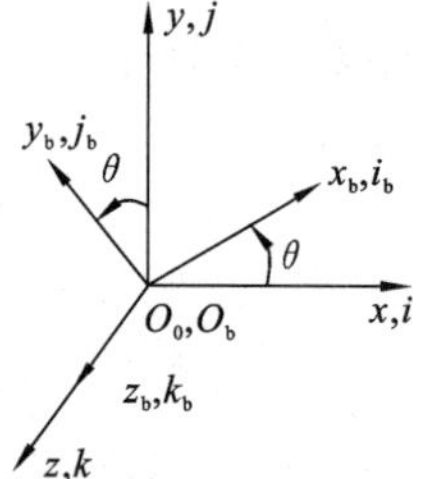

图 3-4　绕 z 轴的旋转变换

由式(3-2)和式(3-9)可得

$$\boldsymbol{R}=\mathrm{Rot}(z,\theta)=\begin{bmatrix}\cos\theta & -\sin\theta & 0\\\sin\theta & \cos\theta & 0\\0 & 0 & 1\end{bmatrix}$$

$$\boldsymbol{T}=\mathrm{Rot}(z,\theta)=\begin{bmatrix}\cos\theta & -\sin\theta & 0 & 0\\\sin\theta & \cos\theta & 0 & 0\\0 & 0 & 1 & 0\\0 & 0 & 0 & 1\end{bmatrix} \tag{3-11}$$

同理，将动坐标系绕 x 轴旋转 θ 角后所得的齐次坐标变换矩阵为

$$\boldsymbol{T}=\mathrm{Rot}(x,\theta)=\begin{bmatrix}1 & 0 & 0 & 0\\0 & \cos\theta & -\sin\theta & 0\\0 & \sin\theta & \cos\theta & 0\\0 & 0 & 0 & 1\end{bmatrix} \tag{3-12}$$

将动坐标系绕 y 轴旋转 θ 角后所得的齐次坐标变换矩阵为

$$
\boldsymbol{T}=\mathrm{Rot}(y,\theta)=\begin{bmatrix}\cos\theta & 0 & \sin\theta & 0\\ 0 & 1 & 0 & 0\\ -\sin\theta & 0 & \cos\theta & 0\\ 0 & 0 & 0 & 1\end{bmatrix} \tag{3-13}
$$

3. 广义旋转坐标变换

绕经过坐标系原点的任一矢量 $\boldsymbol{K}$ 进行的旋转变换称为广义旋转变换，如图 3-5 所示。设 $\boldsymbol{K}=k_x\boldsymbol{i}+k_y\boldsymbol{j}+k_z\boldsymbol{k}$ 表示过原点的单位矢量，且 $k_x^2+k_y^2+k_z^2=1$，则将动坐标系绕矢量 $\boldsymbol{K}$ 旋转 θ 角后所得的齐次坐标变换矩阵为

$$
\boldsymbol{T}=\mathrm{Rot}(\boldsymbol{K},\theta)=\begin{bmatrix}k_xk_x\mathrm{Vers}\theta+\mathrm{c}\theta & k_yk_x\mathrm{Vers}\theta-k_z\mathrm{s}\theta & k_zk_x\mathrm{Vers}\theta+k_y\mathrm{s}\theta & 0\\ k_xk_y\mathrm{Vers}\theta+k_z\mathrm{s}\theta & k_yk_y\mathrm{Vers}\theta+\mathrm{c}\theta & k_zk_y\mathrm{Vers}\theta-k_x\mathrm{s}\theta & 0\\ k_xk_z\mathrm{Vers}\theta-k_y\mathrm{s}\theta & k_yk_z\mathrm{Vers}\theta+k_x\mathrm{s}\theta & k_zk_z\mathrm{Vers}\theta+\mathrm{c}\theta & 0\\ 0 & 0 & 0 & 1\end{bmatrix} \tag{3-14}
$$

式中：$\mathrm{s}\theta=\sin\theta$；$\mathrm{c}\theta=\cos\theta$；$\mathrm{Vers}\theta=1-\cos\theta$。

当 $k_x=1,k_y=k_z=0$ 时，动坐标系绕 x 轴旋转；当 $k_y=1$，$k_x=k_z=0$ 时，动坐标系绕 y 轴旋转；当 $k_z=1,k_x=k_y=0$ 时，动坐标系绕 z 轴旋转。广义旋转变换矩阵的主要作用在于：当给定任意绕坐标轴复合转动的变换矩阵 $\boldsymbol{T}$ 时，令 $\boldsymbol{T}$ 与广义旋转变换矩阵相等，便可求得绕一等效轴旋转一等效转角的单一轴角旋转(axis-angle rotation)矩阵。广义旋转变换矩阵可由轴角旋转矩阵的指数表达式，结合经典罗德里格斯公式(Rodriguez formula)来推导证明。

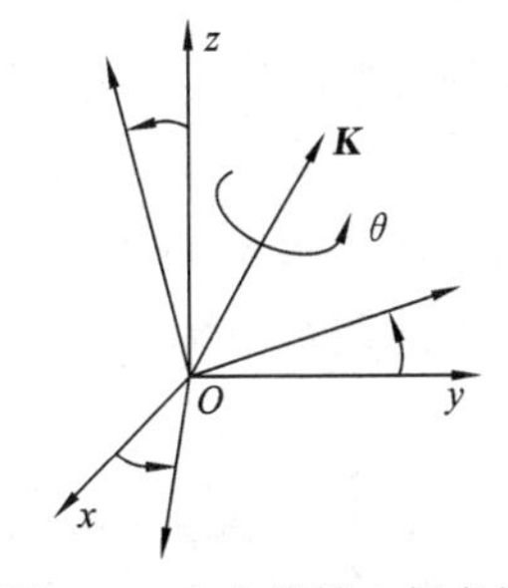

图 3-5　广义旋转坐标变换

拓展 3-2：旋转矩阵的指数表示

4. 综合坐标变换

例 3-1　设动坐标系$\{O':u,v,w\}$与固定坐标系$\{O:x,y,z\}$初始位置重合，经下列坐标变换：① 绕 z 轴旋转 90°；② 绕 y 轴旋转 90°；③ 相对固定坐标系平移 $4\boldsymbol{i}-3\boldsymbol{j}+7\boldsymbol{k}$。试求合成齐次坐标变换矩阵 $\boldsymbol{T}$。

解　动坐标系绕固定坐标系 z 轴旋转 90°，其齐次坐标变换矩阵为

$$
\boldsymbol{T}_1=\mathrm{Rot}(z,90^\circ)=\begin{bmatrix}0 & -1 & 0 & 0\\ 1 & 0 & 0 & 0\\ 0 & 0 & 1 & 0\\ 0 & 0 & 0 & 1\end{bmatrix}
$$

动坐标系再绕固定坐标系 y 轴旋转 90°，其齐次坐标变换矩阵为

$$
\boldsymbol{T}_2=\mathrm{Rot}(y,90^\circ)=\begin{bmatrix}0 & 0 & 1 & 0\\ 0 & 1 & 0 & 0\\ -1 & 0 & 0 & 0\\ 0 & 0 & 0 & 1\end{bmatrix}
$$

动坐标系再平移 $4\boldsymbol{i}-3\boldsymbol{j}+7\boldsymbol{k}$ ，有

$$\boldsymbol{T}_3=\mathrm{Trans}(4,-3,7)=\begin{bmatrix}1&0&0&4\\0&1&0&-3\\0&0&1&7\\0&0&0&1\end{bmatrix}$$

所以合成齐次坐标变换矩阵为

$$\boldsymbol{T}=\boldsymbol{T}_3\boldsymbol{T}_2\boldsymbol{T}_1=\begin{bmatrix}0&0&1&4\\1&0&0&-3\\0&1&0&7\\0&0&0&1\end{bmatrix}$$

物理意义：$\boldsymbol{T}$ 中第一列的前三个元素 0,1,0 表示动坐标系的 u 轴在固定坐标系三个坐标轴上的投影，故 u 轴平行于 y 轴；$\boldsymbol{T}$ 中第二列的前三个元素 0,0,1 表示动坐标系的 v 轴在固定坐标系三个坐标轴上的投影，故 v 轴平行于 z 轴；$\boldsymbol{T}$ 中第三列的前三个元素 1,0,0 表示动坐标系的 w 轴在固定坐标系三个坐标轴上的投影，故 w 轴平行于 x 轴；$\boldsymbol{T}$ 中第四列的前三个元素 4,−3,7 表示动坐标系的原点与固定坐标系原点之间的距离。

上述例题中绕固定坐标系变换的几何表示如图 3-6 所示。

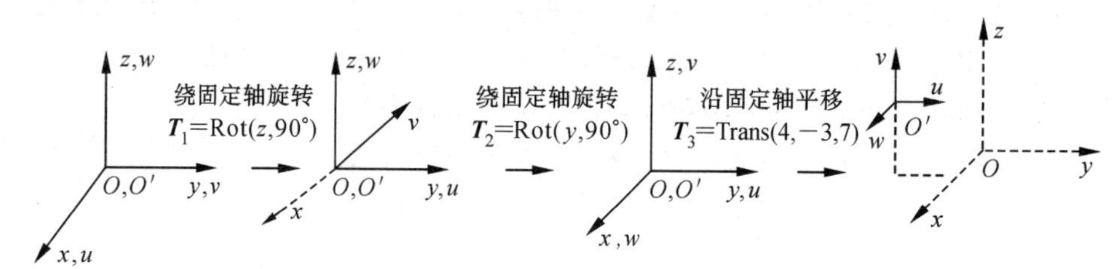

图 3-6　绕固定坐标系变换的几何表示

如果一个矢量点 $\boldsymbol{U}=7\boldsymbol{i}+3\boldsymbol{j}+2\boldsymbol{k}$ 固连于动坐标系上，则任何时刻这个矢量在坐标系 $\{O':u,v,w\}$ 中的表达都是不变的，动坐标系经过上述变换后，在 $\{O:x,y,z\}$ 坐标系中表示为矢量 $\boldsymbol{X}$，由矩阵 $\boldsymbol{T}$ 的坐标变换方法，可得

$$\boldsymbol{X}=\boldsymbol{T}\boldsymbol{U}=\boldsymbol{T}_3\boldsymbol{T}_2\boldsymbol{T}_1\boldsymbol{U}=\mathrm{Trans}(4,-3,7)\mathrm{Rot}(y,90°)\ \mathrm{Rot}(z,90°)\boldsymbol{U}\tag{3-15}$$

$$\boldsymbol{X}=\begin{bmatrix}0&0&1&4\\1&0&0&-3\\0&1&0&7\\0&0&0&1\end{bmatrix}\begin{bmatrix}7\\3\\2\\1\end{bmatrix}=[6\quad 4\quad 10\quad 1]^{\mathrm{T}}\tag{3-16}$$

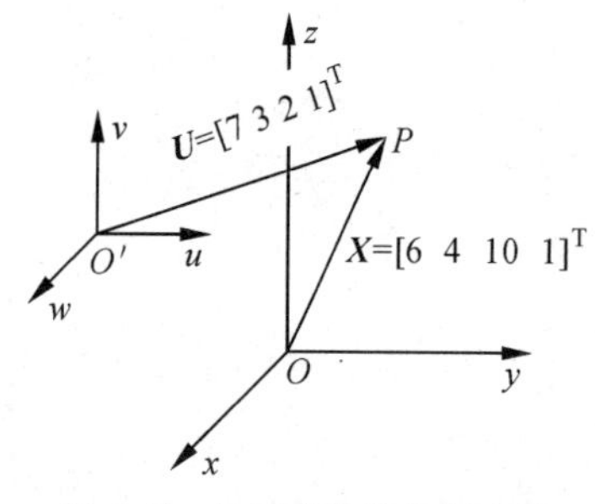

图 3-7　矢量变换的几何表示

即对矢量 $\boldsymbol{U}$ 实施了一次线性变换，得到了相对于固定坐标系的坐标值。空间任一矢量 $\boldsymbol{U}$ 在两坐标系中变换的几何表示如图 3-7 所示。

这里尤其需要注意的是变换次序不能随意调换，因为矩阵的乘法不满足交换律，例如式(3-15)中，

$\mathrm{Trans}(4,-3,7)\mathrm{Rot}(y,90°)\neq\mathrm{Rot}(y,90°)\mathrm{Trans}(4,-3,7)$

同样

$$\mathrm{Rot}(y,90°)\ \mathrm{Rot}(z,90°) \neq \mathrm{Rot}(z,90°)\mathrm{Rot}(y,90°)$$

上面所述的坐标变换每步都是相对固定坐标系进行的。也可以相对动坐标系进行变换：坐标系$\{O':u,v,w\}$初始与固定坐标系$\{O:x,y,z\}$相重合，首先相对固定坐标系平移$4\boldsymbol{i}-3\boldsymbol{j}+7\boldsymbol{k}$，然后绕动坐标系的$v$轴旋转90°，最后绕$w$轴旋转90°，这时合成齐次坐标变换矩阵为

$$\boldsymbol{T}=\boldsymbol{T}_1\boldsymbol{T}_2\boldsymbol{T}_3=\begin{bmatrix}0 & 0 & 1 & 4\\ 1 & 0 & 0 & -3\\ 0 & 1 & 0 & 7\\ 0 & 0 & 0 & 1\end{bmatrix} \tag{3-17}$$

与前面的计算结果相同。变换的几何表示如图3-8所示。

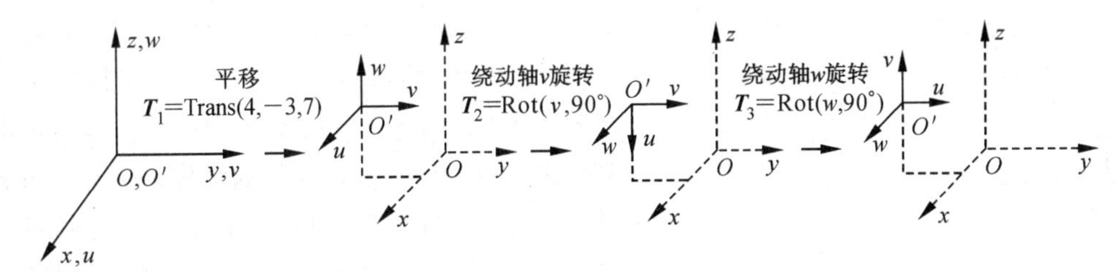

图3-8　绕动坐标系变换的几何表示

结论：若每次的变换都是相对固定坐标系进行的，则矩阵左乘；若每次的变换都是相对动坐标系进行的，则矩阵右乘。

3.4　变换方程的建立

3.4.1　机器人手部位姿的表示

机器人手部的位姿也可以用固连于其上的动坐标系$\{E\}$的位姿来表示，如图3-9所示。动坐标系$\{E\}$可以这样来确定：取手部中心为原点O_e；关节轴为z_e轴（z_e轴的单位方向矢量$\boldsymbol{a}$称为接近（approach）矢量，指向朝外），在抓取工件时，z_e轴逐步接近工件；两手指的横向连线为y_e轴（y_e轴的单位方向矢量$\boldsymbol{o}$称为定位（orientation）矢量，指向可任意选定，但要符合右手法则），y_e轴的指向确定了手部开口的方位；手部的垂直方向为x_e轴（x_e轴的单位方向矢量$\boldsymbol{n}$称为法向（normal）矢量），x_e轴与y_e轴、z_e轴垂直，且$\boldsymbol{n}=\boldsymbol{o}\times\boldsymbol{a}$，指向符合右手法则。

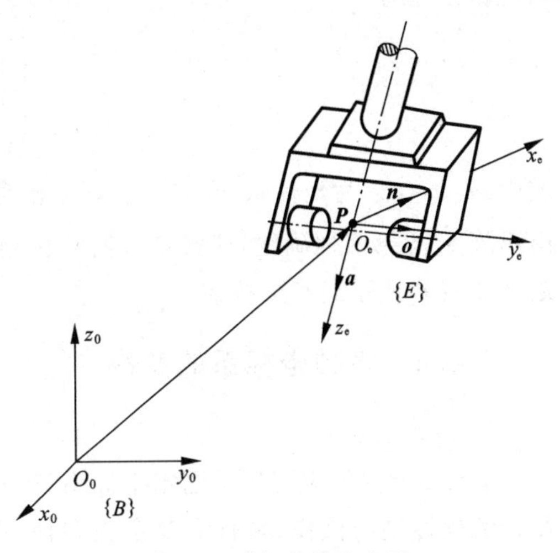

图3-9　手部的位姿表示

手部的位置矢量为由固定在基座上的基坐标系$\{B\}$原点指向手部动坐标系$\{E\}$原点的矢量$\boldsymbol{P}$，手部的方向矢量为$\boldsymbol{n},\boldsymbol{o},\boldsymbol{a}$。于是手部的位姿可用$4\times4$的矩阵表示为

$$T=[\boldsymbol{n}\quad\boldsymbol{o}\quad\boldsymbol{a}\quad\boldsymbol{P}]=\begin{bmatrix}n_x & o_x & a_x & p_x\\ n_y & o_y & a_y & p_y\\ n_z & o_z & a_z & p_z\\ 0 & 0 & 0 & 1\end{bmatrix}$$

3.4.2 多级坐标变换

工业机器人都具有两个以上的自由度，从手部中心的坐标系到固定坐标系的变换要经过多级坐标变换，其变换方程的建立方法如下。

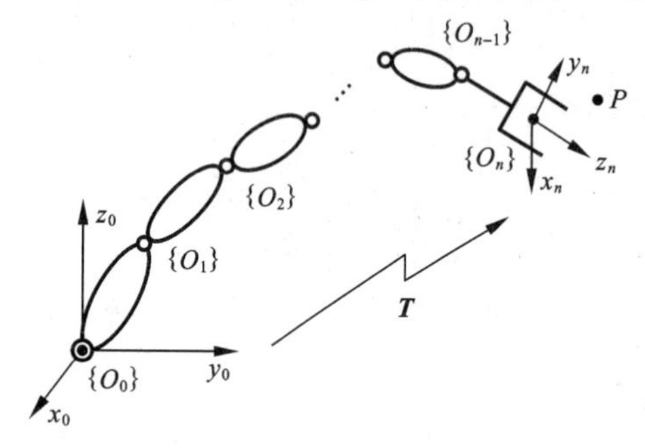

图 3-10　多级坐标变换

设有一具有 n 个自由度的机器人，如图3-10所示，点 O_n 为手部中心动坐标系的原点，点 P 为手部的任意一点。点 P 相对于固定坐标系 $\{O_0:x_0,y_0,z_0\}$ 的坐标为 (x,y,z)，而相对于动坐标系 $\{O_n:x_n,y_n,z_n\}$ 的坐标为 (x_n,y_n,z_n)。现在已知坐标 (x_n,y_n,z_n)，要求坐标 (x,y,z) 的表达式。很显然，从坐标系 $\{O_n:x_n,y_n,z_n\}$ 到坐标系 $\{O_0:x_0,y_0,z_0\}$ 经过了 n 级的逐次坐标变换，且每次都是相对动坐标系进行的。如果求出了任一个相邻两级之间的齐次坐标变换矩阵 $\boldsymbol{T}_i$，那么，从坐标系 $\{O_n:x_n,y_n,z_n\}$ 到坐标系 $\{O_0:x_0,y_0,z_0\}$ 之间的齐次坐标变换矩阵可表示为

$$^{0}_{n}\boldsymbol{T}=\boldsymbol{T}_{0n}=\boldsymbol{T}_1\ \boldsymbol{T}_2\cdots\boldsymbol{T}_{n-1}\boldsymbol{T}_n \tag{3-18}$$

则齐次坐标变换方程可以表示为

$$\boldsymbol{P}={}^{0}_{n}\boldsymbol{T}\boldsymbol{P}_n \tag{3-19}$$

式中：$\boldsymbol{P}=[x\quad y\quad z\quad 1]^{\mathrm{T}}$；$\boldsymbol{P}_n=[x_n\quad y_n\quad z_n\quad 1]^{\mathrm{T}}$。

式(3-19)确定了 n 自由度机器人手部中心的任一点 P 相对于固定坐标系的位置，以及手部中心在空间的姿态。当任一点 P 取在手部中心，即 $x_n=y_n=z_n=0$ 时，机器人手部的位移方程为

$$\begin{cases}x=x_0\\ y=y_0\\ z=z_0\end{cases} \tag{3-20}$$

式中：x_0,y_0,z_0 为坐标系 $\{O_n:x_n,y_n,z_n\}$ 相对于坐标系 $\{O_0:x_0,y_0,z_0\}$ 坐标原点的平移量，由矩阵 $^{0}_{n}\boldsymbol{T}$ 的第四列确定，这就是为何常称矩阵 $\boldsymbol{T}$ 为机器人运动学方程的原因，也说明了矩阵 $\boldsymbol{T}$ 的本质是运动的描述。

3.4.3 多种坐标系的变换

1. 多种坐标系

3.4.2 节仅仅应用到了固定坐标系和动坐标系。实际上，为了描述机器人的运动，以便于编程控制与操作，常常需要定义多种坐标系。如图 3-11 所示，假设机器人要抓取放在工作台上的工件，需以一定的位姿向工作台处移动，为了方便描述机器人与周围环境的

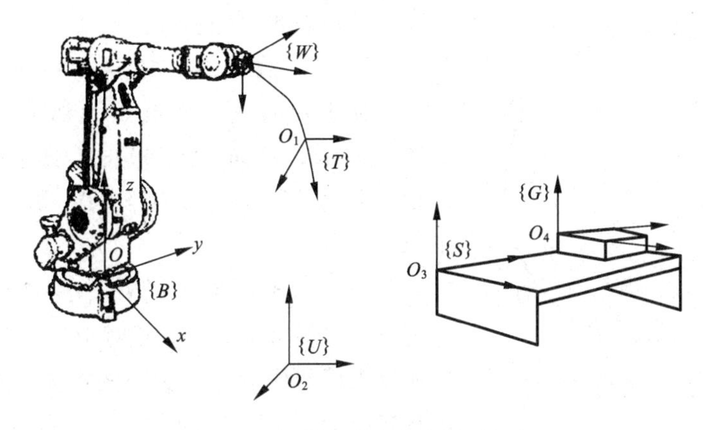

图 3-11　机器人的多种坐标系定义

相对位姿关系，常使用以下几种坐标系。

(1) 通用(世界)坐标系$\{U\}$，用于多台机器人的协调控制。

(2) 基(固定)坐标系$\{B\}$，又表示为$\{O\}$，固定在机器人的基座上，通常 x 轴表示机器人手臂方向，y 轴表示机器人的横方向，z 轴表示机器人的身高方向。相对通用坐标系定义，即$\{B\}={}^{U}_{B}\boldsymbol{T}$。在默认情况下，通用坐标系与基坐标系是一致的。

(3) 腕坐标系$\{W\}$，坐标原点选在手腕中心(法兰盘处)，相对基坐标系定义，即$\{W\}={}^{B}_{W}\boldsymbol{T}={}^{0}_{6}\boldsymbol{T}$。

(4) 工具坐标系$\{T\}$，固定在工具的端部，其坐标原点为工具中心点(TCP，tool center point)，相对腕坐标系定义，即$\{T\}={}^{W}_{T}\boldsymbol{T}$。

(5) 工作台(用户)坐标系$\{S\}$，固定在工作台的角上，相对于通用或基坐标系定义，即$\{S\}={}^{U}_{S}\boldsymbol{T}$。

(6) 目标(工件)坐标系$\{G\}$，固定在工作台上，相对于工作台坐标系定义，即$\{G\}={}^{S}_{G}\boldsymbol{T}$。

多种坐标系之间的关系如图 3-12 所示。

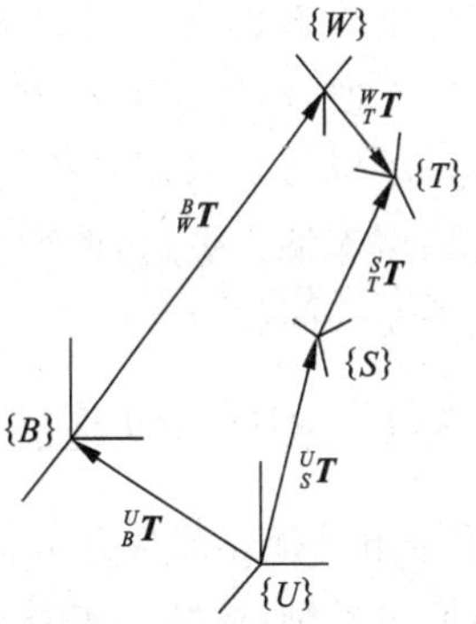

图 3-12　多种坐标系之间的关系

2. 多种坐标系之间的变换矩阵

规定以上标准坐标系，目的在于为机器人规划和编程提供一种标准符号。对于确定的机器人，腕坐标相对于基坐标的变换矩阵是一定的，一旦手部所拿工具确定，工具坐标相对于腕坐标的变换矩阵也就确定了，这样，就可以把工具坐标系原点(TCP)作为机器人控制定位的参照点，把机器人的作业描述成工具坐标系$\{T\}$相对于工作台坐标系$\{S\}$的一系列运动，使得编程操作大为简化。例如，为了按一定的位姿抓取工件，只需控制工具坐标系$\{T\}$相对于工作台坐标系$\{S\}$的位姿即可。

工具坐标系$\{T\}$相对于通用坐标系$\{U\}$的变换方程可表示为

$$ {}^{U}_{T}\boldsymbol{T}={}^{U}_{B}\boldsymbol{T}\cdot{}^{B}_{W}\boldsymbol{T}\cdot{}^{W}_{T}\boldsymbol{T} \tag{3-21}$$

另一方面，坐标系$\{T\}$相对于坐标系$\{U\}$的变换方程也可表示为

$$ {}^{U}_{T}\boldsymbol{T}={}^{U}_{S}\boldsymbol{T}\cdot{}^{S}_{T}\boldsymbol{T} \tag{3-22}$$

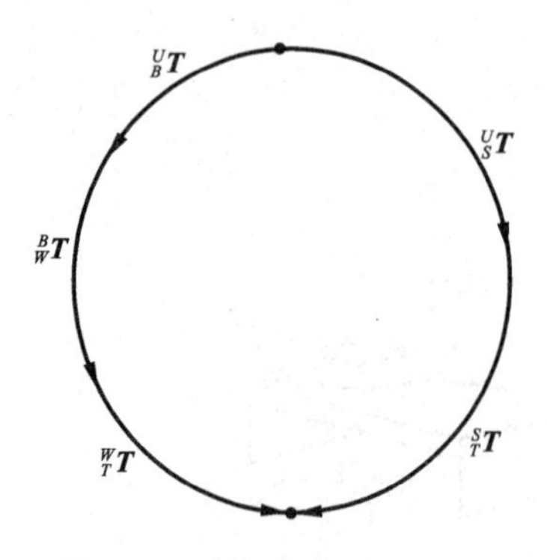

图 3-13　封闭的有向变换图

由式(3-21)和式(3-22)可得

$$ {}^U_B\boldsymbol{T}\cdot{}^B_W\boldsymbol{T}\cdot{}^W_T\boldsymbol{T}={}^U_S\boldsymbol{T}\cdot{}^S_T\boldsymbol{T} \tag{3-23}$$

变换方程的任一变换矩阵都可用其余的变换矩阵来表示。例如，为了求出工具坐标系$\{T\}$到工作台坐标系$\{S\}$的变换矩阵${}^S\boldsymbol{T}_T$，需对式(3-23)左乘${}^U\boldsymbol{T}_S^{-1}$，得

$$ {}^S_T\boldsymbol{T}={}^U_S\boldsymbol{T}^{-1}\cdot{}^U_B\boldsymbol{T}\cdot{}^B_W\boldsymbol{T}\cdot{}^W_T\boldsymbol{T} \tag{3-24}$$

由式(3-24)便可求出工具相对于工作台的位姿，以完成抓取工件的作业任务。一些机器人控制系统具有求解式(3-24)的功能，称为“where”功能。

这个方程可以用有向变换图来表示，如图 3-13 所示。图中每一弧段表示一个变换，从它定义的参考坐标系由外指向内，封闭于物体上的某一共同点，这就是变换方程的封闭性。

实际上，可以从封闭的有向变换图的任一变换开始列变换方程。从某一变换弧开始，顺箭头方向为正变换，一直连续列写到相邻于该变换弧为止(但不再包括该起点变换)，则得到一个单位变换。

3.5　RPY 角与欧拉角

旋转矩阵 $\boldsymbol{R}$ 的九个元素中，只有三个是独立元素，用 $\boldsymbol{R}$ 来做矩阵运算算子或进行矩阵变换非常方便，但用来表示方位和控制调整方位却不太方便，比如：在机器人示教编程器上实时显示机器人末端方位时，显示矩阵 $\boldsymbol{R}$ 的九个参数显然很不直观，也难以理解；另外要控制调整末端方位时，改变九个参数也非常不便。所以，通常用 RPY 角与欧拉角来表示机械手在空间的方位。

3.5.1　RPY 角(绕固定轴 x-y-z 旋转)

RPY 角是描述船舶在大海中航行或飞机在空中飞行时姿态的一种方法。将船的行驶方向取为 z 轴，则绕 z 轴的旋转(α 角)称为滚动(roll)；将船体的横向取为 y 轴，则绕 y 轴的旋转(β 角)称为俯仰(pitch)；将垂直于船体的方向取为 x 轴，则绕 x 轴的旋转(γ 角)称为偏转(yaw)。如图 3-14 所示。

操作臂工具坐标系姿态的规定方法与此类似(见图3-15)，习惯上称为 RPY 角方法。在工业机器人控制器中多数厂家采用 RPY 角来表示机器人工具坐标系(或法兰盘坐标系)的姿态：$R(z,\alpha)$，滚动；$P(y,\beta)$，俯仰；$Y(x,\gamma)$，偏转。α,β,γ 对应控制器中的 A，B，C 三个输入角度，分别表示绕基(固定)坐标系 z 轴、y 轴、x 轴依次做旋转变换的角度。当然也可以用欧拉角来表示机器人工具坐标系的姿态。

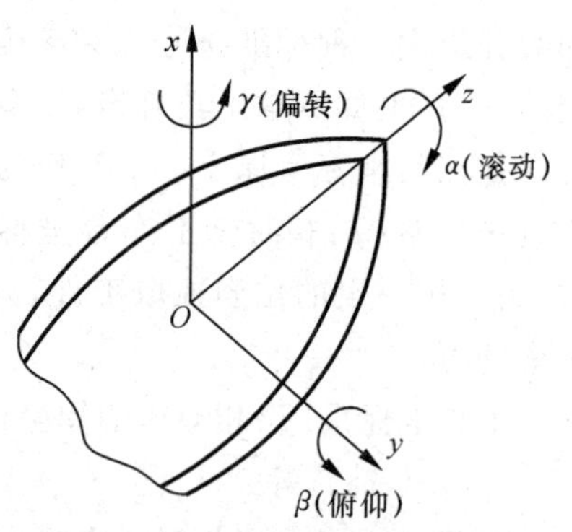

图 3-14　RPY 角的定义

用 RPY 角描述动坐标系方位的法则如下：动坐标系的初始方位与固定坐标系重合，首先将动

坐标系绕固定坐标系的 x 轴旋转 γ 角，再绕固定坐标系的 y 轴旋转 β 角，最后绕固定坐标系的 z 轴旋转 α 角，如图3-16所示。注意，图 3-16 中 x'，x''和 x'''分别表示的是 x 轴在第一、第二和第三次旋转后所处的位置，其他坐标轴相同。后面表示方法相同，不再赘述。

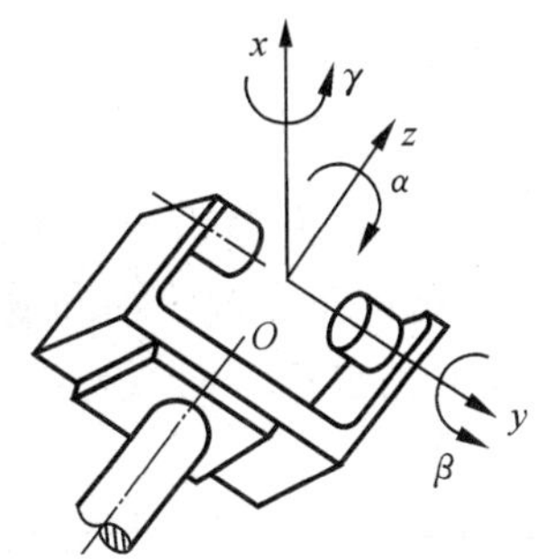

图 3-15　操作臂工具坐标系 RPY 角的定义

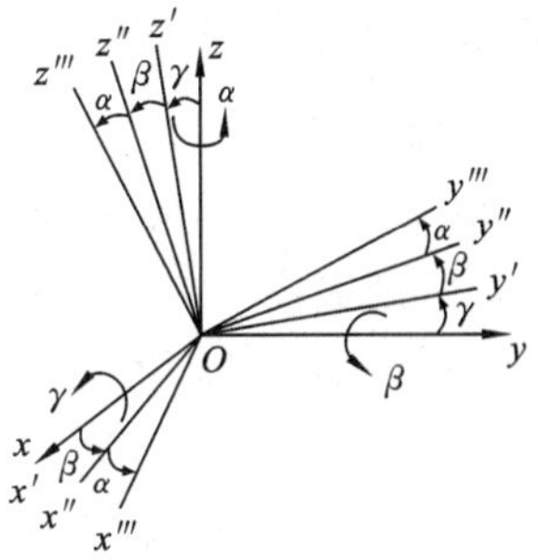

图 3-16　RPY 角的旋转变换

因为三次旋转都是相对固定坐标系进行的，所以得到相应的旋转矩阵

$$\mathrm{RPY}(\gamma,\beta,\alpha)=\mathrm{Rot}(z,\alpha)\mathrm{Rot}(y,\beta)\mathrm{Rot}(x,\gamma)$$

$$\mathrm{RPY}(\gamma,\beta,\alpha)=\begin{bmatrix}\mathrm{c}\alpha & -\mathrm{s}\alpha & 0\\ \mathrm{s}\alpha & \mathrm{c}\alpha & 0\\ 0 & 0 & 1\end{bmatrix}\begin{bmatrix}\mathrm{c}\beta & 0 & \mathrm{s}\beta\\ 0 & 1 & 0\\ -\mathrm{s}\beta & 0 & \mathrm{c}\beta\end{bmatrix}\begin{bmatrix}1 & 0 & 0\\ 0 & \mathrm{c}\gamma & -\mathrm{s}\gamma\\ 0 & \mathrm{s}\gamma & \mathrm{c}\gamma\end{bmatrix}\tag{3-25}$$

式中：$\mathrm{c}\alpha=\cos\alpha$，$\mathrm{s}\alpha=\sin\alpha$，$\mathrm{c}\beta=\cos\beta$，$\mathrm{s}\beta=\sin\beta$，$\mathrm{c}\gamma=\cos\gamma$，$\mathrm{s}\gamma=\sin\gamma$（后文中表示方法与此处相同，不再赘述）。整理式(3-25)得

$$\mathrm{RPY}(\gamma,\beta,\alpha)=\begin{bmatrix}\mathrm{c}\alpha\mathrm{c}\beta & \mathrm{c}\alpha\mathrm{s}\beta\mathrm{s}\gamma-\mathrm{s}\alpha\mathrm{c}\gamma & \mathrm{c}\alpha\mathrm{s}\beta\mathrm{c}\gamma+\mathrm{s}\alpha\mathrm{s}\gamma\\ \mathrm{s}\alpha\mathrm{c}\beta & \mathrm{s}\alpha\mathrm{s}\beta\mathrm{s}\gamma+\mathrm{c}\alpha\mathrm{c}\gamma & \mathrm{s}\alpha\mathrm{s}\beta\mathrm{c}\gamma-\mathrm{c}\alpha\mathrm{s}\gamma\\ -\mathrm{s}\beta & \mathrm{c}\beta\mathrm{s}\gamma & \mathrm{c}\beta\mathrm{c}\gamma\end{bmatrix}\tag{3-26}$$

式(3-26)表示绕固定坐标系的三个轴依次旋转得到的旋转矩阵，因此称为绕固定轴 x-y-z 旋转的 RPY 角法。

现在来讨论逆解问题：从给定的旋转矩阵求出等价的绕固定轴 x-y-z 的转角 γ，β，α。

令
$$\mathrm{RPY}(\gamma,\beta,\alpha)=\begin{bmatrix}n_x & o_x & a_x\\ n_y & o_y & a_y\\ n_z & o_z & a_z\end{bmatrix}\tag{3-27}$$

即
$$\begin{bmatrix}\mathrm{c}\alpha\mathrm{c}\beta & \mathrm{c}\alpha\mathrm{s}\beta\mathrm{s}\gamma-\mathrm{s}\alpha\mathrm{c}\gamma & \mathrm{c}\alpha\mathrm{s}\beta\mathrm{c}\gamma+\mathrm{s}\alpha\mathrm{s}\gamma\\ \mathrm{s}\alpha\mathrm{c}\beta & \mathrm{s}\alpha\mathrm{s}\beta\mathrm{s}\gamma+\mathrm{c}\alpha\mathrm{c}\gamma & \mathrm{s}\alpha\mathrm{s}\beta\mathrm{c}\gamma-\mathrm{c}\alpha\mathrm{s}\gamma\\ -\mathrm{s}\beta & \mathrm{c}\beta\mathrm{s}\gamma & \mathrm{c}\beta\mathrm{c}\gamma\end{bmatrix}=\begin{bmatrix}n_x & o_x & a_x\\ n_y & o_y & a_y\\ n_z & o_z & a_z\end{bmatrix}\tag{3-28}$$

式(3-28)为末端操作器的 RPY 角姿态矩阵与九个元素的旋转矩阵 $\boldsymbol{R}$ 的相互转换公式，式中有三个未知数，共九个方程，其中六个方程不独立，因此，可以利用其中的三个方程解出未知数。

由式(3-28)，等式两侧矩阵对应元素相等，通过观察可以得出

$$\cos\beta=\sqrt{n_x^2+n_y^2}\tag{3-29}$$

如果 $\cos\beta\neq 0$，则进一步通过观察可得到各个角的反正切表达式为

$$\begin{cases}\beta=\text{Atan }2(-n_z,\sqrt{n_x^2+n_y^2})\\ \alpha=\text{Atan }2(n_y,n_x)\\ \gamma=\text{Atan }2(o_z,a_z)\end{cases} \tag{3-30}$$

式中：Atan 2(y,x)为双变量反正切函数。利用双变量反正切函数 Atan 2(y,x)计算 $\arctan\frac{y}{x}$的优点在于利用x和y符号就能确定所得角度所在的象限，这是利用单变量反正切函数所不能完成的。

式(3-30)中的根式一般有两个解，通常取在$-90°\sim90°$范围内的一个解。如果$\beta=\pm90°$，$\cos\beta=0$，则式(3-30)表示的反解退化，这时只可能解出α与γ的和或差，改变α与改变γ所带来的效果一样，失去一维表示信息，即 RPY 角出现万向节死锁(gimbal lock)现象。

遇到$\beta=\pm90°$这种情况，通常选择$\alpha=0°$，从而解出明确的结果，计算过程如下：

假若$\beta=90°$，则有

$$\beta=90°,\quad \alpha=0°,\quad \gamma=\text{Atan }2(o_x,o_y)$$

假若$\beta=-90°$，则

$$\beta=-90°,\quad \alpha=0°,\quad \gamma=-\text{Atan }2(o_x,o_y)$$

3.5.2 欧拉角

描述定点转动刚体的方位需要三个独立坐标变量。描述定轴转动刚体的方位只需一个独立坐标变量，即转角。将定点转动的过程分解为三个相互独立的定轴转动，相应的三个相互独立的转角称为欧拉角。

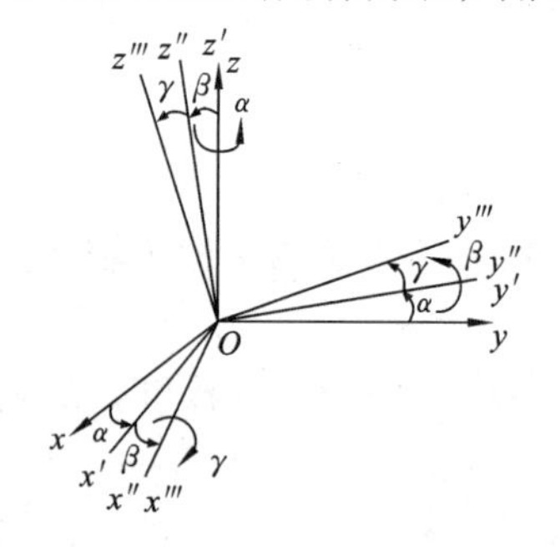

图 3-17 绕 z-y-x 轴转动的欧拉角

1. 绕动坐标轴 z-y-x 转动的欧拉角

这种描述坐标系运动的法则如下：动坐标系的初始方位与固定坐标系相同，首先使动坐标系绕其z轴旋转α角，然后绕其y轴旋转β角，最后绕其x轴旋转γ角，但在旋转过程中同一轴不能连续转动两次，如图 3-17 所示。

在这种描述法中各次转动都是相对动坐标系的某轴进行的，而不是相对固定坐标系进行的。这样的三次转动角即欧拉角。因此可以得出欧拉变换矩阵为

$$\begin{aligned}\text{Euler}(\alpha,\beta,\gamma)&=\text{Rot}(z,\alpha)\text{Rot}(y,\beta)\text{Rot}(x,\gamma)\\ &=\begin{bmatrix}\text{c}\alpha & -\text{s}\alpha & 0\\ \text{s}\alpha & \text{c}\alpha & 0\\ 0 & 0 & 1\end{bmatrix}\begin{bmatrix}\text{c}\beta & 0 & \text{s}\beta\\ 0 & 1 & 0\\ -\text{s}\beta & 0 & \text{c}\beta\end{bmatrix}\begin{bmatrix}1 & 0 & 0\\ 0 & \text{c}\gamma & -\text{s}\gamma\\ 0 & \text{s}\gamma & \text{c}\gamma\end{bmatrix}\end{aligned}$$

整理

$$\text{Euler}(\alpha,\beta,\gamma)=\begin{bmatrix}\text{c}\alpha\text{c}\beta & \text{c}\alpha\text{s}\beta\text{s}\gamma-\text{s}\alpha\text{c}\gamma & \text{c}\alpha\text{s}\beta\text{c}\gamma+\text{s}\alpha\text{s}\gamma\\ \text{s}\alpha\text{c}\beta & \text{s}\alpha\text{s}\beta\text{s}\gamma+\text{c}\alpha\text{c}\gamma & \text{s}\alpha\text{s}\beta\text{c}\gamma-\text{c}\alpha\text{s}\gamma\\ -\text{s}\beta & \text{c}\beta\text{s}\gamma & \text{c}\beta\text{c}\gamma\end{bmatrix} \tag{3-31}$$

这一结果与绕固定轴 x-y-z 旋转的结果完全相同。这是因为当绕固定轴旋转的顺序与绕运动轴旋转的顺序相反，且旋转的角度对应相等时，所得到的变换矩阵是相同的。因此用 z-y-x 欧拉角与用固定轴 x-y-z 转角描述动坐标系是完全等价的。

2. 绕动坐标轴 z-y-z 转动的欧拉角

这种描述动坐标系的法则如下：最初动坐标系与固定坐标系重合，首先使动坐标系绕其 z 轴旋转 α 角，然后绕其 y 轴旋转 β 角，最后绕其 z 轴旋转 γ 角，如图 3-18 所示。

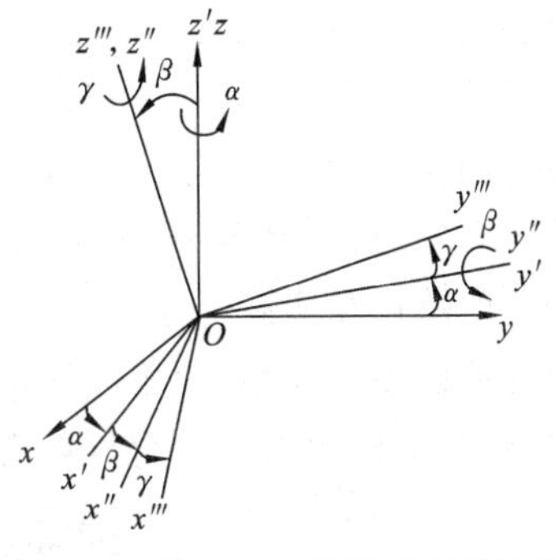

图 3-18　绕 z-y-z 轴转动的欧拉角

可以求得

$$
\begin{aligned}
\mathrm{Euler}(\alpha,\beta,\gamma)&=\mathrm{Rot}(z,\alpha)\mathrm{Rot}(y,\beta)\mathrm{Rot}(z,\gamma)\\
&=\begin{bmatrix} c\alpha & -s\alpha & 0\\ s\alpha & c\alpha & 0\\ 0 & 0 & 1\end{bmatrix}\begin{bmatrix} c\beta & 0 & s\beta\\ 0 & 1 & 0\\ -s\beta & 0 & c\beta\end{bmatrix}\begin{bmatrix} c\gamma & -s\gamma & 0\\ s\gamma & c\gamma & 0\\ 0 & 0 & 1\end{bmatrix}\\
&=\begin{bmatrix} c\alpha c\beta c\gamma-s\alpha s\gamma & -c\alpha c\beta s\gamma-s\alpha c\gamma & c\alpha s\beta\\ s\alpha c\beta c\gamma+c\alpha s\gamma & -s\alpha c\beta s\gamma+c\alpha c\gamma & s\alpha s\beta\\ -s\beta c\gamma & s\beta s\gamma & c\beta\end{bmatrix}
\end{aligned}
\tag{3-32}
$$

同样，求 z-y-z 欧拉角的逆解方法如下。

令

$$
\mathrm{Euler}(\alpha,\beta,\gamma)=\begin{bmatrix} n_x & o_x & a_x\\ n_y & o_y & a_y\\ n_z & o_z & a_z\end{bmatrix}
\tag{3-33}
$$

如果 $\sin\beta\neq 0$，则

$$
\begin{cases}
\beta=\mathrm{Atan}\ 2(\sqrt{n_z^2+o_z^2},a_z)\\
\alpha=\mathrm{Atan}\ 2(a_y,a_x)\\
\gamma=\mathrm{Atan}\ 2(o_z,-n_z)
\end{cases}
\tag{3-34}
$$

虽然 $\sin\beta=\sqrt{n_z^2+o_z^2}$ 有两个 β 解存在，但一般总是取在 0～180°范围内的一个解。

如果 $\beta=0$ 或 $\beta=180°$，$\sin\beta=0$，则式(3-34)表示的反解退化，这时只可能解出 α 与 γ 的和或差，改变 α 与改变 γ 所带来的效果一样，失去一维表示信息，即出现万向节死锁现象。另一方面，$\sin\beta=0$，则 $\mathrm{Rot}(y,\beta)=\boldsymbol{I}$，$\mathrm{Euler}(\alpha,\beta,\gamma)=\mathrm{Rot}(z,\alpha)\mathrm{Rot}(z,\gamma)$，出现绕 z 轴旋转两次的情况，实际上相当于旋转一次。

遇到这种情况，通常选择 $\alpha=0°$，从而解出明确的结果，计算过程如下：

假若 $\beta=0°$，则

$$\beta=0°,\quad \alpha=0°,\quad \gamma=\mathrm{Atan}\ 2(-o_x,n_x)$$

假若 $\beta=180°$，则

$$\beta=180°,\quad \alpha=0°,\quad \gamma=\mathrm{Atan}\ 2(o_x,-n_x)$$

综上所述，初始时刻动坐标系与固定坐标系重合，RPY 角是相对固定坐标系而欧拉角是相对动坐标系而确定的，连续、有顺序地进行三次旋转运动，即可确定刚体在任意时

刻的空间姿态。RPY 角与欧拉角的三个角度 α,β,γ 是相互独立的,改变其中任一个不影响另外两个的大小,充分显示了 RPY 角与欧拉角在人机交互端显示和姿态调整方面的方便性和实用性。

另外,机械臂 RBR 手腕的三个旋转轴线相交于一点,故称为欧拉手腕,描述欧拉手腕姿态的欧拉角实际上是 z-y-z 欧拉角,α,β,γ 与手腕的三个关节角度 $\theta_4,\theta_5,\theta_6$ 一一对应,因此可以用$(\theta_4,\theta_5,\theta_6)$替代$(\alpha,\beta,\gamma)$来描述手腕的姿态。当 $\theta_5=0$ 或 $\theta_5=180°$时手腕的万向节死锁,即手腕处于奇异状态。

拓展 3-3:万向节死锁

拓展 3-4:刚体姿态的四元数表达

3.6 机器人连杆D-H参数及其坐标变换

在建立坐标变换方程时,把一系列的坐标系建立在连接连杆的关节上,用齐次坐标变换来描述这些坐标系之间的相对位置和方向,就可建立起机器人的运动学方程。现在的问题是如何在每个关节上确定坐标系的方向,以及如何确定相邻两个坐标系之间的相对平移量和旋转量,即需要采用一种合适的方法来描述相邻连杆之间的坐标方向和几何参数。解决该问题常用的方法是D-H参数法。

3.6.1 D-H参数法

Denavit 和 Hartenberg 于 1955 年提出了一种为关节链中的每一个杆件建立坐标系的矩阵方法,即D-H参数法。

1. 连杆坐标系的建立

为了确定各连杆之间的相对运动和位姿关系,需要在每一根连杆上固接一个坐标系。与基座(连杆 0)固接的称为基坐标系{0},与连杆 1 固接的称为坐标系{1},与连杆 i 固接的称为坐标系{i}。

下面结合图 3-19 讨论建立连杆坐标系的规定方法。

1) 中间连杆 i 坐标系{i}

(1) z_i 坐标轴沿 $i+1$ 关节的轴线方向。

(2) x_i 坐标轴沿 z_i 和 z_{i-1} 轴的公垂线(common normal line),且指向背离 z_{i-1} 轴的方向。x 轴是坐标系中最关键也最难确定的一个坐标轴。要确保建立的 x 轴同时垂直于相邻的两个 z 轴,如 x_2 轴要同时垂直于于 z_1 和 z_2 轴。另外,相邻两个 x 轴绕 z 轴的旋转角度应为连杆的关节角度。

(3) y_i 坐标轴不重要,但其方向须满足与 x_i 轴、z_i 轴构成右手直角坐标系的条件。

2) 首端连杆和末端连杆的坐标系

坐标系{0}即机器人基坐标系,与基座固接,固定不动,可作为参考坐标系,机械臂运动学方程和末端位姿是相对参考坐标系而表示的。

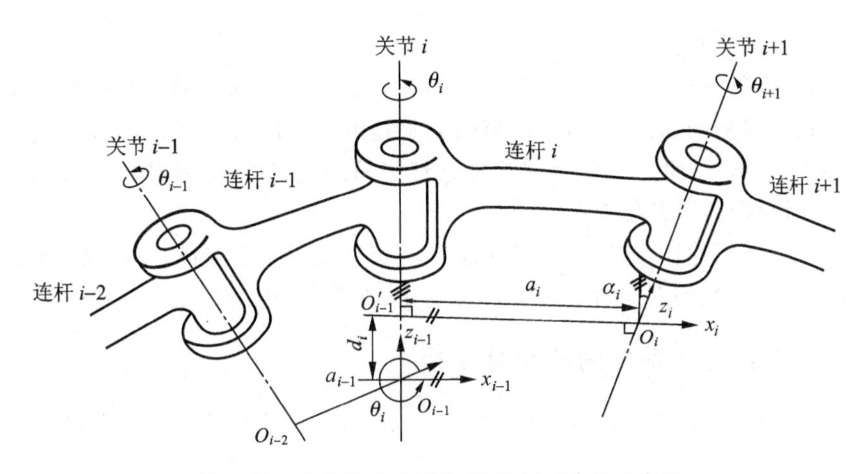

图 3-19 转动关节连杆 D-H 坐标系建立示意图

为简单起见，通常将基坐标系{0}的 z_0 轴选择为关节 1 的轴线方向，其坐标原点 O_0 设置具有任意性，通常与连杆 1 坐标原点 O_1 重合，若不重合，则用一个固定的齐次坐标变换矩阵将坐标系{1}和{0}联系起来。

末端连杆（连杆 n）坐标系{n}的位移 d_n 和转角 θ_n 都是相对关节 $n-1$ 而定义的。通常：当 $d_n \neq 0$ 时，将坐标系{n}与{$n-1$}设置成两个平行的坐标系；当 $d_n=0$ 时，使坐标系{n}与{$n-1$}重合。需要指出的是，此处的末端连杆坐标系与 3.4.1 节中定义的末端操作器坐标系不一定重合。若不重合，则用一个固定的齐次坐标变换矩阵将末端连杆坐标系和末端操作器坐标系联系起来。

2. 连杆参数

1）单根连杆参数

用两相邻关节轴线间的相对位置关系来描述单根连杆自身的几何尺寸，有两个参数（见图3-19）。

(1) 连杆长度(link length)a_i　a_i 为两关节轴线之间的距离，即 z_i 轴与 z_{i-1} 轴的公垂线长度，沿 x_i 轴方向测量。a_i 总为正值或 0。当两关节轴线平行时，$a_i=l_i$，l_i 为连杆的长度；当两关节轴线垂直时，$a_i=0$。

(2) 连杆扭角(link twist)α_i　α_i 为两关节轴线之间的夹角，即 z_i 轴与 z_{i-1} 轴之间的夹角，绕 x_i 轴从 z_{i-1} 轴旋转到 z_i 轴，符合右手规则时为正。当两关节轴线平行时，$\alpha_i=0$；当两关节轴线垂直时，$\alpha_i=90°$。

2）相邻连杆之间的参数

相邻两连杆之间的参数用两根公垂线之间的关系来描述。

(1) 连杆距离(link offset)d_i　d_i 为两条公垂线 $O_iO'_{i-1}$ 与 $O_{i-1}O_{i-2}$ 之间的距离，即 x_i 轴与 x_{i-1} 轴之间的距离，在 z_{i-1} 轴上测量。对于转动关节，d_i 为常数；对于移动关节，d_i 为变量。

(2) 连杆转角(joint angle)θ_i　θ_i 为两条公垂线 $O_iO'_{i-1}$ 与 $O_{i-1}O_{i-2}$ 之间的夹角，即 x_i 轴与 x_{i-1} 轴之间的夹角，绕 z_{i-1} 轴从 x_{i-1} 轴旋转到 x_i 轴，符合右手规则时为正。对于转动关节，θ_i 为变量；对于移动关节，θ_i 为常数。

这样，每根连杆由四个参数来描述，其中两个描述了连杆自身的几何尺寸，另外两个描述了连杆之间的相对位置关系。

总结：机器人的每根连杆的几何尺寸都可以用四个参数来描述，其中两个参数 a_i 和 α_i 用于描述连杆自身的几何尺寸，其数值的大小是由 z_{i-1} 和 z_i 两轴之间的距离和夹角确定的；另外两个参数 d_i 和 θ_i 用于描述相邻连杆之间的连接关系，其数值的大小是由 x_{i-1} 和 x_i 两轴之间的距离和夹角确定的。

对于确定的单根连杆，这四个参数中总有三个常数和一个变量。对于转动关节，(a_i, α_i, d_i) 为常数，θ_i 为变量；对于移动关节，$(a_i, \alpha_i, \theta_i)$ 为常数，d_i 为变量。

3.6.2 连杆坐标系之间的坐标变换

从坐标系$\{O_{i-1}\}$到坐标系$\{O_i\}$之间的坐标变换，可由坐标系$\{O_{i-1}\}$经过下述变换来实现：

(1) 绕 z_{i-1} 轴旋转 θ_i 角，使 x_{i-1} 轴与 x_i 轴同向；

(2) 沿 z_{i-1} 轴平移距离 d_i，使 x_{i-1} 轴与 x_i 轴在同一条直线上；

(3) 沿 x_i 轴平移距离 a_i，使坐标系$\{O_{i-1}\}$的坐标原点与坐标系$\{O_i\}$的坐标原点重合；

(4) 绕 x_i 轴旋转 α_i 角，使 z_{i-1} 轴与 z_i 轴在同一条直线上。

上述变换每次都是相对动坐标系进行的，所以经过这四次变换的齐次变换矩阵为

$$\boldsymbol{T}_i = \mathrm{Rot}(z, \theta_i)\mathrm{Trans}(0,0,d_i)\mathrm{Trans}(a_i,0,0)\mathrm{Rot}(x,\alpha_i)$$

即

$$\boldsymbol{T}_i = \begin{bmatrix} \mathrm{c}\theta_i & -\mathrm{s}\theta_i & 0 & 0 \\ \mathrm{s}\theta_i & \mathrm{c}\theta_i & 0 & 0 \\ 0 & 0 & 1 & 0 \\ 0 & 0 & 0 & 1 \end{bmatrix} \begin{bmatrix} 1 & 0 & 0 & a_i \\ 0 & 1 & 0 & 0 \\ 0 & 0 & 1 & d_i \\ 0 & 0 & 0 & 1 \end{bmatrix} \begin{bmatrix} 1 & 0 & 0 & 0 \\ 0 & \mathrm{c}\alpha_i & -\mathrm{s}\alpha_i & 0 \\ 0 & \mathrm{s}\alpha_i & \mathrm{c}\alpha_i & 0 \\ 0 & 0 & 0 & 1 \end{bmatrix}$$

$$= \begin{bmatrix} \mathrm{c}\theta_i & -\mathrm{s}\theta_i\mathrm{c}\alpha_i & \mathrm{s}\theta_i\mathrm{s}\alpha_i & a_i\mathrm{c}\theta_i \\ \mathrm{s}\theta_i & \mathrm{c}\theta_i\mathrm{c}\alpha_i & -\mathrm{c}\theta_i\mathrm{s}\alpha_i & a_i\mathrm{s}\theta_i \\ 0 & \mathrm{s}\alpha_i & \mathrm{c}\alpha_i & d_i \\ 0 & 0 & 0 & 1 \end{bmatrix} \tag{3-35}$$

按上述规定确定连杆 i 两端坐标系原点$\{O_{i-1}\}$和$\{O_i\}$ 的方法称为标准 D-H 参数法，该方法是把$\{O_i\}$ 原点建立在连杆后端的关节处。如果把坐标系$\{O_i\}$的原点建立在连杆前端的关节处(此时连杆 i 两端坐标系为$\{O_i\}$和$\{O_{i+1}\}$)，则称为改进 D-H 参数法。两者各自的特点是：标准 D-H 参数法由于最后一级坐标建立在末端工具处，所以在进行坐标变换逆运算时，如果回推原点多于 1 个(比如并联机构中)，可能会出现多解的混乱现象。改进 D-H 参数法最后一级坐标建立在最后一个关节处，推导出的变换矩阵中不包含工具变换矩阵，需要单独计算。在具体计算过程中，两种方法下的 D-H 参数变换矩阵相乘顺序不同，但推导的变换矩阵最终结果是一致的。

拓展 3-5：D-H 参数法课堂教学视频

3.7 建立机器人运动学方程实例

根据 3.6 节所述方法，首先建立机器人各连杆关节的坐标系，确定第 i 根连杆的D-H参数，从而可以得出相邻连杆之间的齐次坐标变换矩阵 $\boldsymbol{T}_i$。$\boldsymbol{T}_i$ 仅描述连杆坐标系之间的一次坐标变换(相对平移或旋转)，如 $\boldsymbol{T}_1$ 描述第一根连杆相对于某个坐标系(如机身)的位姿，$\boldsymbol{T}_2$ 描述第二根连杆相对于第一根连杆坐标系的位姿。

对于一个六连杆结构的机器人，机器人手的末端(连杆坐标系 6)相对固定坐标系的变换可表示为

$$ {}_6^0\boldsymbol{T}=\boldsymbol{T}_1\boldsymbol{T}_2\cdots\boldsymbol{T}_6=\begin{bmatrix} n_x & o_x & a_x & p_x \\ n_y & o_y & a_y & p_y \\ n_z & o_z & a_z & p_z \\ 0 & 0 & 0 & 1 \end{bmatrix} \tag{3-36}$$

3.7.1 运动学方程建立实例

下面给出机器人运动学方程的求解实例。

例 3-2 求如图 3-20 所示的极坐标机器人手腕中心 P 点的运动学方程。

解 (1) 建立D-H坐标系。

按D-H参数法建立各连杆的坐标系，如图 3-20 所示。固定坐标系$\{O_0:x_0,y_0,z_0\}$设置在基座上，坐标系$\{O_1:x_1,y_1,z_1\}$设置在旋转关节上，坐标系$\{O_2:x_2,y_2,z_2\}$设置在机器人手腕中心 P 点。

(2) 确定连杆的D-H参数。

确定的连杆的D-H参数见表 3-1。

(3) 求两连杆间的齐次坐标变换矩阵 $\boldsymbol{T}_i$。

根据表 3-1 给出的D-H参数和公式(3-35)可求得 $\boldsymbol{T}_i$：

$$\boldsymbol{T}_1=\mathrm{Rot}(z,\theta_1)\mathrm{Trans}(0,0,h)\mathrm{Rot}(x,90^\circ)$$

$$\boldsymbol{T}_2=\mathrm{Rot}(z,\theta_2)\mathrm{Trans}(a_2,0,0)$$

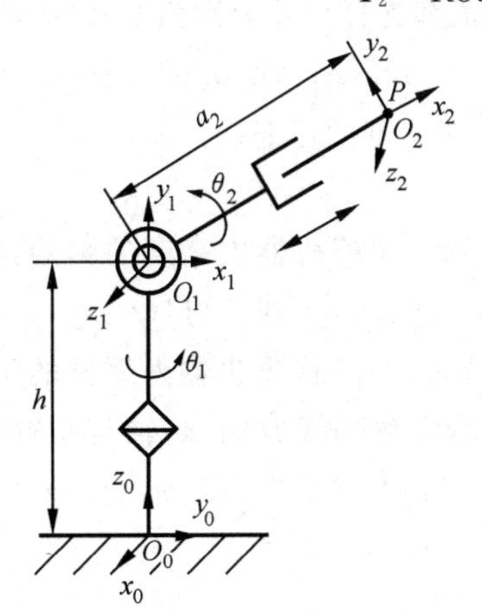

图 3-20 极坐标机器人结构简图和坐标系

表 3-1 极坐标机器人连杆的D-H参数

连杆	θ_i	d_i	a_i	α_i
$i=1$	θ_1	h	0	90°
$i=2$	θ_2	0	a_2	0

即

$$T_1=\begin{bmatrix} c\theta_1 & -s\theta_1 & 0 & 0 \\ s\theta_1 & c\theta_1 & 0 & 0 \\ 0 & 0 & 1 & 0 \\ 0 & 0 & 0 & 1 \end{bmatrix}\begin{bmatrix} 1 & 0 & 0 & 0 \\ 0 & 1 & 0 & 0 \\ 0 & 0 & 1 & h \\ 0 & 0 & 0 & 1 \end{bmatrix}\begin{bmatrix} 1 & 0 & 0 & 0 \\ 0 & 0 & -1 & 0 \\ 0 & 1 & 0 & 0 \\ 0 & 0 & 0 & 1 \end{bmatrix}=\begin{bmatrix} c\theta_1 & 0 & s\theta_1 & 0 \\ s\theta_1 & 0 & -c\theta_1 & 0 \\ 0 & 1 & 0 & h \\ 0 & 0 & 0 & 1 \end{bmatrix}$$

$$T_2=\begin{bmatrix} c\theta_2 & -s\theta_2 & 0 & 0 \\ s\theta_2 & c\theta_2 & 0 & 0 \\ 0 & 0 & 1 & 0 \\ 0 & 0 & 0 & 1 \end{bmatrix}\begin{bmatrix} 1 & 0 & 0 & a_2 \\ 0 & 1 & 0 & 0 \\ 0 & 0 & 1 & 0 \\ 0 & 0 & 0 & 1 \end{bmatrix}=\begin{bmatrix} c\theta_2 & -s\theta_2 & 0 & a_2c\theta_2 \\ s\theta_2 & c\theta_2 & 0 & a_2s\theta_2 \\ 0 & 1 & 0 & 0 \\ 0 & 0 & 0 & 1 \end{bmatrix}$$

式中：a_2 为移动关节变量。

(4) 求手腕中心的运动方程。

$${}_2^0T=T_1\ T_2$$

即

$${}_2^0T=\begin{bmatrix} c\theta_1 & 0 & s\theta_1 & 0 \\ s\theta_1 & 0 & -c\theta_1 & 0 \\ 0 & 1 & 0 & h \\ 0 & 0 & 0 & 1 \end{bmatrix}\begin{bmatrix} c\theta_2 & -s\theta_2 & 0 & a_2c\theta_2 \\ s\theta_2 & c\theta_2 & 0 & a_2s\theta_2 \\ 0 & 1 & 0 & 0 \\ 0 & 0 & 0 & 1 \end{bmatrix}$$

$$=\begin{bmatrix} c\theta_1c\theta_2 & -c\theta_1s\theta_2 & s\theta_1 & a_2c\theta_1c\theta_2 \\ s\theta_1s\theta_2 & -s\theta_1s\theta_2 & -c\theta_1 & a_2s\theta_1c\theta_2 \\ s\theta_2 & c\theta_2 & 0 & a_2s\theta_2+h \\ 0 & 0 & 0 & 1 \end{bmatrix}$$

由此可以得到手腕中心的运动方程为

$$\begin{cases} p_x=a_2c\theta_1c\theta_2 \\ p_y=a_2s\theta_1c\theta_2 \\ p_z=a_2s\theta_2+h \end{cases}$$

式中：p_x，p_y，p_z 分别为手腕中心在 x，y，z 方向上的位移。

例 3-3 PUMA 560 机器人属于经典的关节型机器人，六个关节都是转动关节，具有六个自由度。前三个关节用于确定手腕中心参考点在空间的位置，后三个关节用于确定手腕姿态，其结构如图 3-21 所示。若已知关节变量值和连杆尺寸分别为 $\theta_1=90°$，$\theta_2=0°$，$\theta_3=90°$，$\theta_4=\theta_5=\theta_6=90°$，$a_2=431.8$ mm，$d_2=149.09$ mm，$d_4=433.07$ mm，$d_6=56.25$ mm。求 $T_i(i=1\sim6)$ 与 ${}^0T_6$ 的表达式及当 θ_i 取给定值时手部的位姿。

解 (1) 建立D-H坐标系。

按D-H参数法建立各连杆坐标系，如图 3-21 所示。忽略机器人高度的影响，将固定坐标系$\{O_0:x_0,y_0,z_0\}$设在关节 1 的轴线上，坐标系$\{O_0:x_0,y_0,z_0\}$与$\{O_1:x_1,y_1,z_1\}$重合。x_0 代表机器人的横方向，初始位置与肩关节轴线相同；y_0 代表机器人手臂的正前方；z_0 代表机器人的身高方向。x_1 轴在水平面内，x_2 轴沿大臂轴线方向，x_3 轴与小臂轴线垂直，$O_4x_4 /\!/ O_5x_5 /\!/ O_6x_6$。坐标原点 O_2 与 O_3 重合，O_4 与 O_5 重合。$\{O_6:x_6,y_6,z_6\}$为末端坐标系，该坐标系考虑了工具长度 d_6。

(2) 确定各连杆的D-H参数。

表 3-2 给出了各连杆的D-H参数。

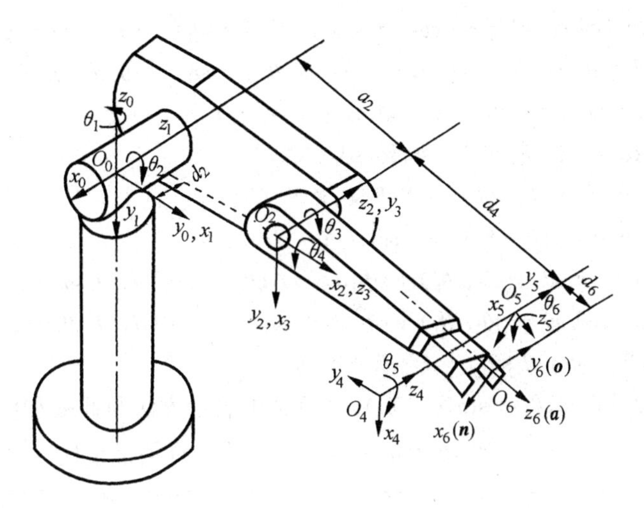

图 3-21 PUMA 560 机器人结构和坐标系

表 3-2 PUMA 560 机器人连杆的D-H参数

连　　杆	θ_i	d_i	a_i	α_i
$i=1$	θ_1	0	0	$-90°$
$i=2$	θ_2	d_2	a_2	0
$i=3$	θ_3	0	0	$90°$
$i=4$	θ_4	d_4	0	$-90°$
$i=5$	θ_5	0	0	$90°$
$i=6$	θ_6	d_6	0	0

(3) 求两杆之间的变换矩阵 $\boldsymbol{T}_i$。

根据表 3-2 所示的D-H参数和齐次变换矩阵公式可求得 $\boldsymbol{T}_i$，即

$$\boldsymbol{T}_1=\begin{bmatrix} c\theta_1 & 0 & -s\theta_1 & 0 \\ s\theta_1 & 0 & c\theta_1 & 0 \\ 0 & -1 & 0 & 0 \\ 0 & 0 & 0 & 1 \end{bmatrix},\ \boldsymbol{T}_2=\begin{bmatrix} c\theta_2 & -s\theta_2 & 0 & a_2 c\theta_2 \\ s\theta_2 & c\theta_2 & 0 & a_2 s\theta_2 \\ 0 & 0 & 1 & d_2 \\ 0 & 0 & 0 & 1 \end{bmatrix},\ \boldsymbol{T}_3=\begin{bmatrix} c\theta_3 & 0 & s\theta_3 & 0 \\ s\theta_3 & 0 & -c\theta_3 & 0 \\ 0 & 1 & 0 & 0 \\ 0 & 0 & 0 & 1 \end{bmatrix}$$

$$\boldsymbol{T}_4=\begin{bmatrix} c\theta_4 & 0 & -s\theta_4 & 0 \\ s\theta_4 & 0 & c\theta_4 & 0 \\ 0 & -1 & 0 & d_4 \\ 0 & 0 & 0 & 1 \end{bmatrix},\quad \boldsymbol{T}_5=\begin{bmatrix} c\theta_5 & 0 & s\theta_5 & 0 \\ s\theta_5 & 0 & -c\theta_5 & 0 \\ 0 & 0 & 1 & 0 \\ 0 & 0 & 0 & 1 \end{bmatrix},\quad \boldsymbol{T}_6=\begin{bmatrix} c\theta_6 & -s\theta_6 & 0 & 0 \\ s\theta_6 & c\theta_6 & 0 & 0 \\ 0 & 0 & 1 & d_6 \\ 0 & 0 & 0 & 1 \end{bmatrix}$$

(4) 求机器人的运动方程。

$${}_6^0\boldsymbol{T}=\boldsymbol{T}_1\boldsymbol{T}_2\boldsymbol{T}_3\boldsymbol{T}_4\boldsymbol{T}_5\boldsymbol{T}_6=\begin{bmatrix} n_x & o_x & a_x & p_x \\ n_y & o_y & a_y & p_y \\ n_z & o_z & a_z & p_z \\ 0 & 0 & 0 & 1 \end{bmatrix}$$

式中：$n_x=c\theta_1[c\theta_{23}(c\theta_4 c\theta_5 c\theta_6-s\theta_4 s\theta_6)-s\theta_{23} s\theta_5 c\theta_6]-s\theta_1(s\theta_4 c\theta_5 c\theta_6+c\theta_4 s\theta_6)$；

$n_y=s\theta_1[c\theta_{23}(c\theta_4 c\theta_5 c\theta_6-s\theta_4 s\theta_6)-s\theta_{23} s\theta_5 c\theta_6]+c\theta_1(s\theta_4 c\theta_5 c\theta_6+c\theta_4 s\theta_6)$；

$n_z=-s\theta_{23}(c\theta_4 c\theta_5 c\theta_6-s\theta_4 s\theta_6)-c\theta_{23} s\theta_5 c\theta_6$；

$o_x = c\theta_1[-c\theta_{23}(c\theta_4 c\theta_5 s\theta_6 + s\theta_4 c\theta_6) + s\theta_{23} s\theta_5 c\theta_6] - s\theta_1(-s\theta_4 c\theta_5 c\theta_6 + c\theta_4 s\theta_6)$;

$o_y = s\theta_1[-c\theta_{23}(c\theta_4 c\theta_5 s\theta_6 + s\theta_4 c\theta_6) + s\theta_{23} s\theta_5 c\theta_6] + c\theta_1(-s\theta_4 c\theta_5 c\theta_6 + c\theta_4 s\theta_6)$;

$o_z = s\theta_{23}(c\theta_4 c\theta_5 s\theta_6 + s\theta_4 c\theta_6) + c\theta_{23} s\theta_5 c\theta_6$;

$a_x = c\theta_1(c\theta_{23} c\theta_4 s\theta_5 + s\theta_{23} c\theta_5) - s\theta_1 s\theta_4 s\theta_5$;

$a_y = s\theta_1(c\theta_{23} c\theta_4 s\theta_5 + s\theta_{23} c\theta_5) + c\theta_1 s\theta_4 s\theta_5$;

$a_z = c\theta_1(c\theta_{23} c\theta_4 s\theta_5 + s\theta_{23} c\theta_5) - s\theta_1 s\theta_4 s\theta_5$;

$p_x = c\theta_1[d_6(c\theta_{23} c\theta_4 s\theta_5 + s\theta_{23} c\theta_5) + s\theta_{23} d_4 + a_2 c\theta_2] - s\theta_1(d_6 s\theta_4 s\theta_5 + d_2)$;

$p_y = s\theta_1[d_6(c\theta_{23} c\theta_4 s\theta_5 + s\theta_{23} c\theta_5) + s\theta_{23} d_4 + a_2 c\theta_2] + c\theta_1(d_6 s\theta_4 s\theta_5 + d_2)$;

$p_z = d_6(c\theta_{23} c\theta_5 - s\theta_{23} c\theta_4 s\theta_5) + c\theta_{23} d_4 - a_2 s\theta_2$。

其中：$c\theta_{ij} = \cos(\theta_i + \theta_j)$；$s\theta_{ij} = \sin(\theta_i + \theta_j)$。(后文中表示方法与此处相同，不再赘述。)

若令 $\theta_1 = 90°, \theta_2 = 0°, \theta_3 = 90°, \theta_4 = \theta_5 = \theta_6 = 90°$，并将有关常量代入${}^0_6\boldsymbol{T}$矩阵，可得

$${}^0_6\boldsymbol{T} = \begin{bmatrix} 0 & -1 & 0 & -d_2 \\ 0 & 0 & 1 & a_2 + d_4 + d_6 \\ -1 & 0 & 0 & 0 \\ 0 & 0 & 0 & 1 \end{bmatrix} = \begin{bmatrix} 0 & -1 & 0 & -149.09 \\ 0 & 0 & 1 & 921.12 \\ -1 & 0 & 0 & 0 \\ 0 & 0 & 0 & 1 \end{bmatrix}$$

从该矩阵可以看出，机器人的大臂、小臂和手部成水平线向 y_0 轴方向伸出，肩关节与 x_0 轴同向，手部开口(姿态)为水平向前。这里要特别强调的是，x_2，x_3 两轴之间的夹角 θ_3 与大、小臂轴线之间的夹角 θ_3' 不等，其关系为 $\theta_3 = 90° - \theta_3'$。

例 3-4 MOTOMAN SV3 机器人运动学方程建立实例。

MOTOMAN SV3 机器人与 PUMA 机器人一样都属于关节型机器人，具有六个转动关节自由度。两者的不同之处体现在臂部肩宽结构布置的改进上。PUMA 机器人的手臂是像人的臂部一样，具有朝一边偏置的肩宽，从而扩大了手臂的作业范围。而 MOTOMAN SV3 机器人同样保持肩宽结构，但肩关节由边上朝前方旋转 90°布置，从而可提高手臂的前方作业能力。MOTOMAN SV3 机器人的这种肩宽结构是现代流行的肩宽结构之一。MOTOMAN SV3 机器人的结构如图 3-22 所示。

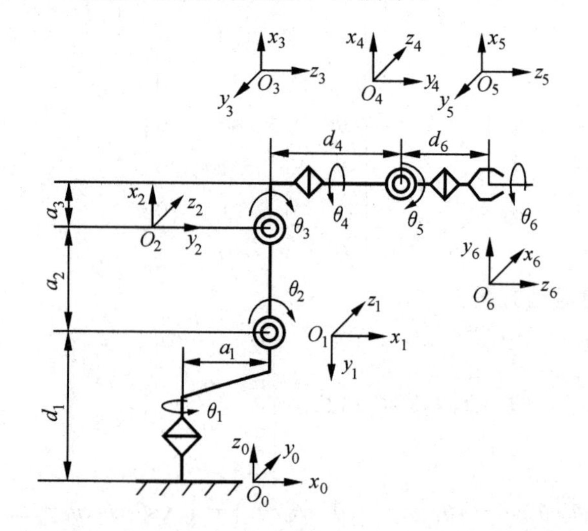

图 3-22 MOTOMAN SV3 机器人结构示意图和坐标系

解 （1）建立D-H坐标系。

按D-H参数法建立各连杆坐标系，如图3-22所示。将坐标系$\{O_0: x_0, y_0, z_0\}$设在机器人的基座上，x_0代表机器人手臂的正前方，y_0代表机器人的横方向，z_0代表机器人的身高方向。x_1轴在水平面内，x_2轴沿大臂轴线方向，x_3轴与小臂轴线垂直，$O_3x_3 /\!/ O_4x_4 /\!/ O_5x_5$。坐标原点$O_4$与$O_5$重合。$\{O_6: x_6, y_6, z_6\}$为末端坐标系，该坐标系考虑了工具长度$d_6$。

（2）确定各连杆的D-H参数。表3-3给出了各连杆的D-H参数。

表3-3 MOTOMAN SV3 **机器人连杆的D-H参数**

连　杆	θ_i	d_i	a_i	α_i
$i=1$	θ_1	d_1	a_1	90°
$i=2$	θ_2	0	a_2	0
$i=3$	θ_3	0	a_3	90°
$i=4$	θ_4	d_4	0	−90°
$i=5$	θ_5	0	0	90°
$i=6$	θ_6	d_6	0	0

（3）求两杆之间的变换矩阵$\boldsymbol{T}_i$。

根据表3-3所示的D-H参数和齐次变换矩阵公式可求得$\boldsymbol{T}_i$，即

$$\boldsymbol{T}_1=\begin{bmatrix} c\theta_1 & 0 & s\theta_1 & a_1 c\theta_1 \\ s\theta_1 & 0 & -c\theta_1 & a_1 s\theta_1 \\ 0 & 1 & 0 & d_1 \\ 0 & 0 & 0 & 1 \end{bmatrix},\boldsymbol{T}_2=\begin{bmatrix} c\theta_2 & -s\theta_2 & 0 & a_2 c\theta_2 \\ s\theta_2 & c\theta_2 & 0 & a_2 s\theta_2 \\ 0 & 1 & 0 & 0 \\ 0 & 0 & 0 & 1 \end{bmatrix},\boldsymbol{T}_3=\begin{bmatrix} c\theta_3 & 0 & s\theta_3 & a_3 c\theta_3 \\ s\theta_3 & 0 & -c\theta_3 & a_3 s\theta_3 \\ 0 & 1 & 0 & 0 \\ 0 & 0 & 0 & 1 \end{bmatrix}$$

$$\boldsymbol{T}_4=\begin{bmatrix} c\theta_4 & 0 & -s\theta_4 & 0 \\ s\theta_4 & 0 & c\theta_4 & 0 \\ 0 & -1 & 0 & d_4 \\ 0 & 0 & 0 & 1 \end{bmatrix},\boldsymbol{T}_5=\begin{bmatrix} c\theta_5 & 0 & s\theta_5 & 0 \\ s\theta_5 & 0 & -c\theta_5 & 0 \\ 0 & 0 & 1 & 0 \\ 0 & 0 & 0 & 1 \end{bmatrix},\boldsymbol{T}_6=\begin{bmatrix} c\theta_6 & -s\theta_6 & 0 & 0 \\ s\theta_6 & c\theta_6 & 0 & 0 \\ 0 & 0 & 1 & d_6 \\ 0 & 0 & 0 & 1 \end{bmatrix}$$

（4）求机器人的运动方程。

$${}^0_6\boldsymbol{T}=\boldsymbol{T}_1\boldsymbol{T}_2\boldsymbol{T}_3\boldsymbol{T}_4\boldsymbol{T}_5\boldsymbol{T}_6=\begin{bmatrix} n_x & o_x & a_x & p_x \\ n_y & o_y & a_y & p_y \\ n_z & o_z & a_z & p_z \\ 0 & 0 & 0 & 1 \end{bmatrix}$$

式中：$n_x=c\theta_1 c\theta_{23}(c\theta_4 c\theta_5 c\theta_6+s\theta_4 s\theta_6)-s\theta_1(s\theta_4 c\theta_5 c\theta_6-c\theta_4 s\theta_6)+c\theta_1 s\theta_{23} s\theta_5 c\theta_6$；

$n_y=s\theta_1 c\theta_{23}(c\theta_4 c\theta_5 c\theta_6+s\theta_4 s\theta_6)+c\theta_1(s\theta_4 c\theta_5 c\theta_6-c\theta_4 s\theta_6)+s\theta_1 s\theta_{23} s\theta_5 c\theta_6$；

$n_z=-s\theta_{23}(c\theta_4 c\theta_5 c\theta_6+s\theta_4 s\theta_6)+c\theta_{23} s\theta_5 c\theta_6$；

$o_x=c\theta_1 c\theta_{23}(c\theta_4 c\theta_5 c\theta_6-s\theta_4 c\theta_6)-s\theta_1(s\theta_4 c\theta_5 c\theta_6+c\theta_4 c\theta_6)+c\theta_1 s\theta_{23} s\theta_5 s\theta_6$；

$o_y=s\theta_1 c\theta_{23}(c\theta_4 c\theta_5 s\theta_6-s\theta_4 c\theta_6)+c\theta_1(s\theta_4 c\theta_5 c\theta_6+c\theta_4 c\theta_6)+s\theta_1 s\theta_{23} s\theta_5 s\theta_6$；

$o_z=-s\theta_{23}(c\theta_4 c\theta_5 s\theta_6-s\theta_4 c\theta_6)+c\theta_{23} s\theta_5 c\theta_6$；

$a_x = -c\theta_1(c\theta_{23}c\theta_4 s\theta_5 - s\theta_{23}c\theta_5) + s\theta_1 s\theta_4 s\theta_5$；

$a_y = -s\theta_1(c\theta_{23}c\theta_4 s\theta_5 - s\theta_{23}c\theta_5) - c\theta_1 s\theta_4 s\theta_5$；

$a_z = s\theta_{23}c\theta_4 s\theta_5 - c\theta_{23}c\theta_5$；

$p_x = c\theta_1 c\theta_{23}c\theta_4 s\theta_5 d_6 - s\theta_1 s\theta_4 s\theta_5 s\theta_6 + c\theta_1 s\theta_{23}(-c\theta_5 d_6 + d_4) + a_3 c\theta_1 c\theta_{23} + a_2 c\theta_1 c\theta_2 + a_1 c\theta_1$；

$p_y = s\theta_1 c\theta_{23}c\theta_4 s\theta_5 d_6 - c\theta_1 s\theta_4 s\theta_5 s\theta_6 + s\theta_1 s\theta_{23}(-c\theta_5 d_6 + d_4) + a_3 s\theta_1 c\theta_{23} + a_2 s\theta_1 c\theta_2 + a_1 s\theta_1$；

$p_z = s\theta_{23}(c\theta_4 s\theta_5 d_6 - a_3) - c\theta_{23}(c\theta_5 d_6 + d_4) - a_2 s\theta_2 + d_1$。

其中：$c\theta_{ij} = \cos(\theta_i + \theta_j)$；$s\theta_{ij} = \sin(\theta_i + \theta_j)$。

3.7.2 建立运动学方程的步骤总结

对于图 3-23 所示的 n 自由度机器人，运动学方程建立步骤如下。

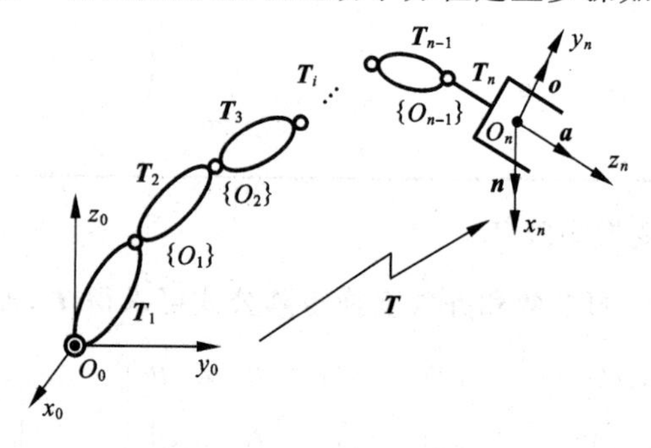

图 3-23 机器人运动学方程的建立

步骤 1 建立坐标系并确定四个 D-H 参数（$\theta_i, d_i, a_i, \alpha_i$）。

步骤 2 计算相邻两坐标系之间的齐次变换矩阵 $\boldsymbol{T}_i$：

$$\boldsymbol{T}_i = \mathrm{Rot}(z, \theta_i)\mathrm{Trans}(0,0,d_i)\mathrm{Trans}(a_i,0,0)\mathrm{Rot}(x, \alpha_i)$$

步骤 3 计算整个机器人的齐次坐标变换矩阵 $\boldsymbol{T}$：

$$ {}^0_n\boldsymbol{T} = \boldsymbol{T}_1\boldsymbol{T}_2\cdots\boldsymbol{T}_i\cdots\boldsymbol{T}_n = \begin{bmatrix} n_x & o_x & a_x & p_x \\ n_y & o_y & a_y & p_y \\ n_z & o_z & a_z & p_z \\ 0 & 0 & 0 & 1 \end{bmatrix}$$

步骤 4 求机器人手部中心的运动学方程。

机器人手部中心在空间中的位置方程为

$$\begin{cases} x = p_x \\ y = p_y \\ z = p_z \end{cases}$$

机器人手部在空间中的姿态由矩阵 $\boldsymbol{R}$ 确定：

$$\boldsymbol{R} = \begin{bmatrix} n_x & o_x & a_x \\ n_y & o_y & a_y \\ n_z & o_z & a_z \end{bmatrix}$$

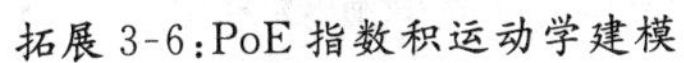
拓展 3-6:PoE 指数积运动学建模

拓展 3-7:国产太空机械臂运动学建模

3.8　机器人逆运动学

前面讨论了机器人的正向运动学(forward kinematics,FK)求解问题,即给出关节变量值就可求出末端操作器在空间笛卡儿坐标系下的位姿,也就是说,实现了由机器人关节变量组成的关节空间到笛卡儿空间的变换。但在机器人控制中,问题却往往相反,即需在已知末端操作器要到达的目标位姿的情况下求出所需的关节变量值,以驱动各关节的电动机旋转,使末端操作器的位姿要求得到满足,这就是机器人反向运动学问题,也称为求运动学逆解。关节空间与笛卡儿空间两者之间的变换关系如图 3-24 所示。由于机器人的末端操作器作业是在笛卡儿空间中完成的,所以笛卡儿空间又称为操作空间。

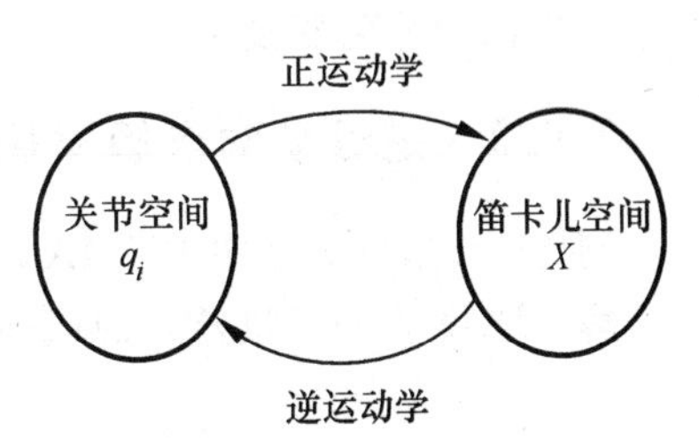

图 3-24　关节空间到笛卡儿空间的变换关系

3.8.1　逆运动学的特性

1. 解可能不存在

机器人具有一定的工作区域,假如给定的末端操作器位置在工作区域之外,则解不存在。图 3-25 所示二自由度平面关节机械手,假如给定的末端操作器位置矢量(x,y)位于外半径为 l_1+l_2 与内半径为$|l_1-l_2|$的圆环之外,则无法求出逆解 θ_1,θ_2,即该逆解不存在。

2. 解的多重性

机器人的逆运动学问题可能出现多解,如图 3-26 所示的二自由度平面关节机械手就有两个逆解。对于给定的在机器人工作区域内的末端操作器位置 $A(x,y)$,可以得到两对逆解:θ_1,θ_2及 θ_1',θ_2'。

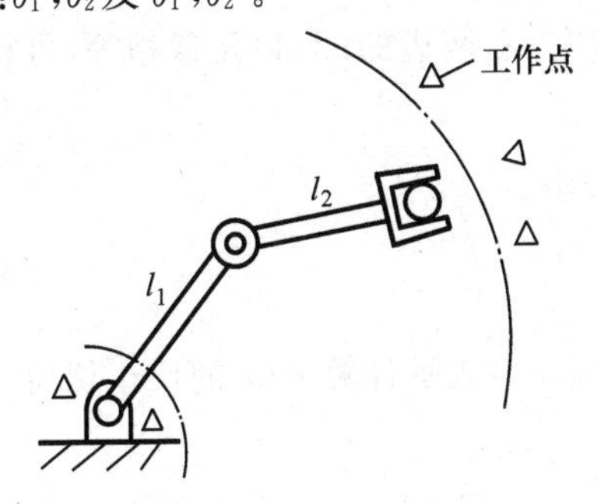

图 3-25　工作区域外逆解不存在

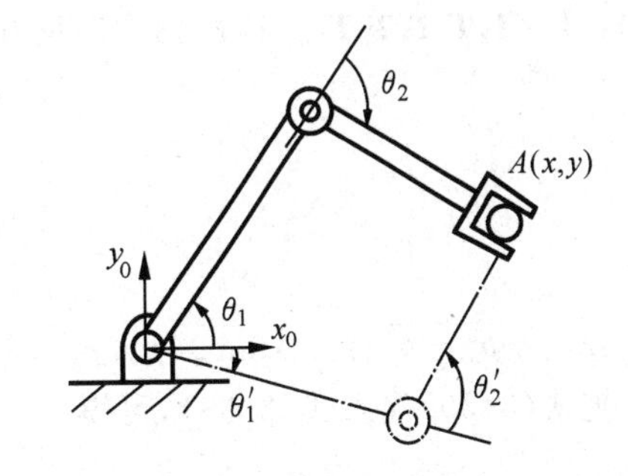

图 3-26　机器人运动学逆解的多重性

机器人运动学逆解具有多个是解反三角函数方程造成的,其中只有一组解与真实的机器人对应,为此必须做出判断,以选择合适的解。通常采用的剔除多余解的方法有:① 根据关节运动空间来选择合适的解;② 选择一个最接近的解,在实际编程中选择离上一个解最接近的解;③ 根据避障要求选择合适的解;④ 逐级剔除多余解。

3. 求解方法的多样性

机器人逆运动学求解方法有多种,一般分为两类:封闭解法和数值解法。采用数值解法时,用递推算法得出关节变量的具体数值。在求逆解时,总是力求得到封闭解。因为求封闭解计算速度快、效率高,便于实时控制。数值解法不具备这些特点,因此多采用封闭解法。在终端位姿已知的条件下,采用封闭解法可得出每个关节变量的数学函数表达式。封闭解法有代数解法和几何解法。目前,已建立的一种系统化的代数解法为:运用变换矩阵的逆矩阵 $\boldsymbol{T}_i^{-1}$ 左乘,然后找出右端为常数的元素,并令这些元素与左端元素相等,这样就可以得出一个可以求解的三角函数方程;重复上述过程,直到解出所有未知数为止。这种方法也称为分离变量法。

3.8.2 逆运动学求解举例

例 3-5 求例 3-3 中 PUMA 560 机器人的运动学逆解。

解 PUMA 560 机器人的运动学方程可以写为

$$\begin{bmatrix} n_x & o_x & a_x & p_x \\ n_y & o_y & a_y & p_y \\ n_z & o_z & a_z & p_z \\ 0 & 0 & 0 & 1 \end{bmatrix} = \boldsymbol{T}_1\boldsymbol{T}_2\boldsymbol{T}_3\boldsymbol{T}_4\boldsymbol{T}_5\boldsymbol{T}_6$$

在该矩阵方程中,等式左边的矩阵元素 $n_x,n_y,n_z,o_x,o_y,o_z,p_x,p_y,p_z$ 是已知的,而等式右边的六个矩阵是未知的,它们的值取决于关节变量 $\theta_1,\theta_2,\cdots,\theta_6$ 的大小。

(1) 求解 θ_1,θ_3。

用逆矩阵 $\boldsymbol{T}_1^{-1}$ 左乘以上矩阵方程,可得

$$\boldsymbol{T}_1^{-1}\,{}_6^0\boldsymbol{T} = \boldsymbol{T}_2\boldsymbol{T}_3\boldsymbol{T}_4\boldsymbol{T}_5\boldsymbol{T}_6$$

于是有

$$\begin{bmatrix} \mathrm{c}\theta_1 & \mathrm{s}\theta_1 & 0 & 0 \\ -\mathrm{s}\theta_1 & \mathrm{c}\theta_1 & 0 & 0 \\ 0 & 0 & 1 & 0 \\ 0 & 0 & 0 & 1 \end{bmatrix} \begin{bmatrix} n_x & o_x & a_x & p_x \\ n_y & o_y & a_y & p_y \\ n_z & o_z & a_z & p_z \\ 0 & 0 & 0 & 1 \end{bmatrix} = {}_6^1\boldsymbol{T} \tag{3-37}$$

式中:${}_6^1\boldsymbol{T} = \boldsymbol{T}_2\boldsymbol{T}_3\boldsymbol{T}_4\boldsymbol{T}_5\boldsymbol{T}_6$。将式(3-37)展开,且令等号左、右两边的(2,4)元素相等,可得

$$-\mathrm{s}\theta_1 p_x + \mathrm{c}\theta_1 p_y = d_2 \tag{3-38}$$

令

$$\begin{cases} p_x = \rho\cos\phi \\ p_y = \rho\sin\phi \end{cases} \tag{3-39}$$

式中:$\rho = \sqrt{p_x^2 + p_y^2}$;$\phi = \mathrm{Atan}\,2(p_y, p_x)$,其中 $\mathrm{Atan}\,2(y,x)$ 表示计算 y/x 的反正切值。

把式(3-39)代入式(3-38),可得

$$\sin(\phi - \theta_1) = \frac{d_2}{\rho}$$

$$\cos(\phi - \theta_1) = \pm\sqrt{1 - \frac{d_2^2}{\rho^2}}$$

$$\phi-\theta_1=\text{Atan }2\left(\frac{d_2}{\rho},\pm\sqrt{1-\frac{d_2^2}{\rho^2}}\right)$$

于是可以解得

$$\theta_1=\text{Atan }2(p_y,p_x)-\text{Atan }2(d_2,\pm\sqrt{p_x^2+p_y^2-d_2^2}) \tag{3-40}$$

式中的正号和负号分别对应于 θ_1 的两种可能解。

再令式(3-37)等号左、右两边的(1,4)元素、(3,4)元素分别相等，得以下方程：

$$\begin{aligned}c\theta_1 p_x+s\theta_1 p_y&=a_3 c\theta_{23}-d_4 s\theta_{23}+a_2 c\theta_2\\ -p_z&=a_3 s\theta_{23}+d_4 c\theta_{23}+a_2 s\theta_2\end{aligned} \tag{3-41}$$

式中：$c\theta_{23}=\cos(\theta_2+\theta_3)$；$s\theta_{23}=\sin(\theta_2+\theta_3)$。

求式(3-41)与式(3-38)的平方和，得

$$a_3 c\theta_3-d_4 s\theta_3=k \tag{3-42}$$

式中：$k=\dfrac{p_x^2+p_y^2+p_z^2-a_2^2-a_3^2-d_2^2-d_4^2}{2a_2}$。

式(3-42)中消除了 θ_1，因此可用三角代换求出 θ_3，即

$$\theta_3=\text{Atan }2(a_3,d_4)-\text{Atan }2(k,\pm\sqrt{a_3^2+d_4^2-k^2}) \tag{3-43}$$

(2) 求解 θ_2 和 θ_4。

将式(3-37)左乘 $\boldsymbol{T}_3^{-1}\boldsymbol{T}_2^{-1}$ 可得

$$\begin{bmatrix} c\theta_1 c\theta_{23} & s\theta_1 c\theta_{23} & -s\theta_{23} & -a_2 c\theta_3 \\ -c\theta_1 s\theta_{23} & -s\theta_1 s\theta_{23} & -c\theta_{23} & a_2 s\theta_3 \\ -s\theta_1 & c\theta_1 & 0 & -d_2 \\ 0 & 0 & 0 & 1 \end{bmatrix}\begin{bmatrix} n_x & o_x & a_x & p_x \\ n_y & o_y & a_y & p_y \\ n_z & o_z & a_z & p_z \\ 0 & 0 & 0 & 1 \end{bmatrix}={}_6^3\boldsymbol{T} \tag{3-44}$$

式中：${}_6^3\boldsymbol{T}=\boldsymbol{T}_4\boldsymbol{T}_5\boldsymbol{T}_6$。将式(3-44)展开，且令等号左、右两边矩阵的(1,4)和(2,4)元素分别相等，得

$$\begin{aligned}c\theta_1 c\theta_{23} p_x+s\theta_1 c\theta_{23} p_y-s\theta_{23} p_z-a_2 c\theta_3&=a_3\\ -c\theta_1 s\theta_{23} p_x-s\theta_1 s\theta_{23} p_y-c\theta_{23} p_z+a_2 s\theta_3&=d_4\end{aligned}$$

由这两个等式可求得

$$s\theta_{23}=\frac{(-a_3-a_2 c\theta_3)p_z+(c\theta_1 p_x+s\theta_1 p_y)(a_2 s\theta_3-d_4)}{p_z^2+(c\theta_1 p_x+s\theta_1 p_y)^2}$$

$$c\theta_{23}=\frac{(a_2 s\theta_3-d_4)p_z+(c\theta_1 p_x+s\theta_1 p_y)(a_3+a_2 c\theta_3)}{p_z^2+(c\theta_1 p_x+s\theta_1 p_y)^2}$$

由于 $c\theta_{23}$ 和 $s\theta_{23}$ 的表达式的分母相等且为正，故有

$$\begin{aligned}\theta_{23}&=\theta_2+\theta_3\\ &=\text{Atan2}[(-a_3-a_2 c\theta_3)p_z+(c\theta_1 p_x+s\theta_1 p_y)(a_2 s\theta_3-d_4),(a_2 s\theta_3-d_4)p_z\\ &\quad+(c\theta_1 p_x+s\theta_1 p_y)(a_3+a_2 c\theta_3)]\end{aligned} \tag{3-45}$$

根据 θ_3 和 θ_1 解的四种可能组合，由式(3-45)可以算出 θ_{23} 的四个值，于是可由 $\theta_2=\theta_{23}-\theta_3$ 得到 θ_2 的四个可能解。

因为矩阵方程(3-44)左边为已知，令等号左、右两边的(1,3)元素和(3,3)元素分别相等，可得

$$a_x c\theta_1 c\theta_{23}+a_y s\theta_1 c\theta_{23}-a_z s\theta_{23}=-c\theta_4 s\theta_5$$

$$-a_x s\theta_1 + a_y c\theta_1 = s\theta_4 s\theta_5$$

只要 $s\theta_5 \neq 0$,便可以求得

$$\theta_4 = \text{Atan }2(-a_x s\theta_1 + a_y c\theta_1, -a_x c\theta_1 c\theta_{23} - a_y s\theta_1 c\theta_{23} + a_z s\theta_{23}) \tag{3-46}$$

当 $s\theta_5 = 0$ 时,操作臂处于奇异状态,此时关节轴 4 和关节轴 6 重合在同一直线上,只能解出 θ_4 和 θ_6 的和或差。奇异状态可以由 Atan 2(x,y)中的两个变量是否接近于零来判别。若两个变量都接近于零,则操作臂处于奇异状态,这时 θ_4 可以任意取值(通常取关节 4 的角度值为当前值)。

(3) 求解 θ_5。

解出 θ_4 后,便可进一步求解出 θ_5。将式 $\boldsymbol{T}_1^{-1}\,{}^0_6\boldsymbol{T} = \boldsymbol{T}_2\boldsymbol{T}_3\boldsymbol{T}_4\boldsymbol{T}_5\boldsymbol{T}_6$ 继续左乘 $\boldsymbol{T}_4^{-1}\boldsymbol{T}_3^{-1}\boldsymbol{T}_2^{-1}$,可得

$$\boldsymbol{T}_4^{-1}\boldsymbol{T}_3^{-1}\boldsymbol{T}_2^{-1}\boldsymbol{T}_1^{-1}\,{}^0_6\boldsymbol{T} = {}^4_6\boldsymbol{T}$$

因 $\theta_1,\theta_2,\theta_3,\theta_4$ 均已解出,从而有

$$\begin{bmatrix} c\theta_1 c\theta_{23} c\theta_4 + s\theta_1 s\theta_4 & s\theta_1 c\theta_{23} c\theta_4 - c\theta_1 s\theta_4 & -s\theta_{23} c\theta_4 & -a_2 c\theta_3 c\theta_4 + d_2 s\theta_4 - a_3 c\theta_4 \\ -c\theta_1 c\theta_{23} c\theta_4 + s\theta_1 c\theta_4 & -s\theta_1 c\theta_{23} c\theta_4 - c\theta_1 c\theta_4 & s\theta_{23} c\theta_4 & a_2 c\theta_3 c\theta_4 + d_2 c\theta_4 + a_3 c\theta_4 \\ -c\theta_1 s\theta_{23} & -s\theta_1 s\theta_{23} & -c\theta_{23} & a_2 s\theta_3 - d_4 \\ 0 & 0 & 0 & 1 \end{bmatrix} = {}^4_6\boldsymbol{T} \tag{3-47}$$

式中:${}^4_6\boldsymbol{T} = \boldsymbol{T}_5\boldsymbol{T}_6$。使式(3-47)等号左、右两边的(1,3)元素和(3,3)元素相等,得

$$a_x(c\theta_1 c\theta_{23} c\theta_4 + s\theta_1 s\theta_4) + a_y(s\theta_1 c\theta_{23} c\theta_4 - c\theta_1 s\theta_4) - a_z(s\theta_{23} c\theta_4) = -s\theta_5$$

$$a_x(-c\theta_1 s\theta_{23}) + a_y(-s\theta_1 s\theta_{23}) + a_z(-c\theta_{23}) = c\theta_5$$

因而可得

$$\theta_5 = \text{Atan }2(s\theta_5, c\theta_5)$$

(4) 求解 θ_6。

继续用上述方法求解 θ_6,得

$$\boldsymbol{T}_5^{-1}\boldsymbol{T}_4^{-1}\boldsymbol{T}_3^{-1}\boldsymbol{T}_2^{-1}\boldsymbol{T}_1^{-1}\,{}^0_6\boldsymbol{T} = {}^5_6\boldsymbol{T} \tag{3-48}$$

使式(3-48)等号左、右两边的(3,1)元素和(1,1)元素相等,得

$$s\theta_6 = -n_x(c\theta_1 c\theta_{23} s\theta_4 - s\theta_1 c\theta_4) - n_y(s\theta_1 c\theta_{23} s\theta_4 + c\theta_1 c\theta_4) + n_z(s\theta_{23} s\theta_4)$$

$$\begin{aligned} c\theta_6 = {} & n_x[(c\theta_1 c\theta_{23} c\theta_4 + s\theta_1 s\theta_4) c\theta_5 - c\theta_1 s\theta_{23} s\theta_5] + n_y[(s\theta_1 c\theta_{23} c\theta_4 - c\theta_1 s\theta_4) c\theta_5 \\ & - s\theta_1 s\theta_{23} s\theta_4] - n_z(s\theta_{23} c\theta_4 c\theta_5 + c\theta_{23} s\theta_5) \end{aligned}$$

从而得

$$\theta_6 = \text{Atan }2(s\theta_6, c\theta_6)$$

注意:PUMA 560 机器人的运动学逆解可能存在四个。这是因为在求解 θ_1 的式(3-40) 和求解 θ_3 的式(3-43)中出现"±"号,故可能得到四个解。图 3-27 给出了这四个解的对应位姿。

拓展 3-8:基于 MATLAB 的机器人工具箱安装

拓展 3-9:PUMA560 机器人三维模型建立

拓展 3-10:PUMA560 运动学正解、逆解仿真验证

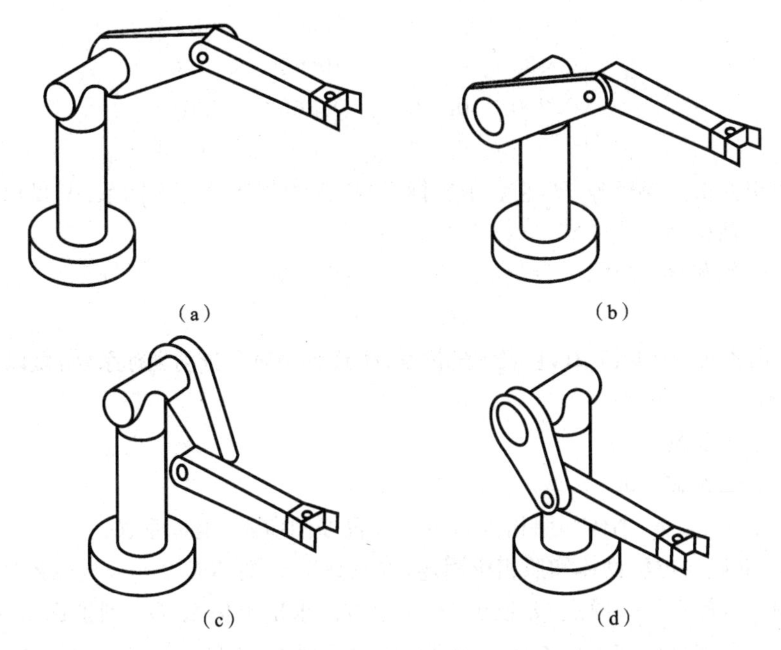

图 3-27 PUMA560 机器人的四种运动学逆解

(a) 左高臂;(b) 右高臂;(c) 左低臂;(d) 右低臂

习 题

本章习题参考答案

3.1 点矢量 $\boldsymbol{v}$ 为$[10.00\ 20.00\ 30.00]^{\mathrm{T}}$,相对固定坐标系做如下齐次变换:

$$\boldsymbol{A}=\begin{bmatrix}0.866 & -0.500 & 0.000 & 11.0\\ 0.500 & 0.866 & 0.000 & -3.0\\ 0.000 & 0.000 & 1.000 & 9.0\\ 0 & 0 & 0 & 1\end{bmatrix}$$

写出变换后点矢量 $\boldsymbol{v}$ 的表达式,并说明是什么性质的变换,写出其经平移坐标变换和旋转变换后的齐次坐标变换矩阵。

3.2 有一旋转变换,先绕固定坐标系 z_0 轴转 45°,再绕 x_0 轴转 30°,最后绕 y_0 轴转 60°,试求该齐次变换矩阵。

3.3 动坐标系$\{B\}$起初与固定坐标系$\{O\}$相重合,现绕 z_B 旋转 30°,然后绕旋转后的动坐标系的 x_B 轴旋转 45°,试写出动坐标系$\{B\}$的起始矩阵表达式和最终矩阵表达式。

3.4 坐标系$\{A\}$和$\{B\}$在固定坐标系$\{O\}$中的矩阵表达式分别如下,试画出它们在坐标系$\{O\}$中的位姿。

$$\boldsymbol{A}=\begin{bmatrix}1.000 & 0.000 & 0.000 & 0.0\\ 0.000 & 0.866 & -0.500 & 10.0\\ 0.000 & 0.500 & 0.866 & -20.0\\ 0 & 0 & 0 & 1\end{bmatrix}$$

$$\boldsymbol{B}=\begin{bmatrix}0.866 & -0.500 & 0.000 & -3.0\\0.433 & 0.750 & -0.500 & -3.0\\0.250 & 0.433 & 0.866 & 3.0\\0 & 0 & 0 & 1\end{bmatrix}$$

3.5　写出齐次变换矩阵${}^{A}_{B}\boldsymbol{H}$，它表示坐标系$\{B\}$连续相对固定坐标系$\{A\}$做以下变换：

(1) 绕 z_A 轴旋转 90°；

(2) 绕 x_A 轴旋转−90°；

(3) 移动$[3\quad 7\quad 9]^{\mathrm{T}}$。

3.6　写出齐次变换矩阵${}^{B}_{B}\boldsymbol{H}$，它表示坐标系$\{B\}$连续相对自身动坐标系$\{B\}$做以下变换：

(1) 移动$[3\quad 7\quad 9]^{\mathrm{T}}$；

(2) 绕 x_B 轴旋转 90°；

(3) 绕 z_B 轴旋转−90°。

3.7　机器人、方桌、物体和照相机的相对位置如图所示，坐标系$\{O_0\}$，$\{O_1\}$，$\{O_2\}$，$\{O_3\}$分别与机器人基座、方桌、物体和照相机固连，方桌高 1 m，每边长 2 m。坐标系$\{O_2\}$原点 O_2 位于方桌中心，坐标系$\{O_3\}$原点 O_3 位于 O_2 正上方。求出坐标系$\{O_0\}$到坐标系$\{O_1\}$的齐次变换矩阵${}^{0}_{1}\boldsymbol{A}$，坐标系$\{O_1\}$到坐标系$\{O_2\}$的齐次变换矩阵${}^{1}_{2}\boldsymbol{A}$，坐标系$\{O_2\}$到坐标系$\{O_3\}$的齐次变换矩阵${}^{2}_{3}\boldsymbol{A}$，以及坐标系$\{O_0\}$到坐标系$\{O_3\}$的齐次变换矩阵${}^{0}_{3}\boldsymbol{A}$(长度单位为 m)。

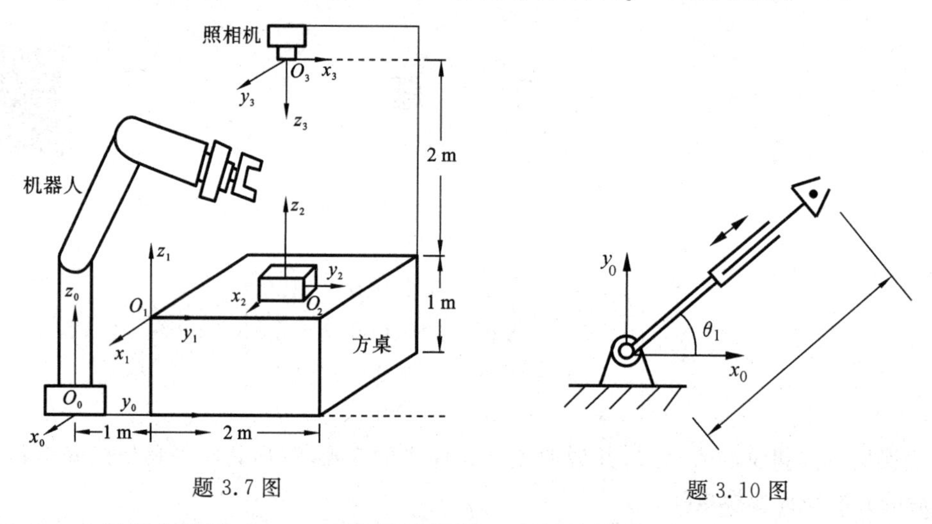

题 3.7 图　　　　题 3.10 图

3.8　求解复合旋转 $\boldsymbol{R}=\boldsymbol{R}_1\boldsymbol{R}_2$ 的等效转轴 $\boldsymbol{k}$ 和等效转角 θ：

$$\boldsymbol{R}_1=\begin{bmatrix}-1 & 0 & 0\\0 & 1 & 0\\0 & 0 & -1\end{bmatrix},\quad \boldsymbol{R}_2=\begin{bmatrix}0 & -1 & 0\\0 & 0 & 1\\-1 & 0 & 0\end{bmatrix}$$

3.9　已知如下 z-y-z 欧拉变换矩阵 Euler(α,β,γ)，求解三个欧拉角 α,β,γ，并画出三次旋转过程进行验证。

$$\mathrm{Euler}(\alpha,\beta,\gamma)=\begin{bmatrix}0 & 1 & 0\\0 & 0 & 1\\1 & 0 & 0\end{bmatrix}$$

3.10　如图所示二自由度平面机器人，关节 1 为转动关节，关节变量为 θ_1，关节 2 为移动关节，关节变量为 a_2。

(1) 建立关节坐标系，并写出该机器人的运动方程。

(2) 按题表中的关节变量参数，求出手部中心的位置值。

题 3.7 表

θ_1	0°	30°	60°	90°
a_2/m	0.50	0.80	1.00	0.70

3.11　对于题 3.10 中的二自由度平面机器人，已知手部中心 P 点坐标值为 p_x，p_y。求该机器人运动方程的逆解 θ_1 及 a_2。

3.12　2R 平面机械臂如图所示，臂长为 l_1 和 l_2，关节转角为 θ_1 和 θ_2。

(1) 试建立杆件坐标系，利用 D-H 参数法推导出该机器人手部中心 P 点的运动学方程。

(2) 已知手部中心 P 点坐标值为 p_x、p_y，求该机器人运动方程的逆解：转动关节角度 θ_1 及 θ_2。

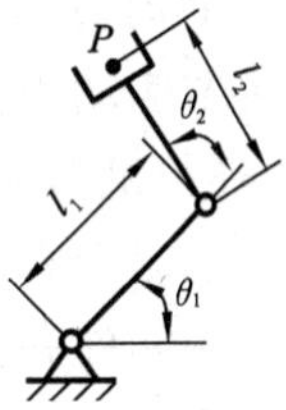

题 3.12 图

3.13　三自由度机器人如图所示，臂长为 l_1 和 l_2，手部中心离手腕中心的距离为 h，转角为 θ_1，θ_2，θ_3，试建立杆件坐标系，并推导出该机器人手部中心 P 点的运动学方程。

3.14　SCARA 机械臂及参数定义如图所示。

(1) 试建立杆件坐标系，利用 D-H 参数法求解该机器人手部中心的运动方程。

(2) 已知手部中心 P 点坐标为(p_x，p_y，p_z)，求该机器人运动方程的逆解：转动关节角度 θ_1，θ_2，θ_4，移动关节移动量 d_3。

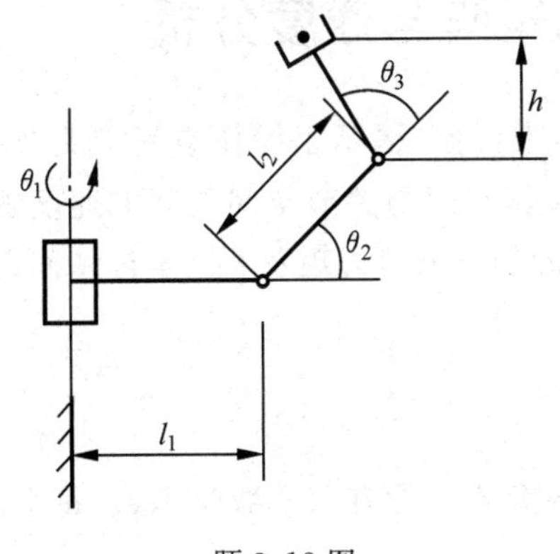

题 3.13 图

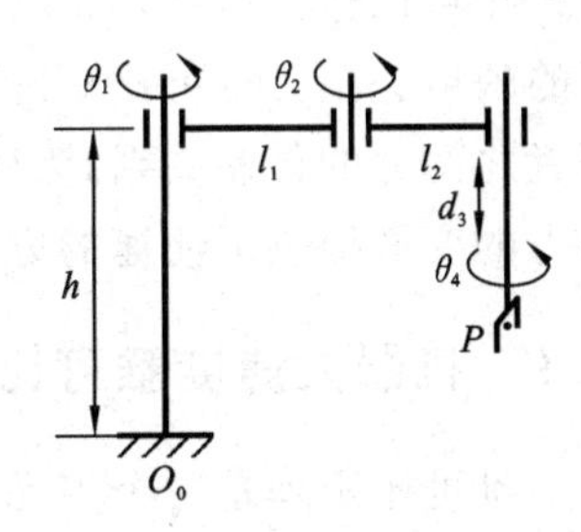

题 3.14 图

3.15　什么是机器人运动学逆解的多重性？

第4章 工业机器人静力计算及动力学分析

工业机器人运动学方程是在稳态下建立的，它仅用于静态位置问题的讨论，并未涉及机器人运动的力、速度、加速度等动态过程。实际上，机器人是一个多刚体系统，也是一个复杂的动力学系统，机器人系统在外载荷和关节驱动力/力矩的作用下将取得静力平衡，在关节驱动力/力矩的作用下将发生运动变化。机器人的动态性能不仅与运动学因素有关，还与机器人的结构形式、质量分布、执行机构的位置、传动装置等对动力学特性有重要影响的因素有关。通过建立机器人系统的动力学模型和仿真分析，可以更好地选择和优化系统元件和机器人控制策略，以达到更好的动态性能控制效果。

本章在操作空间和关节空间微小位移分析的基础上，讨论操作速度与关节速度、操作力与关节力之间的关系，定义机器人的速度雅可比矩阵与力雅可比矩阵，建立末端操作器与各连杆之间的速度关系和静力传递关系；从简单的实例开始，讨论用拉格朗日法建立机器人动力学方程的过程，分析机器人运动和受力之间的关系。将动力学模型转化为计算机模型，进行机器人关节空间正、逆动力学仿真分析。

拓展内容：运动旋量坐标与运动旋量、伪逆雅克比矩阵、矢量积雅克比矩阵求解、机器人奇异点分析、力旋量坐标与力旋量、动力学参数辨识、PUMA560 机器人动力学仿真实例。

4.1 速度雅可比矩阵与速度分析

机器人雅可比矩阵(Jacobian matrix，简称雅可比)揭示了操作空间与关节空间微小位移之间的映射关系。雅可比矩阵不仅表示操作空间与关节空间之间的速度映射关系，也表示两者之间力的传递关系，为确定机器人的静态关节力矩及不同坐标系间的速度、加速度和静力的变换提供了便捷的方法。

4.1.1 机器人速度雅可比矩阵

数学上雅可比矩阵是一个多元函数的偏导矩阵。设有六个数学函数，每个函数有六个变量，即

$$\begin{cases} y_1=f_1(x_1,x_2,x_3,x_4,x_5,x_6) \\ y_2=f_2(x_1,x_2,x_3,x_4,x_5,x_6) \\ y_3=f_3(x_1,x_2,x_3,x_4,x_5,x_6) \\ y_4=f_4(x_1,x_2,x_3,x_4,x_5,x_6) \\ y_5=f_5(x_1,x_2,x_3,x_4,x_5,x_6) \\ y_6=f_6(x_1,x_2,x_3,x_4,x_5,x_6) \end{cases} \tag{4-1}$$

将式(4-1)简记为

$$\boldsymbol{Y}=\boldsymbol{F}(\boldsymbol{X})$$

将其微分，得

$$\begin{cases} dy_1=\dfrac{\partial f_1}{\partial x_1}dx_1+\dfrac{\partial f_1}{\partial x_2}dx_2+\cdots+\dfrac{\partial f_1}{\partial x_6}dx_6 \\ dy_2=\dfrac{\partial f_2}{\partial x_1}dx_1+\dfrac{\partial f_2}{\partial x_2}dx_2+\cdots+\dfrac{\partial f_2}{\partial x_6}dx_6 \\ \quad\vdots \\ dy_6=\dfrac{\partial f_6}{\partial x_1}dx_1+\dfrac{\partial f_6}{\partial x_2}dx_2+\cdots+\dfrac{\partial f_6}{\partial x_6}dx_6 \end{cases} \tag{4-2}$$

将式(4-2)简记为

$$d\boldsymbol{Y}=\frac{\partial \boldsymbol{F}}{\partial \boldsymbol{X}}d\boldsymbol{X} \tag{4-3}$$

式中：$\dfrac{\partial \boldsymbol{F}}{\partial \boldsymbol{X}}$为雅可比矩阵，它是一个 6×6 的矩阵。

在机器人速度分析和静力分析中将会遇到类似的矩阵。速度雅可比矩阵是一个把关节速度矢量 $\dot{\boldsymbol{q}}$ 变换为机器人手爪相对基坐标系即固定坐标系的广义速度矢量 $\boldsymbol{v}$ 的变换矩阵。在机器人速度分析和静力分析中都将用到速度雅可比矩阵，现通过一个例子来说明。

图 4-1 所示为二自由度平面关节型机器人(2R 机器人)，手部端点位置坐标 x,y 与旋转关节变量 θ_1,θ_2 的关系为

$$\begin{cases} x=l_1\cos\theta_1+l_2\cos(\theta_1+\theta_2) \\ y=l_1\sin\theta_1+l_2\sin(\theta_1+\theta_2) \end{cases} \tag{4-4}$$

即

$$\begin{cases} x=x(\theta_1,\theta_2) \\ y=y(\theta_1,\theta_2) \end{cases} \tag{4-5}$$

对式(4-5)微分，得

$$\begin{cases} dx=\dfrac{\partial x}{\partial \theta_1}d\theta_1+\dfrac{\partial x}{\partial \theta_2}d\theta_2 \\ dy=\dfrac{\partial y}{\partial \theta_1}d\theta_1+\dfrac{\partial y}{\partial \theta_2}d\theta_2 \end{cases}$$

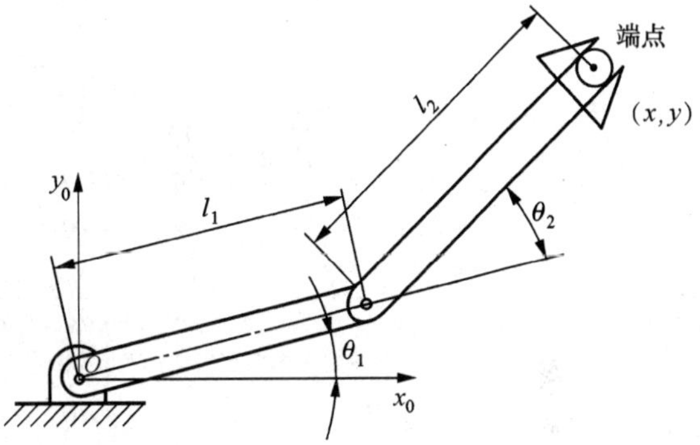

图 4-1　2R 机器人

将其写成矩阵形式为

$$\begin{bmatrix} dx \\ dy \end{bmatrix}=\begin{bmatrix} \dfrac{\partial x}{\partial \theta_1} & \dfrac{\partial x}{\partial \theta_2} \\ \dfrac{\partial y}{\partial \theta_1} & \dfrac{\partial y}{\partial \theta_2} \end{bmatrix}\begin{bmatrix} d\theta_1 \\ d\theta_2 \end{bmatrix} \tag{4-6}$$

令

$$\boldsymbol{J}=\begin{bmatrix} \dfrac{\partial x}{\partial \theta_1} & \dfrac{\partial x}{\partial \theta_2} \\ \dfrac{\partial y}{\partial \theta_1} & \dfrac{\partial y}{\partial \theta_2} \end{bmatrix} \tag{4-7}$$

于是式(4-6)可简写为

$$d\boldsymbol{X}=\boldsymbol{J}d\boldsymbol{\theta} \tag{4-8}$$

式中：$d\boldsymbol{X}=\begin{bmatrix} dx \\ dy \end{bmatrix}$；$d\boldsymbol{\theta}=\begin{bmatrix} d\theta_1 \\ d\theta_2 \end{bmatrix}$；$\boldsymbol{J}$ 为图 4-1 所示 2R 机器人的速度雅可比矩阵，它反映了关

节空间微小角位移 d$\boldsymbol{\theta}$ 与手部操作空间微小线位移 d$\boldsymbol{X}$ 之间的映射关系。

若对式(4-7)进行运算，则图 4-1 所示 2R 机器人的速度雅可比矩阵可写为

$$\boldsymbol{J}=\begin{bmatrix} -l_1\mathrm{s}\theta_1-l_2\mathrm{s}\theta_{12} & -l_2\mathrm{s}\theta_{12} \\ l_1\mathrm{c}\theta_1+l_2\mathrm{c}\theta_{12} & l_2\mathrm{c}\theta_{12} \end{bmatrix} \tag{4-9}$$

从 $\boldsymbol{J}$ 中元素的组成可见，$\boldsymbol{J}$ 的值是关于 θ_1 及 θ_2 的函数。

推而广之，对于 n 自由度机器人，关节变量可用广义关节变量 $\boldsymbol{q}$ 表示，$\boldsymbol{q}=[q_1 \quad q_2 \quad \cdots \quad q_n]^{\mathrm{T}}$。当关节为转动关节时，$q_i=\theta_i$；当关节为移动关节时，$q_i=d_i$。d$\boldsymbol{q}=[\mathrm{d}q_1 \quad \mathrm{d}q_2 \quad \cdots \quad \mathrm{d}q_n]^{\mathrm{T}}$，反映了关节空间的微小运动。机器人末端在操作空间的位置和方向可用末端操作器的位姿 $\boldsymbol{X}$ 表示，它是关节变量的多元函数，即 $\boldsymbol{X}=\boldsymbol{X}(\boldsymbol{q})$，并且它是一个六维列矢量。d$\boldsymbol{X}=[\mathrm{d}x \quad \mathrm{d}y \quad \mathrm{d}z \quad \delta\varphi_x \quad \delta\varphi_y \quad \delta\varphi_z]^{\mathrm{T}}$，它反映了操作空间的微小运动，它由机器人末端的微小线位移和微小角位移（微小转动）组成。因此，式(4-8)可写为

$$\mathrm{d}\boldsymbol{X}=\boldsymbol{J}(\boldsymbol{q})\mathrm{d}\boldsymbol{q} \tag{4-10}$$

式中：$\boldsymbol{J}(\boldsymbol{q})$是 $6\times n$ 的偏导数矩阵，为 n 自由度机器人的速度雅可比矩阵，可表示为

$$\boldsymbol{J}(\boldsymbol{q})=\frac{\partial \boldsymbol{X}}{\partial \boldsymbol{q}^{\mathrm{T}}}=\begin{bmatrix} \frac{\partial x}{\partial q_1} & \frac{\partial x}{\partial q_2} & \cdots & \frac{\partial x}{\partial q_n} \\ \frac{\partial y}{\partial q_1} & \frac{\partial y}{\partial q_2} & \cdots & \frac{\partial y}{\partial q_n} \\ \frac{\partial z}{\partial q_1} & \frac{\partial z}{\partial q_2} & \cdots & \frac{\partial z}{\partial q_n} \\ \frac{\partial \varphi_x}{\partial q_1} & \frac{\partial \varphi_x}{\partial q_2} & \cdots & \frac{\partial \varphi_x}{\partial q_n} \\ \frac{\partial \varphi_y}{\partial q_1} & \frac{\partial \varphi_y}{\partial q_2} & \cdots & \frac{\partial \varphi_y}{\partial q_n} \\ \frac{\partial \varphi_z}{\partial q_1} & \frac{\partial \varphi_z}{\partial q_2} & \cdots & \frac{\partial \varphi_z}{\partial q_n} \end{bmatrix} \tag{4-11}$$

4.1.2 机器人速度分析

利用机器人速度雅可比矩阵可对机器人进行速度分析。在式(4-10)左、右两边各除以 dt，得

$$\frac{\mathrm{d}\boldsymbol{X}}{\mathrm{d}t}=\boldsymbol{J}(\boldsymbol{q})\frac{\mathrm{d}\boldsymbol{q}}{\mathrm{d}t} \tag{4-12}$$

或表示为

$$\boldsymbol{V}=\dot{\boldsymbol{X}}=\boldsymbol{J}(\boldsymbol{q})\dot{\boldsymbol{q}} \tag{4-13}$$

式中：$\boldsymbol{V}$ 为机器人末端在操作空间中的广义速度；$\dot{\boldsymbol{q}}$ 为机器人关节在关节空间中的关节速度；$\boldsymbol{J}(\boldsymbol{q})$为确定关节空间速度 $\dot{\boldsymbol{q}}$ 与操作空间速度 $\boldsymbol{V}$ 之间关系的雅可比矩阵，描述了末端操作器速度相对关节速度的线性敏感程度，它是关节变量 $\boldsymbol{q}$ 的函数。

对于图 4-1 所示的 2R 机器人，$\boldsymbol{J}(\boldsymbol{q})$是式(4-9)中 2×2 的矩阵。若令 $\boldsymbol{J}_1$，$\boldsymbol{J}_2$ 分别为式(4-9)中雅可比矩阵的第一列矢量和第二列矢量，则式(4-13)可写为

$$\boldsymbol{V}=\boldsymbol{J}_1\dot{\theta}_1+\boldsymbol{J}_2\dot{\theta}_2=\boldsymbol{V}_1+\boldsymbol{V}_2$$

式中：$\boldsymbol{V}_1$ 表示仅由第一个关节运动引起的端点分速度；$\boldsymbol{V}_2$ 表示仅由第二个关节运动引起

的端点分速度。总的端点速度 $\boldsymbol{V}$ 为这两个分速度矢量的合成。因此，机器人速度雅可比矩阵的每一列矢量表示其他关节不动而某一关节运动产生的端点分速度的单位矢量，如图 4-2 所示。

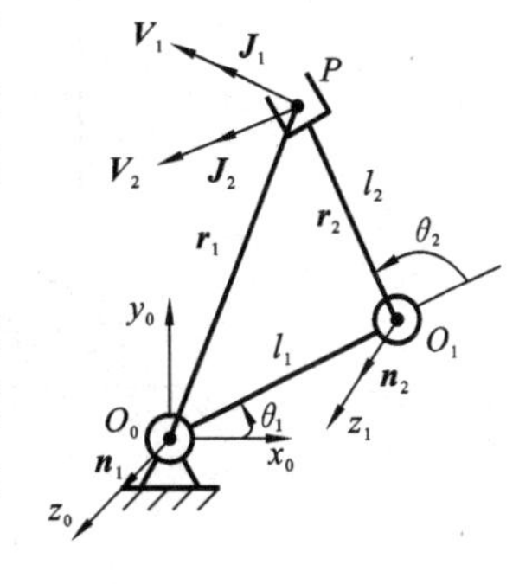

图 4-2　2R 机器人速度分析

由式(4-13)可知，$\boldsymbol{V}_1=\boldsymbol{J}_1\dot{\theta}_1$，由于 $\dot{\theta}_1$ 为标量，所以列矢量 J_1 表示了线速度 $\boldsymbol{V}_1$ 的单位矢量方向。所以，列矢量 $\boldsymbol{J}_1$ 的值可由旋转轴单位矢量与旋转轴中心到端点的距离矢量的矢量积来求得，对于图 4-2，即

$$\boldsymbol{J}_1=\boldsymbol{n}_1\times\boldsymbol{r}_1,\quad \boldsymbol{J}_2=\boldsymbol{n}_2\times\boldsymbol{r}_2$$

式中：$\boldsymbol{n}_1$ 和 $\boldsymbol{n}_2$ 分别表示两旋转轴 z_0、z_1 的单位矢量；$\boldsymbol{r}_1$ 和 $\boldsymbol{r}_2$ 分别表示两旋转关节中心点到端点 P 的距离矢量。

故可不用位移方程求偏导数的方法，而采用矢量积法来构造出速度雅克比矩阵。

机器人有两类速度控制问题：

(1) 已知关节空间速度，由式(4-12)可以求出手部在操作空间的运动速度，即正速度雅克比矩阵的映射计算。

图 4-1 所示 2R 机器人手部的速度为

$$\boldsymbol{V}=\begin{bmatrix}v_x\\v_y\end{bmatrix}=\begin{bmatrix}-l_1\mathrm{s}\theta_1-l_2\mathrm{s}\theta_{12} & -l_2\mathrm{s}\theta_{12}\\ l_1\mathrm{c}\theta_1+l_2\mathrm{c}\theta_{12} & l_2\mathrm{c}\theta_{12}\end{bmatrix}\begin{bmatrix}\dot{\theta}_1\\ \dot{\theta}_2\end{bmatrix}$$

$$=\begin{bmatrix}-(l_1\mathrm{s}\theta_1+l_2\mathrm{s}\theta_{12})\dot{\theta}_1-l_2\mathrm{s}\theta_{12}\dot{\theta}_2\\ (l_1\mathrm{c}\theta_1+l_2\mathrm{c}\theta_{12})\dot{\theta}_1+l_2\mathrm{c}\theta_{12}\dot{\theta}_2\end{bmatrix}$$

假如已知的 $\dot{\theta}_1$ 及 $\dot{\theta}_2$ 是时间的函数，即 $\dot{\theta}_1=f_1(t)$，$\dot{\theta}_2=f_2(t)$，则可求出该机器人手部在某一时刻的速度 $\boldsymbol{V}=\boldsymbol{f}(t)$，即手部瞬时速度。

(2) 在实际控制中，往往是先给出期望的操作空间速度，然后求解出所需的关节空间速度，去控制电动机的旋转速度。例如，在示教编程操作中，无论在哪种坐标形式下，都需要明确给出所需的机器人作业速度。假如给定机器人手部速度，可由式(4-13)解出相应的关节速度，即

$$\boldsymbol{q}=\boldsymbol{J}^{-1}\boldsymbol{V}\tag{4-14}$$

式中：$\boldsymbol{J}^{-1}$ 称为机器人的逆速度雅可比矩阵。

对于七轴冗余机械臂，其七个关节变量数大于空间的六维数，速度雅可比矩阵 $\boldsymbol{J}_{6\times7}$ 不是方阵，无法计算逆雅可比矩阵 $\boldsymbol{J}^{-1}$。在这种情况下，需要在一定的约束条件下构建一个伪逆雅可比矩阵(pseudo inverse Jacobian matrix)$\boldsymbol{J}^{+}$，去趋近于真实的 $\boldsymbol{J}^{-1}$。

拓展 4-1：运动旋量坐标与运动旋量

拓展 4-2：机器人伪逆雅克比矩阵

例 4-1　如图 4-3 所示的 2R 平面机械臂，手部沿固定坐标系的 x_0 轴正向以 1 m/s 的速度移动，杆长 $l_1=l_2=0.5$ m。设在某瞬时 $\theta_1=30°$，$\theta_2=-60°$，求相应瞬时的关

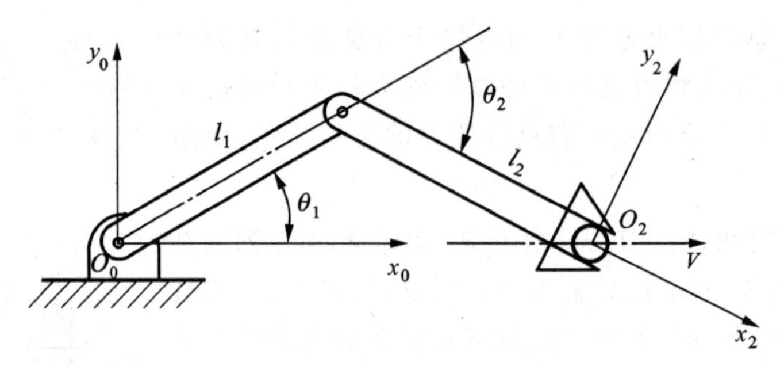

图 4-3　2R 平面机械臂手部沿 x_0 轴正方向运动

节速度。

解　由式(4-9)知,2R 平面机械臂的速度雅可比矩阵为

$$\boldsymbol{J}=\begin{bmatrix} -l_1 s\theta_1-l_2 s\theta_{12} & -l_2 s\theta_{12} \\ l_1 c\theta_1+l_2 c\theta_{12} & l_2 c\theta_{12} \end{bmatrix}$$

因此,逆速度雅可比矩阵为

$$\boldsymbol{J}^{-1}=\frac{1}{l_1 l_2 s\theta_2}\begin{bmatrix} l_2 c\theta_{12} & l_2 s\theta_{12} \\ -l_1 c\theta_1-l_2 c\theta_{12} & -l_1 s\theta_1-l_2 s\theta_{12} \end{bmatrix}$$

由式(4-14)可知,$\dot{\boldsymbol{\theta}}=\boldsymbol{J}^{-1}\boldsymbol{V}$,且 $\boldsymbol{V}=[1\quad 0]^{\mathrm{T}}$,即 $v_x=1$ m/s,$v_y=0$,因此

$$\begin{bmatrix} \dot{\theta}_1 \\ \dot{\theta}_2 \end{bmatrix}=\frac{1}{l_1 l_2 s\theta_2}\begin{bmatrix} l_2 c\theta_{12} & l_2 s\theta_{12} \\ -l_1 c\theta_1-l_2 c\theta_{12} & -l_1 s\theta_1-l_2 s\theta_{12} \end{bmatrix}\begin{bmatrix} 1 \\ 0 \end{bmatrix}$$

$$\dot{\theta}_1=\frac{c\theta_{12}}{l_1 s\theta_2}=-\frac{1}{0.5}\ \mathrm{rad/s}=-2\ \mathrm{rad/s}$$

$$\dot{\theta}_2=\frac{c\theta_1}{l_1 s\theta_2}-\frac{c\theta_{12}}{l_1 s\theta_2}=4\ \mathrm{rad/s}$$

因此,在两旋转关节变量分别为 $\theta_1=30°$,$\theta_2=-60°$时,两关节的角速度分别为 $\dot{\theta}_1=-2$ rad/s,$\dot{\theta}_2=4$ rad/s,手部瞬时线速度为 1 m/s。

4.1.3　机器人雅可比矩阵讨论

对于 2R 平面机械臂,包含姿态在内的矩阵 $\boldsymbol{J}$ 的行数恒为 3,列数则为机械臂含有的关节数目,手部广义位置矢量$[\boldsymbol{X}\quad \boldsymbol{Y}\quad \boldsymbol{\varphi}]^{\mathrm{T}}$ 均容易确定,且 $\boldsymbol{\varphi}$ 与关节角度运动的形成顺序无关,故可采用直接微分法求 $\boldsymbol{\varphi}$,这样非常方便。

在三维空间作业的六自由度机器人的速度雅可比矩阵 $\boldsymbol{J}$ 的前三行代表手部线速度与关节速度的传递比,后三行代表手部角速度与关节速度的传递比。而雅可比矩阵 $\boldsymbol{J}$ 的每一列则代表相应关节速度 $\dot{\boldsymbol{q}}_i$ 对手部线速度和角速度的传递比,$\boldsymbol{J}$ 的行数恒为 6(刚体沿/绕基坐标系的运动变量共六个),通过机器人运动学方程可以获得三维操作空间位置矢量$[\boldsymbol{X}\quad \boldsymbol{Y}\quad \boldsymbol{Z}]^{\mathrm{T}}$ 的显式方程。因此,$\boldsymbol{J}$ 的前三行可以直接微分求得,但不可能找到方位矢量$[\varphi_x\quad \varphi_y\quad \varphi_z]^{\mathrm{T}}$ 的一般表达式。这是因为,虽然可以用角度如回转角、俯仰角及偏转角等来规定方位,却找不出互相独立、无顺序的三个转角来描述方位;绕直角坐标轴的连续角运动变换不满足交换率,而角位移的微分与角位移的形成顺序无关,故一般不能运用直接微分法来获得 $\boldsymbol{J}$ 的后三行。因此常用构造法,如矢量积法来构成雅可比矩阵 $\boldsymbol{J}$。

如果希望工业机器人手部在空间按规定的速度进行作业，则应计算出沿路径每一瞬时相应的关节速度。但是：

(1) 当速度雅可比矩阵不是满秩时，矩阵的行列式值 $\det(\boldsymbol{J})=0$；

(2) 速度雅可比矩阵满秩，但在某些特殊形位下矩阵的行列式值 $\det(\boldsymbol{J})=0$，这样就无法求解逆速度雅可比矩阵 $\boldsymbol{J}^{-}$，此时相应操作空间的点为奇异点，无法解出关节速度，机器人处于退化形位。

机器人的奇异形位(singular configuration)分为以下两类。

(1) 边界奇异形位　当机器人臂部完全伸展开或完全折回时，其末端操作器处于机器人工作空间的边界上或边界附近，出现逆雅可比矩阵奇异的情况，机器人运动受到物理结构的约束。这时相应的机器人形位称为边界奇异形位。

例如，对于例4-1中的2R平面机械臂，雅克比矩阵 $\boldsymbol{J}$ 的行列式值 $\det(\boldsymbol{J})=l_1 l_2 s\theta_2$，当 $\det(\boldsymbol{J})=0$ 时机械臂处于奇异形位，即 $l_1 l_2 s\theta_2=0$ 时，逆速度雅可比矩阵 $\boldsymbol{J}^{-1}$ 无解。由于连杆长度不可能为零，所以当 $\theta_1=0$ 或 $\theta_2=180°$ 时，逆速度雅可比矩阵 $\boldsymbol{J}^{-1}$ 不存在。这时，雅克比矩阵 $\boldsymbol{J}$ 的两列矢量相互平行，线性相关，该机械臂的两根连杆完全伸直或完全折回，机械臂处于奇异形位。在这种奇异形位下，手部正好处于工作空间的边界，手部只能沿着一个方向(即圆的切线方向)运动，不能沿其他方向运动，退化为单自由度系统。

(2) 内部奇异形位　两个或两个以上关节轴线重合时，机器人各关节运动相互抵消，不产生操作运动。这时相应的机器人形位称为内部奇异形位。

例如，对于例3-3中的PUMA 560机器人，当 $\theta_5=0$ 时，机器人腕部处于奇异形位，关节4轴线4和关节6轴线重合，两者的运动将实现同样的操作，机器人相当于丧失了一个自由度。这种奇异形位发生在工作空间内部，因此属于工作空间内部奇异性。在实际工作中，机器人要尽量避开或远离奇异点工作，这也是为何通常看到六轴机械臂处于停机或零点位置(home position)时，其手部通常指向前下方，而非水平方向的原因。

由雅克比矩阵 $\boldsymbol{J}$ 可以判断机器人的奇异形位，分析机器人的运动学特征和动力学特征。因此，雅克比矩阵 $\boldsymbol{J}$ 是描述机器人特征的重要参量。

拓展4-3：矢量积雅克比矩阵求解

拓展4-4：机器人奇异点分析

4.2　力雅可比矩阵与静力计算

机器人作业时会与环境之间产生相互作用的力和力矩。机器人各关节的驱动装置提供关节力和力矩，通过连杆传递到末端操作器，克服外界的作用力或力矩。关节驱动力或力矩与对末端操作器施加的力或力矩之间的关系是机器人操作臂力控制的基础。

4.2.1　操作臂中的静力和力矩的平衡

如图4-4所示，杆 i 通过关节 i 与杆 $i-1$ 相连接，通过关节 $i+1$ 与杆 $i+1$ 相连接，建立两个坐标系$\{O_{i-1}\}$和$\{O_i\}$。

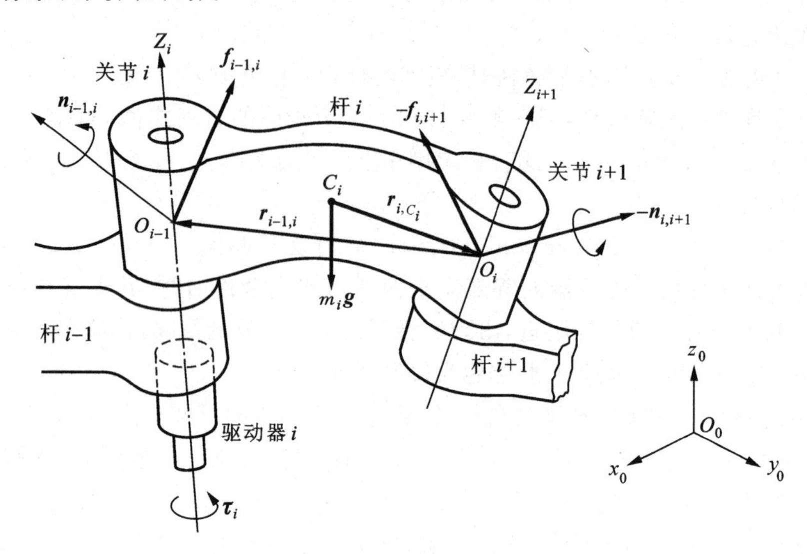

图 4-4　杆 i 上的静力和力矩

定义如下变量：

$\boldsymbol{f}_{i-1,i}$和$\boldsymbol{n}_{i-1,i}$——杆 $i-1$ 通过关节 i 作用在杆 i 上的力和力矩；

$\boldsymbol{f}_{i,i+1}$和$\boldsymbol{n}_{i,i+1}$——杆 i 通过关节 $i+1$ 作用在杆 $i+1$ 上的力和力矩；

$-\boldsymbol{f}_{i,i+1}$和$-\boldsymbol{n}_{i,i+1}$——杆 $i+1$ 通过关节 $i+1$ 作用在杆 i 上的反作用力和反作用力矩；

$\boldsymbol{f}_{n,n+1}$和$\boldsymbol{n}_{n,n+1}$——机器人杆 n 对外界环境的作用力和力矩；

$-\boldsymbol{f}_{n,n+1}$和$-\boldsymbol{n}_{n,n+1}$——外界环境对机器人杆 n 的作用力和力矩；

$\boldsymbol{f}_{0,1}$和$\boldsymbol{n}_{0,1}$——机器人基座对杆 1 的作用力和力矩；

$m_i\boldsymbol{g}$——杆 i 所受的重力，作用在重心 C_i 上。

连杆的静力平衡条件为其上所受的合力和合力矩为零，因此力和力矩平衡方程分别为

$$\boldsymbol{f}_{i-1,i}+(-\boldsymbol{f}_{i,i+1})+m_i\boldsymbol{g}=\boldsymbol{0} \tag{4-15}$$

$$\boldsymbol{n}_{i-1,i}+(-\boldsymbol{n}_{i,i+1})+(\boldsymbol{r}_{i-1,i}+\boldsymbol{r}_{i,C_i})\times\boldsymbol{f}_{i-1,i}+\boldsymbol{r}_{i,C_i}\times(-\boldsymbol{f}_{i,i+1})=\boldsymbol{0} \tag{4-16}$$

式中：$\boldsymbol{r}_{i-1,i}$为坐标系$\{O_i\}$的原点相对于坐标系$\{O_{i-1}\}$的位置矢量；$\boldsymbol{r}_{i,C_i}$为重心相对于坐标系$\{O_i\}$的位置矢量。

假如已知外界环境对机器人末杆的作用力和力矩，那么可以由末杆向零杆（基座）依次递推，从而计算出每根杆上的受力情况。

4.2.2　机器人力雅可比矩阵

为了便于表示机器人手部端点的力和力矩（简称为端点广义力 $\boldsymbol{F}$），可将 $\boldsymbol{f}_{n,n+1}$ 和 $\boldsymbol{n}_{n,n+1}$合并，写成一个六维矢量，即

$$\boldsymbol{F}=\begin{bmatrix}\boldsymbol{f}_{n,n+1}\\ \boldsymbol{n}_{n,n+1}\end{bmatrix} \tag{4-17}$$

各关节驱动器的驱动力或力矩可写成一个 n 维矢量的形式，即

$$\boldsymbol{\tau}=\begin{bmatrix}\tau_1\\ \tau_2\\ \vdots\\ \tau_n\end{bmatrix} \tag{4-18}$$

式中：n 为关节的个数；$\boldsymbol{\tau}$ 为关节力矩（或关节力）矢量，简称为广义关节力矩。对于转动关节，τ_i 表示关节驱动力矩，对于移动关节，τ_i 表示关节驱动力。

在力学中，虚位移原理的内容是：具有稳定的理想约束的质点系，在某位置处于平衡状态的充分必要条件是，作用在此质点系上的所有主动力在该位置发生任何虚位移时所做的虚功之和等于零。

假定机器人各关节无摩擦，并忽略各杆件的重力，现利用虚位移原理推导机器人手部端点力 $\boldsymbol{F}$ 与关节力矩 $\boldsymbol{\tau}$ 的关系。如图 4-5 所示，关节虚位移为 $\delta \boldsymbol{q}_i$，手部的虚位移为 $\delta\boldsymbol{X}$，则

$$\delta\boldsymbol{X}=\begin{bmatrix}\boldsymbol{d}\\ \boldsymbol{\delta}\end{bmatrix}$$

式中：$\boldsymbol{d}=[d_x \quad d_y \quad d_z]^{\mathrm{T}}$，$\boldsymbol{\delta}=[\delta\varphi_x \quad \delta\varphi_y \quad \delta\varphi_z]^{\mathrm{T}}$ 分别对应于手部的线虚位移和角虚位移。

$$\delta\boldsymbol{q}=[\delta q_1 \quad \delta q_2 \quad \cdots \quad \delta q_n]^{\mathrm{T}} \tag{4-19}$$

式中：$\delta\boldsymbol{q}$ 为由各关节虚位移 δq_i 组成的机器人关节虚位移矢量。

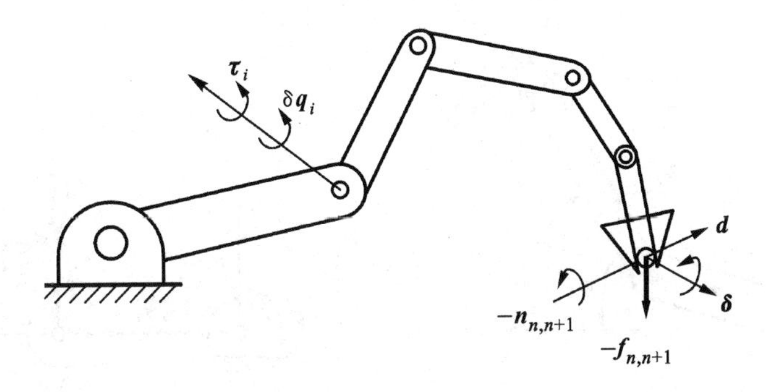

图 4-5　手部及各关节的虚位移

假设发生上述虚位移时，各关节力矩为 $\tau_i(i=1,2,\cdots,n)$，环境作用在机器人手部端点的力和力矩分别为 $-\boldsymbol{f}_{n,n+1}$ 和 $-\boldsymbol{n}_{n,n+1}$。由上述力和力矩所做的虚功可以由下式求出：

$$\delta \boldsymbol{W}=\boldsymbol{\tau}_1\delta\boldsymbol{q}_1+\boldsymbol{\tau}_2\delta\boldsymbol{q}_2+\cdots+\boldsymbol{\tau}_n\delta\boldsymbol{q}_n-\boldsymbol{f}_{n,n+1}\boldsymbol{d}-\boldsymbol{n}_{n,n+1}\boldsymbol{\delta}$$

或写成

$$\delta\boldsymbol{W}=\boldsymbol{\tau}^{\mathrm{T}}\delta\boldsymbol{q}-\boldsymbol{F}^{\mathrm{T}}\delta\boldsymbol{X} \tag{4-20}$$

根据虚位移原理，机器人处于平衡状态的充分必要条件是对任意符合几何约束的虚位移都有 $\delta\boldsymbol{W}=\boldsymbol{0}$，并注意到虚位移 $\delta\boldsymbol{q}$ 和 $\delta\boldsymbol{X}$ 之间的关系符合杆件的几何约束条件。根据式 $\delta\boldsymbol{X}=\boldsymbol{J}\delta\boldsymbol{q}$，将式(4-20)写成

$$\delta\boldsymbol{W}=\boldsymbol{\tau}^{\mathrm{T}}\delta\boldsymbol{q}-\boldsymbol{F}^{\mathrm{T}}\boldsymbol{J}\delta\boldsymbol{q}=(\boldsymbol{\tau}-\boldsymbol{J}^{\mathrm{T}}\boldsymbol{F})^{\mathrm{T}}\delta\boldsymbol{q} \tag{4-21}$$

式中：$\delta\boldsymbol{q}$ 表示从几何结构上允许位移的关节独立变量。对任意的 $\delta\boldsymbol{q}$，欲使 $\delta\boldsymbol{W}=\boldsymbol{0}$ 成立，再由矩阵相乘转置计算公式 $(\boldsymbol{A}\cdot\boldsymbol{B})^{\mathrm{T}}=\boldsymbol{B}^{\mathrm{T}}\cdot\boldsymbol{A}^{\mathrm{T}}$，由式(4-21)可推导出必有

$$\boldsymbol{\tau}=\boldsymbol{J}^{\mathrm{T}}\boldsymbol{F} \tag{4-22}$$

式(4-22)表示在静态平衡状态下，手部端点力 $\boldsymbol{F}$ 和广义关节力矩 $\boldsymbol{\tau}$ 之间的线性映射关系。式(4-22)中 $\boldsymbol{J}^{\mathrm{T}}$ 与手部端点力 $\boldsymbol{F}$ 和广义关节力矩 $\boldsymbol{\tau}$ 之间的力传递有关，称为机器人

的力雅可比矩阵。显然，机器人的力雅可比矩阵 $\boldsymbol{J}^{\mathrm{T}}$ 是速度雅可比矩阵 $\boldsymbol{J}$ 的转置矩阵，反映了速度与力这两个物理量之间的对偶特性(duality)。

4.2.3 机器人静力计算

机器人操作臂静力的计算问题可分为两类。

(1) 已知外界环境对机器人手部的作用力 $\boldsymbol{F}'$(即手部端点力 $\boldsymbol{F}=-\boldsymbol{F}'$)，利用式(4-22)求相应的满足静力平衡条件的关节驱动力矩 $\boldsymbol{\tau}$。

(2) 已知关节驱动力矩 $\boldsymbol{\tau}$，确定机器人手部对外界环境的作用力 $\boldsymbol{F}$ 或负载。第二类问题是第一类问题的逆解。逆解的表达式为

$$\boldsymbol{F}=(\boldsymbol{J}^{\mathrm{T}})^{-1}\boldsymbol{\tau}$$

当机器人的自由度数目 $n>6$ 时，力雅可比矩阵不是方阵，则 $\boldsymbol{J}^{\mathrm{T}}$ 就没有逆解。所以，对第二类问题的求解困难得多，一般情况下不一定能得到唯一的解。如果 $\boldsymbol{F}$ 的阶数比 $\boldsymbol{\tau}$ 的阶数低，且 $\boldsymbol{J}$ 满秩，则可利用最小二乘法求得 $\boldsymbol{F}$ 的估计值。

例 4-2 图 4-6 所示为一个 2R 平面机械臂，已知手部端点力 $\boldsymbol{F}=[F_x \quad F_y]^{\mathrm{T}}$，忽略摩擦，求 $\theta_1=0°$，$\theta_2=90°$时的瞬时关节力矩。

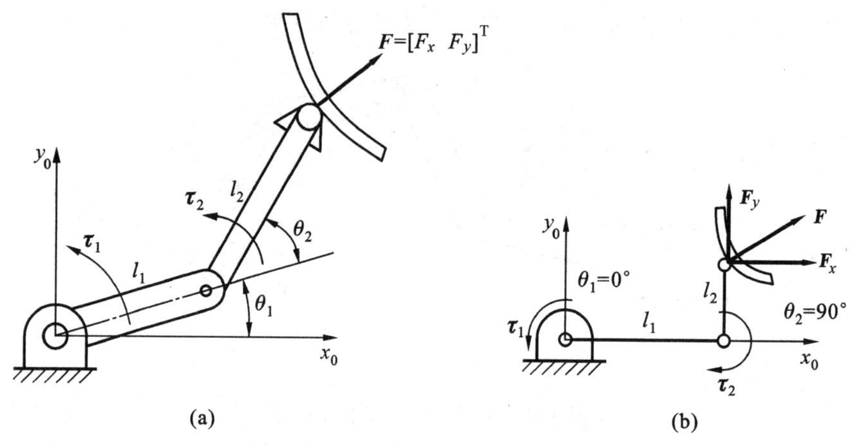

图 4-6 手部端点力 $\boldsymbol{F}$ 与关节力矩 $\boldsymbol{\tau}$

(a)机械臂结构简图；(b)机械臂受力图

解 由式(4-9)知，该机械臂的速度雅可比矩阵为

$$\boldsymbol{J}=\begin{bmatrix}-l_1\mathrm{s}\theta_1-l_2\mathrm{s}\theta_{12} & -l_2\mathrm{s}\theta_{12}\\ l_1\mathrm{c}\theta_1+l_2\mathrm{c}\theta_{12} & l_2\mathrm{c}\theta_{12}\end{bmatrix}$$

则该机械臂的力雅可比矩阵为

$$\boldsymbol{J}^{\mathrm{T}}=\begin{bmatrix}-l_1\mathrm{s}\theta_1-l_2\mathrm{s}\theta_{12} & l_1\mathrm{c}\theta_1+l_2\mathrm{c}\theta_{12}\\ -l_2\mathrm{s}\theta_{12} & l_2\mathrm{c}\theta_{12}\end{bmatrix}$$

根据式(4-22)得

$$\boldsymbol{\tau}=\begin{bmatrix}\tau_1\\ \tau_2\end{bmatrix}=\begin{bmatrix}-l_1\mathrm{s}\theta_1-l_2\mathrm{s}\theta_{12} & l_1\mathrm{c}\theta_1+l_2\mathrm{c}\theta_{12}\\ -l_2\mathrm{s}\theta_{12} & l_2\mathrm{c}\theta_{12}\end{bmatrix}\begin{bmatrix}F_x\\ F_y\end{bmatrix}$$

所以

$$\tau_1=-(l_1\mathrm{s}\theta_1+l_2\mathrm{s}\theta_{12})F_x+(l_1\mathrm{c}\theta_1+l_2\mathrm{c}\theta_{12})F_y$$

$$\tau_2=-l_2\mathrm{s}\theta_{12}F_x+l_2\mathrm{c}\theta_{12}F_y$$

在某一瞬时 $\theta_1=0°$，$\theta_2=90°$，如图 4-6(b)所示，则与手部端点力相对应的关节力矩为

$$\tau_1=-l_2F_x+l_1F_y,\quad \tau_2=-l_2F_x$$

拓展 4-5：力旋量坐标与力旋量

4.2.4 工业机器人静力学基础理论总结

工业机器人的静力学基础理论反映了机器人处于静止状态下，即在不考虑机器人运动而引起的惯性力、离心力等时，关节空间与操作空间(直角坐标系空间)之间的位移、速度和受力之间的映射关系，可总结为以三大矩阵为重点，围绕两个空间之间的映射关系，进行正、逆运动学，微操作和速度，静力平衡等基础理论内容的讲解，如图 4-7 所示。机器人三大矩阵指的是齐次坐标变换矩阵 $\boldsymbol{T}$、速度雅可比矩阵 $\boldsymbol{J}$ 和力雅可比矩阵 $\boldsymbol{J}^{\mathrm{T}}$。矩阵 $\boldsymbol{T}$ 反映了两个空间位移之间的映射关系，矩阵 $\boldsymbol{J}$ 反映了两个空间速度之间的映射关系，矩阵 $\boldsymbol{J}^{\mathrm{T}}$ 反映了两个空间所受静力之间的映射关系，具体映射关系式为

$$\boldsymbol{X}=\boldsymbol{T}\boldsymbol{X}_{\mathrm{b}},\quad \dot{\boldsymbol{X}}=\boldsymbol{J}\dot{\boldsymbol{q}},\quad \boldsymbol{\tau}=\boldsymbol{J}^{\mathrm{T}}\boldsymbol{F}$$

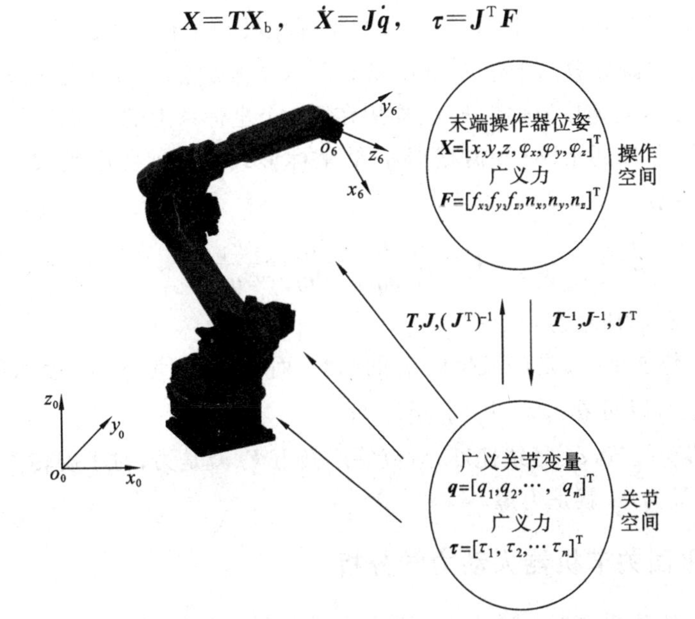

图 4-7 机器人位姿、速度和力围绕两个空间的映射关系总结

4.3 工业机器人动力学分析

动力学研究的是刚体的运动和刚体运动引起的受力之间的关系。通常情况下机器人系统是一个非线性的复杂的动力学系统，在机器人动态实时控制系统中，必须分析其动力学特性。

研究机器人动力学的方法主要有牛顿-欧拉(Newton-Euler)法、拉格朗日(Langrange)

法、高斯(Gauss)法、凯恩(Kane)法及罗伯逊-魏登堡(Roberson-Wittenburg)法等。本节主要介绍拉格朗日法,运用该方法不仅能以最简单的形式求得复杂系统的动力学方程,而且所求得的方程具有显式结构,物理意义比较明确。

4.3.1 拉格朗日方程

在机器人的动力学研究中,常用拉格朗日方程建立机器人的动力学方程。这类方程可直接表示为系统控制输入的函数,若采用齐次坐标,通过递推的拉格朗日方程也可方便地建立比较有效的动力学方程。

对于任意机械系统,拉格朗日函数 L(又称拉格朗日算子)定义为系统总动能 E_k 与总势能 E_p 之差,即

$$L = E_k - E_p \tag{4-23}$$

由拉格朗日函数 L 所描述的系统动力学状态的拉格朗日方程(简称 L-E 方程,E_k 和 E_p 可以用任何方便的坐标系来表示)为

$$\boldsymbol{F}_i = \frac{\mathrm{d}}{\mathrm{d}t}\left(\frac{\partial L}{\partial \dot{q}_i}\right) - \frac{\partial L}{\partial q_i} \quad (i=1,2,\cdots,n) \tag{4-24}$$

式中:L 为拉格朗日函数;n 为连杆数目;q_i 为系统选定的广义坐标,单位为 m 或 rad,具体是选 m 还是 rad 需根据 q_i 的坐标形式(直线坐标或转角坐标)确定;$\dot{q}_i$为广义速度(广义坐标 q_i 对时间的一阶导数),单位为 m/s 或 rad/s,具体是选 m/s 还是 rad/s 需根据 $\dot{q}_i$的速度形式(线速度或角速度)确定;$\boldsymbol{F}_i$ 为作用在第 i 个坐标系上的广义力或力矩,单位为 N 或N·m,具体是选 N 还是N·m需根据 q_i 的坐标形式确定。考虑到式(4-24)中不显含 $\dot{q}$,式(4-24)可写成

$$\boldsymbol{F}_i = \frac{\mathrm{d}}{\mathrm{d}t}\frac{\partial E_k}{\partial \dot{q}_i} - \frac{\partial E_k}{\partial q_i} + \frac{\partial E_p}{\partial q_i} \tag{4-25}$$

应用式(4-25)时应注意:

(1) 系统的势能 E_p 仅是广义坐标 q_i 的函数,而动能 E_k 是 q_i,$\dot{q}_i$ 及时间 t 的函数,因此拉格朗日函数可以写成 $L = L(q_i, \dot{q}_i, t)$;

(2) 对于移动关节,$\dot{q}_i$ 是线速度,对应的广义力 $\boldsymbol{F}_i$ 就是力;对于旋转关节,则 $\dot{q}_i$ 是角速度,对应的广义力 $\boldsymbol{F}_i$ 就是力矩。

4.3.2 平面关节机器人动力学分析

用拉格朗日法建立机器人动力学方程的具体推导过程如下:

(1) 选取坐标系,选定完全而且独立的广义关节变量 q_i,$i=1, 2, \cdots, n$;

(2) 选定相应关节上的广义力 $\boldsymbol{F}_i$,当 q_i 是位移变量时 $\boldsymbol{F}_i$ 为力,当 q_i 是角度变量时 $\boldsymbol{F}_i$ 为力矩;

(3) 求出机器人各构件的动能和势能,构造拉格朗日函数;

(4) 代入拉格朗日方程,求得机器人系统的动力学方程。

下面通过两个例子,从简单到复杂来说明机器人动力学方程的推导步骤。

例 4-3 图 4-8 所示为单关节直进(1P)机器人,连杆质量为 m,重心至原点的瞬时距离为 l_g。用拉格朗日方程建立该机械系统的动力学方程。

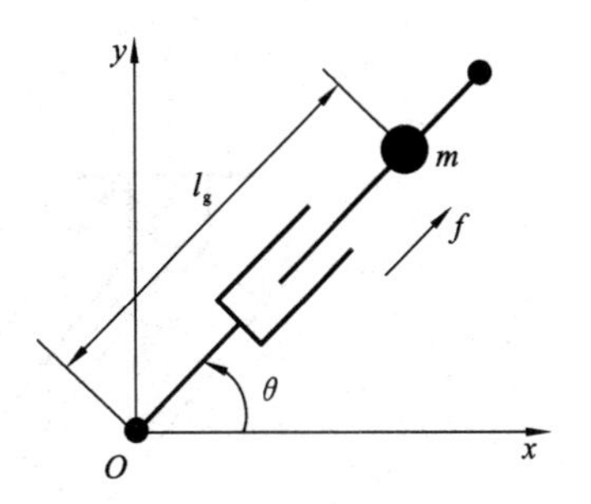

图 4-8　单关节直进(1P)机器人动力学方程的建立

步骤 1　选定广义关节变量及广义力。

选取笛卡儿坐标系。关节变量为位移变量 l_g，关节力为推力 f。连杆的质量为 m，重心至原点的距离为 l_g。

为了计算连杆所具有的动能和势能，首先计算连杆重心的位置坐标：

$$\begin{cases} x=l_g c\theta \\ y=l_g s\theta \end{cases}$$

注意，这里的 l_g 为变量，θ 为常量。连杆重心的速度和速度二次方分别为

$$\begin{cases} \dot{x}=\dot{l}_g c\theta \\ \dot{y}=\dot{l}_g s\theta \end{cases}$$

$$v^2=\dot{x}^2+\dot{y}^2=\dot{l}_g^2$$

步骤 2　求系统动能。

$$E_k=\frac{1}{2}mv^2=\frac{1}{2}m\dot{l}_g^2$$

步骤 3　求系统势能。

$$E_p=mgy=mgl_g s\theta$$

步骤 4　建立拉格朗日函数。

$$L=E_k-E_p=\frac{1}{2}m\dot{l}_g^2-mgl_g s\theta$$

步骤 5　求系统动力学方程。

根据拉格朗日方程(4-25)计算各关节上的力矩，得到系统动力学方程：

$$f=\frac{\mathrm{d}}{\mathrm{d}t}\frac{\partial E_k}{\partial \dot{l}_g}-\frac{\partial E_k}{\partial l_g}+\frac{\partial E_p}{\partial l_g}=m\ddot{l}_g+mgs\theta \tag{4-26}$$

式(4-26)表示关节驱动力与运动之间的关系，称为图 4-8 所示单关节直进机器人的动力学方程，与利用牛顿定律建立的系统动力学方程相同。

例 4-4　图 4-9 所示为 2R 平面机械臂，建立该机械系统的动力学方程。

步骤 1　选定广义关节变量及广义力。

选取笛卡儿坐标系。连杆 1 和连杆 2 的关节变量分别是转角 θ_1 和 θ_2，关节 1 和关节 2 上作用的力矩分别是 τ_1 和 τ_2。连杆 1 和连杆 2 的质量分别是 m_1 和 m_2，杆长分别为 l_1 和 l_2，重心分别在 C_1 和 C_2 处，离关节中心的距离分别为 d_1 和 d_2。

因此，杆 1 重心 C_1 的位置坐标为

$$x_1=d_1 s\theta_1$$
$$y_1=-d_1 c\theta_1$$

杆 1 重心 C_1 速度的二次方为

$$\dot{x}_1^2+\dot{y}_1^2=(d_1\dot{\theta}_1)^2$$

杆 2 重心 C_2 的位置坐标为

$$x_2=l_1 s\theta_1+d_2 s\theta_{12}$$
$$y_2=-l_1 c\theta_1-d_2 c\theta_{12}$$

故

$$\dot{x}_2=l_1 c\theta_1\dot{\theta}_1+d_2 c\theta_{12}(\dot{\theta}_1+\dot{\theta}_2)$$

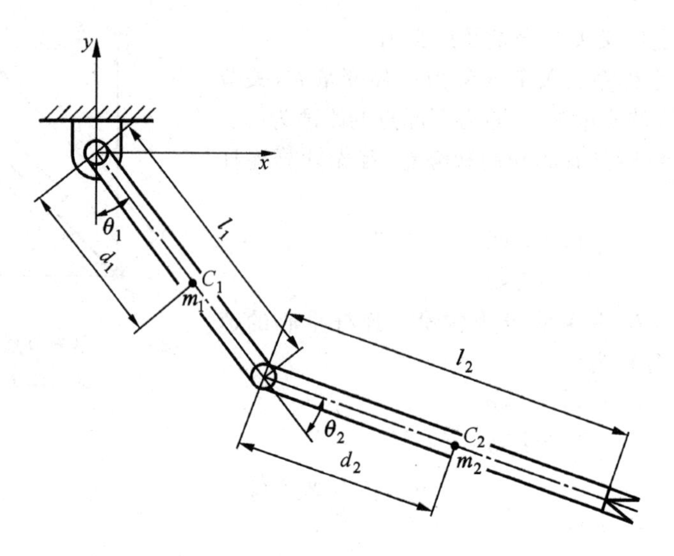

图 4-9　2R 平面机械臂动力学方程的建立

$$\dot{y}_2 = l_1 s\theta_1 \dot{\theta}_1 + d_2 s\theta_{12}(\dot{\theta}_1 + \dot{\theta}_2)$$

杆 2 重心 C_2 速度的二次方为

$$\dot{x}_2^2 + \dot{y}_2^2 = l_1^2 \dot{\theta}_1^2 + d_2^2(\dot{\theta}_1 + \dot{\theta}_2)^2 + 2l_1 d_2(\dot{\theta}_1^2 + \dot{\theta}_1\dot{\theta}_2)c\theta_2$$

步骤 2　求系统动能。

$$E_k = \sum E_{ki} \quad (i = 1,2)$$

$$E_{k1} = \frac{1}{2} m_1 d_1^2 \dot{\theta}_1^2$$

$$E_{k2} = \frac{1}{2} m_2 l_1^2 \dot{\theta}_1^2 + \frac{1}{2} m_2 d_2^2 (\dot{\theta}_1 + \dot{\theta}_2)^2 + m_2 l_2 d_2 (\dot{\theta}_1^2 + \dot{\theta}_1\dot{\theta}_2) c\theta_2$$

步骤 3　求系统势能。

$$E_p = \sum E_{pi} \quad (i = 1,2)$$

$$E_{p1} = m_1 g d_1 (1 - c\theta_1)$$

$$E_{p2} = m_2 g l_1 (1 - c\theta_1) + m_2 g d_2 (1 - c\theta_{12})$$

步骤 4　建立拉格朗日函数。

$$\begin{aligned} L &= E_k - E_p \\ &= \frac{1}{2}(m_1 d_1^2 + m_2 l_1^2)\dot{\theta}_1^2 + m_2 l_2 d_2 (\dot{\theta}_1^2 + \dot{\theta}_1\dot{\theta}_2) c\theta_2 + \frac{1}{2} m_2 d_2^2 (\dot{\theta}_1 + \dot{\theta}_2)^2 \\ &\quad - g(m_1 d_1 + m_2 l_1)(1 - c\theta_1) - m_2 g d_2 (1 - c\theta_{12}) \end{aligned}$$

步骤 5　求系统动力学方程。

根据拉格朗日方程(4-24)计算各关节上的力矩，求系统动力学方程。

(1) 计算关节 1 上的力矩 τ_1。

$$\frac{\partial L}{\partial \dot{\theta}_1} = (m_1 d_1^2 + m_2 l_1^2)\dot{\theta}_1 + m_2 l_1 d_2 (2\dot{\theta}_1 + \dot{\theta}_2) c\theta_2 + m_2 d_2^2 (2\dot{\theta}_1 + \dot{\theta}_2)$$

$$\frac{\partial L}{\partial \theta_1} = -(m_1 d_1 + m_2 l_1) g s\theta_1 - m_2 g d_2 s\theta_{12}$$

所以

$$\begin{aligned}\tau_1 &= \frac{\mathrm{d}}{\mathrm{d}t}\frac{\partial L}{\partial \dot{\theta}_1} - \frac{\partial L}{\partial \theta_1} \\ &= (m_1 d_1^2 + m_2 d_2^2 + m_2 l_1^2 + 2m_2 l_1 d_2 \mathrm{c}\theta_2)\ddot{\theta}_1 + (m_2 d_2^2 + m_2 l_1 d_2 \mathrm{c}\theta_2)\ddot{\theta}_2 \\ &\quad + (-2m_2 l_1 d_2 \mathrm{s}\theta_2)\dot{\theta}_1\dot{\theta}_2 + (-m_2 l_1 d_2 \mathrm{s}\theta_2)\dot{\theta}_2^2 + (m_1 d_1 + m_2 l_1) g\mathrm{s}\theta_1 + m_2 g d_2 \mathrm{s}\theta_{12}\end{aligned} \tag{4-27}$$

式(4-27)可简写为

$$\tau_1 = D_{11}\ddot{\theta}_1 + D_{12}\ddot{\theta}_2 + D_{112}\dot{\theta}_1\dot{\theta}_2 + D_{122}\dot{\theta}_2^2 + D_1 \tag{4-28}$$

式中：

$$\begin{cases} D_{11} = m_1 d_1^2 + m_2 d_2^2 + m_2 l_1^2 + 2m_2 l_1 d_2 \mathrm{c}\theta_2 \\ D_{12} = m_2 d_2^2 + m_2 l_1 d_2 \mathrm{c}\theta_2 \\ D_{112} = -2m_2 l_1 d_2 \mathrm{s}\theta_2 \\ D_{122} = -m_2 l_1 d_2 \mathrm{s}\theta_2 \\ D_1 = (m_1 d_1 + m_2 l_1) g\mathrm{s}\theta_1 + m_2 d_2 g\mathrm{s}\theta_{12} \end{cases} \tag{4-29}$$

(2) 计算关节 2 上的力矩 τ_2。

$$\frac{\partial L}{\partial \dot{\theta}_2} = m_2 d_2^2(\dot{\theta}_1 + \dot{\theta}_2) + m_2 l_1 d_2 \dot{\theta}_1 \mathrm{c}\theta_2$$

$$\frac{\partial L}{\partial \theta_2} = -m_2 l_1 d_2(\dot{\theta}_1^2 + \dot{\theta}_1\dot{\theta}_2)\mathrm{s}\theta_2 - m_2 d_2 g\mathrm{s}\theta_{12}$$

所以

$$\begin{aligned}\tau_2 &= \frac{\mathrm{d}}{\mathrm{d}t}\frac{\partial L}{\partial \dot{\theta}_2} - \frac{\partial L}{\partial \theta_2} = (m_2 d_2^2 + m_2 l_1 d_2 \mathrm{c}\theta_2)\ddot{\theta}_1 + m_2 d_2^2 \ddot{\theta}_2 \\ &\quad + (-m_2 l_1 d_2 \mathrm{s}\theta_2 + m_2 l_1 d_2 \mathrm{s}\theta_2)\dot{\theta}_1\dot{\theta}_2 + (m_2 l_1 d_2 \mathrm{s}\theta_2)\dot{\theta}_1^2 + m_2 g d_2 \mathrm{s}\theta_{12}\end{aligned}$$

该式可简写为

$$\tau_2 = D_{21}\ddot{\theta}_1 + D_{22}\ddot{\theta}_2 + D_{212}\dot{\theta}_1\dot{\theta}_2 + D_{211}\dot{\theta}_1^2 + D_2 \tag{4-30}$$

式中：

$$\begin{cases} D_{21} = m_2 d_2^2 + m_2 l_1 d_2 \mathrm{c}\theta_2 \\ D_{22} = m_2 d_2^2 \\ D_{212} = -m_2 l_1 d_2 \mathrm{s}\theta_2 + m_2 l_1 d_2 \mathrm{s}\theta_2 = 0 \\ D_{211} = m_2 l_1 d_2 \mathrm{s}\theta_2 \\ D_2 = m_2 g d_2 \mathrm{s}\theta_{12} \end{cases}$$

式(4-28)至式(4-30)分别表示了关节驱动力矩与关节位移、速度、加速度之间的关系，即力和运动之间的关系，它们即是图 4-9 所示 2R 平面机械臂的动力学方程。

在以上公式中：

(1) 含有$\ddot{\theta}_1$或$\ddot{\theta}_2$的项表示由加速度引起的关节力矩项，其中含有 D_{11} 和 D_{22} 的项分别表示由关节 1 加速度和关节 2 加速度引起的惯性力矩项，含有 D_{12} 的项表示关节 2 加速度对关节 1 的耦合惯性力矩项，含有 D_{21} 的项表示关节 1 加速度对关节 2 的耦合惯性力矩项。

(2) 含有 $\dot{\theta}_1^2$ 和 $\dot{\theta}_2^2$ 的项表示由向心力引起的关节力矩项，其中含有 D_{122} 的项表示关节 2 速度引起的向心力对关节 1 的耦合力矩项，含有 D_{211} 的项表示关节 1 速度引起的向心力对关节 2 的耦合力矩项。

(3) 含有$\dot{\theta}_1\dot{\theta}_2$的项表示由科里奥利(Coriolis)力引起的关节力矩项，其中含有 D_{112} 的项表示科里奥利力对关节 1 的耦合力矩项，含有 D_{212} 的项表示科里奥利力对关节 2 的耦合力矩项。

(4) 只含关节变量 θ_1，θ_2 的项表示重力引起的关节力矩项，其中含有 D_1 的项表示连杆 1 及连杆 2 对关节 1 引起的重力矩项，含有 D_2 的项表示连杆 2 对关节 2 引起的重力矩项。

可以看出，很简单的 2R 平面机械臂的动力学方程已经很复杂，包含了很多因素，这些因素都会影响机器人的动力学特性。而比较复杂的多自由度机器人的动力学方程则更庞杂，推导过程也更为复杂，不利于机器人的实时控制。故进行动力学分析时，通常进行下列简化：

(1) 当杆件长度不太长、重量很轻时，动力学方程中的重力矩项可以省略；

(2) 当关节速度不太大、机器人不是高速机器人时，含有 $\dot{\theta}_1^2$，$\dot{\theta}_2^2$ 及$\dot{\theta}_1\dot{\theta}_2$的项可以省略。

(3) 当关节加速度不太大，即关节电动机的升、降速比较平稳时，含有$\ddot{\theta}_1$，$\ddot{\theta}_2$的项有时可以省略。但关节加速度减小会引起速度升降的时间增加，使机器人作业循环的时间延长。

4.3.3 关节空间和操作空间动力学

在关节空间和操作空间机器人动力学方程有不同的表示形式，并且两者之间存在着一定的对应关系。

1. 关节空间动力学

1) 关节空间和操作空间

n 自由度机器人的末端位姿 $\boldsymbol{X}$ 由 n 个关节变量所决定，这 n 个关节变量也称为 n 维关节矢量 $\boldsymbol{q}$，关节矢量 $\boldsymbol{q}$ 构成关节空间。末端操作器的作业是在直角坐标空间中进行的，即机器人末端位姿 $\boldsymbol{X}$ 是在直角坐标空间中描述的，因此把这个空间称为操作空间。运动学方程 $\boldsymbol{X}=\boldsymbol{X}(\boldsymbol{q})$就是关节空间向操作空间的映射，而运动学逆解则是由映射求其在关节空间中的原象。

2) 关节空间动力学方程

将式(4-28)和式(4-30)写成矩阵形式，有

$$\boldsymbol{\tau}=\boldsymbol{D}(\boldsymbol{q})\ddot{\boldsymbol{q}}+\boldsymbol{H}(\boldsymbol{q},\dot{\boldsymbol{q}})+\boldsymbol{G}(\boldsymbol{q}) \tag{4-31}$$

式中：$\boldsymbol{\tau}=[\tau_1 \quad \tau_2]^{\mathrm{T}}$；$\boldsymbol{q}=[\theta_1 \quad \theta_2]^{\mathrm{T}}$；$\dot{\boldsymbol{q}}=[\dot{\theta}_1 \quad \dot{\theta}_2]^{\mathrm{T}}$；$\ddot{\boldsymbol{q}}=[\ddot{\theta}_1 \quad \ddot{\theta}_2]^{\mathrm{T}}$。所以

$$\boldsymbol{D}(\boldsymbol{q})=\begin{bmatrix} m_1 d_1^2+m_2(l_1^2+d_2^2+2l_1 d_2 \mathrm{c}\theta_2) & m_2(d_2^2+l_1 d_2 \mathrm{c}\theta_2) \\ m_2(d_2^2+l_1 d_2 \mathrm{c}\theta_2) & m_2 d_2^2 \end{bmatrix} \tag{4-32}$$

$$\boldsymbol{H}(\boldsymbol{q},\dot{\boldsymbol{q}})=\begin{bmatrix} -m_2 l_1 d_2 \mathrm{s}\theta_2\,\dot{\theta}_2^2-2m_2 l_1 d_2 \mathrm{s}\theta_2\,\dot{\theta}_1\dot{\theta}_2 \\ m_2 l_1 d_2 \mathrm{s}\theta_2\,\dot{\theta}_1^2 \end{bmatrix} \tag{4-33}$$

$$\boldsymbol{G}(\boldsymbol{q})=\begin{bmatrix} (m_1 d_1+m_2 l_1) g \mathrm{s}\theta_1+m_2 d_2 g \mathrm{s}\theta_{12} \\ m_2 d_2 g \mathrm{s}\theta_{12} \end{bmatrix} \tag{4-34}$$

式(4-31)就是机器人的关节空间动力学方程的一般结构形式，它反映了关节力矩与

关节变量、速度、加速度之间的函数关系。对于 n 个关节的操作臂，$\boldsymbol{D}(\boldsymbol{q})$ 是 $n\times n$ 的正定对称矩阵，是 $\boldsymbol{q}$ 的函数，称为操作臂的惯性矩阵；$\boldsymbol{H}(\boldsymbol{q},\dot{\boldsymbol{q}})$ 是 $n\times 1$ 的离心力和科里奥利力矢量；$\boldsymbol{G}(\boldsymbol{q})$ 是 $n\times 1$ 重力矢量，与操作臂的形位即关节矢量 $\boldsymbol{q}$ 有关。

2. 操作空间动力学

与关节空间动力学方程相对应，在笛卡儿操作空间中可以用直角坐标变量即末端操作器位姿的矢量 $\boldsymbol{X}$ 表示机器人的动力学方程。因此，操作力 $\boldsymbol{F}$ 与末端加速度 $\ddot{\boldsymbol{X}}$ 之间的关系可表示为

$$\boldsymbol{F}=\boldsymbol{M}_x(\boldsymbol{q})\ddot{\boldsymbol{X}}+\boldsymbol{U}_x(\boldsymbol{q},\dot{\boldsymbol{q}})+\boldsymbol{G}_x(\boldsymbol{q}) \tag{4-35}$$

式中：$\boldsymbol{M}_x(\boldsymbol{q})\ddot{\boldsymbol{X}}$，$\boldsymbol{U}_x(\boldsymbol{q},\dot{\boldsymbol{q}})$，$\boldsymbol{G}_x(\boldsymbol{q})$ 分别为操作空间惯性矩阵、离心力和科里奥利力矢量、重力矢量，它们都是在操作空间中表示的；$\boldsymbol{F}$ 是广义操作力矢量。

关节空间动力学方程和操作空间动力学方程之间的对应关系可以通过广义操作力 $\boldsymbol{F}$ 与广义关节力 $\boldsymbol{\tau}$ 之间的关系

$$\boldsymbol{\tau}=\boldsymbol{J}^{\mathrm{T}}(\boldsymbol{q})\boldsymbol{F} \tag{4-36}$$

和操作空间与关节空间之间的速度、加速度的关系

$$\begin{cases}\dot{\boldsymbol{X}}=\boldsymbol{J}(\boldsymbol{q})\dot{\boldsymbol{q}}\\ \ddot{\boldsymbol{X}}=\boldsymbol{J}(\boldsymbol{q})\ddot{\boldsymbol{q}}+\dot{\boldsymbol{J}}(\boldsymbol{q})\dot{\boldsymbol{q}}\end{cases} \tag{4-37}$$

来求出。

拓展 4-6：动力学参数辨识

4.4 机器人动力学建模和仿真

机器人动力学建模主要解决动力学的正、逆两类问题。正动力学是根据各关节的驱动力矩(或力)，求解机器人的运动(关节位移、速度和加速度)，主要用于机器人的仿真；逆动力学是已知机器人关节的位移、速度和加速度，求解所需要的关节力矩/力，这是选择驱动电动机的依据。求解关节力矩/力也是实时控制的需要。

4.4.1 机器人动力学建模

前面在推导系统动力学方程时忽略了许多因素，做了许多简化假设，其中最主要的是忽略了机构中的摩擦、间隙与变形。在机器人传动系统中，齿轮和轴承中的摩擦是客观存在的，并往往可达到关节驱动力矩的 25%。机构中的摩擦主要分为黏性摩擦和库仑摩擦，前者与关节速度成正比，后者的大小与速度无关，但方向与关节的速度方向有关。黏性摩擦力和库仑摩擦力分别表示为

$$\boldsymbol{\tau}_{\mathrm{v}}=\nu\dot{\boldsymbol{q}} \tag{4-38}$$

$$\boldsymbol{\tau}_{\mathrm{c}}=\boldsymbol{F}_{\mathrm{N}}c\ \mathrm{sgn}(\dot{\boldsymbol{q}}) \tag{4-39}$$

式中：ν 为黏性摩擦因数；c 为库仑摩擦因数；$\boldsymbol{F}_{\mathrm{N}}$ 为正压力。因此总的摩擦力 $\boldsymbol{\tau}_{\mathrm{f}}$ 为

$$\boldsymbol{\tau}_{\mathrm{f}}=\boldsymbol{\tau}_{\mathrm{v}}+\boldsymbol{\tau}_{\mathrm{c}}=\nu\dot{\boldsymbol{q}}+\boldsymbol{F}_{\mathrm{N}}c\ \mathrm{sgn}(\dot{\boldsymbol{q}}) \tag{4-40}$$

其实，机构中的摩擦（包括黏性摩擦和库仑摩擦）十分复杂，并与润滑条件有关。单就库仑摩擦而言，其中 c 值波动很大。当 $\dot{\boldsymbol{q}}=\mathbf{0}$ 时，c 称为静态摩擦因数；当 $\dot{\boldsymbol{q}}\neq\mathbf{0}$ 时，c 称为动态摩擦因数。静态摩擦因数大于动态摩擦因数。

另外，机器人关节中的摩擦力的变化（如齿轮偏心所引起的摩擦力的波动，不同的形位、关节中摩擦力的变动等）都与关节变量 $\boldsymbol{q}$ 有关。因此摩擦力可表示为

$$\boldsymbol{\tau}_{\mathrm{f}}=\boldsymbol{T}(\boldsymbol{q},\dot{\boldsymbol{q}}) \tag{4-41}$$

考虑机构中的摩擦力，在式(4-31)的基础上，机器人的动力学方程应加一项，即

$$\boldsymbol{\tau}=\boldsymbol{D}(\boldsymbol{q})\ddot{\boldsymbol{q}}+\boldsymbol{H}(\boldsymbol{q},\dot{\boldsymbol{q}})+\boldsymbol{G}(\boldsymbol{q})+\boldsymbol{T}(\boldsymbol{q},\dot{\boldsymbol{q}}) \tag{4-42}$$

以上的动力学模型都是在将连杆视为刚体的前提下建立的。具有柔性臂的机器人系统容易产生共振和其他动态现象，在建模时应对此予以考虑。

随着机器人执行的任务越来越复杂，更好地理解其动态行为变得尤为重要。通过建立机器人系统的动力学模型可以有效地分析机器人的动态特性，从而便于制定机器人控制策略。然而，从以上的机器人动力学建模过程可知，随着机器人自由度的增加，动力学模型越来越复杂，并具有强耦合性、非线性等特征，实现彻底和完整的动态分析往往是困难的。计算机仿真是进行机械设计、动力学特性分析和先进控制算法设计和测试的重要工具。

4.4.2 机器人动力学仿真

机器人动力学仿真是指将动力学模型转化为计算机模型，根据计算机模型对机器人运动范围内的典型任务进行动力学计算和分析。在计算机中，动力学模型可通过编程、调用图形化模块搭建，或借助三维造型软件将模型导出到仿真环境中等方法来建立。机器人动力学仿真中常用的仿真软件包括 Matlab、Mathematica，以及 Peter I. Corke 开发的机器人工具箱（RTB，robotic toolbox）等。

在已知机器人关节驱动力/力矩，对机器人的运动进行仿真时，要用到正动力学模型；在已知机器人运动参数，对机器人的关节驱动力/力矩进行仿真时，要用到逆动力学模型，如图 4-10 所示。

逆动力学仿真可直接利用前述章节中推导的机器人动力学方程（如式(4-42)）可以直接用于仿真计算。以 2R 机器人为例，根据动力学方程的显式表达式，如式(4-31)至式(4-34)，逆动力学仿真步骤如下：

(1) 代入机器人机构参数，即连杆 1 和连杆 2 的质量 m_1 和 m_2，杆长 l_1 和 l_2，连杆重心到关节中心的距离 p_1 和 p_2，求出机器人动力学方程中的惯性矩阵、离心力和科里奥利力矢量的系数矩阵和重力矢量的系数矩阵；

(2) 以一定的步长 Δt，给定连杆 1 和连杆 2 的关节位置变量 θ_1 和 θ_2、关节速度变量 $\dot{\theta}_1$ 和 $\dot{\theta}_2$、关节加速度变量 $\dot{\theta}_1$ 和 $\dot{\theta}_2$，分别求解出与关节 1 和关节 2 对应的力矩 τ_1 和 τ_2。

正动力学仿真对机械臂的运动规划非常有用，对于 n 自由度机器人，通常所采用的方法是利用 $n\times n$ 的关节空间惯性矩阵的逆乘求解关节加速度，基于动力学方程(4-42)，求解关节加速度的方程为：

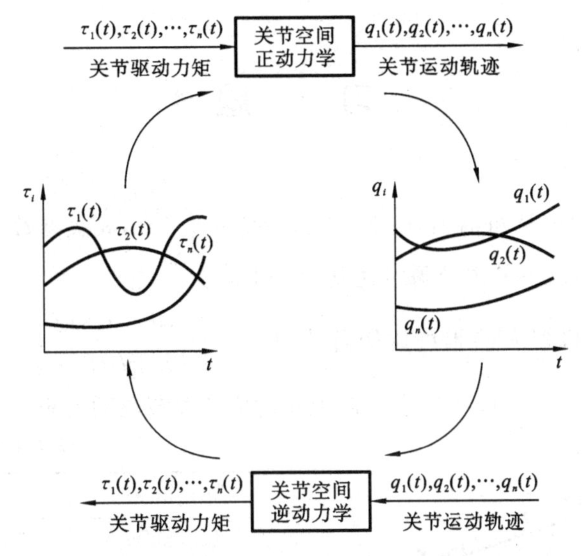

图 4-10　机器人关节空间正动力学与逆动力学仿真示意图

$$\ddot{\boldsymbol{q}}=\boldsymbol{D}^{-1}(\boldsymbol{q})(\boldsymbol{\tau}-\boldsymbol{H}(\boldsymbol{q},\dot{\boldsymbol{q}})-\boldsymbol{G}(\boldsymbol{q})-\boldsymbol{T}(\boldsymbol{q},\dot{\boldsymbol{q}})) \tag{4-43}$$

求解步骤如下。

(1) 求初始加速度。已知运动初始位置和初始速度，即

$$\begin{cases}\boldsymbol{q}(0)=\boldsymbol{q}_0\\ \dot{\boldsymbol{q}}(0)=\boldsymbol{0}\end{cases} \tag{4-44}$$

根据给定的关节力矩 $\boldsymbol{\tau}$，并将式(4-44)代入式(4-43)，可求出初始加速度 $\ddot{\boldsymbol{q}}(0)$。

(2) 以一定的步长 Δt，采用积分方法进行迭代计算。以欧拉积分方法为例，从 0 时刻开始迭代计算关节位置和关节速度：

$$\dot{\boldsymbol{q}}(t+\Delta t)=\dot{\boldsymbol{q}}(t)+\ddot{\boldsymbol{q}}(t)\Delta t$$

$$\boldsymbol{q}(t+\Delta t)=\boldsymbol{q}(t)+\dot{\boldsymbol{q}}(t)\Delta t+\frac{1}{2}\ddot{\boldsymbol{q}}(t)\Delta t^2$$

(3) 依次将计算得到的关节位置和关节速度代入式(4-43)，求出关节加速度 $\ddot{\boldsymbol{q}}(t+\Delta t)$。

当已知关节驱动力矩时，由以上求解步骤可求出机器人的运动参数：关节位置、关节速度和关节加速度。

由于在正动力学仿真中，对关节加速度一般是利用 $n\times n$ 的关节空间惯性矩阵的逆乘来求解的，因此需要大量的计算，特别是对于多自由度机器人，但这样做仍然是可行。为了避免矩阵求逆的计算复杂性，也可以采用线性递归形式求解加速度。线性递归算法通常采用牛顿-欧拉法建立机器人动力学模型。构造的线性递归算法具有较低的计算复杂度，线性递归算法的结构也有利于利用并行计算机系统实现。

拓展 4-7：PUMA 560 机器人动力学仿真实例

习　题

本章习题参考答案

4.1　如图所示的 2R 机器人，已知杆长 $l_1=l_2=0.5$ m，相关参数如表所示。试求下面两种情况下的关节瞬时速度 $\dot{\theta}_1$ 和 $\dot{\theta}_2$。

4.2　已知 2R 机器人的雅可比矩阵为 $\boldsymbol{J}=\begin{bmatrix} -l_1 s\theta_1 - l_2 s\theta_{12} & -l_2 s\theta_{12} \\ l_1 c\theta_1 + l_2 c\theta_{12} & l_2 c\theta_{12} \end{bmatrix}$。若忽略重力，当手部端点力 $\boldsymbol{F}=[1 \quad 0]^{\mathrm{T}}$ 时，求与此力相对应的关节驱动力矩。

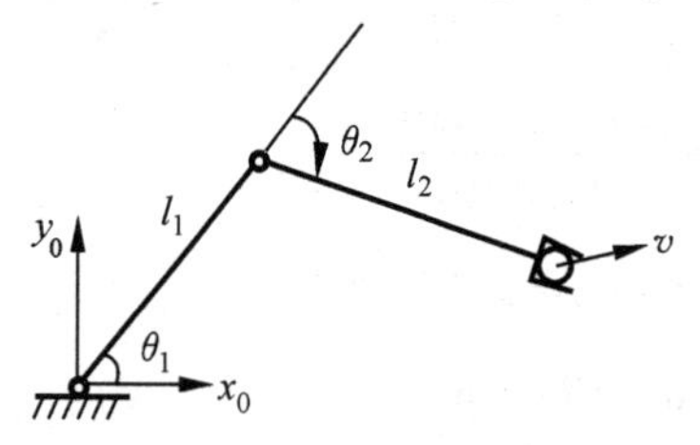

题 4.1 图

题 4.1 表

v_x/(m/s)	−1.0	0
v_y/(m/s)	0	1
θ_1	30°	30°
θ_2	−60°	90°

4.3　如图所示为一个二自由度 RP 机器人，两根连杆质量分别为 m_1 和 m_2，第一根连杆重心距旋转中心的长度为 l_g。请用拉格朗日方程建立该机械系统的动力学方程。

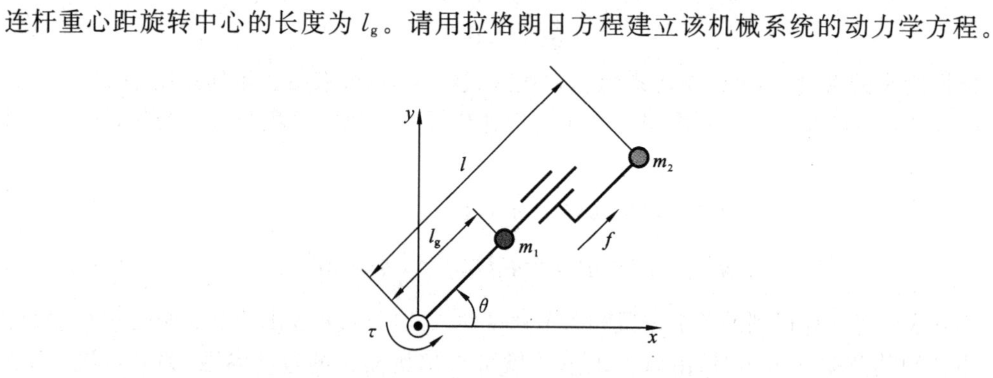

题 4.3 图

4.4　机器人动力学方程主要包含哪些项？它们各有何物理意义？

4.5　试论述机器人动力学方程中重力项的影响，以及如何简单、快捷地求出重力项。

4.6　在什么情况下可以简化动力学方程的计算？

4.7　试叙述机器人动力学方程建立的主要方法及其特点。

第 5 章　工业机器人控制

讨论工业机器人控制的软件和硬件问题，有助于设计与选择适用的机器人控制器，并使机器人按规定的轨迹进行运动，以满足控制要求。机器人的控制方法很多，从大的方面来看，可分为轨迹控制和力控制两类。力控制进一步可以分为阻抗控制力/位和混合控制。

机器人控制与机构动力学模型密切相关，考虑动力学参数构建改进的控制策略是动力学在控制中的应用体现。无论采用何种控制策略，最终调整的都是机电物理系统的刚度和阻尼，这是系统控制的核心思想。本章将首先对单关节机器人控制方法进行介绍，然后讲解基于关节坐标和直角坐标的位置和轨迹控制，阐述力控制的原理及具体案例，最后对控制系统的硬件电路组成进行介绍。

拓展内容：PD 控制策略的核心思想、迭代学习型前馈 PID 控制、阻抗控制应用、拖动示教应用。

5.1　机器人控制系统与控制方式

5.1.1　机器人控制系统的特点

机器人控制技术是在传统机械系统控制技术的基础上发展起来的，这两种技术之间并无根本的不同，但由于工业机器人是由连杆通过关节串联组成的空间开链机构，其各个关节的运动是独立的，为了实现末端点的运动轨迹，需要多关节的运动协调。因此，机器人的控制与机构运动学和动力学密切相关，而且机器人控制系统比普通的自动化设备控制系统复杂得多。

由第 4 章描述机器人动力学特性的动力学运动方程，有

$$\boldsymbol{\tau}=\boldsymbol{M}(\boldsymbol{q})\ddot{\boldsymbol{q}}+\boldsymbol{H}(\boldsymbol{q},\dot{\boldsymbol{q}})+\boldsymbol{B}\dot{\boldsymbol{q}}+\boldsymbol{G}(\boldsymbol{q})$$

式中：$\boldsymbol{M}(\boldsymbol{q})$为惯性矩阵；$\boldsymbol{H}(\boldsymbol{q},\dot{\boldsymbol{q}})$为离心力和科里奥利力矢量；$\boldsymbol{B}$ 为黏性摩擦因数矩阵；$\boldsymbol{G}(\boldsymbol{q})$为重力矢量；$\boldsymbol{\tau}=[\tau_1\quad \tau_2\quad \cdots\quad \tau_n]^{\mathrm{T}}$ 为关节驱动力矢量。

这里的惯性矩阵 $\boldsymbol{M}(\boldsymbol{q})$由于各关节臂之间存在相互干涉问题，其对角线以外的元素不为零，而且各元素与关节角度成非线性关系，随着机器人的位姿而变化。该运动方程中的其他各项也都是如此。因此机器人的动力学运动方程是非常复杂的非线性方程组。从动力学的角度出发，可知机器人控制系统具有以下特点。

(1) 机器人控制系统本质上是一个非线性系统。导致机器人控制系统存在非线性的因素很多，如机器人的结构、传动件、驱动元件等都会使用机器人系统产生非线性。

(2) 机器人控制系统是由多关节组成的一个多变量控制系统，且各关节间具有耦合作用，具体表现为：某一个关节的运动会对其他关节产生动力效应，每一个关节都要受到其他关节运动的干扰。

(3) 机器人控制系统是一个时变系统，其动力学参数随着关节运动位置的变化而变化。

总而言之，机器人控制系统是一个时变的、耦合的、非线性的多变量控制系统。由于

它的特殊性,经典控制理论和现代控制理论都不能照搬使用。到目前为止,机器人控制理论还不完整、不系统,但发展速度很快,正在逐步走向成熟。

5.1.2 机器人控制方式

根据不同的分类方法,机器人控制方式可以划分为不同类别。从总体上看,机器人控制方式可以分为动作控制方式、示教控制方式。此外,机器人控制方式还有以下分类方法:按运动坐标控制的方式,可分为关节空间运动控制、直角坐标空间运动控制;按轨迹控制的方式,可分为点位(PTP,point to point)控制和连续轨迹(CP, continuous path)控制;按控制系统对工作环境变化的适用程度,可分为程序控制、适应性控制、人工智能控制;按运动控制的方式,可分为位置控制、速度控制、力(力矩)控制(包含位置/力混合控制)。下面对几种常用的工业机器人的控制方式进行具体分析。

1. 点位控制与连续轨迹控制

机器人的点位控制和连续轨迹控制方式如图 5-1 所示。

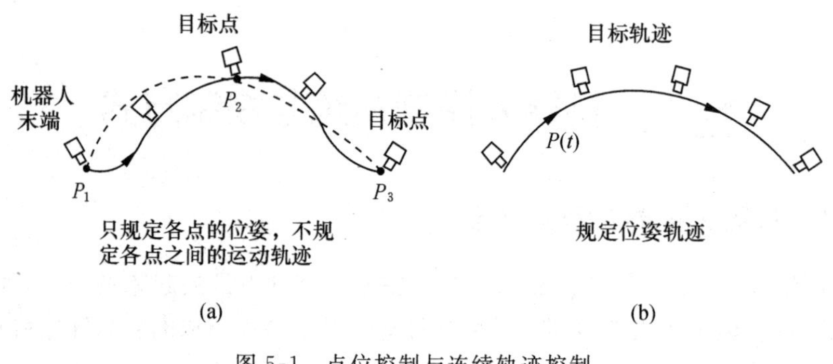

图 5-1 点位控制与连续轨迹控制

(a) 点位控制;(b) 连续轨迹控制

点位控制要求机器人末端以一定的姿态尽快且无超调地实现相邻点之间的运动,但对相邻点之间的运动轨迹不做具体要求。点位控制的主要技术指标是定位精度和运动速度。从事在印制电路板上安插元件、点焊、搬运及上/下料等作业的工业机器人,采用的都是点位控制方式。

连续轨迹控制要求机器人末端沿预定的轨迹运动,即在运动轨迹上任意特定数量的点处停留。将运动轨迹分解成插补点序列,在这些点之间依次进行位置控制,点与点之间的轨迹通常采用直线、圆弧或其他曲线进行插补。因为要在各个插补点上进行连续的位置控制,所以可能会发生运动中的抖动。实际上,由于控制器的控制周期在几毫秒到 30 ms 之间,时间很短,可以近似认为运动轨迹是平滑连续的。在机器人的实际控制中,通常利用插补点之间的增量和雅可比逆矩阵 $\boldsymbol{J}^{-1}$ 求出各关节的分增量,各电动机按照分增量进行位置控制。根据式(4-10),各关节的分增量可表示为

$$\mathrm{d}\boldsymbol{q}=\boldsymbol{J}^{-1}\mathrm{d}\boldsymbol{X}$$

连续轨迹控制的主要技术指标是轨迹精度和运动的平稳性,从事弧焊、喷漆、切割等作业的工业机器人,采用的都是连续轨迹控制方式。

2. 力(力矩)控制方式

对于喷漆、点焊、搬运时所使用的工业机器人,一般只要求其末端操作器(如喷枪、焊

枪、手爪等)沿某一预定轨迹运动,运动过程中末端操作器始终不与外界任何物体相接触,这时只需对机器人进行位置控制即可完成作业任务。而对于另一类机器人,除要求准确定位之外,还要求控制末端操作器的作用力或力矩,如对应用于装配、加工、抛光等作业的机器人,工作过程中要求机器人手爪与作业对象接触,并保持一定的压力。此时,如果只对其实施位置控制,有可能由于机器人的位姿误差及作业对象放置不准,或者手爪与作业对象脱离接触,或者两者相碰撞而引起过大的接触力。其结果会使机器人手爪在空中晃动,或者造成机器人和作业对象的损伤。对于进行这类作业的机器人,一种比较好的控制方案是控制手爪与作业对象之间的接触力。这样,即使是作业对象位置不准确,也能保持手爪与作业对象的正确接触。在力控制伺服系统中,反馈量是力信号,所以系统中必须有力传感器。

3. 智能控制方式

实现智能控制的机器人可通过传感器获得周围环境的信息,并根据自身内部的知识库做出相应的决策。采用智能控制技术,可使机器人具有较强的环境适应能力及自学习能力。智能控制技术的发展有赖于近年来神经网络、基因算法、遗传算法、专家系统等人工智能技术的迅速发展。

4. 示教-再现控制

示教-再现(teaching-playback)控制是工业机器人的一种主流控制方式。为了让机器人完成某种作业,首先由操作者对机器人进行示教,即教机器人如何去做。在示教过程中,机器人将作业顺序、位置、速度等信息存储起来。在执行任务时,机器人可以根据这些存储的信息再现示教的动作。

示教有直接示教和间接示教两种方法。直接示教是操作者使用安装在机器人手臂末端的操作杆(joystick),按给定运动顺序示教动作内容,机器人自动把运动顺序、位置和时间等数据记录在存储器中,再现时依次读出存储的信息,重复示教的动作过程。采用这种方法通常只能对位置和作业指令进行示教,而运动速度需要通过其他方法来确定。间接示教是采用示教盒进行示教。操作者通过示教盒上的按键操纵,针对空间作业轨迹点位置及有关速度等信息完成示教,然后通过操作盘用机器人语言进行用户工作程序的编辑,并存储在示教数据区。再现时,控制系统自动逐条取出示教命令与位置数据,进行解读、运算并做出判断,将各种控制信号送到相应的驱动系统或端口,使机器人忠实地再现示教动作。

采用示教-再现控制方式时不需要进行矩阵的逆变换,也不存在绝对位置控制精度问题。该方式是一种适用性很强的控制方式,但是需由操作者进行手工示教,要花费大量的精力和时间。特别是在产品变更导致生产线变化时,要进行的示教工作繁重。现在通常采用离线示教法(off-line teaching),不对实际作业的机器人直接进行示教,而是脱离实际作业环境生成示教数据,间接地对机器人进行示教。

5.2 单关节机器人模型和控制

由于机器人是耦合的非线性动力学系统,严格来说,对各关节的控制必须考虑各关节之间的耦合作用,但对于工业机器人,通常还是按照独立关节来考虑。这是因为工业机器人运动速度不高(通常小于 1.5 m/s),由速度项引起的非线性作用也可以忽略。另外,工业机器人常用直流伺服电动机作为关节驱动器,由于直流伺服电动机转矩不大,在驱动负载时通常需要减速器,其传动比往往接近 100,而负载的变化(如由于机器人关节角度变化,转动惯量发生的变化)折算到电动机轴上时要除以传动比的二次方,因此电动机轴上负载变化很小,机器人系统可以看作定常系统。各关节之间的耦合作用,也会因减速器的存在而受到极大的削弱,于是工业机器人系统就简化成了一个由多关节(多轴)组成的各自独立的线性系统。下面分析以直流伺服电动机为驱动器的单关节控制问题。

5.2.1 单关节系统的数学模型

直流伺服电动机驱动机器人关节的简化模型如图 5-2 所示。图中符号含义分别如下:u 为电枢电压(V);v 为励磁电压(V);R 为电枢电阻(Ω);L 为电枢电感(H);i 为电枢绕组电流(A);τ_1 为电动机输出转矩(N·m);k_t 为电动机的转矩常数(N·m/A);τ_2 为通过减速器向负载轴传递的转矩(N·m);J_1 为电动机轴的转动惯量(kg·m^2);B_1 为电动机轴的阻尼系数(N·m /(rad·s^{-1}));θ_1 为电动机轴转角(rad);θ_2 为负载轴转角(rad);z_1 为电动机齿轮齿数;z_2 为负载齿轮齿数;J_2 为负载轴的转动惯量(kg·m^2);B_2 为负载轴的阻尼系数(N·m /(rad·s^{-1}))。

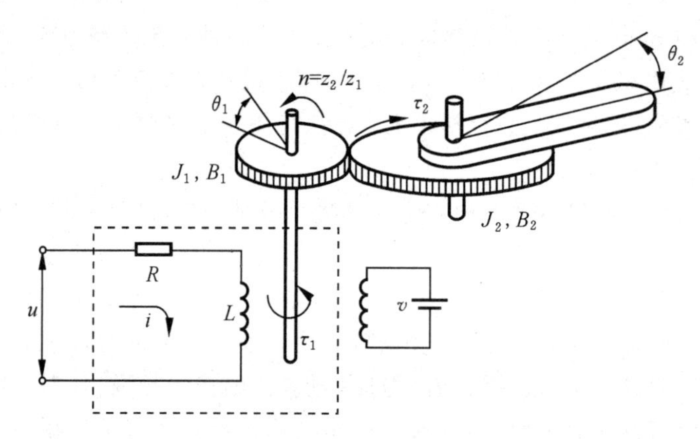

图 5-2 直流伺服电动机驱动机器人关节的简化模型

由图 5-2 可知,直流伺服电动机经传动比为 $n=z_2/z_1$ 的齿轮箱驱动负载,这时负载轴的输出转矩将放大 n 倍,而转速则减至原来的 $1/n$,即 $\tau_2=n\tau_1$,$\omega_1=n\omega_2$ 或 $\theta_1=n\theta_2$。

另外,在高速工业机器人中往往不通过减速器而采用电动机直接驱动负载的方式。近年来低速大力矩电气伺服电动机技术不断进步,已可通过将电动机与机械部件(滚珠丝杠)直接连接,使开环传递函数的增益增大,从而实现高速、高精度的位置控制。这种驱动方式称为直接驱动(direct drive)。

下面来推导负载轴转角 $\theta_2(t)$ 与电动机的电枢电压 $u(t)$ 之间的传递函数。该单关节控制系统的数学模型由三部分组成:机械部分模型由电动机轴和负载轴上的转矩平衡方程描述;电气部分模型由电枢绕组的电压平衡方程描述;机械部分与电气部分相互耦合部分模型由电枢电动机输出转矩与绕组电流的关系方程描述。

电动机轴的转矩平衡方程为

$$\tau_1(t)=J_1\frac{\mathrm{d}^2\theta_1(t)}{\mathrm{d}t^2}+B_1\frac{\mathrm{d}\theta_1(t)}{\mathrm{d}t}+\tau_2(t) \tag{5-1}$$

负载轴的转矩平衡方程为

$$n\tau_2(t)=J_2\frac{\mathrm{d}^2\theta_2(t)}{\mathrm{d}t^2}+B_2\frac{\mathrm{d}\theta_2(t)}{\mathrm{d}t} \tag{5-2}$$

注意，由于减速器的存在，力矩将增大 n 倍。

电枢绕组的电压平衡方程为

$$L\frac{\mathrm{d}i(t)}{\mathrm{d}t}+Ri(t)+k_b\frac{\mathrm{d}\theta_1(t)}{\mathrm{d}t}=u(t) \tag{5-3}$$

式中：k_b 为电动机的反电动势常数（V/(rad·s)）。

电枢电动机输出转矩与绕组电流的关系方程为

$$\tau_1(t)=k_t i(t) \tag{5-4}$$

再考虑到转角 θ_1 与 θ_2 的关系为

$$\theta_1(t)=n\theta_2(t) \tag{5-5}$$

通常与其他参数相比，L 小到可以忽略不计，因此，可令 $L=0$，则由式(5-1)至式(5-5)整理后得

$$J\frac{\mathrm{d}^2\theta(t)}{\mathrm{d}t^2}+B\frac{\mathrm{d}\theta(t)}{\mathrm{d}t}=k_m u(t) \tag{5-6}$$

式中：$\theta(t)=\theta_2(t)$；$J=(n^2J_1+J_2)$；$B=(n^2B_1+B_2)+n^2k_tk_b/R$；$k_m=nk_t/R$。

这里需要注意，电动机轴的转动惯量 J_1 和阻尼系数 B_1 折算到负载侧时与传动比的二次方成正比，因此负载侧的转动惯量和阻尼系数向电动机轴侧折算时要分别除以 n^2。若采用传动比 $n>1$ 的减速机构，则负载的转动惯量值和阻尼系数减小到原来的 $1/n^2$。

式(5-6)表示整个控制对象的运动方程，反映了控制对象的输入电压与关节角位移之间的关系。对式(5-6)的两边在初始值为零时进行拉普拉斯变换，整理后可得到控制对象的传递函数为

$$\frac{\Theta(s)}{U(s)}=\frac{k_m}{Js^2+Bs} \tag{5-7}$$

这一方程代表了单关节控制系统所加电压与关节角位移之间的传递函数。对于液压或气压传动系统，也可推出与式(5-7)类似的关系式，因此，该方程具有一定的普遍意义。

5.2.2 单关节位置与速度控制

1. PID 控制

PID 控制是自动化中广泛使用的一种经典的反馈控制，其控制器由比例单元(P)、积分单元(I)和微分单元(D)组成，利用信号的偏差值、偏差的积分值、偏差的微分值的组合来构成操作量，操作量中包含了偏差信号的现在、过去、未来三方面的信息。如果用 $e=\theta_d(t)-\theta(t)$ 表示偏差，则 PID 操作量为

$$u(t)=K_Pe+K_I\int_0^t e(\tau)\mathrm{d}\tau+K_D\dot{e} \tag{5-8}$$

或

$$u(t)=K_P\left[e+\frac{1}{T_I}\int_0^t e(\tau)\mathrm{d}\tau+T_D\dot{e}\right] \tag{5-9}$$

式中：K_P 为比例增益，K_I 为积分增益，K_D 为微分增益，它们统称为反馈增益，反馈增益值的大小影响着控制系统的性能；$T_I=K_P/K_I$ 称为积分时间，$T_D=K_P/K_D$ 称为微分时间，

两者均具有时间量纲。

PID 控制系统框图如图 5-3、图 5-4 所示。

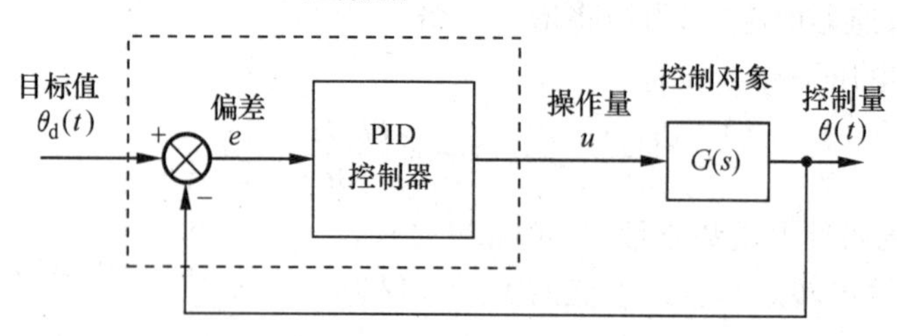

图 5-3　PID 控制系统基本形式的简单框图

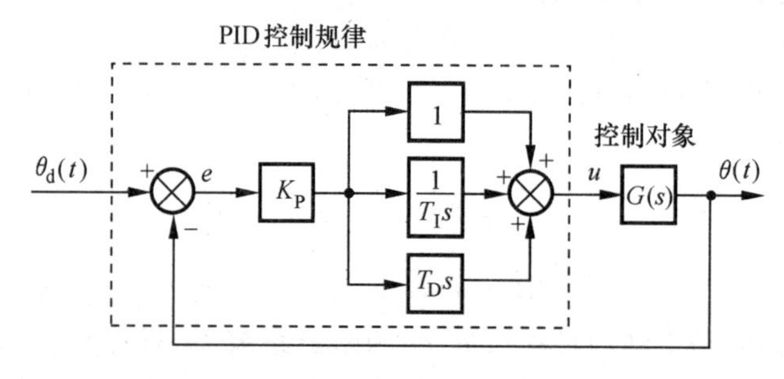

图 5-4　PID 控制系统基本形式的详细框图

控制器各单元的调节作用分别如下。

(1) 比例单元　比例单元按比例反映系统的偏差，系统一旦出现偏差，比例单元将立即产生调节作用以减少偏差。比例系数大，可以加快调节、减少误差，但是过大的比例系数会使系统的稳定性下降，甚至造成系统不稳定。

(2) 积分单元　积分单元可消除系统稳态误差，提高无差度。只要有误差，积分调节就会进行，直至无误差，此时积分调节停止，积分单元输出一常值。积分作用的强弱取决于积分时间常数 T_I。T_I 越小，积分作用就越强；反之，T_I 越大，则积分作用越弱。加入积分单元可使系统稳定性下降，动态响应变慢。

(3) 微分单元　微分单元反映系统偏差信号的变化率，能预见偏差变化的趋势，从而产生超前的控制作用，使偏差在还没有形成之前，已被微分调节作用消除。因此，微分调节可以改善系统的动态性能。在微分时间选择合适的情况下，可以减少超调和调节时间。微分对噪声干扰有放大作用，因此过大的微分调节作用对系统抗干扰不利。此外，微分反映的是变化率，当输入没有变化时，微分单元输出为零。微分单元不能单独使用，需要与比例单元和积分单元相结合，组成 PD 或 PID 控制器。

2. 机器人单关节的 PID 控制

利用直流伺服电动机自带的光电编码器，可以间接测量关节的回转角度，或者直接在关节处安装角位移传感器测量出关节的回转角度，通过 PID 控制器构成负反馈控制系统，其控制系统框图如图 5-5 所示。相应的控制规律表示为

$$u(t)=K_P[\theta_d(t)-\theta(t)]+K_I\int_0^t[\theta_d(\tau)-\theta(\tau)]d\tau+K_D\left[\frac{d\theta_d(t)}{dt}-\frac{d\theta(t)}{dt}\right] \quad (5\text{-}10)$$

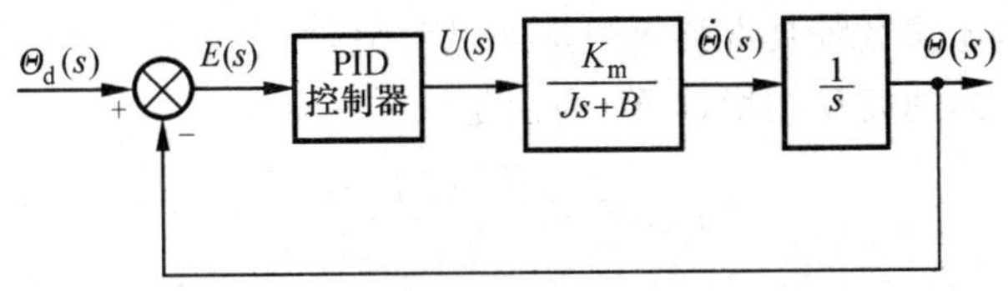

图 5-5　机器人单关节 PID 控制系统框图

3. 实用 PID 控制——PD 控制

在实际应用中，特别是在机械系统中，当控制对象的库仑摩擦力较小时，即使不用积分动作也可得到非常好的控制性能。这种控制方法称为 PD 控制，其控制规律可表示为

$$u(t)=K_P[\theta_d(t)-\theta(t)]+K_D\left[\frac{d\theta_d(t)}{dt}-\frac{d\theta(t)}{dt}\right] \tag{5-11}$$

为了简化问题，考虑目标值 θ_d 为定值的场合，则式(5-11)可转化为

$$u(t)=K_P[\theta_d(t)-\theta(t)]-K_D\frac{d\theta(t)}{dt} \tag{5-12}$$

此时的比例增益 K_P 又称为位置反馈增益；微分增益 K_D 又称为速度反馈增益，通常用 K_v 表示，则式(5-12)表示为

$$u(t)=K_P[\theta_d(t)-\theta(t)]-K_v\frac{d\theta(t)}{dt} \tag{5-13}$$

此反馈控制系统实际上就是带速度反馈的位置闭环控制系统。速度负反馈的引入可增加系统的阻尼比，改善系统的动态品质，使机器人得到更理想的位置控制性能。关节角速度常用测速电动机测出，也可用两次采样周期内的位移数据来近似表示。带速度反馈的位置控制系统框图如图 5-6 所示。

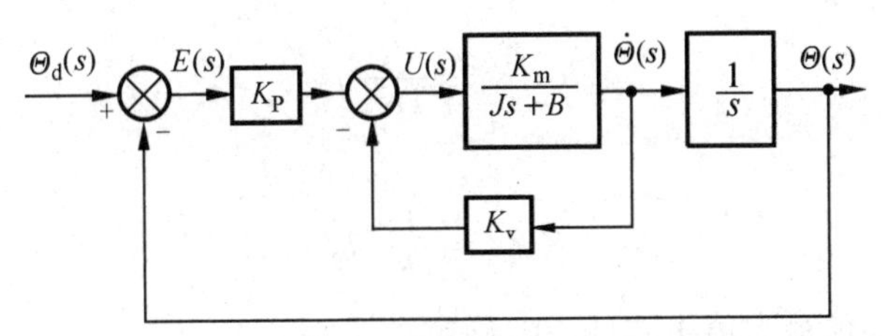

图 5-6　带速度反馈的位置控制系统框图

系统的传递函数为

$$\frac{\Theta(s)}{\Theta_d(s)}=\frac{K_PK_m}{Js^2+(B+K_vK_m)s+K_PK_m}=\frac{\frac{K_PK_m}{J}}{s^2+\frac{(B+K_vK_m)}{J}s+\frac{K_PK_m}{J}} \tag{5-14}$$

与二阶系统的标准形式对比，系统的无阻尼自然频率 ω_n 和阻尼比 ζ 分别为

$$\omega_n=\sqrt{\frac{K_PK_m}{J}} \tag{5-15}$$

$$\zeta=\frac{B+K_vK_m}{2\sqrt{K_PK_mJ}}$$

显然，引入速度反馈后，系统的阻尼比增大了。

4. 位置、速度反馈增益的确定

二阶系统的特性取决于它的无阻尼自然频率 ω_n 和阻尼比 ζ。为了防止机器人与周围环境物体发生碰撞,希望系统具有临界阻尼或过阻尼,即要求系统的阻尼比 $\zeta \geqslant 1$。于是,由式(5-15)可推导出,速度反馈增益 K_v 应满足

$$K_v \geqslant \frac{2\sqrt{K_P K_m J} - B}{K_m} \tag{5-16}$$

另外,在确定位置反馈增益 K_P 时,必须考虑机器人关节部件的材料刚度和共振频率 ω_s。它与机器人关节的结构、刚度、质量分布和制造装配质量等因素有关,并随机器人的形位及握重不同而变化。在前面建立单关节的控制系统模型时,忽略了齿轮轴、轴承和连杆等零件的变形,认为这些零件和传动系统都具有无限大的刚度,而实际上并非如此,各关节的传动系统和有关零件及其配合衔接部分的刚度都是有限的。但是,如果在建立控制系统模型时,将这些变形和刚度的影响都考虑进去,则得到的模型是高次的,会使问题复杂化。因此,前面建立的二阶线性模型只适用于机械传动系统的刚度很高且共振频率也很高的场合。

假设已知机器人在空载时惯性矩为 J_0,测出的结构共振频率为 ω_0,则加负载后,其惯性矩增至 J,此时相应的结构共振频率为

$$\omega_s = \omega_0 \sqrt{\frac{J_0}{J}} \tag{5-17}$$

为了保证机器人能稳定工作、防止系统振荡,R. P. Paul 在 1981 年建议,将闭环系统无阻尼自然频率 ω_n 限制在关节结构共振频率的一半之内,即

$$\omega_n \leqslant 0.5\omega_s \tag{5-18}$$

根据这一要求来调整位置反馈增益 K_P。由于 $K_P > 0$(表示负反馈),由式(5-15)、式(5-17)和式(5-18)可得

$$0 < K_P \leqslant \frac{J_0}{4K_m}\omega_0^2 \tag{5-19}$$

故有

$$K_{Pmax} = \frac{J_0}{4K_m}\omega_0^2 \tag{5-20}$$

即位置反馈增益 K_P 的最大值由式(5-20)确定。

K_P 的最小值则取决于对系统伺服刚度 H 的要求。可以证明,在具有位置和速度反馈的伺服系统中,伺服刚度 H 为

$$H = K_P K_m$$

故有

$$K_P = \frac{H}{K_m} \tag{5-21}$$

在确定了对伺服刚度的最低要求后,K_{Pmax} 可由式(5-21)确定。

拓展 5-1:PD 控制策略的核心思想

5.3 基于关节坐标的伺服控制

由描述机器人动力特性的动力学方程可知，各关节之间存在着惯性项和速度项的动态耦合，严格来说每个关节都不是单输入、单输出系统。为了减少外部干扰的影响，在保持稳定性的前提下，通常把增益 K_P 和 K_v 尽量设置得大一些。特别是当减速比较大时，惯性矩阵和黏性因数矩阵(包含 K_v)的对角线上各项数值相对较大，起支配作用，非对角线上各项的干扰影响相对较小。这时惯性矩阵 $M(q)$ 可以表示为

$$\boldsymbol{M}(q)=\begin{bmatrix} n_1^2 I_{r1} & & \\ & \ddots & \\ & & n_n^2 I_{rn} \end{bmatrix} \tag{5-22}$$

式中：n_i 为第 i 轴的传动比；I_{ri} 为第 i 轴电动机转子的惯性矩。

忽略各关节臂惯性耦合的影响，电动机转子的惯性起决定作用，因此惯性矩阵可以近似地转化为对角矩阵。同样，黏性摩擦因数矩阵 $\boldsymbol{B}$ 也可以近似地转化为对角矩阵，而且可以认为速度及重力的影响相对较小，即 $h(q,\dot{q})$ 和 $G(q)$ 可以忽略不计。这样机器人动力学方程可以简化为

$$\begin{bmatrix} \tau_1 \\ \vdots \\ \tau_n \end{bmatrix}=\begin{bmatrix} n_1^2 I_{r1} & & \\ & \ddots & \\ & & n_n^2 I_{rn} \end{bmatrix}\begin{bmatrix} \ddot{\theta}_1 \\ \vdots \\ \ddot{\theta}_n \end{bmatrix}+\begin{bmatrix} n_1^2 B_{r1} & & \\ & \ddots & \\ & & n_n^2 B_{rn} \end{bmatrix}\begin{bmatrix} \dot{\theta}_1 \\ \vdots \\ \dot{\theta}_n \end{bmatrix} \tag{5-23}$$

式中：B_{ri} 为轴 i 电动机转子的黏性摩擦因数。

式(5-23)为采用减速器的一般工业机器人的动力学运动方程，表示各轴之间无干涉、机器人的参数与机器人的位姿无关的情况，其中各关节臂的惯性耦合是作为外部干扰处理的。因此，在控制器中各轴相互独立地构成 PID 控制系统，系统中由于模型的简化而产生的误差看作外部干扰，可以通过反馈控制来解决。

基于关节坐标的控制以关节位置或关节轨迹为目标值，令 $\boldsymbol{q}_d$ 为关节角目标值，对有 n 个关节的机器人，有

$$\boldsymbol{q}_d=[q_{d1} \quad q_{d2} \quad \cdots \quad q_{dn}]^T$$

其伺服控制系统原理框图如图 5-7 所示。在该系统中，目标值以关节角度值给出，各关节可以构成独立的伺服系统，十分简单。关节目标值 $\boldsymbol{q}_d$ 可以根据机器人末端目标值 $\boldsymbol{X}_d$ 由逆运动学方程求出，即

$$\boldsymbol{q}_d=\boldsymbol{f}^{-1}(\boldsymbol{X}_d) \tag{5-24}$$

为简单起见，忽略驱动器的动态性能，机器人全部关节的驱动力可以直接给出，相应的线性 PD 控制规律可表示为

$$\boldsymbol{\tau}=\boldsymbol{K}_P[\boldsymbol{q}_d-\boldsymbol{q}(t)]-\boldsymbol{K}_v\dot{\boldsymbol{q}}(t)+\boldsymbol{G}(\boldsymbol{q}) \tag{5-25}$$

式中：$\boldsymbol{q}$ 为关节角控制变量矩阵，$\boldsymbol{q}(t)=[q_1 \quad q_2 \quad \cdots \quad q_n]^T$；$\boldsymbol{\tau}$ 为关节驱动力矩阵，$\boldsymbol{\tau}=[\tau_1 \quad \tau_2 \quad \cdots \quad \tau_n]^T$；$\boldsymbol{K}_P$ 为位置反馈增益矩阵，$\boldsymbol{K}_P=\mathrm{diag}(k_{Pi})$，其中 k_{Pi} 为轴 i 的位置反馈增益；$\boldsymbol{K}_v$ 为速度反馈增益矩阵，$\boldsymbol{K}_v=\mathrm{diag}(k_{vi})$，其中 k_{vi} 为轴 i 的速度反馈增益；$\boldsymbol{G}(\boldsymbol{q})$ 为重力项补偿。

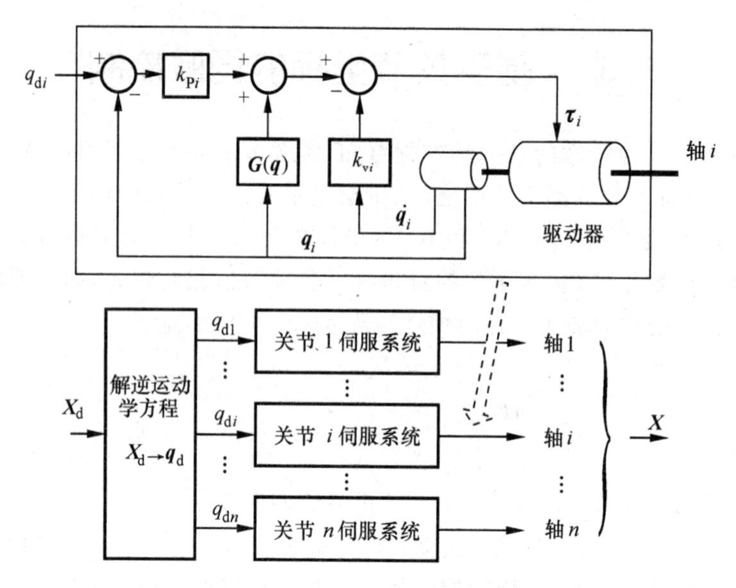

图 5-7　基于关节坐标的伺服控制系统框图

基于关节坐标的伺服控制系统把每一个关节作为单纯的单输入、单输出系统来处理，所以结构简单，现在的工业机器人大部分都是由这种关节伺服系统控制的。这种控制方式称为局部线性 PD 反馈控制。对非线性多变量的机器人动态性而言，该控制方法是有效的，其闭环系统的平衡点 $\boldsymbol{q}_d$ 可达到渐进稳定，即当 $t \to \infty$ 时，$\boldsymbol{q}(t) \to \boldsymbol{q}_d$，亦即经过无限长的时间，保证关节角度收敛于各自的目标值，机器人末端也收敛于位置目标。对工业机器人而言，多数情况下用该种控制方法已足够。

基于关节坐标的伺服控制是目前工业机器人的主流控制方式。由图 5-7 可知，这种伺服控制系统实际上是一个半闭环控制系统，即对关节坐标采用闭环控制方式，由光电码盘提供各关节角位移实际值的反馈信号 q_i。对直角坐标采用开环控制方式，由直角坐标目标值 $\boldsymbol{X}_d$ 求解逆运动方程，获得各关节位移的期望值 q_{di}，作为各关节控制器的参考输入，系统将它与光电码盘检测的关节角位移 q_i 比较后获得关节角位移的偏差，由偏差控制机器人各关节伺服系统（通常采用 PD 方式），使机器人末端操作器实现预定的位姿。

对直角坐标位置采用开环控制的主要原因是，目前尚无有效、准确获取（检测）机器人末端操作器位姿的手段。但由于目前采用计算机求解逆运动方程的方法比较成熟，所以控制精度还是很高的，如 MOTOMAN 系列机器人重复定位精度为±0.03 mm。

应该指出的是，目前工业机器人的位置控制是基于运动学而非动力学的控制，只适用于运动速度和加速度较小的应用场合。对于快速运动、负载变化大和要求力控制的机器人，还必须考虑其动力学行为。

以上讨论的关节角目标值是一个定值，属于点位控制问题。下面来考虑关节角目标值随着时间变化的情况，即连续轨迹控制问题。这时机器人末端的目标位置是随着时间变化的位置目标轨迹 $\boldsymbol{X}_d(t)$，相应的关节角目标值也成为随着时间变化的角度目标轨迹 $\boldsymbol{q}_d(t)$，此时描述机器人全部关节的伺服控制系统的控制规律可表示为

$$\boldsymbol{\tau}(t)=\boldsymbol{K}_{\mathrm{P}}[\boldsymbol{q}_{\mathrm{d}}(t)-\boldsymbol{q}(t)]+\boldsymbol{K}_{\mathrm{v}}[\dot{\boldsymbol{q}}_{\mathrm{d}}(t)-\dot{\boldsymbol{q}}(t)]+\boldsymbol{G}(\boldsymbol{q}) \tag{5-26}$$

式(5-26)称为轨迹追踪控制(trajectory tracking control)的力矩方程。

拓展5-2:迭代学习型前馈PID控制

5.4 基于直角坐标的伺服控制

在关节伺服控制中,对各个关节是独立进行控制的,虽然结构简单,但由于各关节实际响应的结果未知,所得到的末端位姿的响应就难以预测,而且为得到适当的末端响应,对各关节伺服系统的增益进行调节也很困难。在自由空间内对手臂进行控制时,在很多场合下都希望直接给定手臂末端位姿的运动,即取表示末端位姿矢量 $\boldsymbol{X}$ 的目标值 $\boldsymbol{X}_{\mathrm{d}}$ 作为末端运动的目标值。

末端目标值 $\boldsymbol{X}_{\mathrm{d}}$ 确定后,利用逆运动学方程即可求出 $\boldsymbol{q}_{\mathrm{d}}$,也可以使用关节伺服控制方式。但是,末端目标值 $\boldsymbol{X}_{\mathrm{d}}$ 不但要事前求得,而且在运动中常常需要进行修正,这就必须实时进行逆运动学的计算,造成计算工作量加大,使实时控制性变差。

由于在很多情况下,末端位姿矢量 $\boldsymbol{X}_{\mathrm{d}}$ 是用固定于空间内的某一个作用坐标系来描述的,所以把以 $\boldsymbol{X}_{\mathrm{d}}$ 作为目标值的伺服系统统称为基于直角坐标的伺服控制系统。不将 $\boldsymbol{X}_{\mathrm{d}}$ 逆变换为 $\boldsymbol{q}_{\mathrm{d}}$,而把 $\boldsymbol{X}_{\mathrm{d}}$ 本身作为目标值构成伺服系统的伺服控制思路为:先将末端位姿误差矢量乘以相应的增益,得到末端手爪的虚拟操作力矢量,该力作用在末端手爪上以减小末端位姿误差;再将末端手爪的操作力矢量由雅可比转置矩阵映射为等价的关节力矩矢量,从而控制机器人手臂末端,减少运动误差。三自由度机器人的基于直角坐标的伺服控制系统控制原理如图5-8所示。

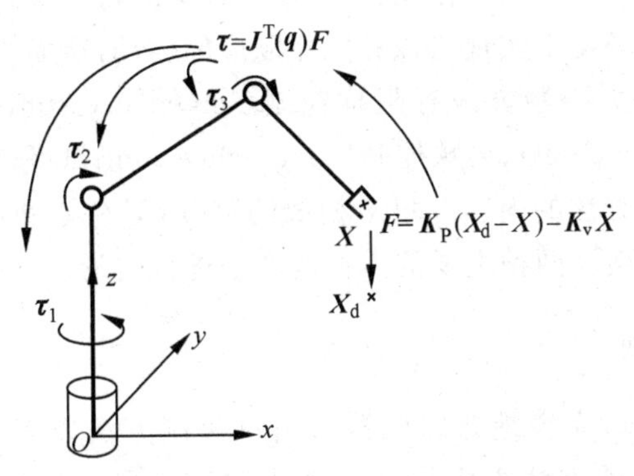

图5-8 基于直角坐标的伺服控制系统控制原理

利用PD控制方法实现上述控制过程时,其中的力与力矩用公式可以表示为

$$\boldsymbol{F}=\boldsymbol{K}_{\mathrm{P}}(\boldsymbol{X}_{\mathrm{d}}-\boldsymbol{X})-\boldsymbol{K}_{\mathrm{D}}\dot{\boldsymbol{X}} \tag{5-27}$$

$$\boldsymbol{\tau}=\boldsymbol{J}^{\mathrm{T}}(\boldsymbol{q})\boldsymbol{F} \tag{5-28}$$

$$\boldsymbol{\tau}=\boldsymbol{J}^{\mathrm{T}}(\boldsymbol{q})[\boldsymbol{K}_{\mathrm{P}}(\boldsymbol{X}_{\mathrm{d}}-\boldsymbol{X})-\boldsymbol{K}_{\mathrm{v}}\dot{\boldsymbol{X}}]+\boldsymbol{G}(\boldsymbol{q}) \tag{5-29}$$

这里 $\boldsymbol{F}$ 为末端手爪的虚拟操作力，由式(5-27)来计算大小，用来使末端手爪向目标值方向动作。再由式(5-28)的静力学关系式把它分解为关节力矩 $\boldsymbol{\tau}$。通常先通过编码器检测出关节变量 $\boldsymbol{q}$，再利用正运动学原理来计算手臂末端的位置 $\boldsymbol{X}$ 和速度 $\dot{\boldsymbol{X}}$，从而可避免用其他昂贵的传感器来直接检测出 $\boldsymbol{X}$ 和 $\dot{\boldsymbol{X}}$。式(5-29)所表示的控制方法，即所谓把末端拉向目标值的方法，不仅直观、容易理解，而且不含逆运动学计算，可提高控制运算速度，这是该方法最大的优点。基于直角坐标的伺服控制系统框图如图5-9所示。

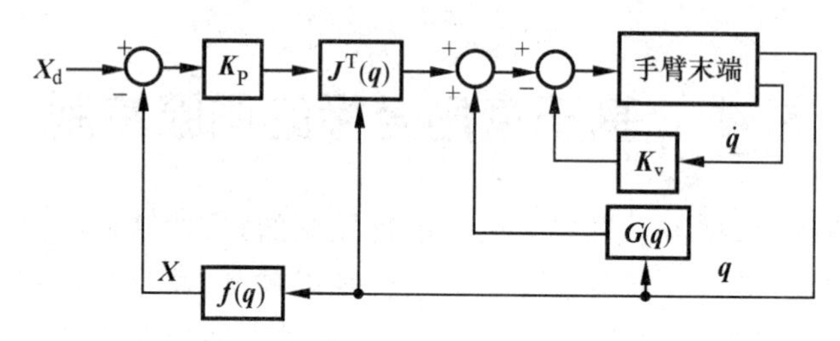

图 5-9　基于直角坐标的伺服控制系统框图

可以证明，和基于关节的伺服控制系统一样，采用基于直角坐标的伺服控制系统，其闭环系统的平衡点 $\boldsymbol{X}_d$ 可达到渐进稳定，即当 $t \to \infty$ 时，$\boldsymbol{X}(t) \to \boldsymbol{X}_d$，亦即经过无限长的时间，手臂末端可收敛于位姿目标值。

同理，采用位置目标轨迹控制方式的伺服控制系统的控制规律可以表示为

$$\boldsymbol{\tau}(t)=\boldsymbol{J}^{\mathrm{T}}(\boldsymbol{q})\{\boldsymbol{K}_{\mathrm{P}}[\boldsymbol{X}_{\mathrm{d}}(t)-\boldsymbol{X}(t)]+\boldsymbol{K}_{\mathrm{v}}[\dot{\boldsymbol{X}}_{\mathrm{d}}(t)-\dot{\boldsymbol{X}}(t)]\}+\boldsymbol{G}(\boldsymbol{q}) \tag{5-30}$$

5.5 机器人末端操作器的力/力矩控制

对于焊接、喷漆等工作，机器人的末端操作器在运动过程中不与外界物体相接触，只需实现位置控制就够了；而对于切削、磨光、装配作业，仅靠位置控制难以完成工作任务，还必须控制机器人与操作对象间的作用力，以顺应接触约束。通过力控制，可以使机器人在具有不确定性的约束环境下实现与该环境相顺应的运动，从而胜任更复杂的操作任务。

比较常用的机器人力控制方法有阻抗控制(impedance control)、位置/力混合控制(hybrid position/force control)、柔顺控制(compliance control)和刚度控制(stiffness control)四种。这些力控制方法的内容有很多相似的部分，但在各种控制方法中关于运动控制的概念却不一样。下面就两种主要的力控制方法进行讨论。

5.5.1 阻抗控制

自 1985 年 N. Hogan 系统地介绍机器人阻抗控制方法以来，阻抗控制方法的研究得到了很大的发展。这种方法主要是通过考虑物理系统之间的相互作用而发展起来的。机器人在操作过程中存在大量的机械功的转换，在某些情况下机器人的末端操作器与环境之间的作用力可以忽略。此时为了控制，可以将机器人的末端操作器看成一个孤立的系统，把它的运动作为控制变量，这就是位置控制。但在一般的情况下，机器人的末端操作器与环境物体间的动态相互作用力既不为零也不能被忽略，生产过程中大量的操作都属于这一类型，此时机器人的末端操作器不能再被看作一个孤立的系统，

控制器除了要实现位置控制和速度控制外，还要调节和控制机器人的末端操作器的动态行为。

如图5-10所示，用质量-阻尼-弹簧模型来表示末端操作器与环境之间的作用，对该系统实施力控制的方法称为阻抗控制。阻抗控制模型是用目标阻抗代替实际机器人的动力学模型，当机器人末端的位置 $\boldsymbol{X}$ 和理想的轨迹 $\boldsymbol{X}_{\mathrm{d}}$ 存在偏差 $\boldsymbol{E}$（即 $\boldsymbol{E}=\boldsymbol{X}-\boldsymbol{X}_{\mathrm{d}}$）时，机器人在其末端产生相应的阻抗力 $\boldsymbol{F}$。目标阻抗由下式确定：

$$\boldsymbol{F}=\boldsymbol{M}\ddot{\boldsymbol{X}}+\boldsymbol{D}(\dot{\boldsymbol{X}}-\dot{\boldsymbol{X}}_{\mathrm{d}})+\boldsymbol{K}(\boldsymbol{X}-\boldsymbol{X}_{\mathrm{d}}) \tag{5-31}$$

式中：$\boldsymbol{M}$，$\boldsymbol{D}$ 和 $\boldsymbol{K}$ 分别为阻抗控制的惯量、阻尼和弹性系数矩阵。一旦 $\boldsymbol{M}$，$\boldsymbol{D}$ 和 $\boldsymbol{K}$ 确定下来，即可得到笛卡儿操作空间下的期望动态响应。利用式(5-31)计算关节力矩，不需要求运动学逆解，而只需计算正运动学方程和逆雅可比矩阵。

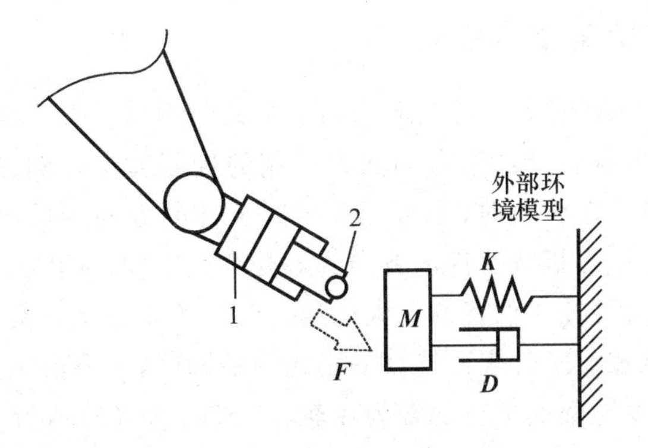

图5-10 阻抗控制原理

1—力传感器；2—手臂末端

机器人在关节空间下的动力学方程为

$$\boldsymbol{\tau}=\boldsymbol{M}(\boldsymbol{q})\ddot{\boldsymbol{q}}+\boldsymbol{H}(\boldsymbol{q},\dot{\boldsymbol{q}})+\boldsymbol{G}(\boldsymbol{q}) \tag{5-32}$$

式(5-32)中的 $\boldsymbol{H}$ 项包含离心力、科里奥利力和黏性摩擦力的影响。机器人末端操作器施加的环境外力 $\boldsymbol{F}$ 与关节抵抗力矩 $\boldsymbol{\tau}_{\mathrm{F}}$ 之间的关系为

$$\boldsymbol{\tau}_{\mathrm{F}}=\boldsymbol{J}^{\mathrm{T}}(\boldsymbol{q})\boldsymbol{F} \tag{5-33}$$

机器人在受到环境外力 F 作用后的运动方程为

$$\boldsymbol{M}(\boldsymbol{q})\ddot{\boldsymbol{q}}+\boldsymbol{H}(\boldsymbol{q},\dot{\boldsymbol{q}})+\boldsymbol{G}(\boldsymbol{q})=\boldsymbol{\tau}+\boldsymbol{J}^{\mathrm{T}}(\boldsymbol{q})\boldsymbol{F} \tag{5-34}$$

再根据机器人作业空间速度与关节空间速度的关系

$$\dot{\boldsymbol{X}}=\boldsymbol{J}(\boldsymbol{q})\dot{\boldsymbol{q}}$$

可得

$$\ddot{\boldsymbol{X}}=\dot{\boldsymbol{J}}(\boldsymbol{q})\dot{\boldsymbol{q}}+\boldsymbol{J}(\boldsymbol{q})\ddot{\boldsymbol{q}} \tag{5-35}$$

将式(5-31)和式(5-35)代入式(5-34)，得机器人的驱动力矩的控制规律为

$$\begin{aligned}\boldsymbol{\tau}=&\boldsymbol{H}(\boldsymbol{q},\dot{\boldsymbol{q}})+\boldsymbol{G}(\boldsymbol{q})-\boldsymbol{M}(\boldsymbol{q})\boldsymbol{J}^{-1}(\boldsymbol{q})\dot{\boldsymbol{J}}(\boldsymbol{q})\dot{\boldsymbol{q}}-\boldsymbol{M}(\boldsymbol{q})\boldsymbol{J}^{-1}(\boldsymbol{q})\boldsymbol{M}^{-1}[\boldsymbol{D}(\dot{\boldsymbol{X}}-\dot{\boldsymbol{X}}_{\mathrm{d}})\\&+\boldsymbol{K}(\boldsymbol{X}-\boldsymbol{X}_{\mathrm{d}})]+[\boldsymbol{M}(\boldsymbol{q})\boldsymbol{J}^{-1}(\boldsymbol{q})\boldsymbol{M}^{-1}-\boldsymbol{J}^{\mathrm{T}}(\boldsymbol{q})]\boldsymbol{F}\end{aligned} \tag{5-36}$$

若手臂动作速度缓慢，可以认为 $\dot{\boldsymbol{X}}-\dot{\boldsymbol{X}}_{\mathrm{d}}=0$，$\dot{\boldsymbol{J}}(\boldsymbol{q})\dot{\boldsymbol{q}}=\boldsymbol{0}$，$\boldsymbol{H}(\boldsymbol{q},\dot{\boldsymbol{q}})=\boldsymbol{0}$，不考虑重力的影响。同时假设 $\Delta\boldsymbol{X}=\boldsymbol{X}-\boldsymbol{X}_{\mathrm{d}}$ 较小，则 $\Delta\boldsymbol{X}=\boldsymbol{J}(\boldsymbol{q})(\boldsymbol{q}-\boldsymbol{q}_{\mathrm{d}})$ 近似成立。式(5-36)可以简化为

$$\boldsymbol{\tau}=-\boldsymbol{J}^{\mathrm{T}}(\boldsymbol{q})\boldsymbol{K}\boldsymbol{J}(\boldsymbol{q})(\boldsymbol{q}-\boldsymbol{q}_{\mathrm{d}}) \tag{5-37}$$

式(5-37)表示的控制规律称为刚度控制规律，$\boldsymbol{K}$ 称为刚度矩阵。刚度控制是阻抗控制的一个特例，它是对机器人手臂静态力和位置的双重控制。控制的目的是调整机器人手臂与外部环境接触时的伺服刚度，以使机器人具有顺应外部环境的能力。$\boldsymbol{K}$ 的逆矩阵称为柔顺矩阵，所以式(5-37)表示的控制规律也称为柔顺控制规律。

拓展 5-3：阻抗控制应用

5.5.2 位置与力的混合控制

位置与力的混合控制是指机器人末端的某个方向因环境关系受到约束时，同时进行不受约束方向的位置控制和受约束方向的力控制的控制方法。例如，机器人从事擦掉黑板上的文字、工件的打磨等作业时，垂直于黑板或工件的方向为约束方向，在该方向上要实施力的控制，而平行于黑板或工件的方向为不受约束方向，在该方向上要实施位置的控制。这种既要控制力又要控制位置的要求可通过混合控制方法来实现。以工件表面打磨作业为例，机器人末端在对工件表面施加一定的力的同时，还要沿工件表面指定的轨迹运动。如图 5-11 所示，设与壁面平行的轴为 y 轴，与壁面垂直的轴为 x 轴。二自由度极坐标机器人关节 1 具有回转自由度，关节 2 具有移动自由度。控制目标为对两个自由度实施控制，在生成壁面作用力的同时，机器人末端沿预定轨迹运动。假设期望的施加于壁面的垂直力为 $\boldsymbol{f}$，两个关节的位移分别为 q_1, q_2，由图 5-11 可以得到

$$\begin{cases} x=q_2\cos q_1+l\sin q_1 \\ y=q_2\sin q_1-l\cos q_1 \end{cases} \tag{5-38}$$

且

$$\begin{cases} \tau_1=f(q_2\sin q_1-l\cos q_1) \\ \tau_2=-f\cos q_1 \end{cases} \tag{5-39}$$

式中：f 为壁面反力，是关节 1 产生的力矩 τ_1 和关节 2 产生的力矩 τ_2 导致的。关节 1 和 2 追踪目标轨迹$(x_{\mathrm{d}}(t),\ y_{\mathrm{d}}(t))$的同时，所产生的力矩必须满足力矩关系式(5-39)。驱动力

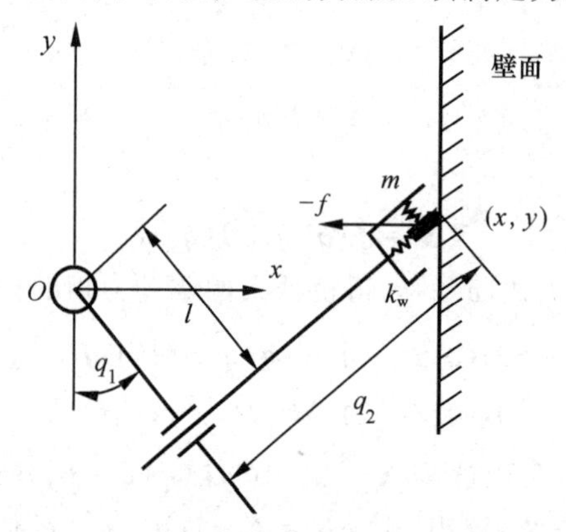

图 5-11　二自由度极坐标机器人壁面打磨作业举例

矩可由下述方法来确定。

将关节变量 q_1，q_2 统一用关节矢量 $\boldsymbol{q}$ 表示，作业位置坐标(x,y)用 $\boldsymbol{X}$ 表示。期望的轨迹为 $\boldsymbol{X}_{\mathrm{d}}(t)$，目标力矩为 $\boldsymbol{f}_{\mathrm{d}}(t)$。对于图5-11所示情况，有 $\boldsymbol{f}_{\mathrm{d}}(t)=[-f\quad 0]^{\mathrm{T}}$。机器人末端的实际位移 $\boldsymbol{X}(t)$是可以测量的，或者说，可通过测量 $\boldsymbol{q}(t)$的值，由式(5-38)经运动学正变换$\boldsymbol{X}(t)=\boldsymbol{h}[q(t)]$简单地计算出位移。另一方面，机器人末端关节2轴线方向和其垂直方向的力通过质量为 m、弹簧刚度系数为 k_{W} 的力传感器来测量。基于以上的假设，考虑以下的偏差方程，即

$$\Delta\boldsymbol{X}=\boldsymbol{X}_{\mathrm{d}}(t)-\boldsymbol{X}(t) \tag{5-40}$$

$$\Delta\dot{\boldsymbol{X}}(t)=\dot{\boldsymbol{X}}_{\mathrm{d}}(t)-\dot{\boldsymbol{X}}(t)=\dot{\boldsymbol{X}}_{\mathrm{d}}(t)-\boldsymbol{J}(\boldsymbol{q})\dot{\boldsymbol{q}}(t) \tag{5-41}$$

$$\Delta\boldsymbol{f}(t)=\boldsymbol{f}_{\mathrm{d}}(t)-\boldsymbol{PF}(t) \tag{5-42}$$

式中：$\boldsymbol{F}(t)$为由图5-11中力传感器测量的分力 $\boldsymbol{F}_x$，$\boldsymbol{F}_y$ 构成的力矢量；$\boldsymbol{P}$ 为图5-11中从关节2处建立的坐标系到固定在基座上的作业坐标系之间的变换矩阵，定义为

$$\boldsymbol{P}=\begin{bmatrix}\sin q_1 & \cos q_1\\ -\cos q_1 & \sin q_1\end{bmatrix} \tag{5-43}$$

下面来构造位置与力混合控制系统。沿 y 轴方向的位置和速度相关偏差构成位置控制，与力相关的 x 轴方向位置和速度相关偏差作为输入力构成力控制。这里，把 $\boldsymbol{S}$ 定义为模式选择矩阵

$$\boldsymbol{S}=\begin{bmatrix}0 & 0\\ 0 & 1\end{bmatrix} \tag{5-44}$$

一般来说，$\boldsymbol{S}$ 是对角线元素为0和1的对角行列式，位置控制时对角线元素为1，力控制时对角线元素为0。这样由式(5-40)可以得到

$$\begin{cases}\Delta\boldsymbol{X}_{\mathrm{e}}(t)=\boldsymbol{S}\Delta\boldsymbol{X}(t)\\ \Delta\dot{\boldsymbol{X}}_{\mathrm{e}}(t)=\boldsymbol{S}\Delta\dot{\boldsymbol{X}}(t)\\ \Delta\boldsymbol{f}_{\mathrm{e}}(t)=(\boldsymbol{I}-\boldsymbol{S})\Delta\boldsymbol{f}(t)\end{cases} \tag{5-45}$$

式中：$\boldsymbol{X}_{\mathrm{e}}(t)$为目标值；$\boldsymbol{X}(t)$为实际值。

从作业坐标系变换到关节坐标系，可以得到

$$\Delta\boldsymbol{q}_{\mathrm{e}}(t)=\boldsymbol{J}^{-1}\Delta\boldsymbol{X}_{\mathrm{e}}(t) \tag{5-46}$$

$$\Delta\dot{\boldsymbol{q}}_{\mathrm{e}}(t)=\boldsymbol{J}^{-1}\Delta\dot{\boldsymbol{X}}_{\mathrm{e}}(t) \tag{5-47}$$

$$\Delta\boldsymbol{\tau}_{\mathrm{e}}(t)=\boldsymbol{J}^{\mathrm{T}}\Delta\boldsymbol{f}_{\mathrm{e}}(t)$$

当偏差较小时，式(5-46)和式(5-47)是成立的。为了使机器人的末端位置偏差$\Delta\boldsymbol{X}(t)$和末端力偏差 $\Delta\boldsymbol{f}(t)$分别收敛到0，可采用下面的控制规律。

(1) 位置控制规律

$$\boldsymbol{\tau}_{\mathrm{P}}=\boldsymbol{K}_{\mathrm{PP}}\Delta\boldsymbol{q}_{\mathrm{e}}(t)+\boldsymbol{K}_{\mathrm{PI}}\int\Delta\boldsymbol{q}_{\mathrm{e}}(t)\mathrm{d}t+\boldsymbol{K}_{\mathrm{PD}}\Delta\dot{\boldsymbol{q}}_{\mathrm{e}}(t) \tag{5-48}$$

式中：$\boldsymbol{\tau}_{\mathrm{P}}$ 为位置控制中的力矩；$\boldsymbol{K}_{\mathrm{PP}}$，$\boldsymbol{K}_{\mathrm{PI}}$，$\boldsymbol{K}_{\mathrm{PD}}$ 均为基于位置偏差的PID控制的系数增益矩阵。

(2) 力控制规律

$$\boldsymbol{\tau}_{\mathrm{f}}=\boldsymbol{K}_{\mathrm{f}}\Delta\boldsymbol{\tau}_{\mathrm{e}}(t) \tag{5-49}$$

式中：$\boldsymbol{\tau}_{\mathrm{f}}$ 为力控制规律中的力矩。

应该注意的是，$\Delta\boldsymbol{q}$ 和 $\dot{\boldsymbol{q}}$ 可由运动学方程算出，$\Delta\boldsymbol{\tau}$ 可由静力学关系式算出。最终混合控制时，要把式(5-48)中的 $\boldsymbol{\tau}_{\mathrm{P}}$ 和式(5-49)中的 $\boldsymbol{\tau}_{\mathrm{f}}$ 合在一起构成的驱动力 $\boldsymbol{\tau}$ 施加到关节上，即

$$\begin{aligned}\boldsymbol{\tau} &= \boldsymbol{\tau}_{\mathrm{P}} + \boldsymbol{\tau}_{\mathrm{f}} \\ &= \boldsymbol{K}_{\mathrm{PP}}\boldsymbol{J}^{-1}\boldsymbol{S}(\boldsymbol{X}_{\mathrm{d}} - \boldsymbol{X}) + \boldsymbol{K}_{\mathrm{PI}}\boldsymbol{J}^{-1}\boldsymbol{S}\int(\boldsymbol{X}_{\mathrm{d}} - \boldsymbol{X})\mathrm{d}t \\ &\quad + \boldsymbol{K}_{\mathrm{PD}}\boldsymbol{J}^{-1}\boldsymbol{S}(\dot{\boldsymbol{X}}_{\mathrm{d}} - \dot{\boldsymbol{X}}) + \boldsymbol{K}_{\mathrm{f}}\boldsymbol{J}^{\mathrm{T}}(\boldsymbol{I} - \boldsymbol{S})(\boldsymbol{f}_{\mathrm{d}} - \boldsymbol{PF})\end{aligned} \tag{5-50}$$

式中：$\boldsymbol{K}_{\mathrm{f}}$ 为基于力偏差的负反馈控制的增益矩阵。位置与力混合控制原理如图 5-12 所示。依据该控制原理，可以实现机器人手臂末端一边在约束方向用目标力 $\boldsymbol{F}_{\mathrm{d}}$ 推压、一边把无约束方向的位置收敛到目标位置 $\boldsymbol{X}_{\mathrm{d}}$ 的操作。

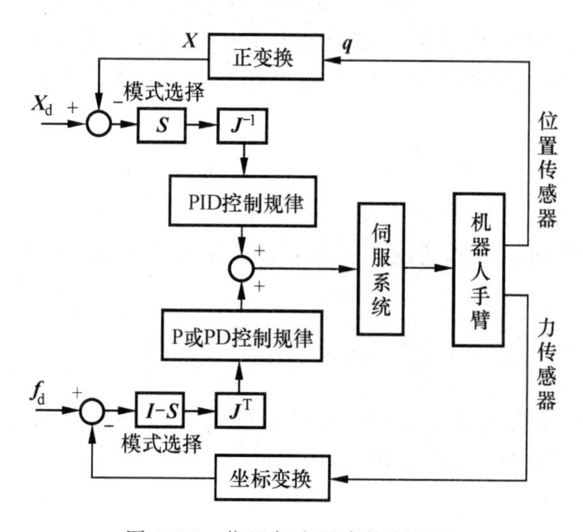

图 5-12　位置与力混合控制原理

5.6　拖动示教的零力控制

在机器人编程操作中，应用最多的是传统示教盒示教编程的方法，但这种编程方法要求操作者具有一定的机器人技术知识和工程实际经验，示教效率较低。作为工业机器人发展与创新过程中出现的一项重要技术，拖动示教技术已经成为实现快速示教编程和增强人机协作能力的重要技术之一。

拖动示教就是操作者直接拖着机器人各关节运动到理想的位姿，进行记录保存。与示教盒示教相比，拖动示教操作简单且快速，极大地提升了示教的友好性、高效性。

第 4 章中介绍的机器人的动力学方程是拖动示教技术的理论基础，考虑摩擦力和与环境作用的外力，机器人动力学方程可写成：

$$\boldsymbol{\tau} = \boldsymbol{M}(\boldsymbol{q})\ddot{\boldsymbol{q}} + \boldsymbol{H}(\boldsymbol{q}, \dot{\boldsymbol{q}}) + \boldsymbol{B}\dot{\boldsymbol{q}} + \boldsymbol{\mu}\mathrm{sgn}(\dot{\boldsymbol{q}}) + \boldsymbol{G}(\boldsymbol{q}) + \boldsymbol{M}_{\mathrm{c}}$$

式中：$\boldsymbol{B}$ 为黏性摩擦因数矩阵；$\boldsymbol{\mu}$ 为库仑摩擦因数矩阵；$\boldsymbol{M}_{\mathrm{c}}$ 为外力矩（来自力矩传感器，由人工施加或与环境接触碰撞而产生）。

从以上机器人动力学方程可以看出，要使操作者能够轻松地拖动机械臂运动，实际上就是要按照某种控制方式，使电动机能够主动输出某一适量的驱动力，来平衡机械臂的重

力和摩擦力，而零力控制(force-free control)的本质就是补偿机器人示教工作中的重力和摩擦力。

当前主流的机器人拖动示教的零力控制方法可以分为两类：第一类是基于力矩控制的零力控制(有动力学模型)方法；第二类是基于位置控制的零力控制方法。

5.6.1　基于力矩控制的零力控制

基于力矩控制的零力控制系统框图如图5-13所示，图中 $\boldsymbol{M}_{\mathrm{g}}$ 为各关节对应的重力矩，$\boldsymbol{M}_{\mathrm{f}}$ 为各关节对应的摩擦力矩，$\boldsymbol{T}_{\mathrm{s}}$ 为各关节电动机的输出力矩。机器人控制器直接输出力矩指令 $\boldsymbol{T}_{\mathrm{s}}$，使得

$$\boldsymbol{T}_{\mathrm{s}}=\boldsymbol{B}\dot{\boldsymbol{q}}+\boldsymbol{\mu}\mathrm{sgn}(\dot{\boldsymbol{q}})+\boldsymbol{G}(\boldsymbol{q})$$

这样，电动机输出转矩就能直接克服机械臂的重力和摩擦力。当有外力作用于机械臂末端时，操作力项只需要克服机器人的惯性力和科里奥利力，机器人便顺应外力作用移动。促使该操作机器人移动的外力为

$$\boldsymbol{M}_{\mathrm{c}}=\boldsymbol{M}(\boldsymbol{q})\dot{\boldsymbol{q}}+\boldsymbol{H}(\boldsymbol{q},\dot{\boldsymbol{q}})$$

如果机器人机械系统启动时的惯性力和运动速度较小，机器人便可在较小的外力(操纵力)$\boldsymbol{M}_{\mathrm{c}}$ 作用下移动，实现手部拖动示教。

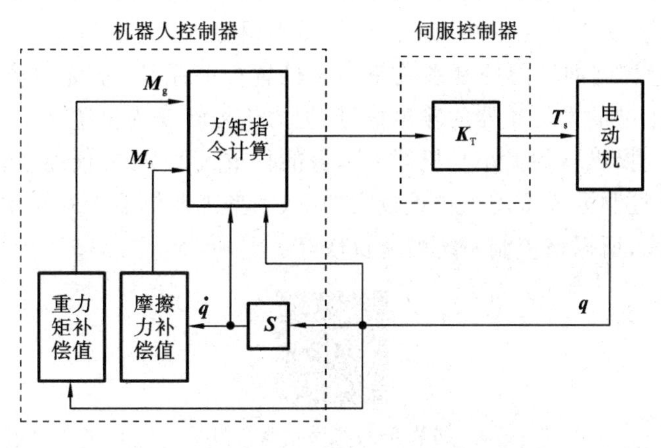

图5-13　基于力矩控制的零力控制系统框图

5.6.2　基于位置控制的零力控制

基于位置控制的零力控制的实质是以位置偏差为输入值，使电动机产生输出力矩，带动机器人末端运动，其控制系统框图如图5-14所示。图中，$\boldsymbol{K}_{\mathrm{P}}$ 为伺服控制器的位置环增益，$\boldsymbol{K}_{\mathrm{v}}$ 为伺服控制器的速度环增益，$\boldsymbol{K}_{\mathrm{T}}$ 为伺服控制器的转矩常量，$\boldsymbol{q}_{\mathrm{d}}$ 为各关节位置指令值。采用PD控制规律，则电机输出力矩 $\boldsymbol{T}_{\mathrm{s}}$ 为

$$\boldsymbol{T}_{\mathrm{s}}=\boldsymbol{K}_{\mathrm{T}}\boldsymbol{K}_{\mathrm{v}}\boldsymbol{K}_{\mathrm{P}}(\boldsymbol{q}_{\mathrm{d}}-\boldsymbol{q})-\boldsymbol{K}_{\mathrm{T}}\boldsymbol{K}_{\mathrm{v}}\boldsymbol{q}$$

由实施零力矩控制的条件，得

$$\boldsymbol{T}_{\mathrm{s}}=\boldsymbol{B}\dot{\boldsymbol{q}}+\boldsymbol{\mu}\mathrm{sgn}(\dot{\boldsymbol{q}})+\boldsymbol{G}(\boldsymbol{q})+\boldsymbol{M}_{\mathrm{c}}$$

可得零力矩控制时各关节指令位置值：

$$\boldsymbol{q}_{\mathrm{d}}=\boldsymbol{K}_{\mathrm{P}}^{-1}[\boldsymbol{K}_{\mathrm{T}}^{-1}\boldsymbol{K}_{\mathrm{v}}^{-1}(\boldsymbol{M}_{\mathrm{f}}+\boldsymbol{M}_{\mathrm{g}}+\boldsymbol{M}_{\mathrm{c}})+\dot{\boldsymbol{q}}]+\boldsymbol{q}$$

以实时计算所得结果作为关节指令位移，即可实现基于位置控制的零力控制算法。

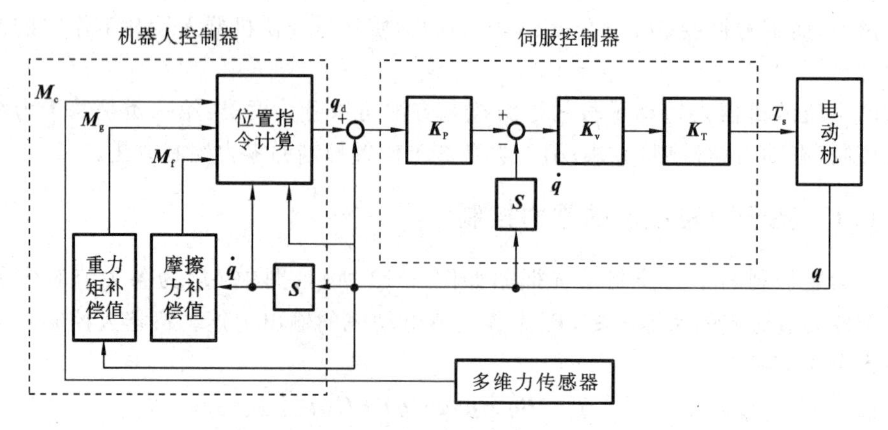

图 5-14　基于位置控制的零力控制系统框图

式中的外力 $\boldsymbol{M}_c$来自于六维力传感器，从而实现具有力矩传感器的拖动示教。

由以上分析可以看出，两种零力控制系统各有其特点：

(1) 基于力矩控制的零力控制系统是一个力矩控制系统，其对关节位置、转速不做控制，便于示教操作，且不需要外部力传感器，成本低。在拖动过程中，示教者手部施加在机器人本体上的力要大于机器人启动时的惯性力和摩擦力，手部施加力过猛的话，容易造成机器人运动不稳定，所以该控制系统适用于轻量型机器人。

(2) 基于位置控制的零力控制系统是一个位置控制系统，系统的输入信号来自于安装在机器人手部末端的力传感器的输出信号，把力信号转变为位置偏差信号，驱动机器人运动。示教者手部操纵力的大小与机器人本身的自重无关，可方便地拖动机器人运动，且动作流畅，所以该控制方式可用于自重较大的中、大型工业机器人的拖动示教。由于力传感器价格一般较高，所以该控制系统的造价较高。

拓展 5-4：拖动示教应用

5.7　工业机器人控制系统硬件设计

5.7.1　工业机器人控制系统的硬件构成

机器人控制系统种类很多，目前常用的运动控制系统从结构上主要分为以单片机为核心的机器人控制系统、以可编程控制器(PLC)为核心的机器人控制系统、基于工业控制计算机(IPC)+运动控制卡的工业机器人控制系统。

以单片机为核心的机器人控制系统是把单片机(MCU)嵌入运动控制器中而构成的，能够独立运行并且带有通用接口方式，方便与其他设备进行通信。这种控制系统具有电路原理简洁、运行性能良好、系统成本低的优点，但系统运算速度、数据处理能力有限且抗干扰能力较差，难以满足高性能机器人控制系统的要求。

以 PLC 为核心的机器人控制系统技术成熟、编程方便，在可靠性、扩展性、对环境的适应性等方面有明显优势，并且有体积小、方便安装维护、互换性强等优点，但是和以单片机为核心的机器人控制系统一样，不支持先进的、复杂的算法，不能进行复杂的数据处理，不能实现机器人系统的多轴联动等所需要的复杂的运动轨迹。

基于 IPC＋运动控制卡的工业机器人控制系统为开放式系统，其硬件构成如图 5-15 所示。采用上、下位机的二级主从控制结构；IPC 为主机，主要实现人机交互管理、显示系统运行状态、发送运动指令、监控反馈信号等功能；运动控制卡以 IPC 为基础，专门完成机器人系统的各种运动控制(包括位置控制、速度控制和力矩控制)，主要是数字交流伺服系统相关信号的输入、输出。IPC 将指令通过 PC 总线传送到运动控制器，运动控制器根据来自 IPC 的应用程序命令，按照设定的运动模式，向伺服驱动器发出指令，完成相应的实时控制。

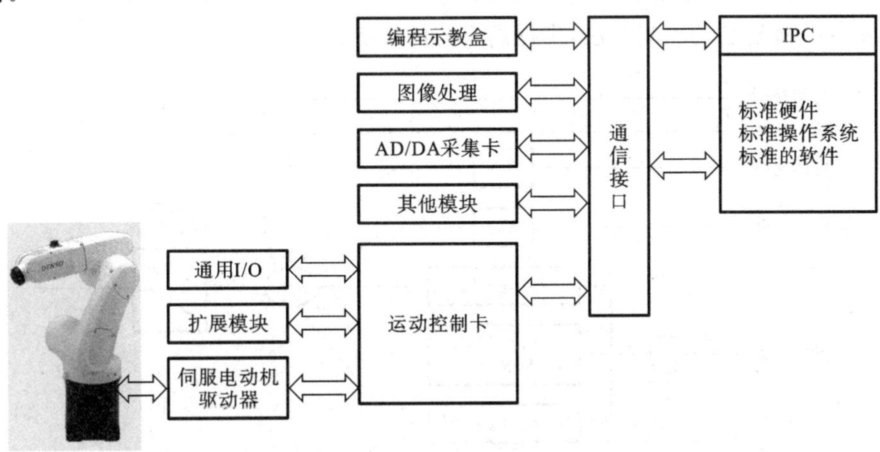

图 5-15　IPC＋运动控制卡的工业机器人控制系统硬件构成

该控制系统 IPC 和运动控制卡分工明确，系统运行稳定，实时性强，满足复杂运动的算法要求，抗干扰能力强，开放性强。基于 IPC＋运动控制卡的工业机器人控制系统将是未来工业机器人控制系统的主流。

下面从工业机器人的应用角度，分析开放式伺服控制系统的常用控制方法。采用运动控制卡控制伺服电动机，通常使用以下两种指令方式。

(1) 数字脉冲指令方式　这种方式与步进电动机的控制方式类似，运动控制卡向伺服驱动器发送“脉冲/方向”或“CW/CCW”类型的脉冲指令信号。通过脉冲数量控制电动机转动的角度，通过脉冲频率控制电动机转动的速度。伺服驱动器工作在位置控制模式，位置闭环由伺服驱动器完成。采用此种指令方式的伺服系统是一个典型的硬件伺服系统，系统控制精度取决于伺服驱动器的性能。该控制系统具有系统调试简单、不易产生干扰等优点，但缺点是伺服系统响应稍慢、控制精度较低。

(2) 模拟信号指令方式　在这种方式下，运动控制卡向伺服驱动器发送＋10V/－10V的模拟电压指令，同时接收来自于电动机编码器的位置反馈信号。伺服驱动器工作在速度控制模式，由运动控制卡实现位置闭环控制，如图 5-16 所示。在伺服驱动器内部，位置控制环节必须首先进行数/模(D/A)转换，位置控制最终是应用模拟量实现的；速度控制环节不需要 D/A 转换步骤，所以驱动器对控制信号的响应速度快。该控制系统具有伺服响应

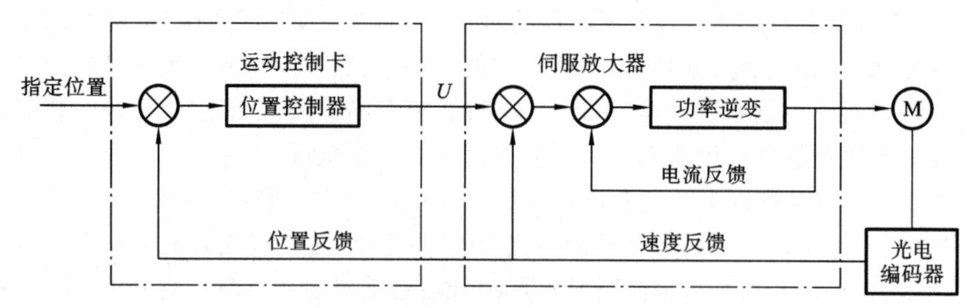

图 5-16　伺服控制系统软件控制框图

快、可以实现软件伺服、控制精度高等优点，缺点是对现场干扰较敏感、调试稍复杂。

在图 5-16 中，把位置环从伺服驱动器移到运动控制卡上，在运动控制卡中实现电动机的位置环控制，伺服驱动器实现电动机的电流环控制和速度环控制，这样可以在运动控制卡中实现一些复杂的控制算法，来提高系统的控制性能。

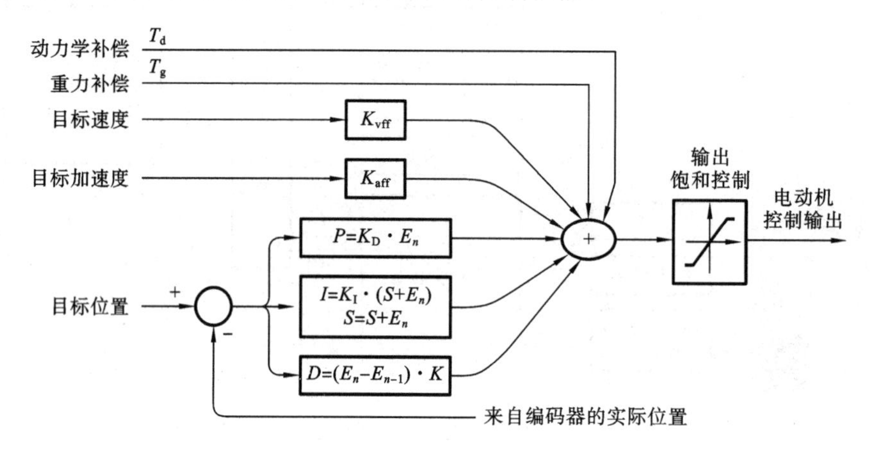

图 5-17　叠加多种补偿值的前馈 PID 控制原理图

图 5-17 是叠加了多种补偿值的前馈 PID 控制原理图，是考虑动力学参数影响的典型控制策略。商品化的高性能运动控制卡都提供了该控制算法。图中的动力学补偿为对其他轴连接时所产生的离心力、科里奥利力等进行的补偿，重力补偿为对重力所产生的干扰力进行的补偿。当然，还可以叠加系统摩擦力的影响。在软件设计时，每隔一个控制周期求出机器人各关节的目标位置、目标速度、目标加速度和力矩补偿值，在这些数值之间再按一定间隔进行一次插补运算，这样配合起来然后对各个关节进行控制，达到提高系统的控制精度和增强系统鲁棒性的目的。

习　题

本章习题
参考答案

5.1　与一般自动化设备相比，工业机器人控制有何特点？

5.2　何谓点位控制和连续轨迹控制？举例说明它们在工业上的应用。

5.3　如图所示为某工业机器人双爪夹持器的控制原理，机器人两手指由直流电动机驱动，电动机经传动齿轮带动手指转动。每个手指的转动惯量为 J，线性摩擦阻尼系数为

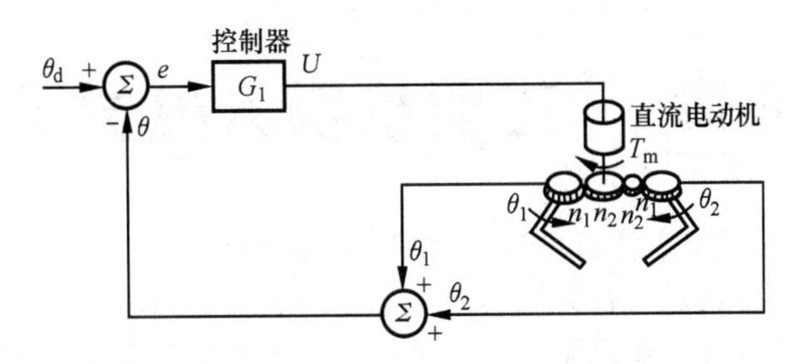

题 5.3 图

B,已知直流电动机的传递函数(输入电枢电压为 U_a,输出电动机输出轴转矩为 T_m)为

$$\frac{T_m(s)}{U_a(s)}=\frac{1}{L_a s+R_a}$$

式中:L_a,R_a 分别为电动机电枢的电感和电阻。

(1) 证明手指的传递函数为

$$\frac{\theta_1(s)}{T_m(s)}=\frac{k_1}{s(Js+B)},\quad \frac{\theta_2(s)}{T_m(s)}=\frac{k_2}{s(Js+B)}$$

并用系统参数表示 k_1 和 k_2。

(2) 绘出以 θ_d 为输入、θ 为输出的闭环系统传递函数框图。

(3) 如果采用比例控制器($G_1=K_P$),求出闭环系统的特征方程,确定 K_P 是否存在极大值并给出理由。

5.4 PD 控制的本质是什么?

5.5 基于运动学的控制和基于动力学的控制有什么不同?

5.6 何谓机电系统的硬件伺服与软件伺服?

第6章 工业机器人感觉系统

工业机器人工作的稳定性与可靠性，依赖于机器人对工作环境的感觉和自适应能力，因此需要高性能传感器及各传感器之间的协调工作。由于不同行业工作环境具有特殊性和不确定性，随着工业机器人应用领域的不断扩大，对机器人感觉系统的要求也不断提高，机器人感觉系统的设计由此成为机器人技术的一个重要发展方向。

机器人感觉系统的设计是实现机器人智能化的基础，主要表现在新型传感器的应用及多传感器信息技术的融合上。本章主要对工业机器人常用传感器的工作原理、特点及其应用进行介绍，重点是对工业机器人的内部传感器（如光电编码器），以及力觉和视觉传感器等外部传感器进行较为详细的讨论。搭载力觉和视觉传感器的智能工业机器人将成为智能制造生产线上的关键设备。

拓展内容：轴孔装配作业机器人力控系统、视觉物体分拣应用案例、激光焊缝识别应用案例。

6.1 工业机器人传感器概述

6.1.1 传感器的定义

传感器是利用物体的物理、化学变化，并将这些变化变换成电信号（如电压、电流和频率等）的装置，通常由敏感元件、转换元件和基本转换电路组成，如图6-1所示。其中：敏感元件的基本功能是将某种不易测量的物理量转换为易于测量的物理量；转换元件的功能是将敏感元件输出的物理量转换为电量，它与敏感元件一起构成传感器的主要部分；基本转换电路的功能是将敏感元件产生的不易测量的小信号进行变换，使传感器的信号输出符合具体工业系统的要求（如电流为4～20 mA、电压为−5～5 V等）。

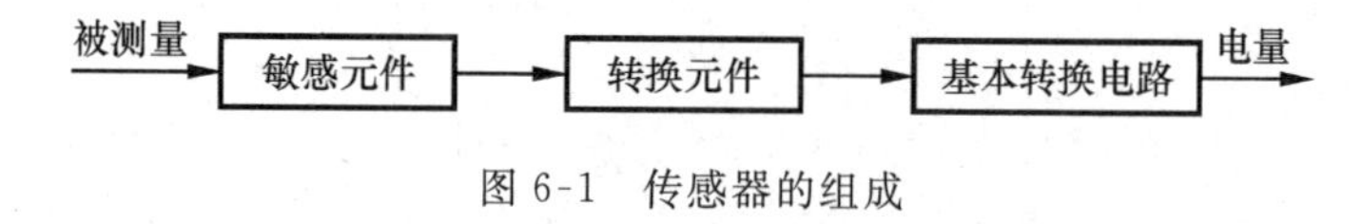

图6-1 传感器的组成

6.1.2 工业机器人用传感器的分类

机器人工作时，需要检测其自身的状态、作业对象与作业环境的状态，据此，工业机器人所用传感器可分为内部传感器和外部传感器两大类。

1. 内部传感器

内部传感器是用于测量机器人自身状态参数（如手臂间的角度等）的功能元件。该类传感器安装在机器人坐标轴中，用来感知机器人自身的状态，以调整和控制机器人的行动。内部传感器通常由位置、速度及加速度传感器等组成。

2. 外部传感器

外部传感器用于测量与机器人作业有关的外部信息，这些外部信息通常与机器人的目标识别、安全作业等有关。检测机器人所处环境(如距离物体有多远等)及状况(抓取物体是否滑落等)都要使用外部传感器。外部传感器可获取机器人周围环境、目标物的状态特征等相关信息,使机器人和环境发生交互作用,从而使机器人对环境有自校正和自适应能力。外部传感器进一步可分为末端操作器传感器和环境传感器。末端操作器传感器主要安装在末端操作器上,用来检测并处理微小而精密作业的感觉信息,如触觉传感器、力觉传感器。环境传感器用于识别环境状态,帮助机器人完成操作作业中的各种决策。环境传感器主要为视觉传感器,也包括超声波传感器。

内部传感器和外部传感器是按照传感器在机器人系统中的作用来分的,某些传感器既可以做内部传感器,也可以做外部传感器。如力/力矩类传感器,安装在关节处的力/力矩传感器是内部传感器,安装在末端的六维力/力矩传感器用于检测机器人与外界的接触力,是外部传感器。

6.1.3 传感器的性能指标

为评价或选择传感器,通常需要确定传感器的性能指标。传感器一般有以下几个性能指标。

1. 灵敏度

灵敏度是指传感器的输出信号达到稳定时,输出信号变化与输入信号变化的比值。假如传感器的输出和输入成线性关系,其灵敏度可表示为

$$s=\frac{\Delta y}{\Delta x} \tag{6-1}$$

式中:s 为传感器的灵敏度;Δy 为传感器输出信号的增量;Δx 为传感器输入信号的增量。

假设传感器的输出与输入成非线性关系,其灵敏度就是传感器输出与输入关系曲线的导数。传感器输出量的量纲和输入量的量纲不一定相同。若输出和输入具有相同的量纲,则传感器的灵敏度也称为放大倍数。一般来说,传感器的灵敏度越大越好,这样可以使传感器的输出信号精确度、线性度更高。但是过高的灵敏度有时会导致传感器的输出稳定性下降,所以应该根据机器人的要求选择合适的传感器灵敏度。

2. 线性度

线性度反映传感器输出信号与输入信号之间的线性程度。假设传感器的输出信号为 y,输入信号为 x,则 y 与 x 的关系可表示为

$$y=bx \tag{6-2}$$

若 b 为常数,或者近似为常数,则传感器的线性度较高;如果 b 是一个变化较大的量,则传感器的线性度较低。机器人控制系统应该选用线性度较高的传感器。实际上,只有在少数情况下,传感器的输出和输入才成线性关系。在大多数情况下,b 都是 x 的函数,即

$$b=f(x)=a_0+a_1x_1+a_2x_2+\cdots+a_nx_n \tag{6-3}$$

如果传感器的输入量变化不太大,且 $a_1,a_2,\cdots,a_n$ 都远小于 a_0,那么可以取 $b=a_0$,近似地把传感器的输出和输入看成是线性关系。常用的线性化方法有割线法、最小二乘法、最小误差法等。

3. 测量范围

测量范围是指被测量的最大允许值和最小允许值之差。一般要求传感器的测量范围

必须覆盖机器人有关被测量的作业范围。如果无法达到这一要求,可以设法选用某种转换装置,但这样会引入某种误差,使传感器的测量精度受到一定的影响。

4. 精度

精度由传感器的测量输出值与实际被测量值之间的误差确定。在机器人系统设计中,应该根据系统的工作精度要求选择合适的传感器精度。同时应该注意传感器的使用条件和测量方法。使用条件应包括机器人所有可能的工作条件,如不同的温度、湿度、运动速度和加速度,以及在可能范围内的各种负载作用等。用于检测传感器精度的测量仪器必须具有比传感器高一级的精度,进行精度测试时也需要考虑最坏的工作条件。

5. 重复性

重复性是指传感器在对输入信号按同一方式进行全量程连续多次测量时,相应测试结果的变化程度。测试结果的变化越小,传感器的测量误差就越小,重复性越好。多数传感器的重复性指标都优于精度指标,这些传感器的精度不一定很高,但只要温度、湿度、受力条件和其他参数不变,其测量结果就不会有较大变化。同样,对于传感器的重复性,也应考虑使用条件和测量方法的问题。对于示教-再现型机器人,传感器的重复性至关重要,它直接关系到机器人能否准确地再现示教轨迹。

6. 分辨率

分辨率是指传感器在整个测量范围内所能辨别的被测量的最小变化量,或者所能辨别的不同被测量的个数。它辨别的被测量的最小变化量越小,或被测量个数越多,则分辨率越高;反之,则分辨率越低。无论是示教-再现型机器人,还是可编程型机器人,都对传感器的分辨率有一定的要求。传感器的分辨率直接影响机器人的可控程度和控制品质。一般需要根据机器人的工作任务规定传感器分辨率的最低限度。

7. 响应时间

响应时间是传感器的动态特性指标,是指传感器的输入信号变化后,其输出信号随之变化并达到一个稳定值所需要的时间。在某些传感器中,输出信号在达到某一稳定值以前会发生短时间的振荡。传感器输出信号的振荡对机器人控制系统非常不利,它有时可能会造成一个虚设位置,影响机器人的控制精度和工作精度,所以传感器的响应时间越短越好。响应时间的计算,应当以输入信号起始变化的时刻为始点,以输出信号达到稳定值的时刻为终点。实际上,还需要规定一个稳定值范围,只要输出信号的变化不超出此范围,即可认为它已经达到了稳定值。在具体系统的设计中,还应规定响应时间容许上限。

8. 抗干扰能力

机器人的工作环境是多种多样的,在有些情况下可能相当恶劣,因此对于机器人用传感器必须考虑其抗干扰能力。由于传感器输出信号的稳定是控制系统稳定工作的前提,为防止机器人做出意外动作或发生故障,设计传感器系统时必须采用可靠性设计技术。通常抗干扰能力是通过单位时间内发生故障的概率来定义的,因此它是一个统计指标。

在选择工业机器人传感器时,需要根据实际工况、检测精度、控制精度等具体的要求来确定所用传感器的各项性能指标,同时还需要考虑机器人工作的一些特殊要求,比如重复性、稳定性、可靠性、抗干扰性要求等,最终选择出性价比较高的传感器。

6.2 位置和位移传感器

工业机器人关节的位置控制是机器人最基本的控制要求，而对位置和位移的检测也是机器人最基本的感觉要求。位置和位移传感器根据其工作原理和组成的不同有多种形式，常见的有电阻式位移传感器、电容式位移传感器、电感式位移传感器、编码式位移传感器、霍尔元件位移传感器、磁栅式位移传感器等。这里介绍几种典型的位移传感器。

6.2.1 电位器式位移传感器

电位器式位移传感器(potentiometer sensor)由一个线绕电阻(或薄膜电阻)和一个滑动触点组成。滑动触点通过机械装置受被检测位置量的控制，当被检测的位置量发生变化时，滑动触点也发生位移，从而改变滑动触点与电位器各端之间的电阻值及输出电压值。传感器根据这种输出电压值的变化，可以检测出机器人各关节的位置和位移量。

按照传感器的结构，电位器式位移传感器可分成两大类，一类是直线型电位器式位移传感器，另一类是旋转型电位器式位移传感器。

1. 直线型电位器式位移传感器

直线型电位器式位移传感器的工作原理图和实物分别如图 6-2 和图 6-3 所示。直线型电位器式位移传感器的工作台与传感器的滑动触点相连，当工作台左、右移动时，滑动触点也随之左、右移动，从而改变与电阻接触的位置，通过检测输出电压的变化量，确定以电阻中心为基准位置的移动距离。

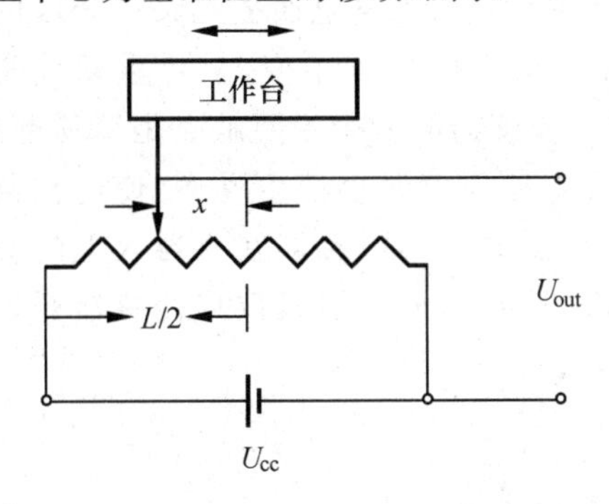

图 6-2　直线型电位器式位移传感器工作原理图

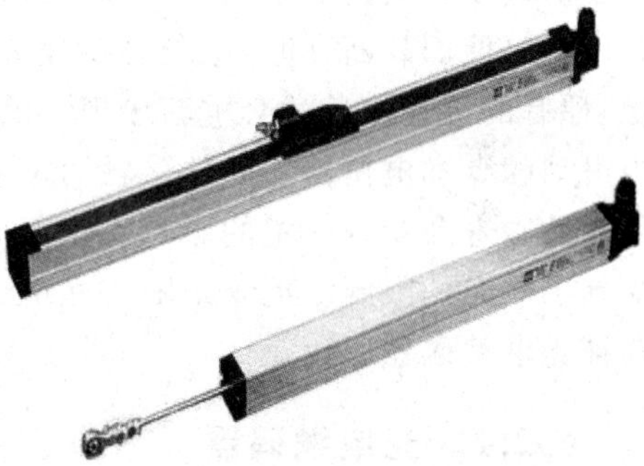

图 6-3　直线型电位器式位移传感器实物

假定输入电压为 U_{cc}，电阻丝长度为 L，触头从中心向左端移动 x，电阻右侧的输出电压为 U_{out}，则根据欧姆定律，移动距离为

$$x=\frac{L(2U_{out}-U_{cc})}{2U_{cc}} \tag{6-4}$$

直线型电位器式位移传感器主要用于检测直线位移，其电阻器采用直线型螺线管或直线型碳膜电阻，滑动触点也只能沿电阻的轴线方向做直线运动。直线型电位器式位移传感器的工作范围和分辨率受电阻器长度的限制，线绕电阻、电阻丝本身的不均匀性会造成传感器的输入、输出关系的非线性。

2. 旋转型电位器式位移传感器

旋转型电位器式位移传感器的电阻元件呈圆弧状，滑动触点在电阻元件上做圆周运动。由于滑动触点等的限制，传感器的工作范围只能小于360°。把图6-2中的电阻元件弯成圆弧形，可动触点的另一端固定在圆的中心，并像时针那样回转，由于电阻值随着回转角而改变，因此基于上述同样的理论可实现角位移的测量。图6-4和图6-5分别为旋转型电位器式位移传感器的工作原理图和实物。当输入电压U_{cc}加在传感器的两个输入端时，传感器的输出电压U_{out}与滑动触点的位置成比例。在应用时机器人的关节轴与传感器的旋转轴相连，这样根据测量的输出电压U_{out}的数值，即可计算出关节对应的旋转角度。

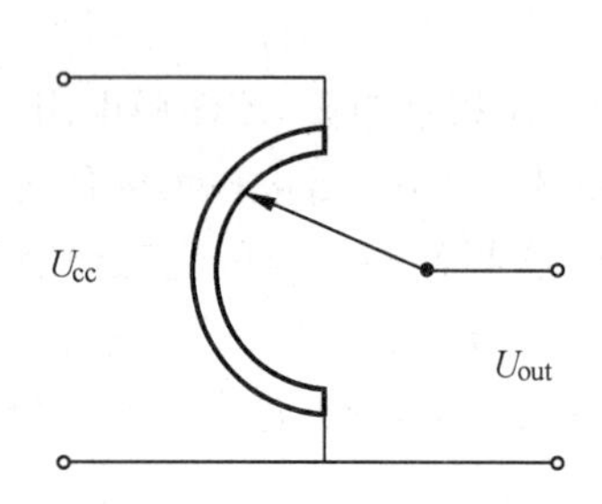

图6-4　旋转型电位器式位移传感器的工作原理图

图6-5　旋转型电位器式位移传感器实物

电位器式位移传感器具有性能稳定、结构简单、使用方便、尺寸小、重量轻等优点。它的输入/输出特性可以是线性的，也可以根据需要选择其他任意函数关系的输入/输出特性；它的输出信号选择范围很大，只需改变电阻器两端的基准电压，就可以得到比较小的或比较大的输出电压信号。这种位移传感器不会因为失电而丢失其已获取的信息。当电源因故断开时，电位器的滑动触点将保持原来的位置不变，只要重新接通电源，原有的位置信息就会重新出现。电位器式位移传感器的一个主要缺点是容易磨损，当滑动触点和电位器之间的接触面上有磨损或有尘埃附着时会产生噪声，使电位器的可靠性和寿命受到一定的影响。正因为如此，电位器式位移传感器在机器人上的应用受到了极大的限制。近年来随着光电编码器价格的降低，电位器式位移传感器开始逐渐被光电编码器取代。

6.2.2　光电编码器

光电编码器(encoder)是集光、机、电技术于一体的数字化传感器，它利用光电转换原理将旋转信息转换为电信息，并以数字代码输出，可以高精度地测量转角或直线位移。光电编码器具有测量范围大、检测精度高、价格便宜等优点，在数控机床和机器人的位置检测及其他工业领域都得到了广泛的应用。一般把该传感器装在机器人各关节的转轴上，用来测量各关节转轴转过的角度。

根据检测原理，编码器可分为接触式和非接触式两种。接触式编码器采用电刷输出，以电刷接触导电区和绝缘区分别表示代码的1和0状态；非接触式编码器的敏感元件是光敏元件或磁敏元件，采用光敏元件时以透光区和不透光区表示代码的1和0状态。根据测量方式，编码器可分为直线型(光栅尺、磁栅尺)和旋转型两种，目前机器人中较为常用的是旋转型光电编码器。根据测出的信号，编码器可分为绝对式和增量式两种。以下主要介绍绝对式光电编码器和增量式光电编码器。

1. 绝对式光电编码器

绝对式光电编码器(absolute encoder)是一种直接编码式测量元件,它可以直接把被测位移量转化成相应的代码,指示的是绝对位置而无绝对误差,在电源切断时不会失去位置信息。但其结构复杂、价格昂贵,且不易实现高精度和高分辨率。

绝对式光电编码器主要由多路光源、光敏元件和编码盘组成。码盘处在光源与光敏元件之间,其轴与电动机轴相连,随电动机的旋转而旋转。码盘上有 n 个同心圆环码道,整个圆盘又以一定的编码形式(如二进制编码等)分为若干(2^n)等份的扇形区段。光电编码器利用光电原理,把代表被测位置的各等份上的数码转化成电脉冲信号输出,以用于检测。

图 6-6 所示为 4 位绝对式光电编码器的结构及各个扇区对应输出的脉冲信号。4 位绝对式光电编码器码盘如图 6-7 所示,圆形码盘上沿径向有四个同心码道,每条码道上由透光和不透光的扇形区(分别为图中黑色和白色部分)相间组成,分别代表二进制数的 1 和 0,相邻码道的透光和不透光扇区数目是双倍关系。码盘上的码道数就是它的二进制数码的位数,最外圈代表最低位,最内圈代表最高位。

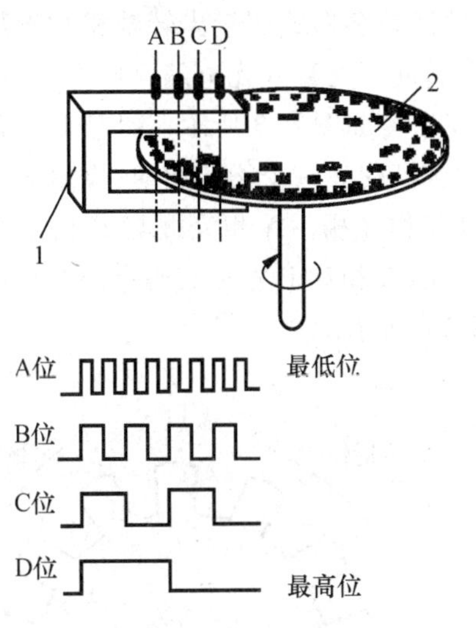

图 6-6　4 位绝对式光电编码器的结构与脉冲信号

1—光遮断器;2—光电编码器码盘

图 6-7　4 位绝对式光电编码器码盘

与码道个数相同的四个光电器件分别与各自对应的码道对准并沿编码盘的径向直线排列,通过这些光电器件的检测,把代表被测位置的各等份上的数码转化成电信号输出,如图 6-6 所示的脉冲信号。码盘每转一周产生 0000～1111 共 16 个二进制数,对应于转轴的每一个位置均有唯一的二进制编码,因此可用于确定旋转轴的绝对位置。

绝对位置的分辨率(分辨角)α 取决于二进制编码的位数,亦即码道的个数 n。分辨率 α 的计算公式为

$$\alpha=\frac{360^\circ}{2^n} \tag{6-5}$$

如有 10 个码道,则此时角度分辨率可达 0.35°。目前市场上使用的光电编码器的码盘数为 4～18 道。在应用中通常要考虑伺服系统要求的分辨率和机械传动系统的参数,以选择道数合适的编码器。

二进制编码器的主要缺点是码盘上的图案变化较大,在使用中容易产生误读。在实

际应用中，可以采用格雷码代替二进制编码。格雷码的特点是每相邻十进制数之间只有一位二进制码不同，因此，图案的切换只用一位数（二进制的位）进行，所以能把误读位数控制在一位以内，从而提高了编码器的可靠性。

绝对式光电编码器的特点如下。

(1) 可以直接读出角度坐标的绝对值，没有累积误差。

(2) 当掉电时，绝对式光电编码器的位置不会丢失，一旦电源接通，它即可读出当前准确的位置信号。同样，在经过一阵干扰后，可通过复读重新获得准确的位置信号。因此，绝对式光电编码器与增量式光电编码器相比，不存在掉电信号丢失问题，抗干扰能力强，可用于长期的定位控制。

(3) 绝对式光电编码器读出的信号采用格雷码等数字信号，其错码概率较小，对于后部二次仪表的运算，因是数字量计算，不易出错，故传输及计算的数据的可靠性高。

2. 增量式光电编码器

1) 增量式光电编码器的工作原理

增量式光电编码器(increasing encoder)能够以数字形式测量出转轴相对于某一基准位置的瞬时角位移，此外还能测出转轴的转速和转向。增量式光电编码器主要由光源、码盘、检测光栅、光电检测器件和转换电路组成，其结构如图 6-8 所示。码盘上刻有节距相等的辐射状透光缝隙，相邻两个透光缝隙之间的区域代表一个增量周期；检测光栅上刻有三个同心光栅，分别称为 A 相光栅、B 相光栅和 C 相光栅。A 相光栅与 B 相光栅上分别有间隔相等的透明和不透明区域，用于透光和遮光，A 相和 B 相在编码盘上互相错开半个节距。增量式光电编码器码盘及信号形式如图 6-9 所示。

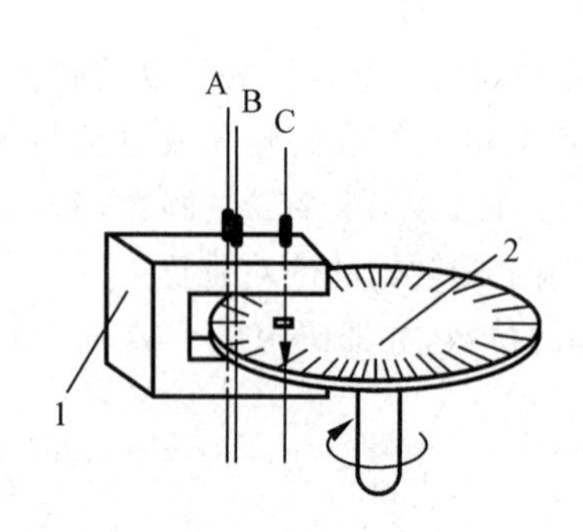

图 6-8　增量式光电编码器的结构

1—3 位光遮断器；2—码盘

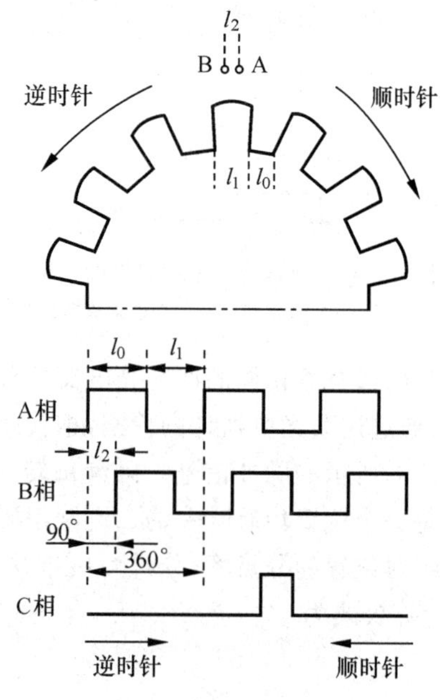

图 6-9　增量式光电编码器码盘及信号形式

当编码盘逆时针方向旋转时，A 相光栅先于 B 相光栅透光导通，A 相和 B 相光电元件能接收时断时续的光。A 相超前 B 相 90°的相位角(1/4 周期)，A 相与 B 相信号均为近似正弦信号。这些信号被放大、整形后成为图6-9所示的脉冲数字信号。根据A、B相光栅中任何一光栅输出脉冲数的多少，就可以确定编码盘的相对转角；根据输出脉冲的频率可以确定编码盘的转速；采用适当的逻辑电路，根据A、B相输出脉冲的相序就可以确定编码盘的旋转方向。可见，A、B两相光栅的输出为工作信号，而C相光栅的输出为标志信号，编码盘每旋转一周，发出一个标志信号脉冲，用来指示机械位置或将累积量清零。

光电编码器的分辨率（分辨角）α是以编码器轴转动一周所产生的输出信号的基本周期数来表示的，即每转的脉冲数。码盘旋转一周输出的脉冲信号数目取决于透光缝隙数目的多少，码盘上刻的缝隙越多，编码器的分辨率就越高。假设码盘的透光缝隙数目为n，则分辨率α的计算公式为

$$\alpha=\frac{360^{\circ}}{n} \tag{6-6}$$

在工业应用中，根据不同的应用对象，通常可选择分辨率为500～6 000 p/r（脉冲每转）的增量式光电编码器，每转最高可以达到几万脉冲。在交流伺服电动机控制系统中，通常选用分辨率为2 500 p/r的编码器。此外，用倍频逻辑电路对光电转换信号进行处理，可以得到两倍频或四倍频的脉冲信号，从而进一步提高分辨率。

增量式光电编码器的优点是：原理构造简单，易于实现；机械平均寿命长，可达到几万小时以上；分辨率高；抗干扰能力较强，信号传输距离较长，可靠性较高；价格便宜。其缺点是：它无法直接读出转动轴的绝对位置信息。增量式光电编码器广泛应用于数控机床、回转台、伺服传动装置、机器人、雷达、军事目标测定仪器等需要检测角度的装置和设备。

2）增量式光电编码器的细分技术

在分辨率要求较高的系统中，为了提高分辨率，可以增大码盘光栅密度，但是这种办法受到制造工艺的限制。通常采用细分技术来实现，使光栅每转过一个栅距时输出均匀分布的m个脉冲，从而使分辨率提高，分辨率值达到原来的$1/m$。

图6-10所示为单稳四倍频细分电路与信号输出波形，利用单稳触发器提取两路方波信

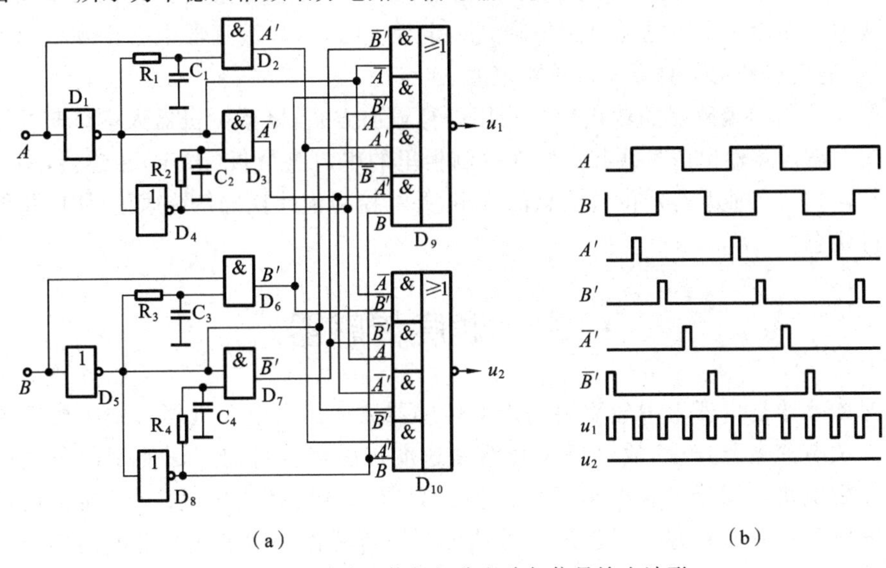

图6-10 单稳四倍频细分电路与信号输出波形

(a) 细分电路；(b) 信号输出波形

号的边沿实现四细分。A、B 是两路相位差为 90°的方波信号，当编码盘逆时针方向旋转时，设 A 超前于 B，当 A 发生正跳变时，由与非门 D_1、电阻 R_1、电容 C_1 和与门 D_2 组成的单稳触发器输出窄脉冲信号 A'，此时 $\bar{B}$ 为高电平，与或非门 D_9 有计数脉冲输出；由于 B 为低电平，与或非门 D_{10} 无计数脉冲输出。当 B 发生正跳变时，由非门 D_5、电阻 R_3、电容 C_3 和与门 D_6 组成的单稳触发器输出窄脉冲信号 B'，此时 A 为高电平，D_9 有计数脉冲输出，D_{10} 仍无计数脉冲输出。当 A 发生负跳变时，由非门 D_4、电阻 R_2、电容 C_2 和与门 D_3 组成的单稳触发器输出窄脉冲信号 $\bar{A}'$，此时 B 为高电平，与或非门 D_9 有计数脉冲输出，D_{10} 无计数脉冲输出。当 B 发生负跳变时，由非门 D_8、电阻 R_4、电容 C_4 和与门 D_7 组成的单稳触发器输出窄脉冲信号 $\bar{B}'$，此时 $\bar{A}$ 为高电平，D_9 有计数脉冲输出，D_{10} 无计数脉冲输出。这样，在正向运动时，D_9 在一个信号周期内依次输出 A'、B'、$\bar{A}'$、$\bar{B}'$ 四个计数脉冲，从而实现四倍频细分。

通常方波信号最高只能实现四倍频细分。更高倍频细分就要用缓慢上升与下降类的信号，如正弦/余弦信号来实现。后续电路可通过读取波形相位的变化，用模数转换电路来实现五倍、十倍、二十倍甚至更高倍频的细分。细分后的信号再以方波波形输出，从而得到很高的分辨率。

3）工业机器人中使用的位置传感器

在工业机器人系统中，由于机械结构的限制，不可能在手部安装位置传感器来直接检测其在空间中的位姿，所以都是利用安装在电动机上的编码器读出关节的旋转角度，然后通过运动学来求出手部在空间的位姿。而机器人上电或复位后不允许找零，必须知道机身当前所处的状态，因此绝对式光电编码器是必需的。但由于绝对式光电编码器只能在电动机旋转一圈内进行记忆，而机器人关节电动机又不可能只在一圈内转动，很显然绝对式光电编码器又是不合适的。解决该问题的方法是采用增量式光电编码器内置电池，通过电池供电解决增量式光电编码器断电后不能记忆的问题。其代码经记忆后成为绝对值，且并非每个位置都有一一对应的代码表示，因此这种编码器也称为伪绝对式编码器。

MOTOMAN SV3 机器人本体上有两组电池，每组两节电池负责保存三个轴编码器的位置数据。在使用中当电池电压下降到一定程度时，示教编程器上会出现电压不足的报警信号，遇到这种情况时要及时更换电池。

机器人使用的编码器的输出信号采用串行输出方式，以减少机器人本体与控制柜之间的连线。编码器输出信号线与安装在控制柜里的串口测量板（SMB）相连接，串口测量板主要起接收六个轴编码器位置信息的作用，并与控制柜计算机系统通信，实时检测机器人的运行状态。

6.3 速度传感器

速度传感器是机器人中较重要的内部传感器之一。由于在机器人中主要需测量的是机器人关节的运行速度，故这里仅介绍角速度传感器。目前广泛使用的角速度传感器有测速发电机和增量式光电编码器两种。测速发电机是应用最广泛，能直接得到反映转速的电压且具有良好实时性的一种速度测量传感器。增量式光电编码器既可以用来测量增量角位移又可以用来测量瞬时角速度。速度传感器的输出有模拟式和数字式两种。

6.3.1　测速发电机

测速发电机(tachogenerator)是一种用于检测机械转速的电磁装置,它能把机械转速变换成电压信号,其输出电压与输入的转速成正比。测速发电机按输出信号的形式,可分为交流测速发电机和直流测速发电机两大类。在机器人中,交流测速发电机用得不多,多数情况下用的是直流测速发电机。

直流测速发电机实际上是一种微型直流发电机,它的绕组和磁路经精确设计而成。直流测速发电机的结构如图 6-11 所示。直流测速发电机的工作原理基于法拉第电磁感应定律,当通过线圈的磁通量恒定时,位于磁场的线圈旋转,使线圈两端产生的电压(感应电动势)与线圈(转子)的转速成正比,即

$$U=kn \tag{6-7}$$

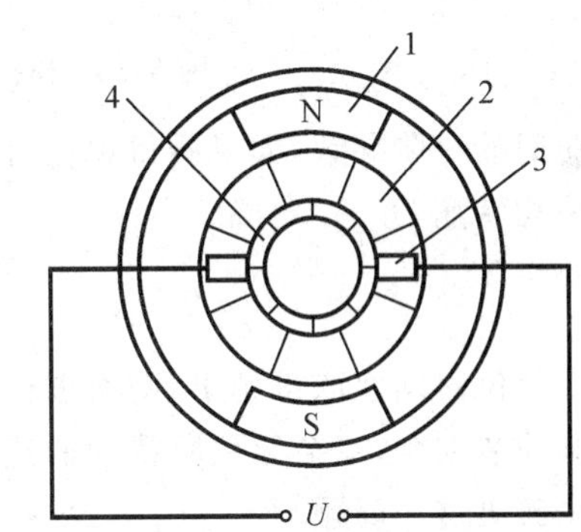

图 6-11　直流测速发电机的结构

1—永久磁铁;2—转子线圈;3—电刷;4—整流子

式中:U 为测速发电动机的输出电压(V);n 为测速发电动机的转速(r/min);k 为比例系数(V/(r/min))。

改变旋转方向时,输出电动势的极性即相应改变。在被测机构与测速发电机同轴连接时,只要检测出直流测速发电机的输出电压和极性,就能分别获得被测机构的转速和旋转方向。

将测速发电机的转子与机器人关节伺服驱动电动机轴相连,就能测出机器人运动过程中的关节转动速度,而且测速发电机能作为速度反馈元件用在机器人速度闭环系统中,所以其在机器人控制系统中得到了广泛的应用。机器人速度伺服控制系统的控制原理如图 6-12 所示。

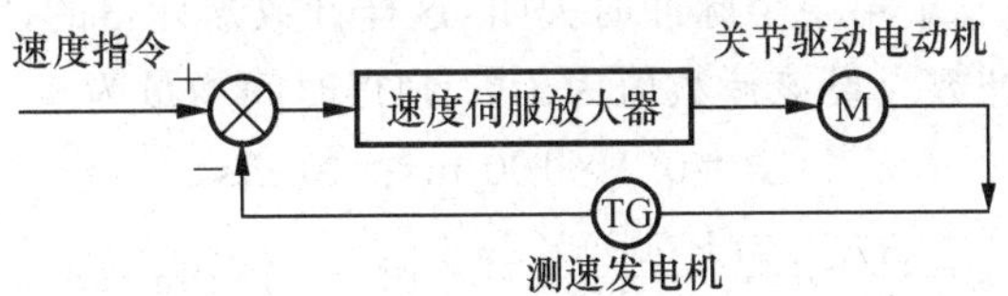

图 6-12　机器人速度伺服控制系统

测速发电机线性度、灵敏度高,输出信号强,目前检测范围一般为 20～40 r/min,精度为 0.2%～0.5%。

6.3.2　增量式光电编码器

如前所述,增量式光电编码器在机器人中既可以作为位置传感器测量关节相对位置,又可以作为速度传感器测量关节速度。作为速度传感器时,既可以在模拟方式下使用,又可以在数字方式下使用。

1. 模拟方式

在这种方式下,必须有一个频率-电压(F/V)变换器,用来把编码器测得的脉冲频率转换成与速度成正比的模拟电压。其原理如图 6-13 所示。F/V 变换器必须有良好的零输入、零输出特性和较小的温度漂移,这样才能满足测试要求。

2. 数字方式

数字方式测速是指基于数学公式,利用计算机软件计算出速度。由于角速度是转角

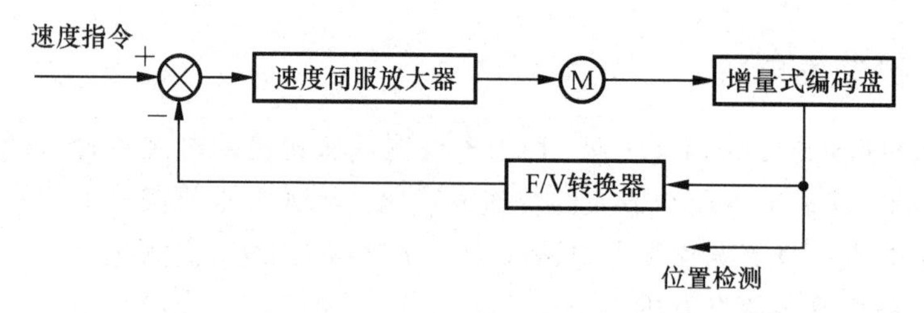

图 6-13　模拟方式下的增量式编码盘测速原理

对时间的一阶导数，如果测得单位时间 Δt 内编码器转过的角度 $\Delta\theta$，则编码器在该时间内的平均转速为

$$\omega=\frac{\Delta\theta}{\Delta t} \tag{6-8}$$

单位时间值取得越小，则所求得的转速越接近瞬时转速；然而时间太短，编码器通过的脉冲数太少，又会导致所得到的速度分辨率下降。在实践中通常采用时间增量测量电路来解决这一问题。

编码器一定时，编码器的每转输出脉冲数就确定了。设某一编码器的分辨率为 1 000 p/r，则编码器连续输出两个脉冲时转过的角度为

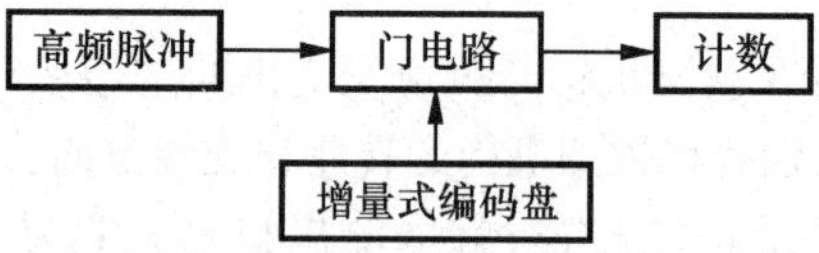

$$\Delta\theta=\frac{2}{1\ 000}\times 2\pi \quad (\text{rad}) \tag{6-9}$$

高频脉冲 → 门电路 → 计数
增量式编码盘 → 门电路

图 6-14　时间增量测量电路

而转过该角度的时间增量可用图 6-14 所示的测量电路测得。测量时利用一高频脉冲源发出连续不断的脉冲，设该脉冲源的周期为0.1 ms，用一计数器测出在编码器发出两个脉冲的时间内高频脉冲源发出的脉冲数。门电路在编码器发出第一个脉冲时开启、发出第二个脉冲时关闭，这样计数器计得的计数值就是时间增量内高频脉冲源发出的脉冲数。设该计数值为 100，则得时间增量为

$$\Delta t=0.1\times 100\ \text{ms}=10\ \text{ms}$$

所以角速度为

$$\omega=\frac{\Delta\theta}{\Delta t}=\frac{(2/1\ 000)\times 2\pi}{10\times 10^{-3}}\ \text{rad/s}=1.256\ \text{rad/s}$$

6.3.3　微硅陀螺仪

微硅陀螺仪(micro-silicon gyroscope)是一种新型的电子式陀螺仪(角速度传感器)，可以检测移动平台绕轴倾斜的角速度，其外观照片如图 6-15 所示。微硅陀螺仪是利用科里奥利效应而得到的单轴固态速率陀螺仪，陀螺仪采用硅素振动环状精密设计，可产生一正比于旋转速度的精确模拟直流电压输出。由微硅陀螺仪和电子倾角传感器组合构成的姿态传感器，可用于检测机器人行走过程中的运行姿态，目前在步行机器人、平行双轮电动车等上得到了较多的应用。

图 6-15　微硅陀螺仪外观照片

陀螺仪和加速度计组成的惯性测量单元(IMU，Inertial measurement unit)，被定义为“不需外部参考的可测量三维线运动及角运动的装置”。六轴 IMU 包含一

个三轴陀螺仪、一个三轴加速度传感器；九轴 IMU 则多了一个三轴的磁力计。另外，对于采用微机电系统(MEMS)技术的 IMU，一般还内置有温度计进行实时的温度校准。无论是六轴还是九轴 IMU，都可实时地输出三维的旋转角速率和线性加速度，通过对加速度的积分和初始速度、位置的叠加运算，得到物体在空间位置中的运动方向和速度，结合惯性导航系统内的运动轨迹设定，对航向和速度进行修正，实现导航功能，因此被广泛用于汽车、移动机器人领域。对于协作机器人、行走的人形机器人，可将 IMU 安装在肢体连杆的质心处，为机器人手臂或下肢提供准确位置、姿态数据，以保证运动的稳定性。

6.4　接近觉传感器

接近觉传感器通常用来检测机器人与周围物体之间的相对位置和距离，可以设置距离阈值，以二值输出，表明在一规定距离范围内是否有物体存在，这时接近传感器可称为接近开关。一般地说，接近觉传感器主要用于机器人需要近距离抓取物体或避障的场合，是机器人外部传感器。目前使用最为广泛的接近觉传感器可分为电感式、电容式、光电式、霍尔效应式、超声波式和气压式传感器，是非接触检测器件。在这些传感器中用于感知近距离(毫米级)物体的有电感式、电容式、霍尔效应式、气压式等；感知中等距离(30 cm 以内)物体可选择光电式；感知远距离(30 cm 以外)物体可选择超声式和激光式。

6.4.1　电感式与电容式接近觉传感器

电感式接近觉传感器是一种利用涡流感知物体接近的接近开关，它由高频振荡电路、检波电路、放大电路、整形电路及输出电路组成，如图 6-16 所示。感知敏感元件为检测线圈，它是振荡电路的一个组成部分。在检测线圈的工作面上存在一个交变磁场，当金属物体接近检测线圈时，金属物体就会产生涡流而吸收振荡能量，使振荡减弱直至停振。振荡与停振这两种状态经检测电路转换成开关信号输出，从而实现对物体的感知。这种接近觉传感器所能检测的物体只能是金属物体。另外，电感式接近觉传感器的检测距离会因被测对象的尺寸、材料，甚至金属材料表面镀层种类和厚度的不同而不同。因此，使用时应查阅相关的参考手册。

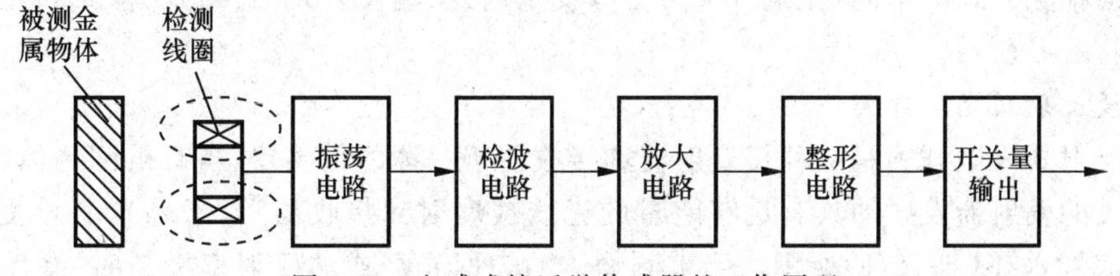

图 6-16　电感式接近觉传感器的工作原理

电容式接近觉传感器的测量头在测量时通常构成电容器的一个极板，而另一个极板是物体的本身，当物体移向接近觉传感器时，物体和接近觉传感器的介电常数会发生变化，使得和测量头相连的电路状态也随之发生变化，由此便可控制传感器即开关的接通和关断。这种接近觉传感器的检测对象并不限于金属导体，也可以是绝缘的液体或粉状物体。

电感式和电容式接近觉传感器的外观多为圆柱形，在它的正面有一个感应区域，指向轴线方向。动作距离是一个接近觉传感器最重要的特征,其定义为:当用标准测试板轴向接近传感器的感应面,使传感器输出信号发生变化时,传感器所测量到的传感器感应面和测试板之间的距离。根据物理原理,对于电感式和电容式传感器,可以应用下面的近似公式计算传感器的动作距离 s,即

$$s \leqslant \frac{D}{2} \tag{6-10}$$

式中:D 为传感器的传感面直径。

6.4.2　光电式接近觉传感器

光电式接近觉传感器又称为红外线光电接近开关,简称光电开关,它可利用被测物体对红外光束的遮挡或反射,由同步回路选通来检测物体的有无。其检测对象不限于金属材质的物体,而是所有能遮挡或反射光线的物体。红外线属于电磁射线,其特性同无线电和X射线。人眼可见的光波波长是380～780 nm,红外线的波长为780 nm～1 mm。光电开关一般使用的是波长接近可见光的近红外线。

光电开关一般由发射器、接收器和检测电路三部分构成,如图6-17所示。发射器对准目标发射光束,发射的光束一般来自于半导体光源,如发光二极管(LED)、激光二极管及红外发射二极管。工作时发射器不间断地发射光束,或者改变脉冲宽度。接收器由光电二极管、光电三极管、光电池组成,在接收器的前面装有光学元件,如透镜和光圈等。

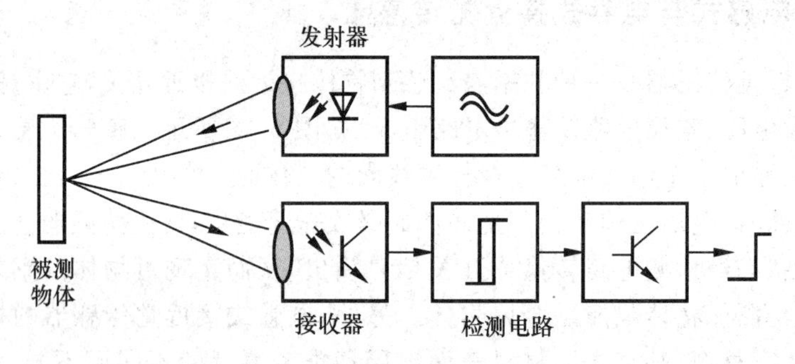

图6-17　光电开关的构成及工作原理

根据检测方式的不同,光电开关可分为漫反射式、镜反射式、对射式、槽式和光纤式五种,如图6-18所示。

1. 漫反射式光电开关

漫反射式光电开关是一种集发射器和接收器于一体的传感器,当有被测物体经过时,光电开关的发射器发射的具有足够能量的光线被反射到接收器上,于是光电开关就产生了开关信号,如图6-18(a)所示。当被测物体的表面光亮或其反射率极高时,漫反射式是首选。

2. 镜反射式光电开关

镜反射式光电开关亦是集发射器与接收器于一体的传感器,光电开关的发射器发出的光线被反光镜反射回接收器,当被测物体经过且完全阻断光线时,光电开关就产生检测开关信号,如图6-18(b)所示。

3. 对射式光电开关

对射式光电开关由在结构上相互分离且光轴相对放置的发射器和接收器组成,发射

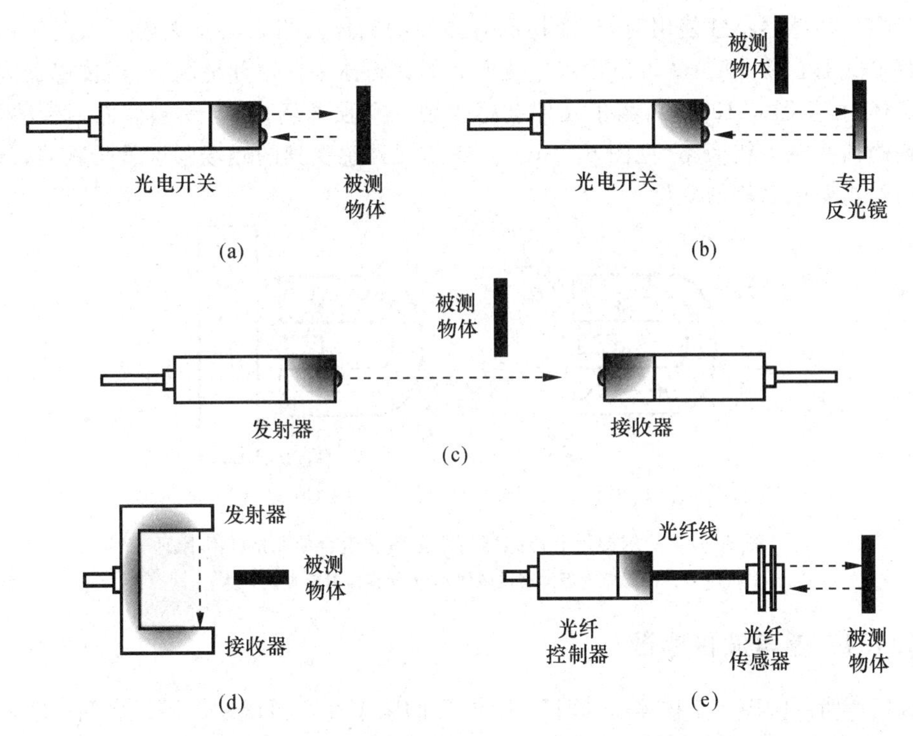

图 6-18　采用各种检测方式的光电开关

(a) 漫反射式;(b) 镜反射式;(c) 对射式;(d) 槽式;(e) 光纤式

器发出的光线直接进入接收器。当被测物体经过发射器和接收器之间且阻断光线时，光电开关就产生开关信号，如图 6-18(c)所示。当被测物体不透明时，采用对射式检测模式是最可靠的。

4. 槽式光电开关

槽式光电开关通常采用标准的 U 形结构，其发射器和接收器分别位于 U 形槽的两边，并形成一光轴，当被测物体经过 U 形槽且阻断光轴时，光电开关就产生开关信号，如图 6-18(d)所示。槽式光电开关比较安全可靠，适合检测高速变化的透明与半透明物体。

5. 光纤式光电开关

光纤式光电开关采用塑料或玻璃光纤传感器来引导光线，以实现被测物体不在相近区域时的检测，如图 6-18(e)所示。光纤式光电开关通常分为对射式和漫反射式两种。

6.4.3　霍尔接近觉传感器

霍尔接近觉传感器是利用霍尔效应制作的。将一块通有电流的导体或半导体薄片垂直地放在磁场中时，薄片的两端会产生电位差，这种现象就称为霍尔效应。

薄片导体两端具有的电位差值称为霍尔电动势 U，其表达式为

$$U=kiB/d \tag{6-11}$$

式中：k 为霍尔系数；i 为薄片中通过的电流；B 为外加磁场的磁感应强度；d 为薄片的厚度。

霍尔传感器的输入端是以磁感应强度 B 来表征的，当 B 值大到一定的程度时，霍尔传感器内部的触发器翻转，霍尔传感器的输出电平状态也随之翻转。

当霍尔传感器单独使用时，只能检测有磁性的物体。当它与永久磁体以图6-19所示的结构形式联合使用时，就可以用来检测所有的铁磁体。在这种情况下，当传感器附近没有铁磁体时（见图 6-19(a)），霍尔元件会感受到一个强磁场；当有铁磁体靠近传感器时，由于铁磁体将磁力线旁路（见图 6-19(b)），霍尔元件感受到的磁场强度就会减弱，从而引起输出的霍尔电动势的变化。

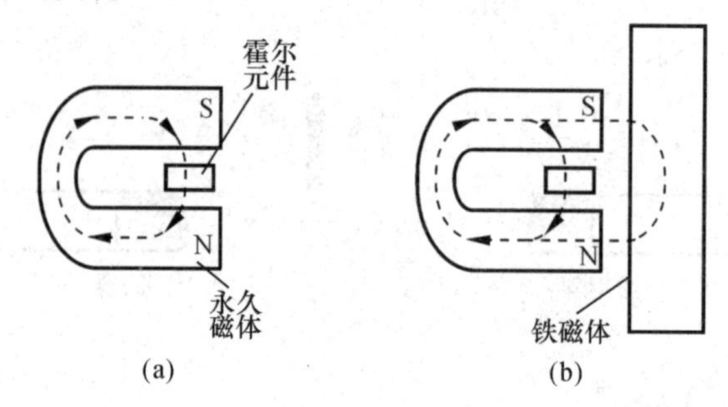

图 6-19　霍尔接近觉传感器与永久磁体组合使用的工作原理

(a) 传感器附近没有铁磁体；(b) 传感器附近有铁磁体

6.4.4　超声波传感器

人们能听到的声音是物体振动时产生的，它的频率在 20 Hz～20 kHz 之间。频率超过 20 kHz的声波称为超声波，低于 20 Hz 的声波称为次声波。常用的超声波频率为几十千赫至几十兆赫。

超声波是一种在弹性介质中传播的机械振荡波，有两种形式：横向振荡波（横波）和纵向振荡波（纵波）。在工业中应用的主要为纵向振荡波。

超声波传感器由超声波发送器、超声波接收器、控制电路及电源部分组成。超声波发送器由发生器与采用了直径为 15 mm 左右的陶瓷振子的换能器组成。换能器的作用是将陶瓷振子的电振动能量转换成超声波能量并向空中辐射；接收器由陶瓷振子换能器与放大电路组成，换能器接收超声波并产生机械振动，将振动变换成电能量，作为接收器的输出，从而实现对发送的超声波的检测。控制电路部分主要对发送器发出的脉冲频率、占空比及调制频率、计数及探测距离等进行控制。超声波传感器电源（或称信号源）可为电压为(12±0.2) V 或(24±2.4) V 的直流电源。

超声波传感器的工作原理基于渡越时间（time of flight）的测量，即测量从发射换能器发出的超声波经目标反射后沿原路返回接收器所需的时间，如图 6-20 所示。渡越时间 T 与超声波在介质中的传播速度 v 的乘积的一半，即是传感器与被测物体之间的距离 L，即

$$L=\frac{vT}{2} \tag{6-12}$$

渡越时间的测量方法有脉冲回波法、相位差法和频差法。对于传感器的接收信号，也有各种检测方法，通过检测接收信号可提高测距精度。常用的检测方法有固定（可变）测量阈值法、自动增益控制法、高速采样法、波形存储法、鉴相法、鉴频法等。

图 6-21 所示为超声波传感器的外观。

超声波传感器以其性价比高、硬件实现简单等优点，在移动机器人感知系统中得到了广泛的应用。但超声波传感器也存在不少缺陷，如声强随传播距离的增加而按指数规律衰

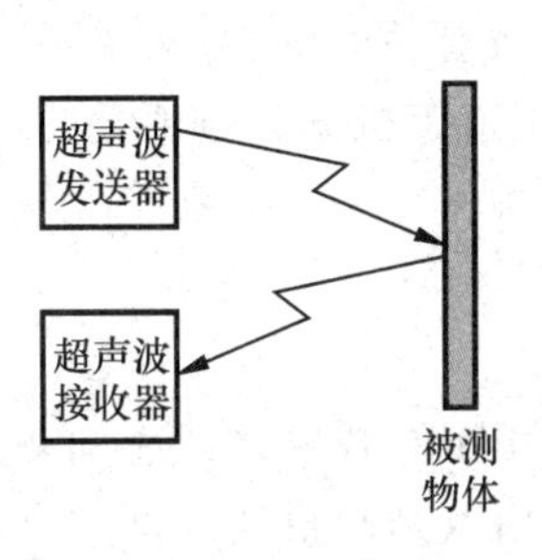

图 6-20 超声波传感器工作原理

图 6-21 超声波传感器的外观

减，空气流的扰动、热对流的存在均会使超声波传感器在测量中、长距离目标时精度下降，甚至无法工作，工业环境中的噪声也会给可靠的测量带来困难。另外，被测物体表面的倾斜、声波在物体表面上的反射，有可能使换能器接收不到反射回来的信号，从而检测不出前方的物体。

6.4.5 气压接近觉传感器

气压接近觉传感器通过检测喷射气流遇到物体时检测腔内的压力变化来检测和物体之间的距离，如图 6-22 所示。气源送出具有一定压力 p_1 的压缩空气，并使其从喷嘴中喷出，喷嘴离物体的距离 x 越小，气流喷出时的面积就越窄，气流阻力就大，反馈到检测腔室内的压力 p_2 就越大。如果事先求得距离 x 和气体压力 p_2 的关系，即可根据压力表的读数 p_2 来测定距离 x。

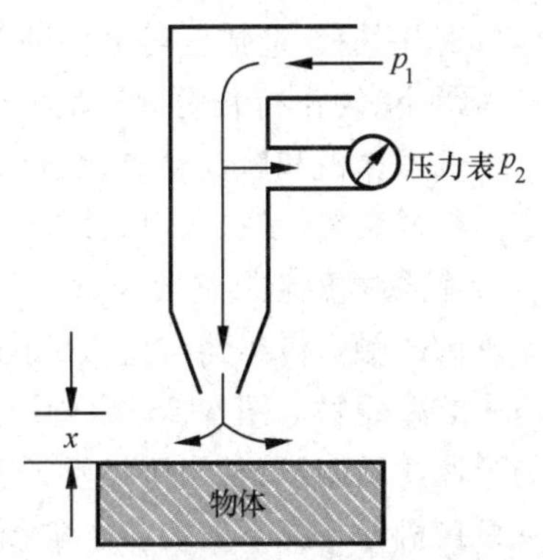

图 6-22 气压接近觉传感器工作原理

6.4.6 激光传感器

激光传感器利用了激光的高方向性、高单色性和高亮度等特点，可以实现接近觉感知，常用于长度、距离、振幅、速度、方位等物理量的测量，例如检测机器人手臂夹头的定位精度。它的优点是能实现无接触远距离测量，速度快，精度高，量程大，抗光、电干扰能力强等。

激光传感器由激光器、激光检测器和测量电路组成。工作过程中先由激光发射二极管对准目标发射激光脉冲，经目标反射后激光向各方向散射。部分散射光返回到传感器接收器，被光学系统接收后成像到雪崩光电二极管上。雪崩光电二极管是一种内部具有放大功能的光学传感器，因此它能检测极其微弱的光信号，并将其转化为相应的电信号。通过记录并处理光脉冲从发出到返回并被接收所经历的时间，即可测定目标距离。使用长传感器探头，还可以进行远距离检测。

6.5 触觉传感器

触觉是人与外界环境直接接触时的重要感觉功能，研制出满足要求的触觉传感器是机器人发展中的关键之一。触觉信息的获取是机器人对环境信息直接感知的结果。从广义上来说,它包括接触觉、压觉、力觉、滑觉、温觉等与接触有关的感觉;从狭义上来说,它是机械手与对象接触时的力感觉。触觉是接触、冲击、压迫等机械刺激感觉的综合,利用触觉可进一步感知物体的形状及其软硬等物理特征。

6.5.1 接触觉传感器

接触觉传感器可检测机器人是否接触目标或环境,用于寻找物体或感知碰撞。传感器可装于机器人的运动部件或末端操作器(如手爪)上,用以判断机器人部件是否和对象物体发生了接触,以确定机器人的运动正确性,实现合理抓握或防止碰撞。接触觉是通过与对象物体彼此接触而产生的,接触觉传感器如果具有柔性,易变形,便于和物体接触,则具有较好的感知能力。下面介绍几种常用的接触觉传感器。

1. 微动开关

微动开关是一种最简单的接触觉传感器,它主要由弹簧和触头构成。触头接触外界物体后离开基板,造成信号通路断开或闭合,从而检测到与外界物体的接触。微动开关的触点间距小、动作行程短、按动力小、通断迅速,具有使用方便、结构简单的优点。缺点是易产生机械振荡和触头易氧化,仅有 0 和 1 两个信号。在实际应用中,通常以微动开关和相应的机械装置(如探头、探针等)相结合构成一种触觉传感器。

1) 触须式触觉传感器

机械式触觉传感器与昆虫的触须类似,可以安装在移动机器人的四周,用以发现外界环境中的障碍物。图 6-23(a)所示为猫须传感器结构示意图。该传感器的控制杆采用柔软的弹性物质制成,相当于微动开关的触点,当触及物体时接通输出回路,输出电压信号。

可在机器人脚下安装多个猫须传感器,如图 6-23(b)所示,依照接通的传感器个数及方位来判断机器人脚在台阶上的具体位置。

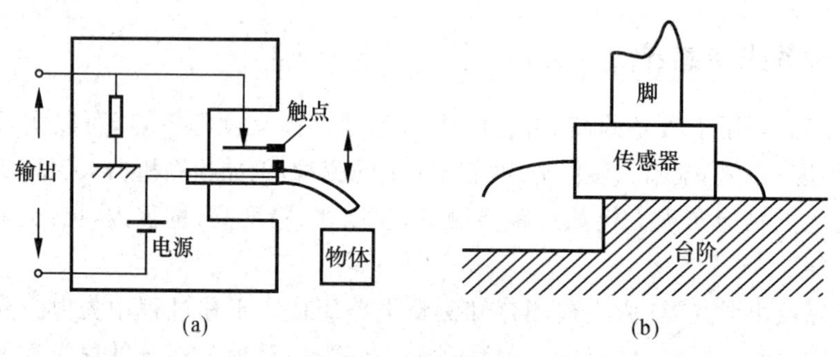

图 6-23 猫须传感器

(a) 结构;(b) 应用实例

2) 接触棒触觉传感器

接触棒触觉传感器由一端伸出的接触棒和传感器内部开关组成,如图 6-24 所示。移动过程中传感器碰到障碍物或接触作业对象时,内部开关接通电路,输出信号。将多个传感器安装在机器人的手臂上或腕部,机器人就可以感知障碍物和物体。

2. 柔性触觉传感器

1) 柔性薄层触觉传感器

柔性薄层触觉传感器具有获取物体表面形状二维信息的潜在能力,它是采用柔性聚氨基甲酸酯泡沫材料的传感器。柔性薄层触觉传感器如图 6-25 所示，泡沫材料用硅橡胶薄层覆盖。这种传感器结构与物体周围的轮廓相吻合，移去物体时，传感器即恢复到最初形状。导电橡胶应变计连到薄层内表面，拉紧或压缩应变计时，薄层的形变会被记录下来。

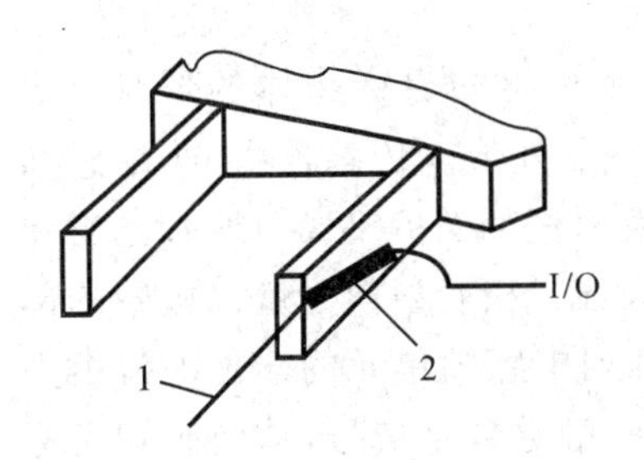

图 6-24 接触棒触觉传感器

1—接触棒；2—内部开关

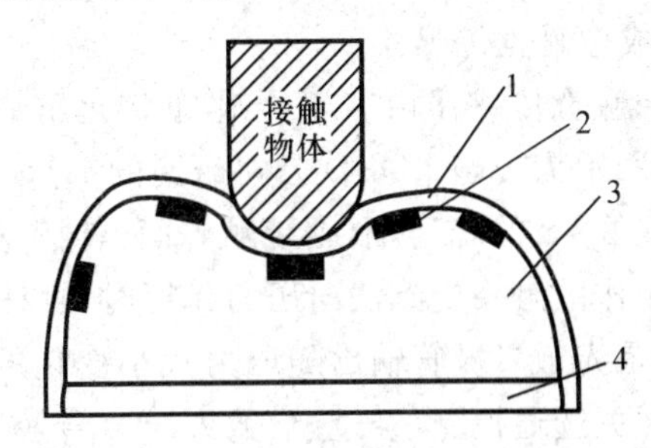

图 6-25 柔性薄层触觉传感器

1—硅橡胶薄层；2—导电橡胶应变计；3—聚氨基甲酸酯泡沫材料；4—刚性支承架

2）导电橡胶传感器

导电橡胶传感器以导电橡胶为敏感元件，当触头接触外界物体受压时，会压迫导电橡胶，使它的电阻发生改变，从而使流经导电橡胶的电流发生变化。如图 6-26 所示，该传感器为三层结构，外边两层分别是传导塑料 A 和 B，中间夹层为压力导电橡胶 S，相对的两个边缘装有电极。传感器的构成材料柔软而富有弹性，在大块表面积上容易形成各种形状，可以实现触压分布区中心位置的测定。这种传感器的缺点是由于导电橡胶的材料配方存在差异，会出现漂移量和滞后量不一致的情况，其优点是具有柔性。

3）气压式触觉传感器

气压式触觉传感器主要由体积可变化的波纹管式密闭容腔、感知端内藏于容腔底部的微型压力传感器和压力信号放大电路组成，如图 6-27 所示。其工作原理为：当波纹管密闭容腔的上端盖（头部）与外界物体接触受压时，将产生轴向移动，使密闭容腔容积缩小，内部气体将被压缩，引起压力变化；密闭容腔内压力的变化值，由内藏于底部的压力传感器检出；通过检测容腔内压力的变化，来间接测量波纹管的压缩位移，从而判断传感器与外界物体的接触程度。

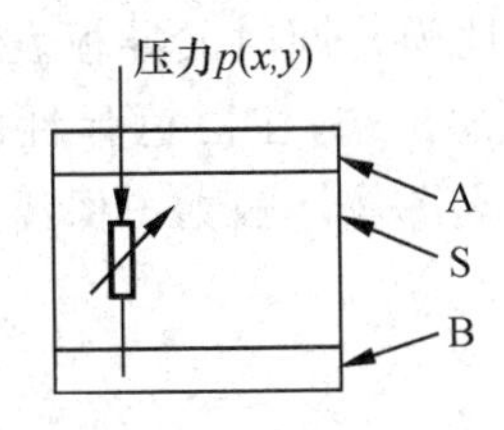

图 6-26 导电橡胶传感器结构

A，B—外敷传导塑料；S—压力导电橡胶

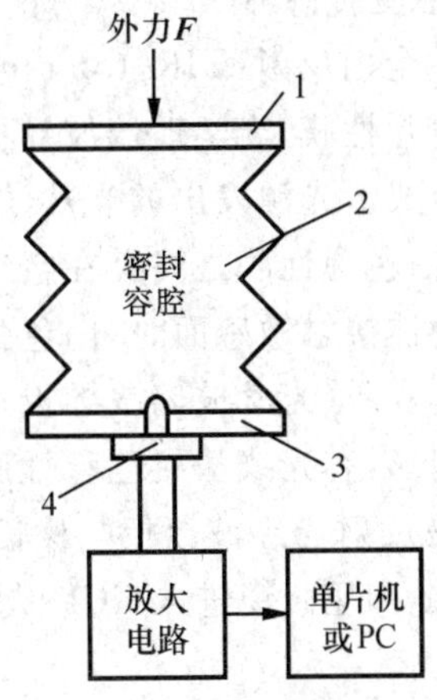

图 6-27 气压式触觉传感器原理图

1—上端盖；2—波纹管；3—下端盖；4—压力传感器

气压式触觉传感器具有结构简单可靠、成本低廉、柔软性和安全性好等优点，但由于波纹管在工作过程中存在着微量的横向膨胀，该类传感器输出信号的线性度将受到影响。

3. 触觉传感器阵列

1）成像触觉传感器

成像触觉传感器由若干个感知单元组成阵列结构，用于感知目标物体的形状。图6-28(a)所示为美国LORD公司研制的LTS-100触觉传感器外形。传感器由64个感知单元组成8×8的阵列，形成接触界面，传感器单元的转换原理如图6-28(b)所示。当弹性材料制作的触头受到法向压力作用时，触杆下伸，挡住发光二极管射向光敏二极管的部分光，于是光敏二极管输出随压力大小变化的电信号。阵列中感知单元的输出电流由多路模拟开关选通检测，经过模/数(A/D)转换后成为不同的触觉数字信号，从而感知目标物体的形状。

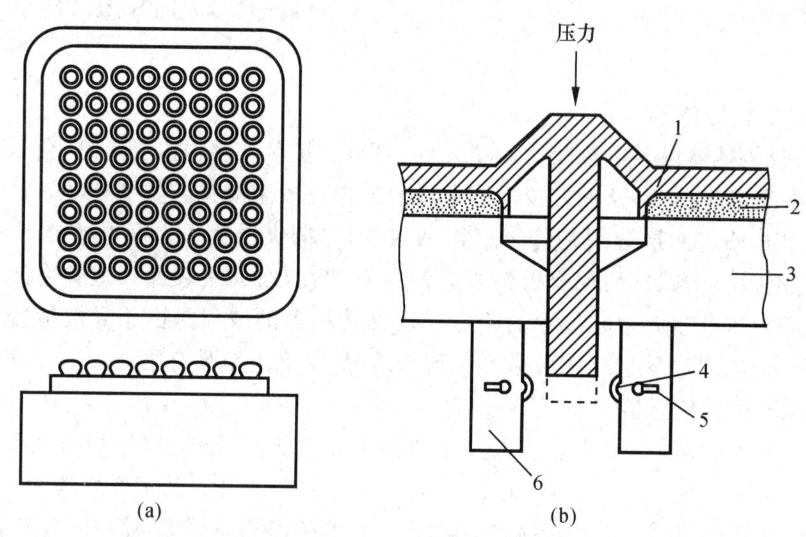

图6-28　LTS-100触觉传感器

(a) 传感器外形；(b) 传感器单元的转换原理

1—橡胶垫片；2—金属板；3—Al支持板；4—透镜；5—LED；6—光传感器

2）TIR触觉传感器

基于光学全内反射(TIR，total internal reflection)原理的触觉传感器如图6-29所示。传感器由白色弹性膜、光学玻璃波导板、微型光源、透镜组、CCD(电荷耦合器件)成像装置和控制电路组成。光源发出的光从波导板的侧面垂直射入波导板，当物体未接触敏感面时，波导板与白色弹性膜之间存在空气间隙，进入波导板的大部分光线在波导板内发生全内反射。当物体接触敏感面时，白色弹性膜被压在波导板上。在两者贴近部位，波导板内的光线从光疏媒质(光学玻璃波导板)射向光密媒质(白色弹性膜)，同时波导板表面发生不同程度的变形，有光线从白色弹性膜和波导板贴近部位泄漏出来，在白色弹性膜上产生漫反射。漫反射光经波导板与棱镜片射出来，形成物体触觉图像。触觉图像经自聚焦透镜、传像光缆和显微镜进入CCD成像装置。

4. 仿生皮肤

仿生皮肤是集触觉、压觉、滑觉和温觉传感于一体的多功能复合传感器，具有类似于人体皮肤的多种感觉功能。仿生皮肤采用具有压电效应和热释电效应的聚偏氟乙烯

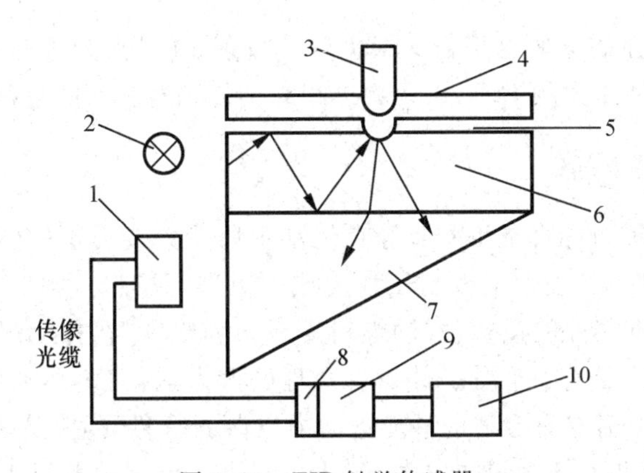

图 6-29 TIR 触觉传感器

1—自聚焦透镜;2—光源;3—物体;4—白色弹性膜;5—空气间隙;
6—光学玻璃波导板;7—棱镜片;8—显微镜;9—CCD 成像装置;10—图像监视器

(PVDF)敏感材料,具有适用温度范围宽、体电阻高、重量轻、柔顺性好、强度高和频率响应宽等特点,采用热成形工艺容易加工成薄膜、细管或微粒。

集触觉、滑觉和温觉于一体的 PVDF 仿生皮肤传感器结构剖面如图 6-30 所示,传感器表层为保护层(橡胶包封表皮),上层为两面镀银的整块 PVDF,分别从两面引出电极。下层由特种镀膜形成条状电极,引线由导电胶粘接后引出。在上、下两层 PVDF 之间,由电加热层和柔性隔热层(软塑料泡沫)形成两个不同的物理测量空间。上层 PVDF 获取温觉和触觉信号,下层条状 PVDF 获取压觉和滑觉信号。

为了使 PVDF 具有感温功能,电加热层使上层 PVDF 温度维持在 55 ℃左右,当被测物体接触传感器时,因被测物体与上层 PVDF 之间存在温差,二者发生热传递,使 PVDF 的极化面产生相应数量的电荷,从而输出电压信号。

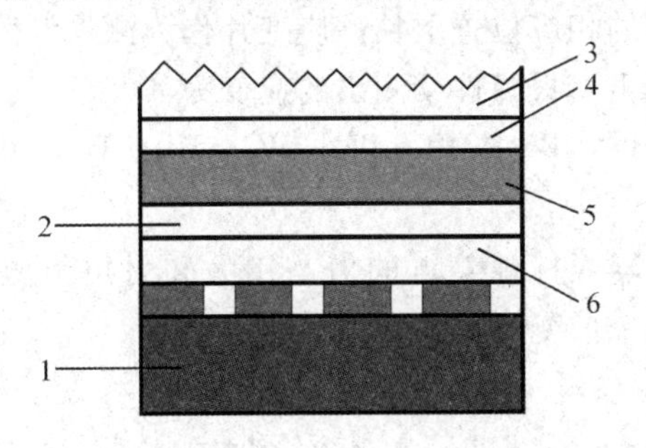

图 6-30 PVDF 仿生皮肤传感器结构剖面

1—硅导电橡胶基底及引线;2—柔性隔热层;3—橡胶包封表皮;
4—上层 PVDF;5—电加热层;6—下层 PVDF

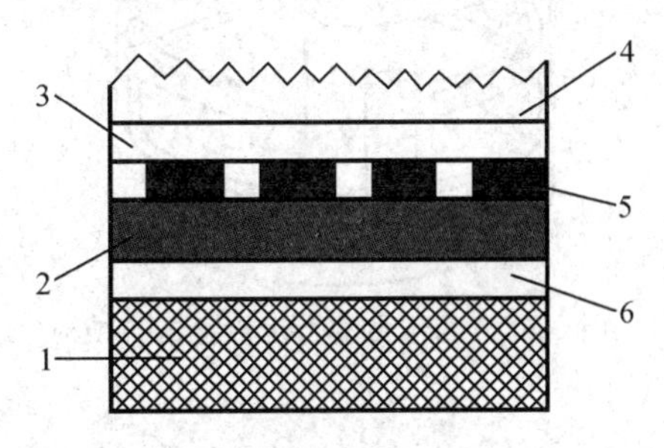

图 6-31 阵列式仿生皮肤传感器结构剖面

1—橡胶基底;2—绝缘层;3—行 PVDF 条;
4—表层;5—列 PVDF 条;6—PVDF 层

采用阵列 PVDF 形成的多功能复合仿生皮肤,传感器可模拟人类通过触摸识别物体形状。阵列式仿生皮肤传感器的结构剖面如图 6-31 所示。其层状结构主要由表层、行 PVDF 条、列 PVDF 条、绝缘层、PVDF 层和硅导电橡胶基底构成。行、列 PVDF 条两面镀银,均为用微细切割方法制成的细条,分别粘贴在表层和绝缘层上,由三十三根导线引出。行、列 PVDF 条各十六条,并有一根公共导线,形成二百五十六个触点单元。PVDF 层也两面镀银,引出两根导线。当 PVDF 层受到高频电压激发时,发出超声波使行、列 PVDF 条共振,输出一定幅值的电压信号。仿生皮肤传感器接触物体时,表面受到一定压力，相应受压触点单元的振幅会降低。根据这一机理，通过行列采样及数据处理，可以检测物体的形状、重心和压力的大小，以及物体相对于传感器表面的滑移。

6.5.2 力觉传感器

力觉是指对机器人的指、肢和关节等在运动中所受力或力矩的感知。工业机器人在进行装配、搬运、研磨等作业时需要对工作力或力矩进行控制。例如：装配时需完成将轴类零件插入孔内、调准零件的位置、拧动螺钉等一系列步骤，在拧动螺钉过程中需要有确定的拧紧力；搬运时机器人手爪对工件要有合理的握力，握力太小不足以搬动工件，太大则会损坏工件；研磨时需要有合适的砂轮进给力以保证研磨质量。另外，机器人在自我保护时也需要检测关节和连杆之间的内力，防止机器人手臂因承载过大或与周围障碍物碰撞而损坏。所以力和力矩传感器在机器人中的应用较广泛。力和力矩传感器种类很多，常用的有电阻应变片式传感器、压电式传感器、电容式传感器、电感式传感器及各种外力传感器。力或力矩传感器的工作方式都是通过弹性敏感元件将被测力或力矩转换成某种位移量或变形量，然后通过各自的敏感介质把位移量或变形量转换成能够输出的电量。

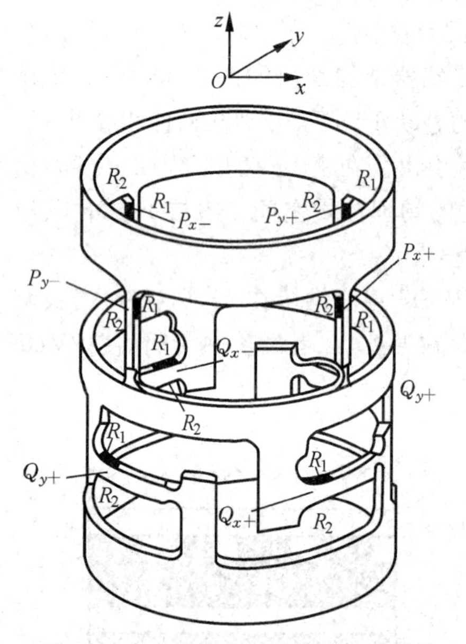

图 6-32　六维力和力矩传感器的结构

目前使用最广泛的是电阻应变片式六维力和力矩传感器，它能同时获取三维空间的三维力和力矩信息，广泛用于力-位置控制、轴孔配合、轮廓跟踪及双机器人协调等机器人控制场合。图6-32所示为六维力和力矩传感器的结构简图，其主体材料为铝，呈圆筒状，分为上、下两层，上层由四根竖直弹性梁组成，下层由四根水平弹性梁组成。在八根弹性梁的相应位置上粘贴应变片作为测量敏感点。

设由八根弹性梁测出的应变为

$$\boldsymbol{W}=[W_1 \quad W_2 \quad W_3 \quad W_4 \quad W_5 \quad W_6 \quad W_7 \quad W_8]^{\mathrm{T}} \tag{6-13}$$

机器人杆件某点的力与用力和力矩传感器测出的八个应变的关系为

$$\boldsymbol{F}=\begin{bmatrix} F_x \\ F_y \\ F_z \\ M_x \\ M_y \\ M_z \end{bmatrix}=\begin{bmatrix} 0 & 0 & k_{13} & 0 & 0 & 0 & k_{17} & 0 \\ k_{21} & 0 & 0 & 0 & k_{25} & 0 & 0 & 0 \\ 0 & k_{32} & 0 & k_{34} & 0 & k_{36} & 0 & k_{38} \\ 0 & 0 & 0 & k_{44} & 0 & 0 & 0 & k_{48} \\ 0 & k_{52} & 0 & 0 & 0 & k_{56} & 0 & 0 \\ k_{61} & 0 & k_{63} & 0 & k_{65} & 0 & k_{67} & 0 \end{bmatrix}\begin{bmatrix} W_1 \\ W_2 \\ W_3 \\ W_4 \\ W_5 \\ W_6 \\ W_7 \\ W_8 \end{bmatrix} \tag{6-14}$$

式中：F 为被测点在笛卡儿坐标空间中的受力；k_{ij} 为比例系数（$i=1\sim6$，$j=1\sim8$）。

在应用中，传感器两端通过法兰与机器人腕部连接。当机器人腕部受力时，八根弹性梁产生不同性质的变形，使敏感点的应变片发生应变，输出电信号，通过一定的数学关系

式就可算出沿 x、y、z 三个方向的分力和分力矩。图 6-33 所示为在工业机器人从事轴孔精密装配作业过程中，机器人腕部力传感器输出的力（插入力）与插入深度之间的关系曲线。通过测量机器人腕部力传感器输出力的变化来调整机器人末端的位置与姿态，直到完成轴孔的精密装配作业。

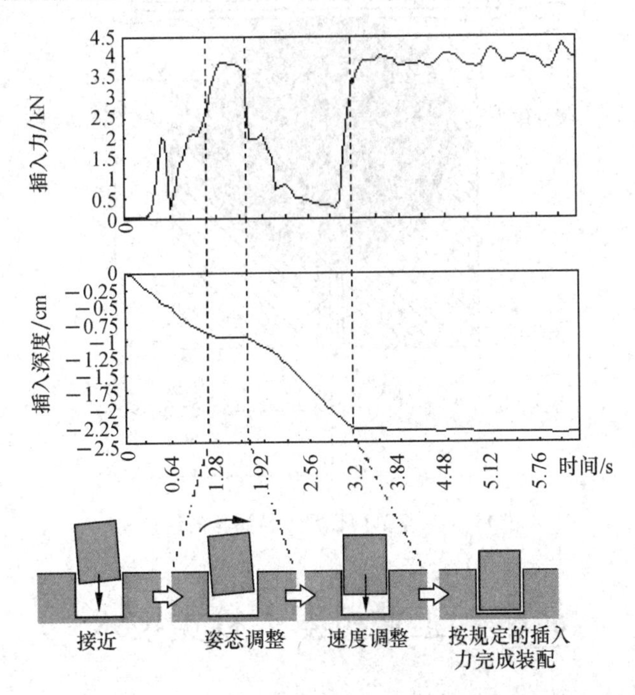

图 6-33　插入力与插入深度之间的关系曲线

拓展 6-1：轴孔装配作业机器人力控系统

6.5.3　滑觉传感器

滑觉传感器用于检测机器人手部夹持物体的滑移量。机器人在抓取不知属性的物体时，其自身应能确定最佳握紧力的值。若握紧力不够，要检测被握物体的滑动速度大小和方向，利用该检测信号，在不损害物体的前提下，考虑采取最可靠的夹持方法握紧物体。

滑觉传感器按有无滑动方向检测功能可分为无方向性传感器、单方向性传感器和全方向性传感器三类。无方向性传感器如探针耳机式传感器，它由蓝宝石探针、金属缓冲器、压电罗谢尔盐晶体和橡胶缓冲器组成。滑动时探针产生振动，振动信号由罗谢尔盐晶体转换为相应的电信号。缓冲器的作用是减小噪声。单方向性传感器如滚筒光电式传感器，其原理为：被抓物体的滑移使滚筒转动，从而使光敏二极管接收到透过码盘（装在滚筒的圆面上）的光信号，通过滚筒的角位移信号测出物体的滑动。全方向性传感器的主要部分为表面包有绝缘材料（构成沿经、纬向分布的导电与不导电区）的金属球，如图6-34所示。当传感器接触物体并产生滑动时，金属球发生转动，使球面上的导电与不导电区交替接触电极，从而产生通断的脉冲信号。脉冲信号的频率反映了滑移速度，个数对应滑移的距离。这种传感器的制作工艺要求较高。

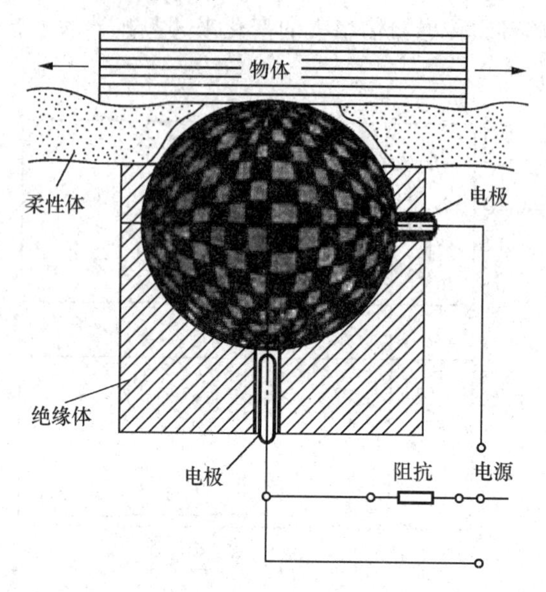

图 6-34　全方向性滑觉传感器的结构

6.6　工业机器人视觉技术

为了使机器人能够胜任更复杂的工作，机器人不但要有更好的控制系统，还需要更多地感知环境的变化。其中机器人视觉以其可获取的信息量大、信息完整而成为机器人最重要的感知功能。

6.6.1　机器视觉技术

机器视觉(machine vision)技术是一门涉及人工智能、神经生物学、心理物理学、计算机科学、图像处理、模式识别等诸多领域的交叉学科。机器视觉主要是用计算机来模拟人的视觉功能，但其并不仅仅是人眼的简单延伸，更重要的是具有人脑的一部分功能——从客观事物的图像中提取信息，进行处理并加以理解，最终用于实际检测、测量和控制。

美国制造工程师协会(SME，Society of Manufacturing Engineers)机器视觉分会和美国机器人工业协会(RIA，Robotic Industries Association)的自动化视觉分会对机器视觉的定义为：机器视觉是通过光学非接触传感器自动地接收和处理一个真实物体的图像，以获得所需信息或用于控制机器人的运动。

在 20 世纪 70 年代，出现了一些实用性的视觉系统，应用于集成电路生产、精密电子产品装配、饮料罐装质量的检验等。到 80 年代后期，出现了专门的图像处理硬件，人们开始系统地研究机器人视觉控制系统。在 90 年代，随着计算机功能的增强、价格的下降，以及图像处理硬件和 CCD 摄像机的快速发展，机器人视觉系统研究吸引了越来越多的研究人员。90 年代后期，视觉伺服控制技术在结构形式、图像处理方法、控制策略等方面都有了长足的进步。

机器视觉技术伴随计算机技术、现场总线技术的发展日臻成熟，目前已是现代加工制造业不可或缺的一项技术，广泛应用于食品和饮料、化妆品、制药、建材和化工、金属加工、电子制造、包装、汽车制造等行业。例如印制电路板的视觉检查、钢板表面的自动探伤、大型工件平行度和垂直度测量、容器容积或杂质检测、机械零件的自动识别分类和几何尺寸测量等，都用到了机器视觉技术。此外，在许多用其他检测方法难以奏效的场合，利用机器视觉系统都可以有效地完成检测。机器视觉技术的应用，使得机器工作越来越多地代替了人的劳动，这无疑在很大程度上提高了生产自动化水平和检测系统的智能化水平。

机器视觉系统的特点如下。

(1)精度高　优秀的机器视觉系统能够对多达1000个甚至更多目标中的一个进行空间测量。因为此种测量不需要接触目标，所以对目标没有损伤和危险，同时由于采用了计算机技术，因此具有极高的精确度。

(2)连续性　机器视觉系统可以使人们免受疲劳之苦。因为没有人工操作者，也就没有了人为造成的操作变化。

(3)灵活性　机器视觉系统能够进行各种不同信息的获取或测量，当应用需求发生变化以后，只需对软件做相应改变或升级就可适应新的需求。

(4)标准性　机器视觉系统的核心是视觉图像技术，因此不同厂商的机器视觉系统产品的标准是一致的，这为机器视觉的广泛应用提供了极大的方便。

6.6.2　机器视觉系统的组成

机器视觉系统是指通过机器视觉传感器抓取图像，然后将该图像传送至处理单元，通过数字化处理，根据像素分布和亮度、颜色等信息，进行尺寸、形状、颜色等的判别，进而根据判别的结果来控制现场设备动作的系统。

以汽车整车尺寸机器视觉测量系统为例，如图6-35所示，其工作过程为：车辆驶入检测位置停车，位置传感器感知该信息，并给出一个触发信号，使计算机启动机器视觉系统，控制灯光系统，通过CCD/CMOS图像传感器与图像采集卡采集被测车辆的图像，然后由软件系统执行程序、处理采集到的图像数据，并将处理结果发送给数据库服务器或进行打印。

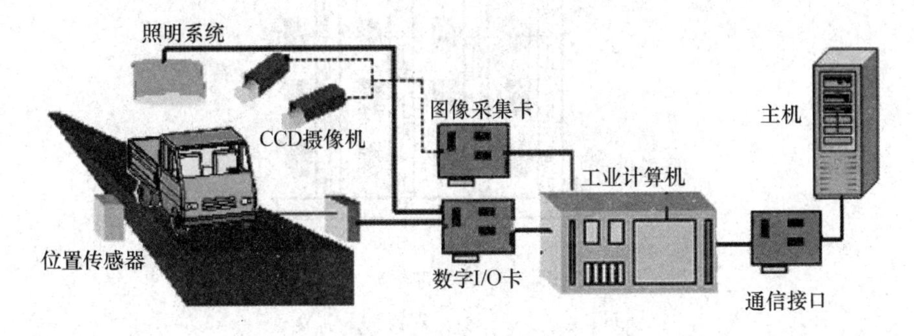

图6-35　汽车整车尺寸机器视觉测量系统

由此可见，机器视觉系统一般由照明系统、视觉传感器、图像采集卡、图像处理软件、显示器、计算机、通信(输入/输出)单元等组成，各部分之间的关系如图6-36所示。

1.视觉传感器

视觉传感器是将景物的光信号转换成电信号的器件。大多数机器视觉系统都不必采

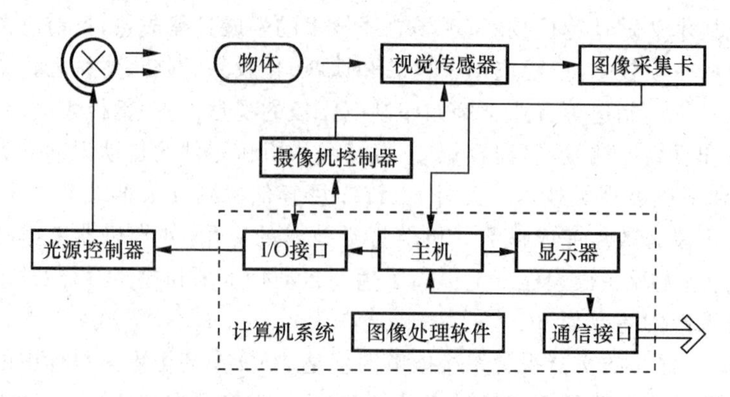

图 6-36　机器视觉系统的组成

用胶卷等媒介物，而是直接把景物摄入，即将视觉传感器所接收到的光学图像转化为计算机所能处理的电信号。通过对视觉传感器所获得的图像信号进行处理，即得出被测对象的特征量（如面积、长度、位置等）。

视觉传感器具有从一整幅图像中捕获数以千计的像素（pixel）的功能。图像的清晰和细腻程度通常用分辨率来衡量，以像素数量表示。在捕获图像之后，视觉传感器将其与内存中存储的基准图像进行比较，以做出分析与判断。

目前，典型的视觉传感器主要有 CCD 图像传感器和 CMOS 图像传感器等固体视觉传感器。固体视觉传感器又可以分为一维线性传感器和二维线性传感器，目前二维线性传感器所捕获图像的分辨率已可达 4 000 像素以上。固体视觉传感器具有体积小、重量轻等优点，因此应用日趋广泛。

(1) CCD 图像传感器　CCD 图像传感器是目前机器视觉系统最为常用的图像传感器。它集光电转换及电荷存储、电荷转移、信号读取功能于一体，是典型的固体成像器件。它存储由光或电激励产生的信号电荷，当对它施加特定时序的脉冲时，其存储的信号电荷便能在 CCD 图像传感器内定向传输。图 6-37 所示即为 CCD 图像传感器的原理图。

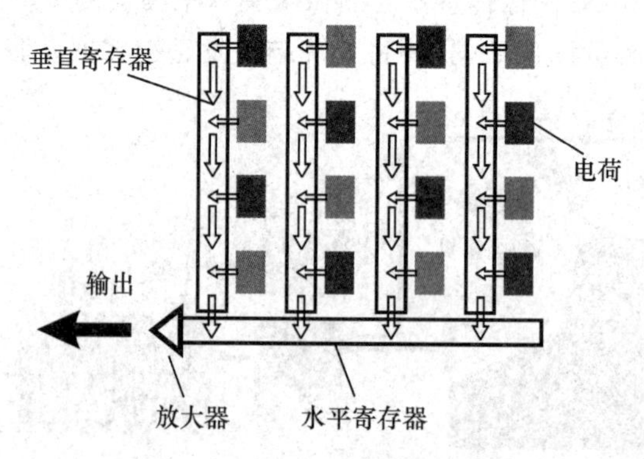

图 6-37　CCD 图像传感器原理图

CCD 图像传感器内部 P 型硅衬底上有一层 SiO_2 绝缘层，其上排列着多个金属电极。在金属电极上加正电压，电极下面产生势阱，势阱的深度随电压变化。如果依次改变在电极上的电压，则势阱随着电压的变化而移动，于是注入势阱中的电荷发生转移。通过电荷的依次转移，将多个像素的信息分时、顺序地取出来。在 CCD 图像传感器中，电荷全部被转移到输出端，由一个放大器进行电压转变，形成电信号，然后被读取。传输电荷时，电荷是从不同的垂直寄存器中被传到水平寄存器中的，会有不同电压的电荷，这会产生更大的功耗。由于信号通过一个放大器进行放大，产生的噪声较小。同摄像管相比，CCD 图像传感器具有尺寸小，工作电压低(直流电 7～9 V)，使用寿命长，坚固、耐冲击，信息处理容易和在弱光下灵敏度高等特点，广泛应用于工业检测和机器人视觉系统。CCD 图像传感器主要有线型 CCD 图像传感器和面型 CCD 图像传感器两种类型。

典型的 CCD 摄像机由光学镜头、时序及同步信号发生器、垂直驱动器、A/D 信号处理电路组成，其工作原理如图 6-38 所示：被摄物体反射光线，光传播到镜头，经镜头聚焦到 CCD 芯片上；CCD 芯片根据光的强弱聚集相应的电荷，经周期放电，产生表示一幅幅画面的电信号；电信号经过滤波、放大处理后通过摄像头的输出端，被转换成标准的复合视频信号输出。

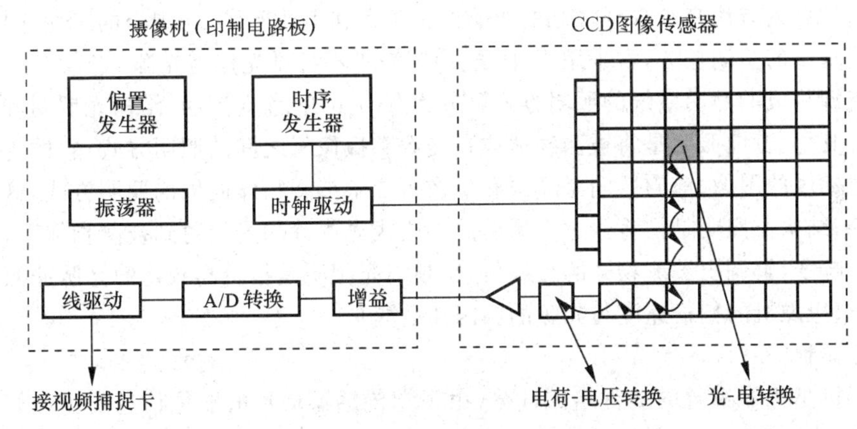

图 6-38　CCD 摄像机工作原理

(2) CMOS 传感器　CMOS 是互补金属氧化物半导体，CMOS 传感器由集成在一块芯片上的光敏元阵列、图像信号放大器、信号读取电路、A/D 转换电路、图像信号处理器及控制器构成，它具有局部像素的编程随机访问功能。目前，CMOS 图像传感器以其良好的集成性、低功耗、宽动态范围和输出图像几乎无拖影等特点而得到广泛应用。CMOS 的每个像素点有一个放大器，而且信号是直接在最原始的时候转换，读取更加方便。其传输的是已经经过转换的电压，所以所需的电压和功耗更低。但是由于每个信号都有一个放大器，产生的噪声较大。

2. 图像采集/处理卡

图像采集卡是机器视觉系统的重要组成部分，其主要功能是对摄像机输出的视频数据进行实时的采集，并提供与 PC 连接的高速接口。图像采集卡主要完成对模拟视频信号的数字化过程。视频信号首先经低通滤波器滤波，转换为在时间上连续的模拟信号；按照应用系统对图像分辨率的要求，使用采样/保持电路对视频信号在时间上进行间隔采样，把视频信号转换为离散的模拟信号；然后再由 A/D 转换器将其转换为数字信号输出。图像采集/处理卡在具有 A/D 转换功能的同时，还具有对视频图像进行分析、处理的功能，它可以提供控制摄像头参数(如触发、曝光时间、快门速度等)的信号。图像采集卡形式很多，支持不同类型的摄像头和不同的计算机总线。

图像采集卡包括视频输入模块、A/D 转换模块、时序及采集控制模块、图像处理模块、总线接口及控制模块、输出及控制模块。基本技术参数包括灰度等级、分辨率、带宽、传输速率。

3. 光源

光源是影响机器视觉系统输入的重要因素，因为它直接影响输入数据的质量和应用效果。由于没有通用的机器视觉照明设备，所以针对每个特定的应用实例，要选择相应的照明装置，以达到最佳效果。许多工业用的机器视觉系统用可见光作为光源，这主要是因为可见光容易获得，价格低，并且便于操作。常用的几种可见光源是白炽灯、日光灯、水银灯和钠光灯。但是，这些光源的一个最大缺点是光能不能保持稳定。以日光灯为例，在使用的第一个 100 h 内，光能将下降 15%，随着使用时间的增加，光能将不断下降。因此，如何使光能在一定的程度上保持稳定，是在机器视觉系统实用化过程中亟须解决的问题。另外，环境光会改变这些光源照射到物体上的总光能，使输出的图像数据存在噪声。一般采用加防护屏的方法来减少环境光的影响。由于存在上述问题，在现今的工业应用中，对于某些要求高的检测任务，常采用 X 射线、超声波等不可见光作为光源。

由光源构成的照明系统的照明方式可分为背向照明、前向照明、结构光照明和频闪光照明等。其中：背向照明是将被测物体放在光源和摄像机之间的照明方式，它的优点是能获得高对比度的图像；前向照明是光源和摄像机位于被测物体同侧的照明方式，这种方式便于安装；结构光照明是指将通过光栅后的光或线光源等的光投射到被测物体上，根据它们产生的畸变，解调出被测物体的三维信息；频闪光照明是指将高频率的光脉冲照射到物体上，要求摄像机的扫描速度与光源的频闪速度同步。

4. 计算机

计算机是机器视觉的关键组成部分，由视觉传感器得到的图像信息要由计算机存储和处理，根据各种目的输出处理后的结果。20 世纪 80 年代以前，由于微型计算机的内存量小、内存条的价格高，因此往往需另加一个图像存储器来存储图像数据。现在，除了某些大规模视觉系统之外，一般使用微型计算机或小型机就行了，不需另加图像存储器。计算机的运算速度越快，视觉系统处理图像的时间就越短。由于在制造现场中，经常有振动、灰尘、热辐射等，所以一般需要工业级的计算机。除了通过显示器显示图形之外，还可以用打印机或绘图仪输出图像。

6.6.3 图像处理技术

图像处理技术(image processing technology)又称为计算机图像处理技术，是指将图像信号转换成数字信号并利用计算机对其进行处理的技术。常用的图像处理方法包括图像增强、图像平滑、边缘锐化、图像分割、图像识别、图像编码与压缩等。在图像处理中，输入的是质量低的图像，输出的是改善质量后的图像。对图像进行处理，既可改善图像的视觉效果，又便于计算机对图像进行分析、处理和识别。

1. 图像增强

图像增强(image enhancement)用于调整图像的对比度，突出图像中的重要细节，改善视觉质量。通常采用灰度直方图修改技术进行图像增强。图像的灰度直方图是表示一幅图像灰度分布情况的统计特性图表，与对比度联系紧密。如果获得一幅图像的直方图效果不理想，可以通过直方图均衡化处理技术做适当修改，即对一幅已知灰度概率分布的图像中的像素灰度做某种映射变换，使该图像变成一幅具有均匀灰度概率分布的新图像，达到使图像清晰的目的。

2. 图像平滑

图像平滑(image smoothing)处理即图像去噪声处理。噪声会恶化图像质量，使图像变得模糊、特征不清晰。实际获得的图像在形成、传输、接收和处理的过程中，不可避免地存在着外部干扰和内部干扰，如光电转换过程中敏感元件灵敏度的不均匀性、数字化过程中的量化噪声、传输过程中的误差及人为因素等，均会使图像失真。去除噪声，主要是为了去除实际成像过程中，因成像设备和环境所造成的图像失真，提取有用信息，恢复原始图像，这是图像处理中的一个重要内容。可通过邻域平均法、中值滤波法、空间域低通滤波等算法实现。

3. 边缘锐化

边缘锐化(image sharpening)处理主要是指加强图像中的轮廓边缘和细节，形成完整的物体边界，达到将物体从图像中分离出来或将表示同一物体表面的区域检测出来的目的。锐化的作用是使灰度反差增强，因为边缘和轮廓都位于灰度突变的地方。锐化算法的实现基于微分作用。边缘锐化是早期视觉理论和算法中的基本问题。

4. 图像分割

图像分割(image division)是将图像分成若干部分，每一部分对应于某一物体表面，在进行分割时，每一部分的灰度或纹理符合某一种均匀测度度量标准。其本质是将像素进行分类，把人们对图像中感兴趣的部分或目标从图像中提取出来，以进行进一步的分析和应用。图像分割通常有以下两种方法。

(1) 阈值处理法　以区域为对象进行分割，根据图像的灰度、色彩和图像的灰度值或色彩变化得到的特征的相似性来划分图像空间，通过把同一灰度级或相同组织结构的像素聚集起来而形成区域，这一方法依赖于相似性准则的选取。

(2) 边缘检测法　以物体边界为对象进行分割，首先通过检测图像中的局部不连续性得到图像的边缘(通常将画面上灰度突变部分当作边缘)，把边界分解成一系列的局部边缘，再按照一些策略把这些边缘确定为一定的分割区域。

5. 图像识别

图像识别(image recognition)过程实际上可以看作一个标记过程，即利用识别算法来辨别景物中已分割好的各个物体，给这些物体赋予特定的标记，它是机器视觉系统必须完成的一个任务。按照图像识别的难易程度，图像识别问题可分为以下三类。

(1) 图像中的像素表达了某一物体的某种特定信息，如遥感图像中的某一像素代表地面某一位置地物的一定光谱波段的反射特性，通过它即可判别出该地物的种类。

(2) 待识别物是有形的整体，通过二维图像信息已经足够识别该物体，如文字识别、某些具有稳定可视表面的三维体识别等。但这类问题不像第一类问题容易表示成特征矢量，在识别过程中，应先将待识别物体正确地从图像的背景中分割出来，再设法建立起图像中物体的属性图与假定模型库的属性图之间的匹配。

(3) 由输入的二维图、要素图等，得出被测物体的三维表示。如何将隐含的三维信息提取出来是当今研究的热点问题。

6. 图像编码与压缩

图像编码与压缩(image coding and compression)是图像数据存储与传输中的一项重

要技术。数字图像要占用大量的内存,一幅 512 像素×512 像素的数字图像的数据量为 256 KB,若假设每秒传输 25 帧图像,则传输的信道速率为 52.4 MB/s。高信道速率意味着高投资。因此,在传输过程中,对图像数据进行压缩显得非常重要。数据压缩主要通过对图像数据的编码和变换压缩实现。常用的编码方法有轮廓编码和扫描编码。轮廓编码是在图像灰度变化较小的情况下,用轮廓线来描述图像的特征。扫描编码是将一张图像按一定的间距进行扫描,在每条扫描线上找出浓度相同区域的起点和长度,将编号的扫描线段的起点、长度连同号码按先后顺序存储起来。扫描线没有碰到图像时不记录数据,如图 6-39 所示。

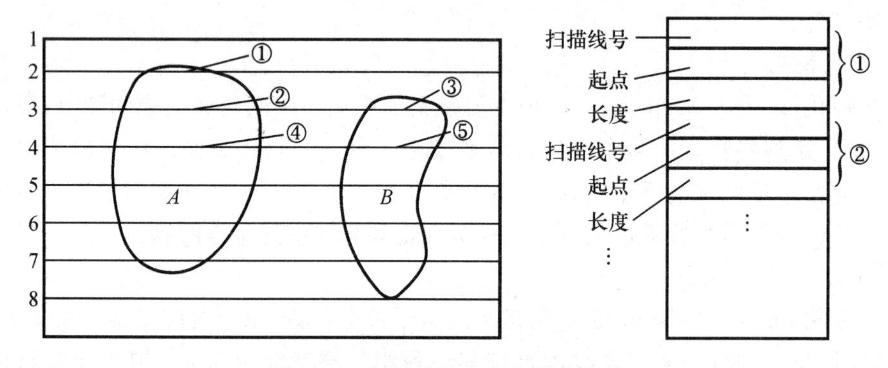

图 6-39　扫描编码方式和数据存储

6.6.4　工业机器人视觉伺服系统

工业机器人视觉伺服系统(visual servo system)是机器视觉和机器人控制的有机结合,是一个非线性、强耦合的复杂系统,其涉及图像处理、机器人运动学和动力学、控制理论等研究领域。随着摄像设备性价比和计算机信息处理速度的提高,以及有关理论的日益完善,机器人视觉伺服系统已具备实际应用的技术条件,相关的技术问题也成为当前研究的热点。

机器人视觉伺服系统是指利用视觉传感器得到的图像作为反馈信息而构造的机器人的位置闭环反馈系统。视觉伺服和一般意义上的机器视觉有所不同。机器视觉强调的是自动地获取分析图像,以得到描述一个景物或控制某种动作的数据;视觉伺服则是以实现对机器人的控制为目的而进行图像的自动获取与分析,它是根据机器视觉的原理,利用直接得到的图像反馈信息快速进行图像处理,并在尽量短的时间内给出反馈信息,以便于控制决策的产生。

目前,机器人视觉伺服系统有以下几种分类方式。

(1) 按摄像机的数目,可以分为单目视觉伺服系统、双目视觉伺服系统及多目视觉伺服系统。单目视觉伺服系统只能得到二维平面图像,无法直接得到目标的深度信息;多目视觉伺服系统可以获取目标多方向的图像,得到的信息丰富,但图像信息的处理量大,且因摄像机较多,难以保证系统的稳定性。当前主要采用双目视觉伺服系统。

(2) 按摄像机放置的位置,可以分为手眼系统(eye in hand 系统)和固定摄像机系统(eye to hand 系统)。在理论上手眼系统能够实现精确控制,但对系统的标定误差和机器人运动误差敏感;固定摄像机系统对机器人的运动误差不敏感,但同等情况下得到的目标位姿信息的精度不如手眼系统，所以控制精度相对也较低。

(3) 按根据反馈信号的不同，可以分为基于位置的视觉伺服系统和基于图像的视觉伺服系统。

图 6-40 所示为基于位置的动态观察-移动(look and move)视觉伺服系统，其可通过从图像中得到的目标物体的特征信息，基于物体的几何模型与摄像机模型，估计出目标物体相对于摄像机的位姿，然后利用与期望位姿的偏差进行反馈控制。

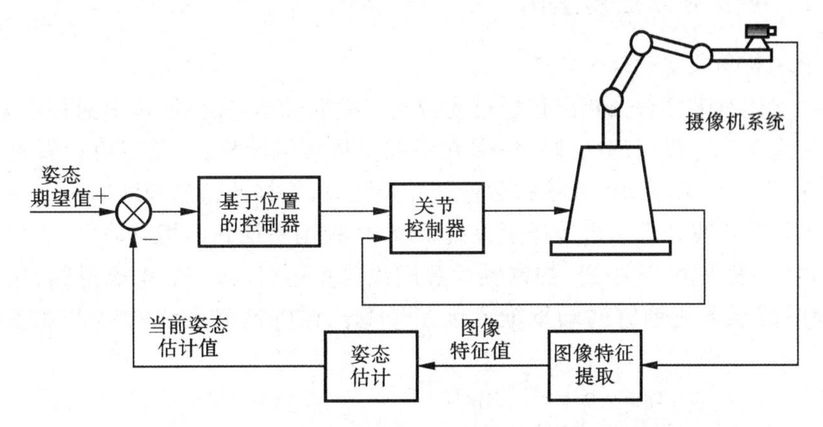

图 6-40　基于位置的动态观察-移动视觉伺服系统

这种控制系统的优点是可以直接在机器人的关节空间里进行控制，并可以运用已经成熟的相关的控制方法。其缺点是摄像机的校准精度及目标物体三维模型的精度，都会影响到目标物体相对于摄像机的期望位姿，以及当前目标物体相对于摄像机位姿的估计；另外，由于系统对图像没有任何控制，目标可能越过视野范围，导致跟踪控制失败。

基于图像的直接视觉伺服系统如图 6-41 所示，控制误差信息直接取自平面图像的特征值，系统利用期望特征与实时观测到的相应特征的差值进行控制。对于这种控制系统，需要解决的关键问题是如何得到反映图像特征与机器人末端操作器位姿和速度之间关系的图像雅可比矩阵。

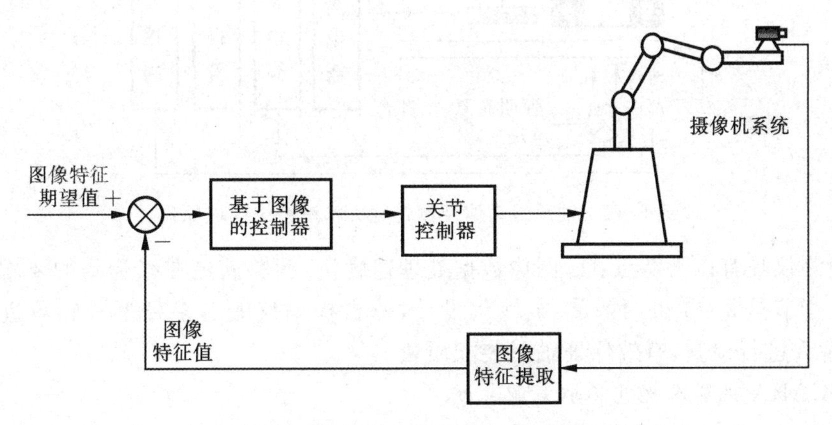

图 6-41　基于图像的直接视觉伺服系统

雅可比矩阵的计算方法有公式推导法、标定法、估计法及学习法等。雅可比矩阵推导和标定分别可以根据模型推导或标定进行，采用估计法时可以在线估计，而学习法主要为神经网络法。这种控制系统的优点是，如果可消除图像差，那么相应地摄像机也将达到期望的位姿,对摄像机的标定精度有鲁棒性。同时,它的实时计算量相对基于位置的视觉伺服系统要小得多。但是,它有一个极大的缺点,那就是雅可比矩阵奇异点的存在,会使逆雅可比矩阵控制率存在不稳定点,而这种情况在基于位置的视觉伺服系统中是不会发生的。另外一个问题是,计算图像雅可比矩阵需要估计目标深度(三维信息),而深度估计一直是计算机视觉技术的难点。

6.6.5 视觉技术应用案例

1. 轴承滚动体及铆钉缺失检测

轴承滚动体及铆钉缺失检测仪通过光源均匀照射轴承,在摄像机中捕捉清晰的图像,再将图像传送至计算机内的图像采集卡并将数据传输给计算机,最后由计算机对数据进行快速处理,获得轴承滚动体及铆钉数量的相关信息,根据此信息判断轴承是否缺少滚动体或铆钉。计算机将处理结果传送至控制系统,由控制系统做出相应动作,如果滚动体或铆钉缺失,可以发出声、光报警,控制轴承装配线停止运行,或控制电磁滑阀、气缸等执行部件,将缺少滚动体或铆钉的轴承推入废品筐等。相应检测系统的构成原理如图6-42所示。

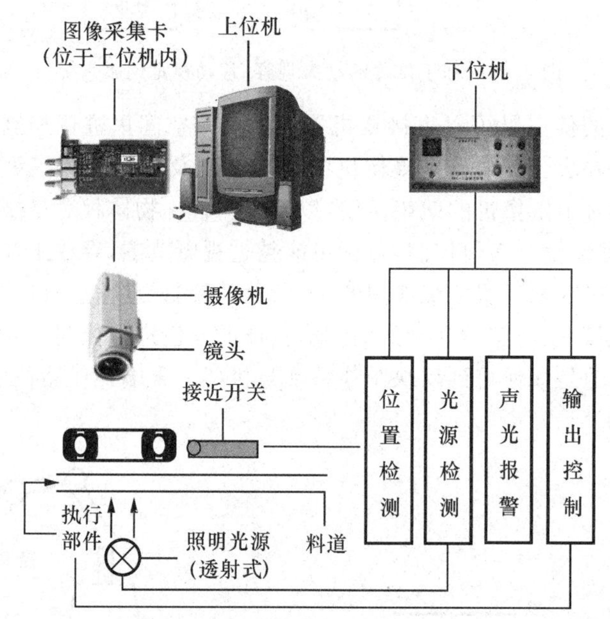

图 6-42 轴承滚动体及铆钉缺失检测系统构成原理

该检测仪具有以下特点:① 图像数据处理速度快,能够满足在线检测的要求,检测效率高于生产节拍 2～3 件/秒;② 柔性化设计,一台检测仪能对多种型号轴承进行检测;③ 能代替人进行检查,有效保证轴承装配质量。

2. SCARA 机器人视觉抓取装配系统

SCARA 机器人视觉抓取装配系统由机器人本体、控制柜、上位机、视觉处理单元和周边传送带等组成。通过图像处理识别技术,实现一个无序姿态工件与另一固定姿态工件之间的装配作业,如图 6-43 所示。

姿态随机的工件被传送带 1 输送至机器人附近,停止在由光电开关 S1 确定的位置

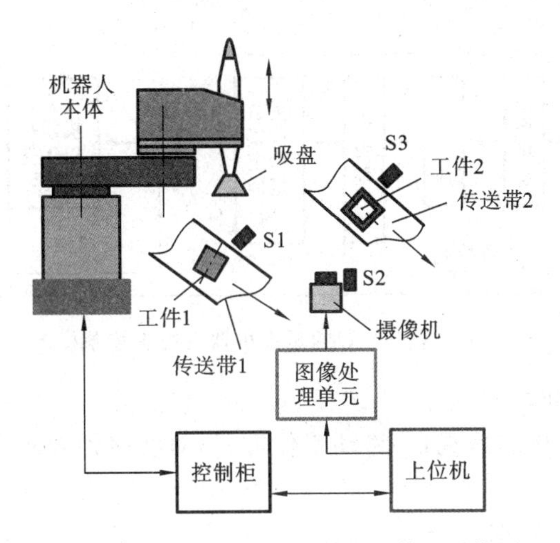

图 6-43 SCARA 机器人视觉抓取装配系统原理

处；机器人运动到位后利用吸盘抓取工件，继续朝传送带 2 的方向运动，途中触发光电开关 S2 发出信号，控制倒置摄像机拍摄工件图像，并快速处理、确定工件 1 二维姿态信息，与样本工件姿态匹配，获得工件 1 姿态偏差；机器人调整手部姿态至与样本姿态相吻合，并继续运动到传送带 2 上方，光电开关 S3 发出信号，实施工件 1、工件 2 之间的装配作业。

3. 视觉弧焊机器人

在工业生产中应用的工业机器人一般采用示教或离线编程的方式进行路径规划和运动编程，机器人在加工过程中只是简单地重复预先设定的动作。但在加工对象的状态发生变化时，加工质量一般不能满足要求。另外，示教和离线编程都需占用大量的时间，在用于小批量、多品种的加工时，该问题尤其突出，而小批量、多品种加工是未来加工制造业的发展趋势。若利用机器人的视觉控制技术，则不需要预先对工业机器人的运动轨迹进行示教或离线编程，这样可节约大量的编程时间，并提高生产效率和加工质量。

1）视觉弧焊机器人系统的硬件构成

按照其功能，可将视觉弧焊机器人的硬件系统分为机器人系统、视觉系统、焊接系统。机器人系统由上位控制计算机、开放式机器人本地控制器和安川机器人本体构成；视觉系统由上位控制计算机、摄像机和激光器组成；焊接系统由电焊机、送丝机、焊枪、CO_2 气瓶构成。在机器人系统中，上位控制计算机与开放式机器人本地控制器构成基于局域网的机器人控制器。在视觉系统中，摄像机和激光器构成结构光视觉传感装置，视频信号通过图像采集卡输入上位计算机。在焊接系统中，控制焊机工作的启动、停止等信号通过 I/O 卡输入上位计算机。综上所述，弧焊机器人控制系统是借助于上位计算机，通过将机器人系统、视觉系统、焊接系统集成为一体而形成。

2）基于位置的弧焊机器人视觉伺服控制系统

图 6-44 所示为基于位置的弧焊机器人视觉控制框图。视觉位置控制部分由机器人位姿获取、图像采集、特征提取、笛卡儿空间三维坐标求取、关节位置给定值确定等单元构成。读取机器人的位姿后，利用两台摄像机同步进行图像采集，对采集的两幅图像进行特征提取，根据机器人的位姿、摄像机的内参数和相对于机器人末端的外参数计算获得特征点在基坐标系下的三维坐标，经过在线路径规划获得机器人下一运动周期的位姿，通过逆运动学求解得到六个关节位置给定值。各个关节均采用位置闭环和速度闭环控制，内环

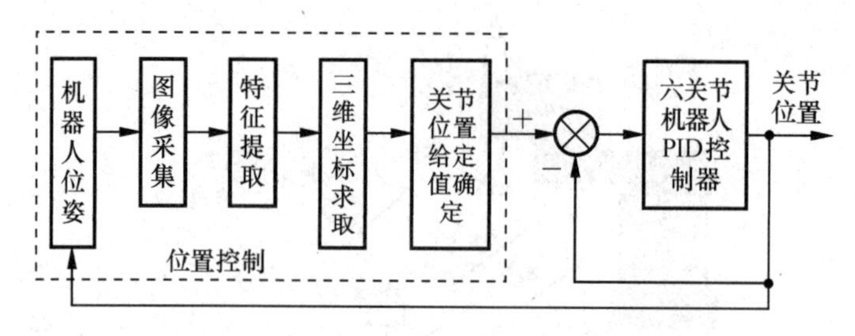

图 6-44　基于位置的弧焊机器人视觉控制框图

为速度环，外环为位置环。

该视觉控制系统采用的是观察-移动工作方式，对实时性要求较低。在此系统中，视觉测量周期为 100 ms。

3）焊枪的位姿调整原理

视觉控制系统利用视觉信息控制机器人的运动，调整激光束和焊枪的位姿。下面以 Oxy 平面内的 V 形焊缝为例，讨论激光束和焊枪的位姿调整原理。图 6-45 所示为一般情况下 V 形焊缝的跟踪与焊接示意图，激光束中心点与焊枪尖之间有较大的距离，为保证在机器人的运动过程中焊枪尖处在焊缝的合适位置，同时使激光束照射到焊缝上，需要对激光束和焊枪的位姿进行调整。图 6-45(a)为起始段的位姿调整示意图；图 6-45(b)为中间段和结束段的位姿调整示意图，图中实心圆点表示焊枪尖的位置，空心圆点表示激光束中心点的位置。

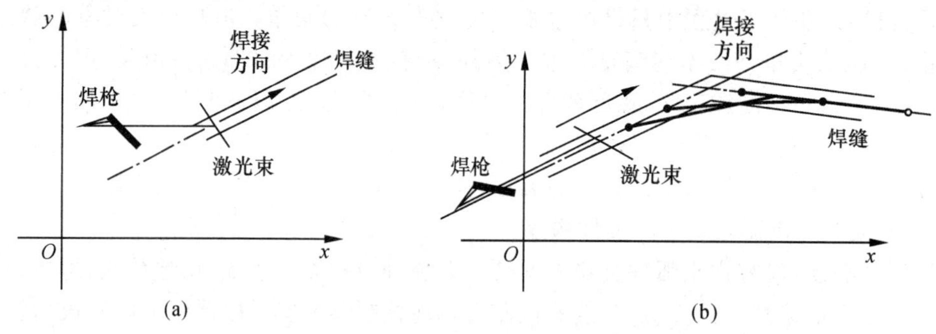

图 6-45　一般情况下 V 形焊缝的跟踪

(a) 起始段；(b) 中间段和结束段

在起始段的段首，以激光结构光照射到焊缝的中心点(激光束中心点)上，并以此为基准，绕 z 轴旋转，使焊枪尖处在焊缝的延长线上。然后，使枪尖保持在焊缝的延长线上，激光束沿焊缝移动。在起始段，机器人末端以激光束为基准调整。激光束中心点在基坐标系上的三维坐标可通过视觉测量获得，由该三维坐标可以获得该点在机器人末端坐标系中的位置。

在中间段，每当焊枪尖沿焊缝移动一次，焊枪就以焊枪尖的目标位置为基准，绕 z 轴旋转一次，并使激光束中点保持在焊缝上。因此，在中间段，机器人末端以焊枪尖为基准进行调整。根据焊接工艺要求，可以由焊枪尖此时的位姿获得焊枪尖目标的位姿。以焊枪尖的位置为圆心、以激光束中心点与焊枪尖之间的距离为半径画圆，该圆与激光束中心点所在的焊缝直线的交点中，离激光束中心点较近的点为其目标位置。

在结束段，因激光束已不需要跟踪焊缝，所以直接利用焊枪尖目标的位姿，经平移变换获得机器人末端的位姿即可。

6.7　其他外部传感器

除了以上介绍的机器人外部传感器外，机器人还可根据其用途安装听觉、嗅觉、味觉传感器等。

至于机器人的听觉及声音控制功能，目前仍处于探索与实验状态。人们对声音的合成、识别技术的研究早已开始，此类技术正逐步转入实用阶段。现已可以用具有声音识别能力的机器人的操作来代替键盘和操纵盒。但目前听觉传感器对于非指定的说话者发出的语音指令的识别度较低，相关技术还只是停留在研究阶段。听觉传感器和麦克风的基本形态没有什么不同，所以在输入端方面问题很少。

嗅觉传感器的主要功能是检测空气中的化学成分、浓度等，一般用于需要在高温，存在放射线、可燃性气体及其他有毒气体的恶劣环境下工作的工业机器人中。

味觉传感器则用于对液体进行化学成分的分析。实用的味觉传感器有 pH 计、化学分析器等。通常味觉传感器可探测溶于水中的物质。在一般情况下，探测化学物质时，嗅觉比味觉更敏感。

此外，还有纯工程学的传感器，如检测磁场的磁传感器，检测各种异常情况（如异常电压和油压、发热、噪声等）的安全用传感器和电波传感器等。配备这些传感器的机器人主要用于科学研究、海洋资源探测、食品分析、救火等特殊场合。

拓展6-2：视觉物体分拣应用案例

拓展6-3：激光焊缝识别应用案例

习　　题

本章习题参考答案

6.1　工业机器人传感器分为哪几类？它们分别有什么作用？触觉传感器属于哪一类？

6.2　选择工业机器人传感器时主要需考虑哪些因素？

6.3　光电编码器可用于测量的模拟量有哪些？请说明绝对式与增量式光电编码器各自适用的场合。

6.4　试说明机器人关节电动机使用的光电编码器的特点及常见故障。

6.5　利用增量式光电编码器以数字方式测量机器人关节转速，若已知编码器输出为1500 p/r，高速脉冲源周期为0.2 ms，对应编码器的两个脉冲计数值为120，求关节转动角速度的值。

6.6　说明接近觉传感器的作用、常见种类及工作原理。

6.7　何谓智能工业机器人？

6.8　机器视觉系统包括哪些组成部分？简要叙述机器视觉系统的工作原理及常用的结构形式。

第7章 工业机器人轨迹规划与编程

轨迹规划(trajectory planning)是指根据作业任务的要求,确定轨迹参数并实时计算和生成运动轨迹。它是工业机器人控制的依据,所有控制的目的都在于精确实现所规划的运动。

轨迹规划既可以在关节空间,也可以在直角坐标空间中进行,但规划的轨迹函数必须连续和平滑,以使机械臂的运动平稳。在满足所要求的约束条件的情况下,选取不同类型的光滑插值函数是轨迹规划研究的重点。

本章讨论关节空间和直角坐标空间中机器人轨迹规划过程和轨迹生成方法,比较两种空间下轨迹规划的特点和适应的作业类型;对机器人语言编程、机器人示教-再现编程和机器人离线编程三种控制方式分别进行介绍。以机器人焊接作业为例,对示教-再现编程的原理和方法进行详细论述,介绍关节空间轨迹规划指令 MOVJ 和直角坐标空间轨迹规划指令 MOVL 的规划原理与区别。

拓展内容:三次多项式关节空间轨迹规划案例、抛物线+直线轨迹规划案例、直角坐标空间轨迹规划案例、冗余协作机器人运动规划案例、上肢康复机器人轨迹规划案例、太空机械臂轨迹规划案例、数控机床上下料离线编程与仿真案例。

7.1 工业机器人轨迹规划

7.1.1 机器人轨迹规划的概念

路径是指机器人末端操作器位姿的一个特定序列,不考虑位姿的时间因素。轨迹是机器人末端操作器运动过程中的轨迹参数(位移、速度、加速度)对时间变化的历程。规划是一种问题求解方法,即从某个特定问题的初始状态出发,构造一系列操作步骤(或算子),以达到解决问题的目标状态。轨迹规划是指根据机器人作业任务的要求(作业规划),对机器人末端操作器在运动过程中位姿变化的路径、取向及其变化速度和加速度进行人为设定。在轨迹规划中,需根据机器人所完成的作业任务要求,给定机器人末端操作器的初始状态、目标状态及路径所经过的有限个中间点或路径点(via point),对于没有给定的路径区间则必须选择关节插值函数,生成不同的轨迹。

工业机器人轨迹规划属于机器人低层次规划,基本上不涉及人工智能的问题,本章仅讨论在关节空间或直角坐标空间中工业机器人运动的轨迹规划和轨迹生成方法。

7.1.2 轨迹规划的一般性问题

机器人的作业可以描述成工具坐标系$\{T\}$相对于工作台坐标系$\{S\}$的一系列运动。如图 7-1 所示,将机器人的作业描述成工具坐标系的一系列位姿 $P_i(i=1,2,\cdots,n)$的变化。这种描述方法不仅符合机器人用户考虑问题的思路,而且有利于描述和生成机器人的运动轨迹。

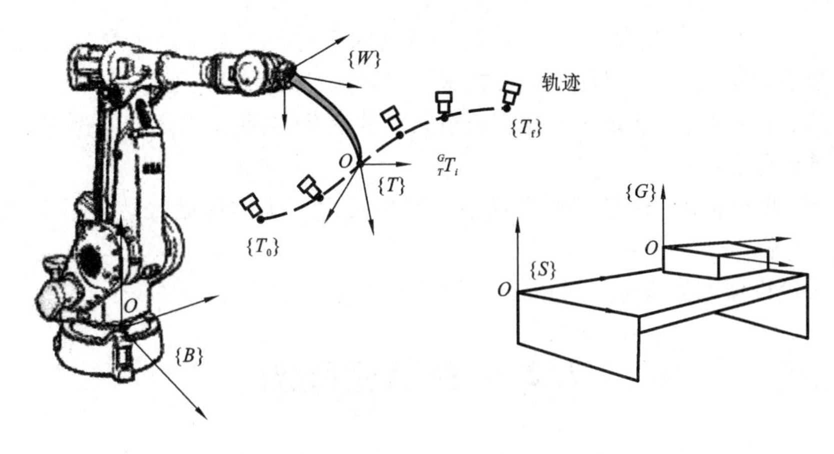

图 7-1 机器人作业任务的描述

用工具坐标系相对于工作台坐标系的运动来描述作业路径是一种通用的作业描述方法，它把作业路径描述与具体的机器人、末端操作器手爪或工具分离开来，形成了模型化的作业描述方法，从而使这种描述既适用于不同的机器人，也适用于可装夹不同规格工具的某一个机器人。

对于移动工作台(例如传送带)，这种方法也适用。这时，工件坐标系$\{G\}$的位姿随时间而变化。

对于点位作业(如点焊、拿放等作业)机器人，仅仅需要描述它的起始状态和目标状态，即工具坐标系的起始值$\{T_0\}$和终止值$\{T_f\}$，就可完成机器人的轨迹规划任务。在轨迹规划中，为叙述方便，也常用点来表示机器人的状态或工具坐标系的位姿，如起始点、终止点就分别用于表示工具坐标系的起始位姿、终止位姿。

对于连续轨迹作业(如电弧焊、曲面加工等作业)机器人，不仅要规定机械臂的起始点和终止点，而且要指明两点之间的若干中间点(路径点)。这时，运动轨迹除了位姿约束外，还存在着各路径点之间的时间分配问题。例如，在规定路径的同时，还必须给出两个路径点之间的运动时间。

机器人的运动应当平稳，不平稳的运动将加剧机械部件的磨损，并导致机器人的振动和冲击。为此，要求所选择的运动轨迹描述函数必须是连续的，而且它的一阶导数(速度)，甚至二阶导数(加速度)也应该连续。

如前文所述，轨迹规划既可以在关节空间中进行，也可以在直角坐标空间中进行。在关节空间中进行轨迹规划是指将所有的关节变量表示为时间的函数，用这些关节函数及其一阶、二阶导数描述机器人预期的运动；在直角坐标空间中进行轨迹规划是指将手爪位姿、速度和加速度表示为时间的函数，而相应的关节位置、速度和加速度由手爪信息导出。

在规划机器人的运动时，还需要弄清楚在其路径上是否存在障碍物(障碍约束)，本章主要讨论连续路径的无障碍轨迹规划方法。

7.1.3 轨迹的生成方式

运动轨迹的描述或生成有以下几种方式。

(1)示教-再现运动　即由人手把手示教机器人，定时记录各关节变量，得到沿路径运动时各关节的位移时间函数$q(t)$；再现时，按内存中记录的各点的值产生序列动作。

(2)关节空间运动　这种运动直接在关节空间里进行。由于动力学参数及其极限值直接在关节空间中描述,所以用这种方式求费时最短的运动很方便。

(3)空间直线运动　这是一种在直角空间里的运动,它便于描述空间操作,计算量小,适宜于简单的作业。

(4)空间曲线运动　这是一种在描述空间中可用明确的函数表达的运动,如圆周运动、螺旋运动等。

下面讨论机器人的轨迹规划和轨迹的生成。

7.2 关节空间法

在关节空间中进行轨迹规划,首先需要将每个作业路径点向关节空间变换,即用逆运动学方法把路径点转换成关节路径点(关节角度值),当对所有作业路径点都进行这种变换后,便形成了多组关节路径点。然后,为每个关节相应的关节路径点拟合光滑函数,称之为关节函数。这些关节函数分别描述了机器人各关节从起始点开始,依次通过路径点,最后到达某目标点的运动轨迹。由于每个关节在相应路径段运行的时间相同,所有关节都将同时到达路径点和目标点,从而保证工具坐标系在各路径点具有预期的位姿。最后通过正运动学验证机器人末端在作业空间下的实际运动轨迹,检验是否有碰到周边障碍物的情况发生。需要注意的是,尽管每个关节在同一段路径上具有相同的运行时间,但各关节函数之间是相互独立的。以六自由度关节机器人三个路径点为例,机器人在关节空间中的轨迹规划过程如图 7-2 所示。

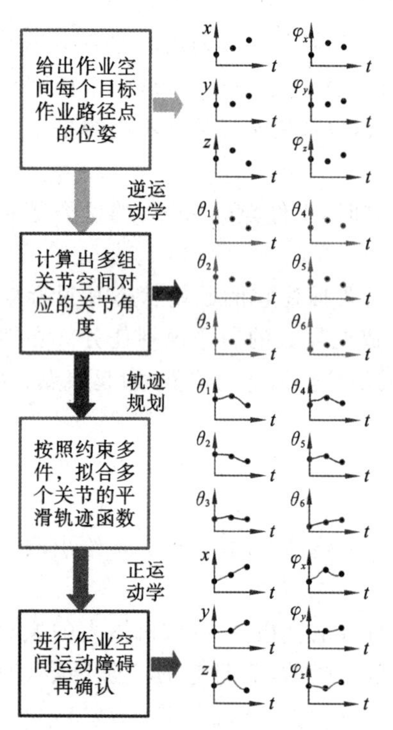

图 7-2　关节空间轨迹规划过程

在关节空间中进行轨迹规划时,不需考虑直角坐标空间中两个路径点之间的轨迹形状,仅以关节角度的函数来描述机器人的轨迹即可,计算简单、省时;而且由于关节空间与直角坐标空间并不是连续的对应关系,在关节空间内不会发生机构的奇异现象,从而可避免在直角坐标空间内规划时会出现的关节速度失控问题。

在关节空间进行轨迹规划的规划路径不是唯一的。只要满足路径点上的约束条件,就可以选取不同类型的关节角度函数,生成不同的轨迹。

7.2.1 三次多项式插值

假设机器人的起始和终止位姿是已知的,由逆运动学方程,可求得机器人对应两处位姿的期望关节角。因此,可以在关节空间中用通过起始和终止关节角的一个平滑轨迹函数 $\theta(t)$ 来描述末端操作器的运动轨迹。

为了实现关节的平稳运动，每个关节的平滑轨迹函数 $\theta(t)$ 至少需要满足四个约束条件：两个端点位置约束和两个端点速度约束。显然，有许多平滑轨迹函数可作为关节插值函数。

端点位置约束是指起始位姿和终止位姿所分别对应的关节角度。$\theta(t)$ 在时刻 $t_0=0$ 的值等于起始点关节角度（简称起始角）θ_0，在终止时刻 t_f 的值等于终止点关节角度（简称终止角）θ_f，即

$$\begin{cases}\theta(0)=\theta_0\\ \theta(t_f)=\theta_f\end{cases} \tag{7-1}$$

为满足关节运动速度的连续性要求，在起始点和终止点的关节角速度可简单地设定为零（端点速度约束），即

$$\begin{cases}\dot{\theta}(0)=0\\ \dot{\theta}(t_f)=0\end{cases} \tag{7-2}$$

由上面给出的四个约束条件可以唯一地确定一个三次多项式，即

$$\theta(t)=a_0+a_1t+a_2t^2+a_3t^3 \tag{7-3}$$

对应于该路径的关节角速度和角加速度则为

$$\begin{cases}\dot{\theta}(t)=a_1+2a_2t+3a_3t^2\\ \ddot{\theta}(t)=2a_2+6a_3t\end{cases} \tag{7-4}$$

把上述的四个约束条件代入式(7-3)和式(7-4)可得

$$\begin{cases}\theta(0)=a_0=\theta_0\\ \theta(t_f)=a_0+a_1t_f+a_2t_f^2+a_3t_f^3\\ \dot{\theta}(0)=a_1=0\\ \dot{\theta}(t_f)=a_1+2a_2t_f+3a_3t_f^2=0\end{cases} \tag{7-5}$$

求解以上方程组可得

$$\begin{cases}a_0=\theta_0\\ a_1=0\\ a_2=\dfrac{3}{t_f^2}(\theta_f-\theta_0)\\ a_3=-\dfrac{2}{t_f^3}(\theta_f-\theta_0)\end{cases} \tag{7-6}$$

需要强调的是：这组解只适用于关节起始点和终止点速度为零的运动情况。对于其他情况，后面将另行讨论。

推广到任意时间段$[t_i,\ t_{i+1}]$，在起始点与终止点之间做三次多项式规划，定义 $\theta(t)$ 在时刻 t_i 的值是起始关节角度 θ_i，在终止时刻 t_{i+1} 的值是终止关节角度 θ_{i+1}，定义 $\Delta t=t_{i+1}-t_i$，则式(7-5)可以改写成如下矩阵形式：

$$\begin{bmatrix}\theta_i\\ \theta_{i+1}\\ \dot{\theta}_i\\ \dot{\theta}_{i+1}\end{bmatrix}=\begin{bmatrix}1 & 0 & 0 & 0\\ 1 & \Delta t & \Delta t^2 & \Delta t^3\\ 0 & 1 & 0 & 0\\ 0 & 1 & 2\Delta t & 3\Delta t^2\end{bmatrix}\begin{bmatrix}a_0\\ a_1\\ a_2\\ a_3\end{bmatrix}$$

即
$$\boldsymbol{\Theta}=\boldsymbol{M}\boldsymbol{A}$$
式中：$\boldsymbol{\Theta}$ 为三次多项式规划中的四个约束条件组成的矩阵；$\boldsymbol{M}$ 为与规划时间相关的 4×4 的矩阵；$\boldsymbol{A}$ 为三次多项式中的四个系数组成的矩阵。

因此，三次多项式的系数矩阵 $\boldsymbol{A}$ 可通过下式求解：
$$\boldsymbol{A}=\boldsymbol{M}^{-1}\boldsymbol{\Theta}$$
即
$$\begin{bmatrix} a_0 \\ a_1 \\ a_2 \\ a_3 \end{bmatrix}=\begin{bmatrix} 1 & 0 & 0 & 0 \\ 0 & 0 & 1 & 0 \\ -\dfrac{3}{\Delta t^2} & \dfrac{3}{\Delta t^2} & -\dfrac{2}{\Delta t} & -\dfrac{1}{\Delta t} \\ \dfrac{2}{\Delta t^3} & -\dfrac{2}{\Delta t^2} & \dfrac{1}{\Delta t^2} & \dfrac{1}{\Delta t^2} \end{bmatrix}\begin{bmatrix} \theta_i \\ \theta_{i+1} \\ \dot{\theta}_i \\ \dot{\theta}_{i+1} \end{bmatrix} \tag{7-7}$$

将式(7-1)、式(7-2)代入式(7-7)，得到的结果与式(7-6)完全一致，因此式(7-7)为任意时间段内两点之间的三次多项式规划的通式。

例 7-1 要求一个六轴机器人的第一关节在 5 s 内从起始点(起始角 $\theta_0=30°$)运动到终止点(终止角 $\theta_f=75°$)，且起始点和终止点速度均为零。用三次多项式规划该关节的运动，并计算在第 1 s、第 2 s、第 3 s 和第 4 s 时关节的角度。

解 将约束条件代入式(7-7)，可得
$$a_0=30,\quad a_1=0,\quad a_2=5.4,\quad a_3=-0.72$$
由此得关节角位移、角速度和角加速度方程：
$$\theta(t)=30+5.4t^2-0.72t^3$$
$$\dot{\theta}(t)=10.8t-2.16t^2$$
$$\ddot{\theta}(t)=10.8-4.32t$$
代入时间求得
$$\theta(1)=34.68°,\quad \theta(2)=45.84°,\quad \theta(3)=59.16°,\quad \theta(4)=70.32°$$

本例中机器人关节的角位移、角速度和角加速度曲线如图 7-3 所示。其中初始角加速度为 10.8(°)/s^2，运动末端的角加速度为 −10.8(°)/s^2。从以上实例求解可以看出，三次多项式规划求解简单、计算速度快，但存在着速度最大值只是一个点、没有匀速段、速度效率不高、端点加速度最大值无法限制等问题。

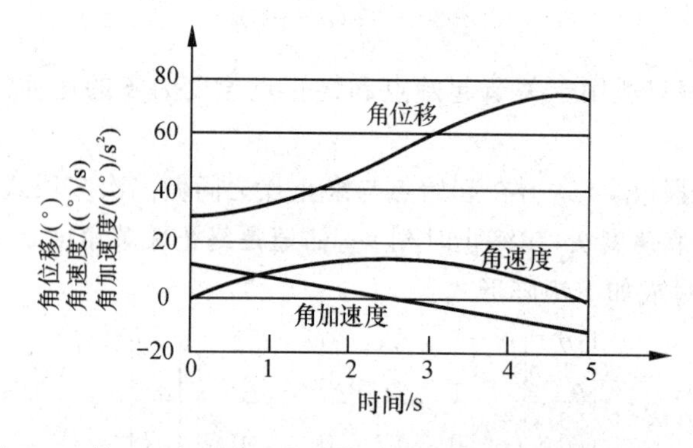

图 7-3 例 7-1 中机器人关节的角位移、角速度和角加速度曲线

7.2.2　过路径点的三次多项式插值

一般情况下，要求规划过路径点的轨迹。如果操作臂在路径点停留，即各路径点上速度为零，则轨迹规划可连续直接使用前面介绍的三次多项式插值方法；但若机械臂只是经过路径点并不停留，就需要推广上述方法。

对于机器人作业路径上的所有路径点，可以用求解逆运动学的方法先得到多组对应的关节空间路径点，进行轨迹规划时，把每个关节上相邻的两个路径点分别看作起始点和终止点，再确定相应的三次多项式插值函数，最后把路径点平滑连接起来。一般情况下，这些起始点和终止点上的关节运动角速度不再为零。

设路径点上的关节速度已知，在某段路径上，起始点关节角位移和角速度分别为 θ_0 和 $\dot{\theta}_0$，终止点关节角位移和角速度分别为 θ_f 和 $\dot{\theta}_f$，这时确定三次多项式系数的方法与前所述完全一致，只是角速度约束条件变为

$$\begin{cases}\dot{\theta}(0)=\dot{\theta}_0\\ \dot{\theta}(t_f)=\dot{\theta}_f\end{cases}\tag{7-8}$$

利用约束条件确定三次多项式系数，有方程组

$$\begin{cases}\theta_0=a_0\\ \theta_f=a_0+a_1t_f+a_2t_f^2+a_2t_f^3\\ \dot{\theta}_0=a_1\\ \dot{\theta}_f=a_1+2a_2t_f+3a_3t_f^2\end{cases}\tag{7-9}$$

求解该方程组可得

$$\begin{cases}a_0=\theta_0\\ a_1=\dot{\theta}_0\\ a_2=\dfrac{3}{t_f^2}(\theta_f-\theta_0)-\dfrac{2}{t_f}\dot{\theta}_0-\dfrac{1}{t_f}\dot{\theta}_f\\ a_3=-\dfrac{2}{t_f^3}(\theta_f-\theta_0)+\dfrac{1}{t_f^2}(\dot{\theta}_0+\dot{\theta}_f)\end{cases}\tag{7-10}$$

当路径点上的关节角速度为零，即 $\dot{\theta}_0=\dot{\theta}_f=0$ 时，式(7-10)与式(7-6)完全相同，这就说明由式(7-10)确定的三次多项式描述了起始点和终止点具有任意给定位置和速度约束条件的运动轨迹。

如果给定了每个路径点处期望的关节速度，则可由式(7-10)得出每个曲线段对应的三次多项式。路径点期望的关节速度确定是过路径点轨迹规划的关键。通常有三种方法可用来选择路径点期望的关节速度：

(1) 根据工具坐标系在直角坐标空间中的瞬时线速度和角速度确定各路径点的关节速度。

(2) 在直角坐标空间或关节空间中采用启发式方法，由控制系统自动地选择路径点的关节速度。

(3) 为了保证每个路径点上的加速度连续，由控制系统自动地选择路径点的关节

速度。

在方法(1)中,利用机器人在此路径上的逆雅克比矩阵,把该点的直角坐标速度映射为所要求的关节速度。当然,如果机器人的某个路径点是奇异点,这时就不能任意设置速度值。按照方法(1)生成的轨迹虽然能满足用户设置速度的需要,但是逐点设置速度毕竟有很大的工作量。因此,机器人的控制系统最好具有方法(2)或(3)对应的功能,或者二者兼而有之。

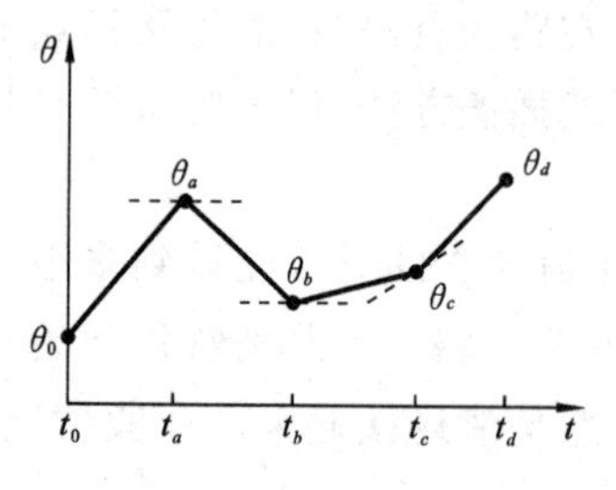

图 7-4　路径点上速度的自动生成

在方法(2)中,系统采用某种启发式方法自动地选择合适的路径点速度。图 7-4 表示一种启发式选择路径点速度的方法。图中:θ_0 为起始点关节角度,θ_d 为终止点关节角度,θ_a,θ_b,θ_c 是路径点关节角度;细虚线表示过路径点的关节运动速度。这里所用的启发式信息从概念到计算方法都很简单:假设用直线段把这些路径点依次连接起来,如果相邻线段斜率在路径点处改变符号,则把速度选定为零;如果相邻线段斜率不改变符号,则选取路径点两侧的线段斜率的平均值作为该点的速度。因此,系统就能够按此规则自动生成相应的路径点速度。

对于方法(3),为了保证路径点处的加速度连续,可以设法用两条三次曲线将路径点按照一定规则连接起来,拼凑成所要求的轨迹。其约束条件是:连接处不仅速度连续,而且加速度也连续。

下面以过路径点的轨迹 ABC 为例,说明采用过路径点的三次多项式规划法求解的过程。假设起始点为 A,中间点为 B,终止点为 C。定义初始角为 θ_0,B 点角度为 θ_1,C 点角度为 θ_f,通过 AB 段所需时间为$[t_0,\ t_1]$,通过 BC 段所需时间为$[t_1,\ t_f]$。

在 AB 段和 BC 段都使用式(7-3)进行插值,起始点 A 和终止点 C 的速度为 0。

对于 AB 段,有

$$\theta_{\mathrm{I}}(\Delta t_1)=a_{10}+a_{11}\Delta t_1+a_{12}\Delta t_1^2+a_{13}\Delta t_1^3,\quad \Delta t_1=t_1-t_0 \tag{7-11}$$

对于 BC 段,有

$$\theta_{\mathrm{II}}(\Delta t_2)=a_{20}+a_{21}\Delta t_2+a_{22}\Delta t_2^2+a_{23}\Delta t_2^3,\quad \Delta t_2=t_f-t_1 \tag{7-12}$$

首先将 A、B、C 三点的角度约束值 θ_0,θ_1,θ_f代入式(7-11)、式(7-12),可得出以下四个方程:

$$\theta_0=a_{10}$$
$$\theta_1=a_{10}+a_{11}\Delta t_1+a_{12}\Delta t_1^2+a_{13}\Delta t_1^3$$
$$\theta_1=a_{20}$$
$$\theta_f=a_{20}+a_{21}\Delta t_2+a_{22}\Delta t_2{}^2+a_{23}\Delta t_2^3$$

然后由 A、C 两点的速度约束值(起始点和终止点速度均为 0),可得出以下两个方程:

$$\dot{\theta}_0=0=a_{11}$$
$$\dot{\theta}_f=0=a_{21}+2a_{22}\Delta t_2+3a_{23}\Delta t_2^2$$

最后由中间点 B 的速度与加速度约束值(考虑速度、加速度的连续性,AB 段的终止速度、加速度和 BC 段的起始速度、加速度相等),得出以下两个方程:

$$\dot{\theta}_1 = a_{11} + 2a_{12}\Delta t_1 + 3a_{13}\Delta t_1^2 = a_{21}$$

$$\ddot{\theta}_1 = 2a_{12} + 6a_{13}\Delta t_1 = 2a_{22}$$

联立以上八个方程,可求出式(7-11)和式(7-12)中的共八个未知系数。

以上八个方程同样可写成矩阵形式,采用矩阵逆解的方法求解八个系数:

$$\begin{bmatrix} \theta_0 \\ \theta_1 \\ \theta_1 \\ \theta_f \\ \dot{\theta}_0 \\ \dot{\theta}_f \\ 0 \\ 0 \end{bmatrix} = \begin{bmatrix} 1 & 0 & 0 & 0 & 0 & 0 & 0 & 0 \\ 1 & \Delta t_1 & \Delta t_1^2 & \Delta t_1^3 & 0 & 0 & 0 & 0 \\ 0 & 0 & 0 & 0 & 1 & 0 & 0 & 0 \\ 0 & 0 & 0 & 0 & 1 & \Delta t_2 & \Delta t_2^2 & \Delta t_2^3 \\ 0 & 1 & 0 & 0 & 0 & 0 & 0 & 0 \\ 0 & 0 & 0 & 0 & 0 & 1 & 2\Delta t_2 & 3\Delta t_2^2 \\ 0 & 1 & 2\Delta t_1 & 3\Delta t_1^3 & 0 & -1 & 0 & 0 \\ 0 & 0 & 2 & 6\Delta t_1 & 0 & 0 & -2 & 0 \end{bmatrix} \begin{bmatrix} a_{10} \\ a_{11} \\ a_{12} \\ a_{13} \\ a_{20} \\ a_{21} \\ a_{22} \\ a_{23} \end{bmatrix}$$

因此,过路径点的两个三次多项式的系数矩阵 $\mathbf{A}$ 可通过下式求解:

$$\mathbf{A}_{8\times 1} = \boldsymbol{M}_{8\times 8}^{-1}\boldsymbol{\Theta}_{8\times 1}$$

例 7-2 要求一个六轴机器人的第一关节在 5 s 内从 A 点(初始角30°)运动到 C 点(终端角75°),经过中间点 B 时的角度值为 45°,且起始点和终止点关节速度均为零,通过 AB 段和 BC 段用时相等,均为 2.5 s。用三次多项式规划该关节的运动,绘制出角度、角速度、角加速度曲线。(除增加 45°的中间点外,其他条件同例 7-1)

解 若令 AB 段与 BC 段时间间隔相等,即 $\Delta t_1 = \Delta t_2 = \Delta t$,解得八个系数:

$$\begin{cases} a_{10} = \theta_0, a_{11} = 0, a_{12} = \dfrac{12\theta_1 - 3\theta_f - 9\theta_0}{4\Delta t^2}, a_{13} = \dfrac{-8\theta_1 + 3\theta_f + 5\theta_0}{4\Delta t^3} \\ a_{20} = \theta_1, a_{21} = \dfrac{3\theta_f - 3\theta_0}{4\Delta t}, a_{22} = \dfrac{-12\theta_1 + 6\theta_f + 6\theta_0}{4\Delta t^2}, a_{23} = \dfrac{8\theta_1 - 5\theta_f - 3\theta_0}{4\Delta t^3} \end{cases}$$

代入题目中给出的条件,即 $\theta_0 = 30°$,$\theta_1 = 45°$,$\theta_f = 75°$,$\Delta t = 2.5$,可求得:

$$\begin{cases} a_{10} = 30, a_{11} = 0, a_{12} = 1.8, a_{13} = 0.24 \\ a_{20} = 45, a_{21} = 13.5, a_{22} = 3.6, a_{23} = -1.68 \end{cases}$$

代入式(7-11)和式(7-12),可得 AB 段和 BC 段的位置规划曲线方程,即

AB: $$\theta_{\mathrm{I}}(\Delta t_1) = 30 + 1.8\Delta t_1^2 + 0.24\Delta t_1^3$$

BC: $$\theta_{\mathrm{II}}(\Delta t_2) = 45 + 13.5\Delta t_2 + 3.6\Delta t_2^2 - 1.68\Delta t_2^3$$

式中:$\Delta t_1 \in [0, 2.5]$,$\Delta t_2 \in [2.5, 5]$。

对以上两个曲线方程分别求导,可得 AB 段和 BC 段的速度与加速度规划方程,即

AB: $$\dot{\theta}_{\mathrm{I}}(\Delta t_1) = 3.6\Delta t_1 + 0.72\Delta t_1^2$$

$$\ddot{\theta}_{\mathrm{I}}(\Delta t_1) = 3.6 + 1.44\Delta t_1$$

BC: $$\dot{\theta}_{\mathrm{II}}(\Delta t_2) = 13.5 + 7.2\Delta t_2 - 5.04\Delta t_2^2$$

$$\ddot{\theta}_{\mathrm{II}}(\Delta t_2) = 7.2 - 10.08\Delta t_2$$

式中:$\Delta t_1 \in [0, 2.5]$,$\Delta t_2 \in [2.5, 5]$。

规划曲线如图 7-5 所示。

中间点 $B(t = 2.5\ \mathrm{s})$的参数计算如下:

$$\theta_B = 45°,\quad \dot{\theta}_B = 13.5(°)/\mathrm{s},\quad \ddot{\theta}_B = 7.2(°)/\mathrm{s}^2$$

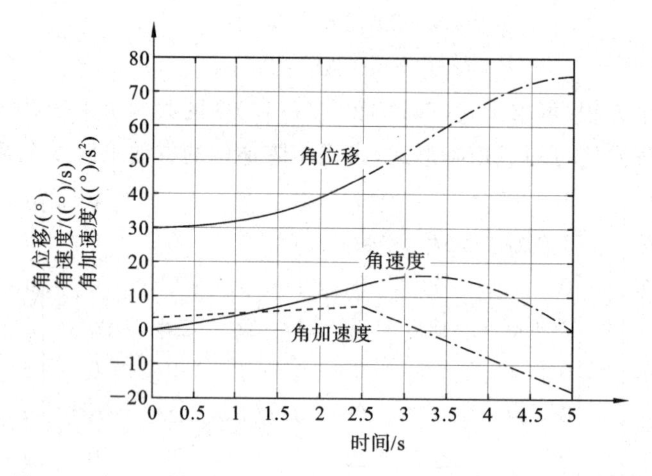

图 7-5 例 7-2 中机器人关节的角位移、角速度和角加速度曲线

可以看出，采用此种方法规划后的角位移、角速度、角加速度均为连续的，存在的问题仍然是无法约束起始点和终止点处的加速度，在起始段和终止段会有一定的惯性力。如果需要对加速度进行约束，需采用更高阶的多项式，如五次多项式插值。

拓展 7-1：三次多项式关节空间轨迹规划案例

7.2.3 五次多项式插值

如果对运动轨迹的要求更为严格，除了指定运动段的起始点和终止点的位置和速度外，还可以指定该运动段的起始点和终止点加速度。这样，约束条件的数量就增加到了六个，相应地可采用下面的五次多项式来规划轨迹运动：

$$\begin{cases}\theta(t)=a_0+a_1t+a_2t^2+a_3t^3+a_4t^4+a_5t^5\\\dot{\theta}(t)=a_1+2a_2t+3a_3t^2+4a_4t^3+5a_5t^4\\\ddot{\theta}(t)=2a_2+6a_3t+12a_4t^2+20a_5t^3\end{cases}\tag{7-13}$$

需要满足的六个约束条件如下。

起始点：

$$\begin{cases}\theta(0)=\theta_0\\\dot{\theta}(0)=\dot{\theta}_0\\\ddot{\theta}(0)=\ddot{\theta}_0\end{cases}$$

终止点：

$$\begin{cases}\theta(t_f)=\theta_f\\\dot{\theta}(t_f)=\dot{\theta}_f\\\ddot{\theta}(t_f)=\ddot{\theta}_f\end{cases}$$

将以上六个约束条件代入式(7-13)可得六个方程，用来计算五次多项式的系数，其解为

$$\begin{cases} a_0=\theta_0 \\ a_1=\dot{\theta}_0 \\ a_2=\dfrac{\ddot{\theta}_0}{2} \\ a_3=\dfrac{20(\theta_f-\theta_0)-(8\dot{\theta}_f+12\dot{\theta}_0)t_f-(3\ddot{\theta}_0-\ddot{\theta}_f)t_f^2}{2t_f^3} \\ a_4=\dfrac{30(\theta_0-\theta_f)+(14\dot{\theta}_f+16\dot{\theta}_0)t_f+(3\ddot{\theta}_0-2\ddot{\theta}_f)t_f^2}{2t_f^4} \\ a_5=\dfrac{12(\theta_f-\theta_0)-(6\dot{\theta}_f+6\dot{\theta}_0)t_f-(\ddot{\theta}_0-\ddot{\theta}_f)t_f^2}{2t_f^5} \end{cases} \tag{7-14}$$

例 7-3　已知条件同例 7-1，且已知起始加速度和终止减速度均为 $5(°)/s^2$，求角位移、角速度和角加速度。

解　由例 7-1 和给出加速度值得到

$$\theta_0=30°,\quad \dot{\theta}_0=0(°)/s,\quad \ddot{\theta}_0=5(°)/s^2$$

$$\theta_f=75°,\quad \dot{\theta}_f=0(°)/s,\quad \ddot{\theta}_f=-5(°)/s^2$$

将起始和终止约束条件代入式(7-14)，得

$$a_0=30,\quad a_1=0,\quad a_2=2.5$$

$$a_3=1.6,\quad a_4=-0.58,\quad a_5=0.0464$$

求得如下运动方程：

$$\theta(t)=30+2.5t^2+1.6t^3-0.58t^4+0.0464t^5$$

$$\dot{\theta}(t)=5t+4.8t^2-2.32t^3+0.232t^4$$

$$\ddot{\theta}(t)=5+9.6t-6.96t^2+0.928t^3$$

图 7-6 是机器人关节的角位移、角速度和角加速度曲线，其最大加速度为 8.7(°)/s。从图中可以看出，虽然两端点加速度最大值得到了限制，但最大速度值也只是一个点，没有匀速段，其速度效率也不高。另外，次数越高的多项式，其加速过程越缓慢，平均速度和效率也越低。

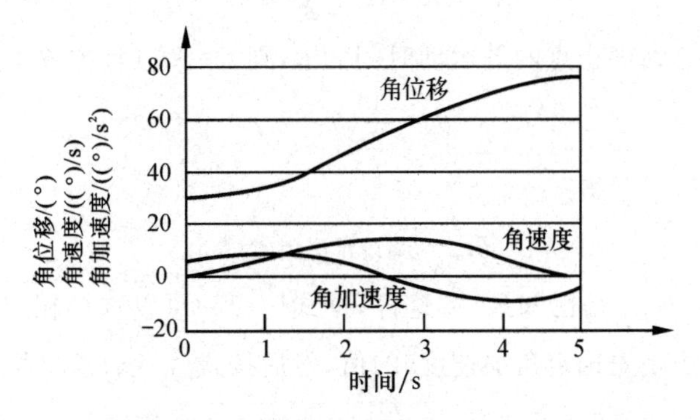

图 7-6　例 7-3 中机器人关节的角位移、角速度和角加速度曲线

7.2.4　用抛物线过渡的线性函数插值

在关节空间轨迹规划中，对于给定起始点和终止点的情况，选择线性函数插值较为简

单。然而，单纯线性函数插值会导致起始点和终止点的关节运动速度不连续，以及加速度无穷大，显然，这样在两端点处会造成刚性冲击。

为此，应对线性函数插值方案进行修正，在线性函数插值两端点的邻域内设置一段抛物线形缓冲区段。由于抛物线函数对时间的二阶导数为常数，即相应区段内的加速度恒定，这样可保证起始点和终止点处的速度平滑过渡，从而使整个轨迹上的位置和速度连续。线性函数与两段抛物线函数平滑地衔接在一起形成的轨迹称为带有抛物线过渡域的线性轨迹，如图 7-7 所示，其中 ab 为线性段长度。

设两端的抛物线轨迹具有相同的持续时间 t_a 和大小相同而符号相反的恒加速度$\ddot{\theta}$。这种路径规划存在多个解，其轨迹不唯一，如图 7-8 所示。但是，每条路径都对称于时间和位置中点(t_h, θ_h)。

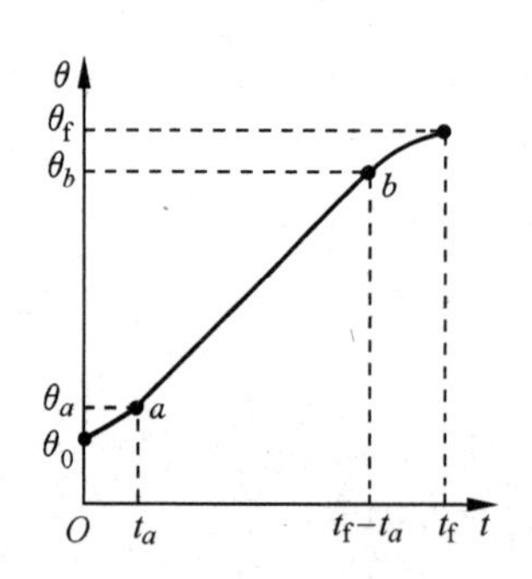

图 7-7　带有抛物线过渡域的线性轨迹

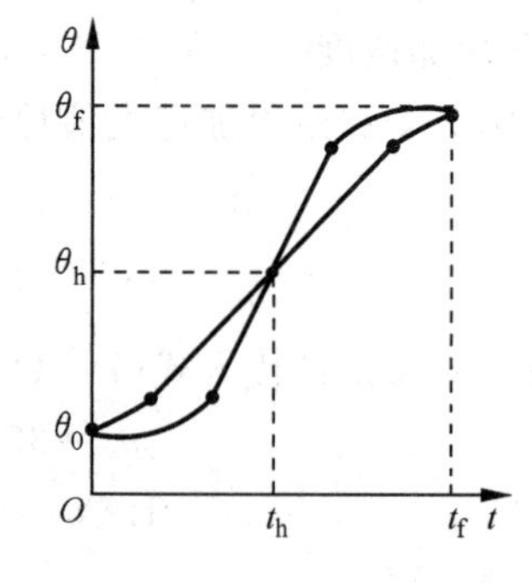

图 7-8　轨迹的多解性与对称性

若要保证轨迹的连续、光滑，则要求抛物线轨迹的终止点角速度必须等于线性段的角速度，故在抛物线过渡域$(0, t_a)$段的结束点处有以下关系：

$$\ddot{\theta} t_a = \frac{\theta_h - \theta_a}{t_h - t_a} \tag{7-15}$$

式中：$\ddot{\theta}$ 为过渡域内的加速度；θ_a 为对应于抛物线持续时间 t_a 的关节角度。θ_a 的值可由下式求出：

$$\theta_a = \theta_0 + \frac{1}{2}\ddot{\theta} t_a^2 \tag{7-16}$$

设关节从起始点到终止点的总运动时间为 t_f，则 $t_f = 2t_h$，且位置中点 θ_h 为

$$\theta_h = \frac{1}{2}(\theta_0 + \theta_f) \tag{7-17}$$

则由式(7-15)至式(7-17)得

$$\ddot{\theta} t_a^2 - \ddot{\theta} t_f t_a + \theta_f - \theta_0 = 0 \tag{7-18}$$

一般情况下，θ_0，θ_f，t_f 是已知条件，这样，据式(7-15)可以选择相应的$\ddot{\theta}$和 t_a，得到相应的轨迹。通常的做法是先选定角加速度$\ddot{\theta}$的值，然后按式(7-18)求出相应的 t_a，即

$$t_a = \frac{t_f}{2} - \frac{\sqrt{\ddot{\theta}^2 t_f^2 - 4\ddot{\theta}(\theta_f - \theta_0)}}{2\ddot{\theta}} \tag{7-19}$$

由式(7-19)可知，为保证 t_a 有解，角加速度值$\ddot{\theta}$必须选得足够大，即

$$\ddot{\theta} \geqslant \frac{4(\theta_f - \theta_0)}{t_f^2} \tag{7-20}$$

当式(7-20)中的等号成立时，轨迹线性段的长度缩减为零，整个轨迹由两个过渡域组成，这两个过渡域在衔接处的斜率(关节速度)相等。角加速度$\ddot{\theta}$的值愈大，过渡域的长度会愈短；若角加速度的值趋于无穷大，轨迹就又回归到简单的线性插值情况。

例 7-4 在例 7-1 中，假设六轴机器人的第一关节以 $\ddot{\theta}=10(°)/s^2$ 的角加速度在 5 s 内从初始点(初始角 $\theta_0=30°$)运动到终止点(终止角 $\theta_f=70°$)，求解所需的过渡时间并绘制关节角位移、角速度和角加速度曲线。

解 由式(7-19)可得

$$t_a=\left[\frac{5}{2}-\frac{\sqrt{10^2\times5^2-4\times10(70-30)}}{2\times10}\right]\text{s}=1\ \text{s}$$

由 $\theta=\theta_0$ 到 θ_a、由 $\theta=\theta_a$ 到 θ_b、由 $\theta=\theta_b$ 到 θ_f 时的角位移、角速度、角加速度方程分别为

$$\begin{cases}\theta=30+5t^2\\ \dot{\theta}=10t\\ \ddot{\theta}=10\end{cases},\quad \begin{cases}\theta=\theta_a+10t\\ \dot{\theta}=10\\ \ddot{\theta}=0\end{cases},\quad \begin{cases}\theta=70-5(5-t)^2\\ \dot{\theta}=10(5-t)\\ \ddot{\theta}=-10\end{cases}$$

根据以上方程，绘制出图 7-9 所示的该关节的角位移、角速度和角加速度曲线。

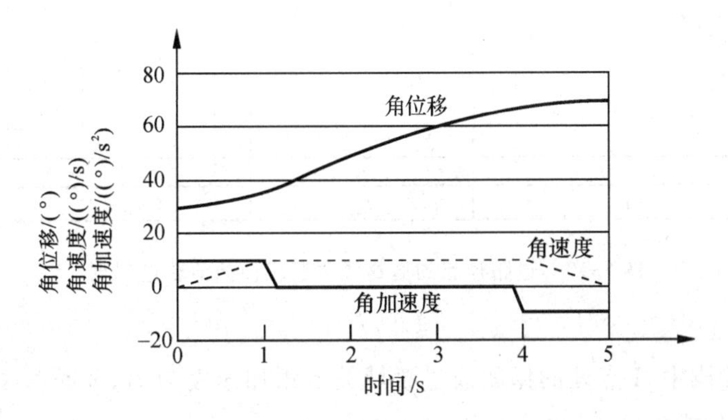

图 7-9 例 7-4 中机器人关节的角位移、角速度和角加速度曲线

由例 7-4 可以看出，通过用抛物线过渡的线性函数插值进行轨迹规划的物理概念非常清楚，即在机器人每一关节中，电动机采用等加速、等速和等减速运动规律(其速度曲线即所谓的 T 型速度曲线)，具有较高的速度运行效率，但在等速段的起始点与终止点加速度有突变，存在较大的冲击力。该插值函数在工程实际的电动机驱动中被广泛使用。

拓展 7-2：抛物线+直线关节空间轨迹规划案例

7.2.5 过路径点用抛物线过渡的线性插值

如果运动段不止一个，即机器人运动到第一运动段末端点后，还将向下一点运动，那么该点可能是终止点也可能是另一中间点。正如前面所讨论的，要采用各种运动段间过渡的办法来避免时停时走。假如已知机器人在起始点、中间点和终止点位置，可以利用逆

运动学方程来求解各点的关节角。在各段之间进行过渡时，利用每一点的边界条件来计算抛物线段的系数。例如，已知机器人开始运动时关节的角位移和角速度，并且在第一运动段的末端点角位移和角速度必须连续，可以将它们作为中间点的边界条件，进而可以对新的运动段进行计算，重复这一过程直至计算出所有运动段并到达终点。显然，对于每一个运动段，必须基于给定的关节角速度求出新的 t_a，同时还须检验角加速度是否超过限值。

下面以过路径点的轨迹 $ABCD$(见图 7-10)为例，说明过路径点的抛物线过渡线性插值规划法的求解过程。假设起始点为 A，中间点为 B,C，终止点为 D。通过逆运动学求解出各点对应的关节角度分别为 θ_A,θ_B,θ_C,θ_D。起始点 A 和终止点 D 速度为 0，中间点 B,C 的速度应连续，因此需要规划各段过渡域内的加速度和过渡时间。图中 t_i 表示各段的抛物线过渡段时长，t_{ij} 表示各段的线性段时长，t_{dij} 表示两点间需要的时间。

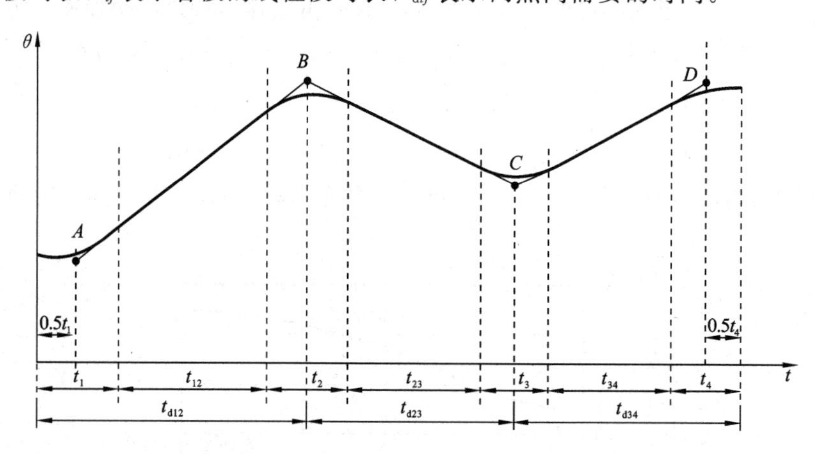

图 7-10 过路径点的抛物线过渡线性插值轨迹规划

1. 起始段 AB

设定在起始段中 A 点处的抛物线过渡域关节角加速度为 $\ddot{\theta}_1$，其符号由前后位置差的符号确定，计算公式为

$$\ddot{\theta}_1=\mathrm{sgn}(\theta_B-\theta_A)\left|\ddot{\theta}_1\right| \tag{7-21}$$

起始段过渡域(持续时长为 t_1)结束点处速度与线性段(持续时长为 t_{12})内的速度 $\dot{\theta}_{12}$ 相等，可得

$$\dot{\theta}_{12}=\ddot{\theta}_1 t_1=\frac{\theta_B-\theta_A}{t_{\mathrm{d}12}-\frac{1}{2}t_1} \tag{7-22}$$

由此可得出起始段过渡域的持续时长为

$$t_1=t_{\mathrm{d}12}-\sqrt{t_{\mathrm{d}12}^2-\frac{2(\theta_B-\theta_A)}{\ddot{\theta}_1}} \tag{7-23}$$

点 A、B 之间的线性段持续时长为

$$t_{12}=t_{\mathrm{d}12}-t_1-\frac{1}{2}t_2 \tag{7-24}$$

2. 中间段 BC

设定在中间段 BC 中 B 点处的抛物线过渡域关节角加速度为 $\ddot{\theta}_2$，其符号由前后两个线性段的速度(及轨迹斜率)差的符号确定，计算公式为

$$\ddot{\theta}_2=\text{sgn}(\dot{\theta}_{23}-\dot{\theta}_{12})\left|\ddot{\theta}_2\right| \tag{7-25}$$

在点 B、C 之间的线性段关节角速度 $\dot{\theta}_{23}$ 为

$$\dot{\theta}_{23}=\frac{\theta_C-\theta_B}{t_{d23}} \tag{7-26}$$

B 点处抛物线过渡域的持续时长为

$$t_2=\frac{\dot{\theta}_{23}-\dot{\theta}_{12}}{\ddot{\theta}_2} \tag{7-27}$$

点 B、C 之间的线性段持续时长为

$$t_{23}=t_{d23}-\frac{1}{2}t_2-\frac{1}{2}t_3 \tag{7-28}$$

3. 终止段 CD

设定在终止段中 C 点处的抛物线过渡域关节角加速度为 $\ddot{\theta}_3$，C 点仍属于中间段，因此计算方法同 BC 段，即

$$\ddot{\theta}_3=\text{sgn}(\dot{\theta}_{34}-\dot{\theta}_{23})\left|\ddot{\theta}_3\right| \tag{7-29}$$

C 点处抛物线过渡域的持续时长为

$$t_3=\frac{\dot{\theta}_{34}-\dot{\theta}_{23}}{\ddot{\theta}_3} \tag{7-30}$$

设定在终止段中 D 点处的抛物线过渡域关节角加速度为 $\ddot{\theta}_4$，其符号由前后速度差的符号确定，计算公式为

$$\ddot{\theta}_4=\text{sgn}(\dot{\theta}_4-\dot{\theta}_{34})\left|\ddot{\theta}_4\right| \tag{7-31}$$

终止段过渡域起始点处关节角速度与线性段关节角速度 $\dot{\theta}_{34}$ 相等，可得

$$\dot{\theta}_{34}=\ddot{\theta}_4(-t_4)=\frac{\theta_D-\theta_C}{t_{d34}-\frac{1}{2}t_4} \tag{7-32}$$

由此可得出终止段抛物线过渡域的持续时长：

$$t_4=t_{d34}-\sqrt{t_{d34}^2+\frac{2(\theta_D-\theta_C)}{\ddot{\theta}_4}} \tag{7-33}$$

线性段持续时长：

$$t_{34}=t_{d34}-t_4-\frac{1}{2}t_3 \tag{7-34}$$

综上可知，式(7-21)至式(7-34)构成了过中间点的抛物线过渡线性插值的轨迹规划算法。如果有多个中间点，重复中间段规划即可。

应当注意的是，多段用抛物线过渡的线性插值函数曲线一般并不经过那些路径点，除非在这些路径点处路径停止。若选取的加速度足够大，则实际路径将与理想路径点十分接近。如果要求机械臂途径某个节点，那么将轨迹分成两段，将此节点作为前一段的终止点和后一段的起始点即可。

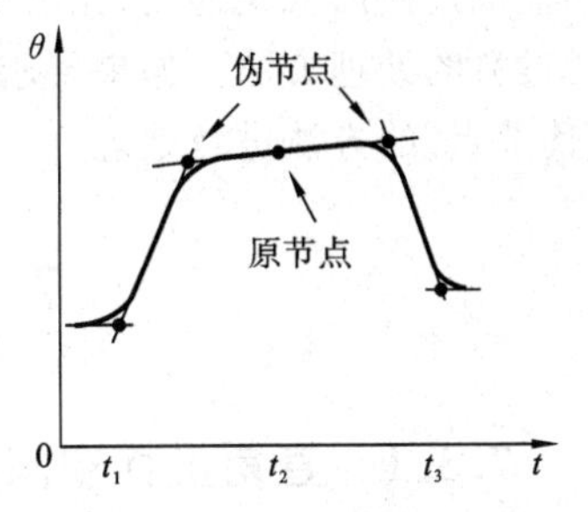

图 7-11　采用伪路径点的插值曲线

如果用户要求机器人通过某个节点，同时速度不为零，可以在此路径点的两端规定两个“伪节点”，令该节点在两伪节点的连线上，并位于两过渡域之间的线性域，如

图 7-11 所示。这样，利用前述方法所生成的轨迹势必能以一定的速度穿过指定的节点。穿过速度可以由用户指定，也可以由控制系统根据适当的启发信息来确定。

例 7-5 在例 7-4 中，假设六轴机器人的关节 1 在 5 s 内从起始点（初始角 $\theta_0=30°$）运动到终止点（终止角 $\theta_f=70°$）。增加 1.3 s 时中间点 1 对应的关节角度 $\theta_1=40°$，3.3 s 时中间点 2 对应的关节角度 $\theta_2=55°$。求解各段所需的过渡时间并绘制关节角位移、角速度和角加速度曲线。

解 按照过路径点的抛物线过渡线性插值方法，需要给 4 点分别指定加速度，选取起始点加速度为 $20(°)/s^2$，中间点 1 加速度为 $5(°)/s^2$，中间点 2 加速度为 $8(°)/s^2$，终点加速度为 $20(°)/s^2$。四点之间的曲线由七段轨迹组成，由式(7-21)至式(7-34)，可分别求得七段持续时长为 $t_1=0.4693$ s，$t_{12}=0.642$ s，$t_2=0.3774$ s，$t_{23}=1.6288$ s，$t_3=0.365$ s，$t_{34}=0.9965$ s，$t_4=0.5210$ s。这七段轨迹对应的角位移、角速度、角加速度方程分别为

$$\begin{cases}\theta=30+10t^2\\ \dot{\theta}=20t\\ \ddot{\theta}=20\end{cases},\quad \begin{cases}\theta=32.2+9.39t\\ \dot{\theta}=9.39\\ \ddot{\theta}=0\end{cases},\quad \begin{cases}\theta=38.23-2.5t^2\\ \dot{\theta}=9.39-5t\\ \ddot{\theta}=-5\end{cases},$$

$$\begin{cases}\theta=37.87+7.5t\\ \dot{\theta}=7.5\\ \ddot{\theta}=0\end{cases},\quad \begin{cases}\theta=50.09+4t^2\\ \dot{\theta}=7.5+8t\\ \ddot{\theta}=8\end{cases},\quad \begin{cases}\theta=50.62+10.42t\\ \dot{\theta}=10.42\\ \ddot{\theta}=0\end{cases},\quad \begin{cases}\theta=61-10t^2\\ \dot{\theta}=10.42-20t\\ \ddot{\theta}=-20\end{cases}$$

根据以上方程，绘制出图 7-12 所示的该关节的角位移、角速度和角加速度曲线。

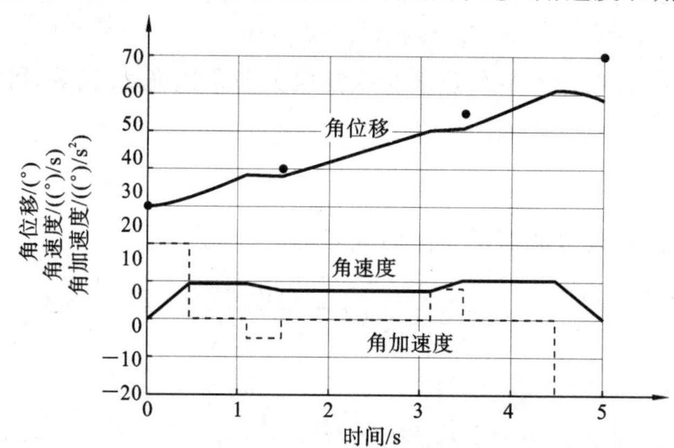

图 7-12 例 7-5 中机器人关节角位移、角速度和角加速度曲线

由图 7-12 所示可以看出，由该插值函数规划的过路径点的关节角位移、角速度和角加速度过渡曲线是连续、光滑的，但角位移曲线没有经过实际的中间点和终点，采取了光滑过渡的处理方法。如果要求机器人通过中间路径点或终点，可采用图 7-11 所示设置“伪节点”的方法进行处理。

7.3 直角坐标空间法

7.3.1 直角坐标空间描述

图 7-13 所示为平面两关节机器人，假设末端操作器要在 A，B 两点之间画一直线。为使机器人从点 A 沿直线运动到点 B，将直线 AB 分成许多小段，并使机器人的运动经过

所有的中间点。为了完成该任务，在每一个中间点处都要求解机器人的逆运动学方程，计算出一系列的关节量，然后由控制器驱动关节到达下一目标点。通过所有的中间目标点后，机器人便到达所希望到达的点 B。与前面提到的关节空间描述不同，这里机器人在所有时刻的位姿变化都是已知的，机器人所产生的运动序列首先在直角坐标空间描述，然后转化为在关节空间描述。由此也容易看出，采用直角坐标空间描述时计算量远大于采用关节空间描述时，然而使用该方法能得到一条可控、可预知的路径。

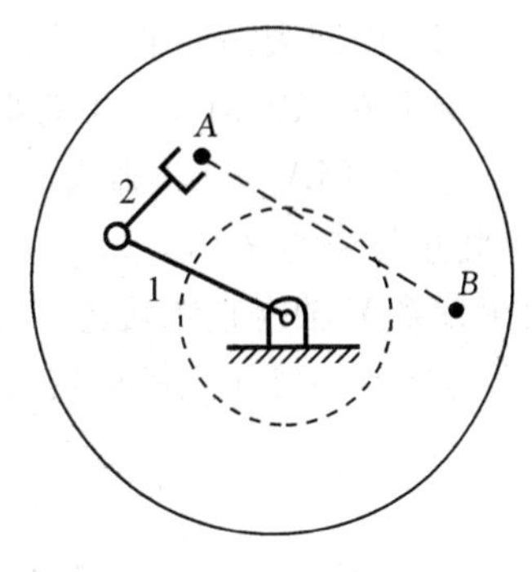

图 7-13　直角坐标空间轨迹规划的问题

直角坐标空间轨迹在常见的直角坐标空间中表示，因此非常直观，人们也能很容易地看到机器人末端操作器的轨迹。然而，直角坐标空间轨迹计算量大，需要较快的处理速度才能得到类似于关节空间轨迹的计算精度。此外，虽然在直角坐标空间中得到的轨迹非常直观，但难以确保不存在奇异点。如图 7-13 中，连杆 2 比连杆 1 短，所以末端操作器在工作空间中从点 A 运动到点 B 没有问题。但是如果机器人末端操作器试图在直角坐标空间中沿直线运动，将无法到达路径上的某些中间点。该例表明在某些情况下，在关节空间中的直线路径容易实现，而在直角坐标空间中的直线路径将无法实现。此外，两点间的运动有可能使机器人关节值发生突变。为解决上述问题，可以指定机器人必须通过的中间点，以避开这些奇异点。

正因为直角坐标空间轨迹规划存在上述问题，现有的多数工业机器人轨迹规划器都具有关节空间轨迹生成和直角坐标空间轨迹生成两种功能。用户通常使用关节空间法，只有在必要时，才采用直角坐标空间法，但直角坐标空间法对于连续轨迹控制是必需的。

7.3.2　直角坐标空间的轨迹规划

直角坐标空间轨迹与机器人相对于直角坐标系的运动有关，如机器人末端操作器的位姿变化便是沿循直角坐标空间的轨迹。除了简单的直线轨迹以外，也可以用许多其他的方法来控制机器人，使之在不同点之间沿一定的轨迹运动。而且，所有用于关节空间轨迹规划的方法都可用于直角坐标空间的轨迹规划。直角坐标空间轨迹规划与关节空间轨迹规划的根本区别在于，关节空间轨迹规划函数生成的值是关节变量，而直角坐标空间轨迹规划函数生成的值是机器人末端执行器的位姿，需要通过求解逆运动学方程才能转化为关节变量。

上述直角坐标空间轨迹规划的过程可以简化为如下所示的循环：

(1) 将时间增加一个增量 $t=t+\Delta t$。

(2) 利用所选择的轨迹函数计算出目标路径点上末端操作器的位姿 $T(x, y, z, \varphi_x, \varphi_y, \varphi_z)$。

(3) 利用机器人逆运动学方程计算出对应末端执行器位姿的关节变量。

(4) 将关节信息送给控制器。在仿真调试阶段，还可以通过正运动学再次计算出末端作业轨迹，进行校核。

（5）返回到循环的开始。

例 7-6 PUMA 560 机器人在直角坐标空间中的直线轨迹规划实例。

令 PUMA 560 机器人起始位姿为 $\boldsymbol{T}_0(x, y, z, \varphi_x, \varphi_y, \varphi_z)=[0.5, 0.3, 0.4, 0, 0, 0]$，终止位姿为 $\boldsymbol{T}_\mathrm{f}(x, y, z, \varphi_x, \varphi_y, \varphi_z)=[0.5, -0.3, 0.4, 0, 90, 0]$，沿作业空间的直角坐标系 Y 轴走直线轨迹，同时末端姿态也有调整，绕作业空间的直角坐标系 Y 轴旋转 90°，起始点与终止点的机器人位姿及需要规划的直线轨迹如图 7-14 所示。

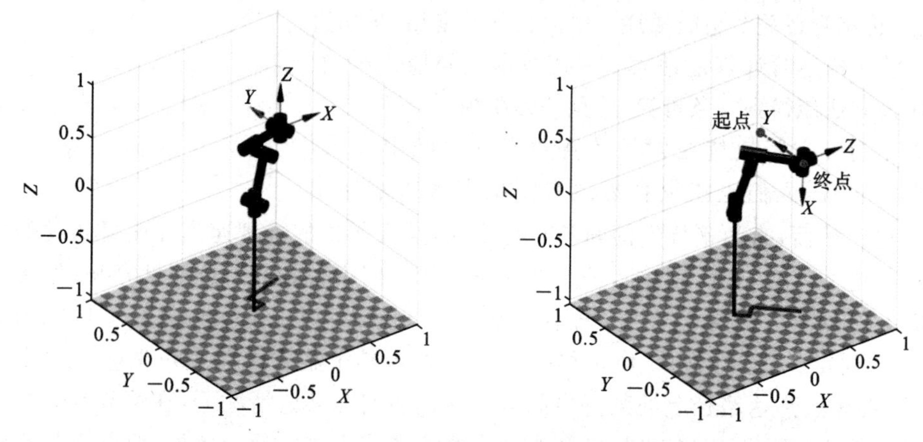

图 7-14 例 7-6 中 PUMA 560 机器人起始、终止位姿及直线轨迹

（1）从起始点位姿到终止点位姿的时间按 2 s 规划，选取时间间隔为 0.05 s，因此插值点为 40 个。采用工业上常用的 T 型速度规划，即抛物线过渡的线性插值，对起始点和终止点之间的六个位姿参数 $x, y, z, \varphi_x, \varphi_y, \varphi_z$ 进行抛物线过渡线性插值运算，这样末端操作器运动的线速度和角速度都具有 T 型速度特性，所得的六条轨迹曲线如图 7-15 所示。

（2）通过机器人逆运动学计算，将以上的末端姿态按时间点转换为 PUMA 560 机器人的六个关节角度，如图 7-16 所示。

（3）通过正运动学再次计算出末端作业轨迹，如图 7-17 所示。可以看出机器人关节末端在 X-Y 平面内沿 Y 轴方向（−0.3，0.3）内按直线轨迹运动，验证了直角空间中轨迹规划的正确性。

在工业应用中，最实用的轨迹是点到点之间的直线运动轨迹，但也会碰到多目标点（如中间点）间需要平滑过渡的情况。

为实现一条直线轨迹，必须计算起始点和终止点位姿之间的变换，并将该变换划分为许多小段。起始位姿 $\boldsymbol{T}_0$ 和终止位姿 $\boldsymbol{T}_\mathrm{f}$ 之间的变换 $\boldsymbol{T}$ 可通过下面的方程组计算：

$$\begin{cases}\boldsymbol{T}_\mathrm{f}=\boldsymbol{T}_0\boldsymbol{T} \\ \boldsymbol{T}_0^{-1}\boldsymbol{T}_\mathrm{f}=\boldsymbol{T}_0^{-1}\boldsymbol{T}_0\boldsymbol{T} \\ \boldsymbol{T}=\boldsymbol{T}_0^{-1}\boldsymbol{T}_\mathrm{f}\end{cases} \tag{7-35}$$

可以用以下几种姿态表示方法将该总变换转化为许多的小段变换。

（1）将起始位姿和终止位姿之间的变换分解为一个平移和两个旋转运动。平移是将坐标原点从起始点移动到终止点，一个旋转是将末端手爪坐标系与期望姿态的接近方向 $\boldsymbol{a}$ 对准，一个旋转是手爪坐标系绕其自身轴转到最终的姿态，且这三个变换是同时进行

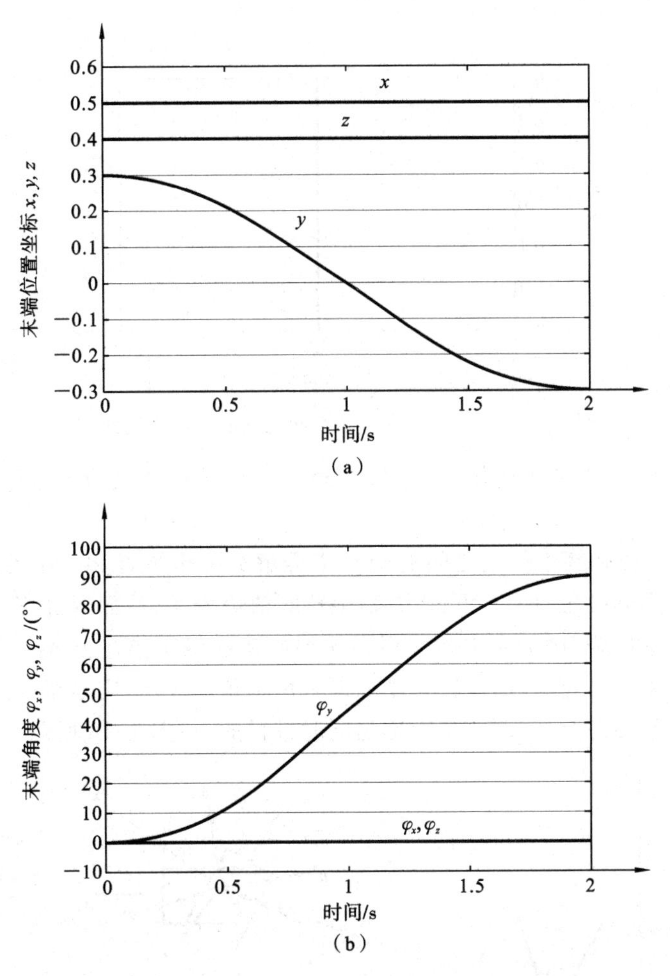

图 7-15　PUMA 560 机器人直角坐标空间轨迹规划

(a) 直角坐标空间末端位置曲线；(b) 直角坐标空间末端姿态曲线

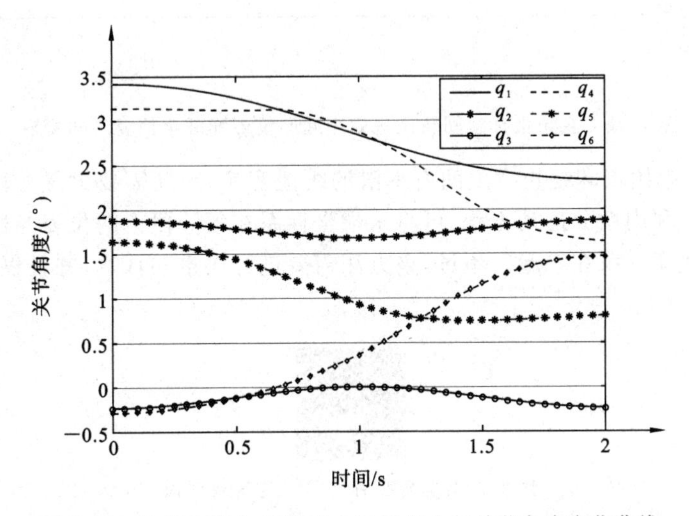

图 7-16　关节空间中 PUMA 560 机器人的关节角度变化曲线

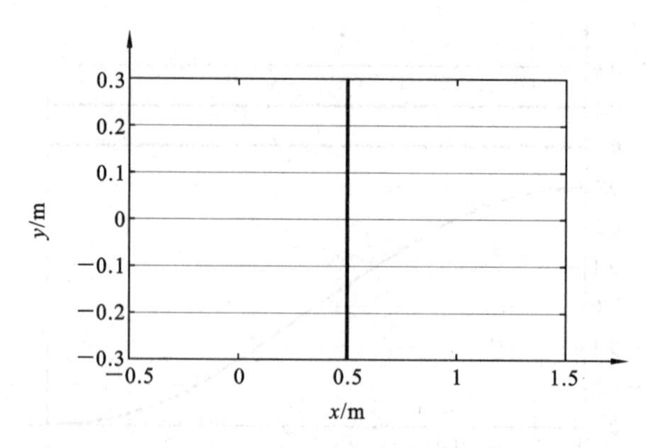

图 7-17 X-Y 平面内直角空间规划的直线轨迹曲线

的。这种方法的优点是规划动作直观，如在螺钉抓取装配中的动作就包括这三个变换过程。

(2) 将起始位姿和终止位姿之间的变换 $\boldsymbol{T}$ 分解为一个平移和一个旋转运动，其中旋转运动变换可以用欧拉角、RPY 角、绕 $\hat{\boldsymbol{k}}$ 轴旋转的轴角表示，从而通过三个位置参数和三个姿态参数来表示位姿，例 7-6 中即采用了这种六参数姿态描述方式。平移仍是将坐标原点从起始点移动到终止点，而旋转运动如果采用轴角法表示，则是绕空间轴 $\hat{\boldsymbol{k}}$ 将手臂坐标系与最终的期望姿态对准，两个变换也是同时进行的，如图 7-18 所示。

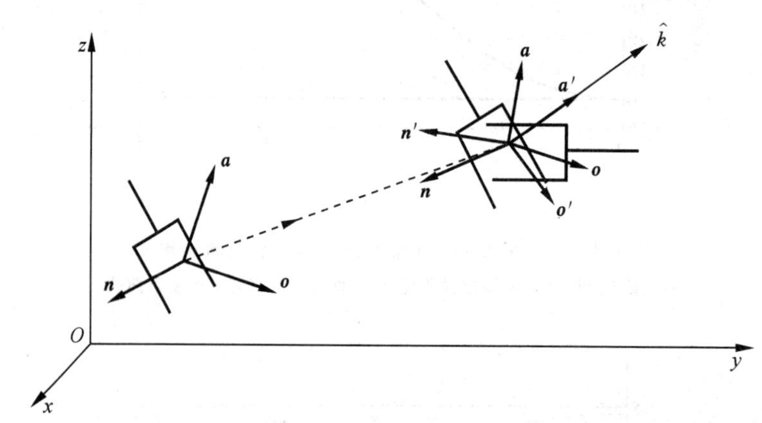

图 7-18 直角坐标空间轨迹规划中起始位姿和终止位姿之间变换

(3) 希望在起始点和终止点之间有平滑的线性变换，因此需要大量分段，从而产生大量的微分运动。利用微分运动方程，可将末端坐标系在每一段上的位姿与微分运动、雅克比矩阵及关节速度联系在一起。不过，该方法需要进行大量的计算，并且仅当雅克比矩阵存在时才有效。

拓展 7-3：直角坐标空间轨迹规划案例

7.4　轨迹的实时生成

7.4.1　关节空间轨迹的生成

7.2 节介绍了几种关节空间轨迹规划的方法，按照这些方法所得的计算结果都是有关各个路径段的数据。控制系统的轨迹生成器利用这些数据以轨迹更新的速率计算出 θ，$\dot{\theta}$ 和 $\ddot{\theta}$。

对于三次多项式插值曲线，轨迹生成器只需要随 t 的变化不断按式(7-3)和式(7-4)计算 θ,$\dot{\theta}$ 和 $\ddot{\theta}$。当到达路径段的终止点时，调用新路径段的三次多项式系数，重新把 t 置成零，继续生成轨迹。

对于带抛物线拟合的直线插值曲线，每次更新轨迹时，应首先检测时间 t 的值以判断当前是处在路径段的直线区段还是抛物线拟合区段。在直线区段，对每个关节的轨迹计算如下：

$$
\begin{cases}
\theta=\theta_0+\omega\left(t-\dfrac{1}{2}t_a\right) \\
\dot{\theta}=\omega \\
\ddot{\theta}=0
\end{cases}
\tag{7-36}
$$

式中：ω 为根据驱动器的性能而选择的定值；t_a 可根据式(7-19)计算。在起始点拟合区段，对各关节的轨迹计算如下：

$$
\begin{cases}
\theta=\theta_0+\dfrac{1}{2}\omega t_a \\
\dot{\theta}=\dfrac{\omega}{t_a}t \\
\ddot{\theta}=\dfrac{\omega}{t_a}
\end{cases}
\tag{7-37}
$$

终止处点的抛物线段与起始点处的抛物线段是对称的，只是其加速度为负，因此可按照下式计算：

$$
\begin{cases}
\theta=\theta_f-\dfrac{\omega}{2t_a}(t_f-t)^2 \\
\dot{\theta}=\dfrac{\omega}{t_a}(t_f-t) \\
\ddot{\theta}=-\dfrac{\omega}{t_a}
\end{cases}
\tag{7-38}
$$

式中：t_f 为该段抛物线终止点时刻。轨迹生成器按照式(7-36)至式(7-38)随 t 的变化实时生成轨迹。进入新的运动段以后，必须基于给定的关节速度求出新的 t_a，根据边界条件计算抛物线段的系数，继续计算，直到计算出所有路径段的数据集合。

7.4.2　直角坐标空间轨迹的生成

在 7.3 节中已经介绍了直角坐标空间轨迹规划的方法。在直角坐标空间的轨迹必须变换为等效的关节空间变量，为此，可以通过运动学逆解得到相应的关节位置：用逆雅可比矩阵计算关节速度，用逆雅可比矩阵及其导数计算角加速度。在实际中往往采用简便的方法，即根据逆运动学以轨迹更新速率首先把 x 转换成关节角矢量 $\boldsymbol{\theta}$，然后再由数值微分根据下式计算$\dot{\theta}$和 $\ddot{\theta}$：

$$\begin{cases}\dot{\theta}(t)=\dfrac{\theta(t)-\theta(t-\Delta t)}{\Delta t}\\ \ddot{\theta}(t)=\dfrac{\dot{\theta}(t)-\dot{\theta}(t-\Delta t)}{\Delta t}\end{cases} \tag{7-39}$$

最后，把轨迹规划器生成的 $\theta,\dot{\theta}$和$\ddot{\theta}$送往机器人的控制系统。至此轨迹规划的任务才算完成。

7.4.3 轨迹规划总结

关节空间轨迹规划仅能保证机器人末端操作器从起始点通过路径点运动至目标点，但不能对末端操作器在直角坐标空间两点之间的实际运动轨迹进行控制，所以仅适用于点位作业的轨迹规划。为了满足点位控制的要求，机器人语言都有关节空间轨迹规划指令 MOVJ。关节空间轨迹规划效率最高，对轨迹无特殊要求的作业，应尽量使用 MOVJ 指令控制机器人的运动。

直角坐标空间轨迹规划主要用于连续轨迹控制，机器人的位置和姿态都是时间的函数，对轨迹的空间形状可以提出一定的设计要求，如要求轨迹是直线、圆弧或者其他期望的轨迹曲线。在机器人语言中，MOVL 和 MOVC 分别是实现直线和圆弧轨迹的规划指令。

拓展 7-4：冗余协作机器人运动规划案例

拓展 7-5：上肢康复机器人轨迹规划案例

拓展 7-6：太空机械臂轨迹规划案例

7.5 工业机器人编程

机器人编程是指为了使机器人完成某项作业而进行的程序设计。早期的机器人只具有简单的动作功能，采用固定程序控制，且动作适应性差。随着机器人技术的发展及对机器人功能要求的提高，希望同一台机器人通过不同的程序能适应各种不同的作业，即机器人具有较好的通用性。鉴于这样的情况，机器人编程语言的研究变得越来越重要，机器人编程语言也层出不穷。

7.5.1 工业机器人编程方式

机器人编程语言是描述机器人运动轨迹、作业条件和作业顺序等信息的指令集合，用这些指令编写出动作程序来完成某种作业任务。目前应用于机器人的编程方式主要有以下三种。

1. 机器人语言编程

机器人语言编程是指采用专用的机器人语言来描述机器人的动作轨迹。机器人语言编程实现了计算机编程,并可以引入传感信息,从而提供了一个解决人-机器人通信接口问题的更通用的方法。机器人语言具有良好的通用性,同一种机器人语言可用于不同类型的机器人,此外,机器人语言可解决多台机器人之间协调工作的问题。

2. 示教-再现编程

示教-再现编程是一项成熟的技术,它是目前大多数工业机器人的编程方式。采用这种方法时,程序编制是在机器人现场进行的。首先,操作者必须把机器人终端移动至目标位置,并把此位置对应的机器人关节角度信息写入内存储器,这是示教的过程。当要求复现这些运动时,顺序控制器从内存储器中读出相应位置,机器人就可重复示教时的轨迹和各种操作。示教方式有多种,常见的有手把手示教和示教盒示教等。手把手示教要求用户使用安装在机器人手臂内的操纵杆,按给定运动顺序示教动作内容。示教盒示教则是利用装在控制盒上的按钮驱动机器人按需要的顺序进行操作。机器人每一个关节对应着示教盒上的一对按钮,以分别控制该关节沿正、反方向的运动。

示教盒示教是目前广泛使用的一种示教编程方式。在这种示教编程方式中,为了方便示教及快捷、准确地获取信息,操作者可以选择在不同坐标系下示教。例如,可以选择在关节坐标系、直角坐标系、工具坐标系或用户坐标系下进行示教。

示教编程的优点是只需要简单的设备和控制装置即可进行,操作简单、易于掌握,而且示教再现过程很快,示教之后即可应用。然而,它的缺点也是明显的,主要有:

(1) 编程会占用机器人的作业时间;

(2) 很难规划复杂的运动轨迹及准确的直线运动;

(3) 难以与传感信息相配合;

(4) 难以与其他操作同步。

3. 离线编程

离线编程是在专门的软件环境支持下,用专用或通用程序在离线情况下进行机器人轨迹规划编程的一种方法。离线编程程序通过支持软件的解释或编译产生目标程序代码,最后生成机器人路径规划数据。一些离线编程系统带有仿真功能,这使得我们在编程时就可解决障碍干涉和路径优化问题。这种编程方法与数控机床中编制数控加工程序的方法非常相似。

7.5.2 工业机器人示教-再现编程

当前商用工业机器人都具有示教-再现编程功能。首先通过示教编程器来编写、修改和调试程序,此即示教的过程。然后进行模拟运行,再投入实际运行,此即再现的过程。各厂商设计的动作指令原理、功能基本相同。下面以 MOTOMAN 工业机器人为例,来讨论工业机器人示教-再现编程的基本原理和过程。

MOTOMAN 机器人所采用的编程语言为 INFOR MII,属于动作级编程语言,该语言以机器人的动作行为为描述中心,由一系列命令组成,一般一个命令对应一个动作,语言简单、易于编程,其缺点是不能进行复杂的数学运算。

1. 机器人指令的功能分析

机器人指令的功能可以概括为如下几种：运动控制功能、环境定义功能、运算功能、程序控制功能、输入/输出功能等。运动控制功能是其中非常重要的一项功能。

目前工业机器人语言大多数以动作顺序为中心，通过使用示教这一功能，省略了作业环境内容的位置姿态的计算。具体而言，对机器人的运动控制可分为：① 运动速度设定；② 轨迹插补，又分为关节插补、直线插补及圆弧插补；③ 动作定时；④ 定位精度的设定；⑤ 手爪、焊枪等工具的控制等。除此之外，还有工具变换、基本坐标设置和初始值的设置、作业条件的设置等功能，这些功能往往在具体的程序编制中体现。

2. 主要运动控制命令

机器人一般采用插补的方式进行运动控制，主要有关节插补、直线插补、圆弧插补和自由曲线插补。

(1) MOVJ——关节插补　在机器人未规定采取何种轨迹运动时，使用关节插补方式，以用最高速度的百分比来表示再现速度。关节插补的效率最高。

(2) MOVL——直线插补　机器人以直线轨迹运动，缺省单位为 cm/min。直线插补常被用于焊接等作业，机器人在移动过程中可自动改变手腕位置。

(3) MOVC——圆弧插补　机器人沿着用圆弧插补示教的三个程序点执行圆弧轨迹运动，再现速度的设定与直线插补相同。

(4) MOVS——自由曲线插补　对于有不规则形状的曲线，使用自由曲线插补，再现速度的设定与直线插补相同。

3. 在线示教编程及程序分析

1) MOTOMAN 机器人示教系统的组成

MOTOMAN 机器人示教系统主要由六自由度机械臂(SV3X)、机器人控制柜(XRC)、示教盒、上位计算机和输入装置等组成。控制柜与机械手、计算机、示教盒间均通过电缆连接，输入装置(游戏操纵杆)连接到计算机的并行端口 LPT(或声卡接口)上，如图7-19所示。

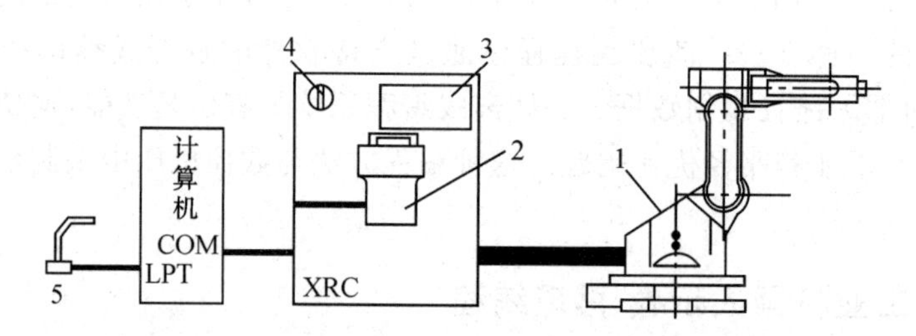

图 7-19　MOTOMAN 机器人示教系统的组成

1—机械臂；2—示教盒；3—再现面板；4—电源开关；5—输入装置

2) 示教系统的设置

示教前的系统设置内容包括：零位标定、特殊点设置、控制器时钟设置、干涉区域设置、操作原点设置、工具参数标定、用户坐标设置及文件初始化等。以机器人的零位标定为例，操作步骤为：首先利用示教盒切换到管理模式(manage mode)下，按照操作顺序选取[TOP MENU]，接着选取[ROBOT]菜单的[HOME POSITION]子菜单，然后将机器人移动到零位，选取所有的轴[ALL ROBOT AXIS]，实现零位标定（注：零位也就是关节脉冲为零的位置，为以后输入脉冲的基准），其他设置方法与此类似。

3）示教启动过程

机器人运动轨迹的示教采用点位方式，即只需确定各段运动轨迹端点，而端点之间的连续运动轨迹由插补运算产生。

示教前接通主电源，系统完成初始化。保证控制台上[REMOTE]（远程控制）指示灯未点亮，而[TEACH]（示教）指示灯点亮，示教编程器进入主菜单界面。按下控制台上[SERVO ON READY]（伺服备妥）按钮，其上绿色指示灯闪烁，编程器上[SERVO ON READY]指示灯也闪烁，表明系统可进入工作状态，伺服电源准备接通。按下编程器上的[TEACH LOCK]（示教锁定）按键，使机器人只能受示教操作的控制，而不会因控制台或其他外部输入的信号而产生误操作。用适当力度按下特殊手持型[DEADMAN]开关（安全开关），接通伺服电源。示教启动流程如图7-20所示。

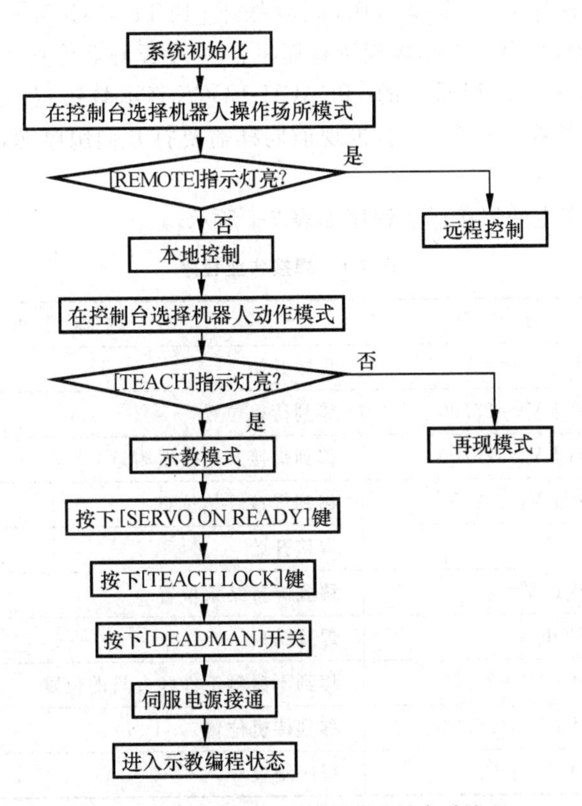

图7-20 MOTOMAN机器人示教启动流程

4）示教程序及分析

新建一个示教作业程序或打开已有的示教作业程序，作为程序的开始和结束标志，系统自动为程序加上两行语句“NOP”和“END”，在示教盒上选择直角坐标系。以图7-21所示的工件焊接示教为例，说明编写程序的步骤。

步骤1 将机器人焊枪移至待机位置，编辑程序点间的轨迹插补方式和再现速度，回车（此时系统将记录当前位姿参数、插补方式和再现速度等数据，以便再现时调用这些数据）。

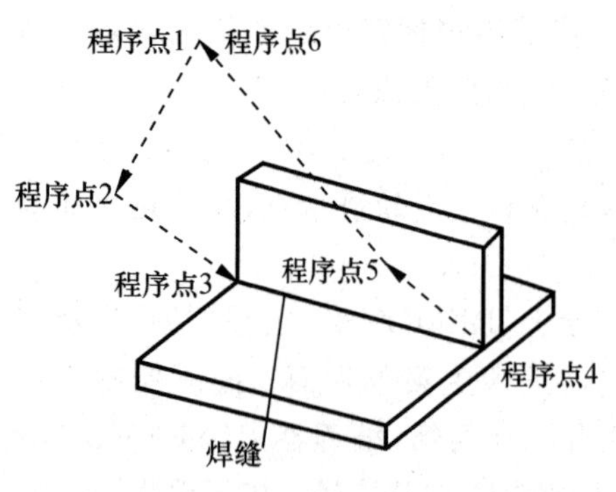

图 7-21 焊接示教工件举例

步骤 2 将机器人焊枪移至焊接开始位置附近。

步骤 3 将机器人焊枪移至焊接开始位置(引弧点)。

步骤 4 将机器人焊枪移至焊接结束位置(熄弧点)。

步骤 5 将机器人焊枪移至不碰触工件和夹具的位置。

步骤 6 将机器人焊枪移至待机位置。

可通过以下三种方式确认示教的轨迹:

(1) 确认某个程序点的动作,按下编程器上的[FORWARD](前进)键,利用机器人的动作确认每一个程序点(每按一次[FORWARD]键,机器人移动一个程序点);

(2) 确认所有程序点的连续动作,同时按下[INTERLOCK](联锁)键和[TEST RUN](测试运行)键,机器人连续再现所有程序点,一个循环后停止;

(3) 再现确认,关闭编程器上的[TEACH LOCK](示教锁定)键,按下控制柜上的[PLAY](再现)键,切换至再现模式,再现前同样需要打开伺服电源,最后启动再现示教过程。

经过示教自动产生的焊接作业程序如表 7-1 所示。

表 7-1 焊接作业程序

行	命令	内容说明	
0000	NOP	程序开始	
0001	MOVJ VJ=25.00	移到待机位置	程序点 1
0002	MOVJ VJ=25.00	移到焊接开始位置附近	程序点 2
0003	MOVJ VJ=12.5	移到焊接开始位置	程序点 3
0004	ARCON	焊接开始	
0005	MOVL V=50	移到焊接结束位置	程序点 4
0006	ARCOF	焊接结束	
0007	MOVJ VJ=25.00	移到不碰触工件和夹具的位置	程序点 5
0008	MOVJ VJ=25.00	移到待机位置	程序点 6
0009	END	程序结束	

要焊接如图 7-21 所示的焊缝,MOTOMAN 机器人首先在示教状态下走出图示轨迹。程序点 1、6 为待机位置,两点重合且需处于工件、夹具不干涉的位置,从程序点 5 向程序点 6 移动时,也需保证与工件、夹具不干涉。从程序点 1 到程序点 2 再到程序点 3 和从程序点 4 到程序点 5 再回到程序点 6 为空行程,对轨迹无要求,所以选择工作状态好、效率高的关节插补,生成的代码为 MOVJ。空行程中接近焊接轨迹段时选择慢速。程序中关节插补的速度用 VJ 表示,数值代表最高关节速度的百分比,如 VJ=25 表示以关节最高运行速度的 25%运动。从程序点 3 到程序点 4 的轨迹为焊接轨迹段,机器人以要求的焊接轨迹(这里为直线)移动,生成的代码为 MOVL;以规定的焊接速度前进,速度用 V 表

示,单位为 mm/s。程序中 ARCON 为引弧指令,ARCOF 为熄弧指令,分别用于引弧的开始和结束,这两个命令也是在示教过程中通过按示教盒上的功能键自动产生的。NOP 表示程序开始,END 表示程序结束。

7.6　工业机器人离线编程

机器人编程技术正在迅速发展,已经成为推动机器人技术朝智能化方向发展的关键技术之一,尤其是机器人离线编程(OLP)技术。机器人离线编程系统是一种已经被广泛应用的、以计算机图形学为依托的机器人编程系统,它可以使机器人程序的开发在不用访问机器人本体的情况下进行。不论是作为当今工业自动化装备的辅助编程工具,还是机器人研究的平台,离线编程系统都具有重要的意义。

7.6.1　离线编程系统的特点和要求

早期的机器人主要应用于大批量生产,如自动线上的点焊、喷涂,故编程所花费的时间相对比较少,示教编程可以满足这些机器人作业的要求。伴随着机器人应用范围的扩大、任务复杂程度的增加,示教编程方式已很难满足要求。由于机器人工作环境的复杂性,对机器人及其工作环境乃至生产过程的计算机仿真是必不可少的。机器人仿真系统的任务就是在不接触实际机器人及其工作环境的情况下,通过图形技术,提供一个和机器人进行交互作用的虚拟工作环境。离线编程是指在建立了机器人的三维模拟工作场景后,经内置软件仿真计算,生成机器人运动轨迹,进而生成机器人的控制指令,通过通信接口控制物理环境中的机器人和其他设备,如数控机床等。

表 7-2 所示为示教编程和离线编程两种方式的比较。

表 7-2　示教编程和离线编程的比较

示 教 编 程	离 线 编 程
需要实际机器人系统和工作环境	需要机器人系统和工作环境的图形模型
编程时机器人停止工作	编程不影响机器人工作
在实际系统上检验程序	通过仿真检验程序
编程的质量取决于编程者的经验	可用 CAD 方法,进行最佳轨迹规划
很难实现复杂的机器人运动轨迹	可实现复杂运动轨迹的编程

与在线示教编程相比,离线编程系统具有如下优点:① 减少机器人不工作时间,当对下一个任务进行编程时,机器人仍可在生产线上工作;② 可使编程者远离危险的工作环境;③ 使用范围广,离线编程系统可以对各种机器人进行编程;④ 便于和 CAD/CAM 系统结合,做到 CAD/CAM/Robotics 一体化;⑤ 可使用高级计算机编程语言对复杂任务进行编程;⑥ 便于修改机器人程序。

机器人语言系统在数据结构的支持下,可用符号描述机器人的动作,也有一些机器人语言具有简单的环境物构型功能。但是,由于目前的计算机语言多为动作级或对象级语言,编程工作相当繁重。采用高水平语言的任务级语言系统目前还在研制之中。任务级语言系统除了要求更加复杂的机器人环境模型支持外,还需要利用人工智能,以自动生成控制决策和产生运动轨迹。离线编程系统可以看作动作级和对象级语言图形方式的延伸，是从动作级语言发展到任务级语言所必须经过的阶段。从这一点看，离线编程系统是研制任务级编程系统一个很重要的基础。

离线编程是当前机器人实际应用的一个必要手段，离线编程系统则是开发和研究任务级规划方式的有力工具。通过离线编程可以建立起机器人与 CAD/CAM 系统之间的联系。设计离线系统时应考虑以下几个方面：① 机器人的工作过程的知识；② 机器人和工作环境三维实体模型；③ 机器人几何学、运动学和动力学知识；④ 基于图形显示和可进行机器人运动图形仿真的关于上述三个方面的软件系统；⑤ 轨迹规划和检查算法，如检查机器人关节角超限与否、检测碰撞情况、规划机器人在工作空间的运动轨迹等；⑥ 传感器的接口和仿真，以及利用传感器的信息进行决策和规划；⑦ 通信功能，将离线编程系统所生成的运动代码传送到各种机器人控制柜；⑧ 用户接口，提供有效的人机界面，便于人工干预和进行系统的操作。

另外，由于离线编程系统是基于机器人系统的图形模型来模拟机器人在实际环境中的工作从而进行编程的，因此，为了使编程结果能更好地符合实际情况，系统应能够计算仿真模型和实际模型间的误差，并且要尽量减少两者间的差别。

7.6.2 离线编程系统的组成

离线编程系统主要由用户接口、机器人系统三维几何构型、运动学计算、轨迹规划、三维图形动态仿真、通信接口和误差校正等部分组成。离线编程系统组成框图如图 7-22 所示。

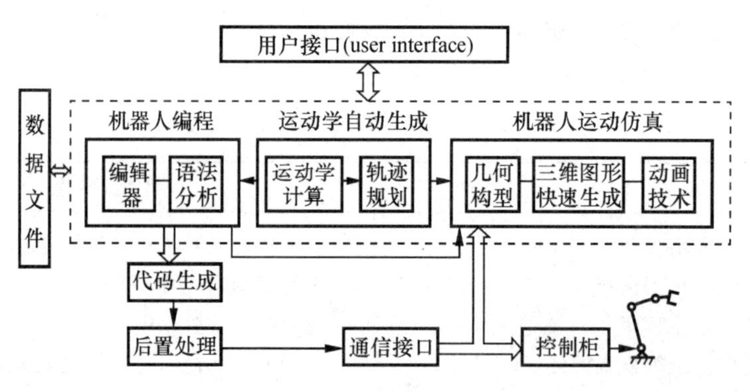

图 7-22 离线编程系统组成框图

1. 用户接口

离线编程系统的一个关键问题是如何方便地构建出机器人编程系统的环境，便于人机交互。因此，用户接口就显得非常重要。工业机器人一般提供两个用户接口，一个用于示教编程，另外一个用于语言编程。示教编程可以用示教盒直接编制机器人程序。语言编程则是用机器人语言编制程序，使机器人完成给定的任务。目前两种方式已广泛地应用于工业机器人。

由机器人语言发展形成的离线编程系统应把机器人语言作为用户接口的一部分，用机器人语言对机器人运动程序进行修改和编辑。用户接口的语言部分具有与机器人语言类似的功能，因此在离线编程系统中需要对其进行仔细设计。同时，用户接口应便于对机器人系统进行图形编辑。一般将用户接口设计成交互式的，用户可以用鼠标器标明物体在屏幕上的方位，并能交互修改环境模型。好的用户接口可以帮助用户方便地进行整个系统的构型和编程操作。

2. 机器人系统的三维几何构型

离线编程系统的一个基本功能是利用图形描述对机器人和工作单元进行仿真，这就要求对工作单元中的机器人所有的夹具、零件和刀具等进行三维实体几何构型。目前用于机器人系统三维几何构型的方法主要有以下三种：结构的立体几何表示、扫描变换表示、边界表示。其中：最便于计算机表示、运算、修改和显示形体的建模方法是边界表示方法；结构的立体几何表示方法所覆盖的形体种类较多；扫描变换表示方法则便于生成轴对称的形体。机器人系统的几何构型大多采用以上三种形式的组合。

为了构造机器人系统的三维模型，最好采用零件和工具的CAD模型(直接从CAD系统获得)，使CAD数据共享。正因为对从设计到制造的CAD集成系统的需求越来越迫切，所以离线编程系统包括CAD建模子系统或把离线编程系统本身作为CAD系统的一部分。若把离线编程系统作为单独的系统，则系统必须具有适当的接口，以便与外部CAD系统进行模型转换。

3. 运动学计算

运动学计算分运动学正解和运动学反解两部分。正解是给出机器人运动参数和关节变量，计算机器人末端位姿；反解则是由给定的末端位姿计算相应的关节变量值。离线编程系统应具有自动生成运动学正解和反解的功能。

就运动学反解而言，离线编程系统与控制柜的联系方式有两种：一是用离线编程系统代替机器人控制柜的逆运动学，将机器人关节坐标值传送给控制柜；二是将直角坐标值传送给控制柜，由控制柜提供的逆运动学方程求解机器人的形态。第二种方式较第一种方式好，尤其是在机器人制造商已经开始在他们生产的机器人上配置机械臂特征标定规范的情况下。这些标定规范为每台机器人确定了独立的逆运动学模型，因此在直角坐标系下与机器人控制柜通信效果要好一些。在关节坐标系下与机器人控制柜通信时，离线编程系统运动学反解方程应和机器人控制柜所采用的公式一致，如PUMA 560机器人(见图3-21)，当关节5在零位且4轴(z_3)和6轴(z_5)处在一直线上时，机器人控制柜先解出关节4和关节6的角度之和($\theta_4+\theta_6$)，然后根据某一准则，唯一地确定出关节4和6的数值。因此在离线编程系统中，运动学反解也采用类似的准则。此外，还有可行解的选择问题，如PUMA 560机器人从直角坐标系转换到关节坐标系有八组可行解，需要引入一个准则，以唯一地确定出可行解。为了使仿真模型相对于实际情况的误差较小，离线编程系统所采用的规则应和机器人控制柜所采用的准则一致。

4. 轨迹规划

在离线编程系统中，除了需对机器人静态位置进行运动学计算外，还应该对机器人在操作空间的运动轨迹进行仿真。由于不同的机器人厂家所采用的轨迹规划算法差别较大，离线编程系统应对机器人控制柜所采用的算法进行仿真。

机器人的运动轨迹分为两种类型：自由运动(仅由初始状态和目标状态定义)和依赖于轨迹的约束运动。约束运动受到路径约束，以及运动学和动力学的约束，而自由移动没有约束条件。轨迹规划器接收路径设定和约束条件的输入，并输出起始点和终止点之间按时间排列的中间形态(如位姿、速度、加速度等)序列,它们可用关节空间和直角坐标空间表示。轨迹规划器采用轨迹规划算法,如关节空间的插补、直角坐标空间的插补算法等。同时,为了发挥离线编程系统的优点,轨迹规划器还应具备可达空间的计算、碰撞的检测等功能。

5. 三维图形动态仿真

离线编程系统在对机器人运动进行规划后,将形成以时间序列排列的机器人各关节的关节角序列。利用运动学正解方程,就可得出与之相应的一系列机器人不同的位姿。将这些位姿参数导入离线编程系统的构型模块,生成对应每一位姿的一系列机器人图形,然后将这些图形在计算机屏幕上连续显示出来,产生动画效果,从而实现对机器人运动的动态仿真。机器人动态仿真是离线编程系统的重要功能,能逼真地模拟机器人的实际工作过程,为编程者提供直观的可视图形,进而可以检验编程的正确性和合理性。此外,编程者还可以通过对图形的多种操作,获得更为丰富的信息。

6. 通信接口

在离线编程系统中,通信接口起着连接软件系统和机器人控制柜的桥梁作用。利用通信接口,可以把仿真系统所生成的机器人运动程序转换成机器人控制柜可以接收的代码。

为工业机器人所配置的机器人语言由于生产厂家的不同差异很大,这样就给离线编程系统的通用性带来了很大限制。离线编程系统实用化的一个主要问题是缺乏标准的通信接口,而标准通信接口的功能是将机器人仿真程序转化成各种机器人控制柜可接收的格式。为解决该问题,一种方法是选择一种较为通用的机器人语言,然后对该语言进行加工(后置处理),使其转换成控制柜可以接收的语言。直接进行语言转化有两个优点:一是使用者不需要学习各种机器人语言就能对不同的机器人进行编程;二是在很多机器人应用的场合,采用这种方法从经济上看是合算的。但是直接进行语言转化是很复杂的,这主要是由于目前工业上所使用的机器人语言种类很多。另外一种方法是将离线编程的结果转换成机器人可接收的代码,采用这种方法时需要一种翻译系统,以便快速生成机器人运动程序代码。

7. 误差校正

离线编程系统中的仿真模型(理想模型)和实际的机器人模型之间存在误差,误差主要源于如下几方面。

(1) 机器人　① 连杆制造的误差和关节偏置的变化,这些结构上小的误差将会使机器人终端产生较大的误差;② 机器人结构的刚度不足,在重负载情况下会产生较大的误差;③ 相同型号机器人的不一致性,在仿真系统中,型号相同的机器人的图形模型是完全一样的,而在实际情况下往往存在差别;④ 控制器的数字精度,这主要是受微处理器字长及控制算法计算效率的影响。

(2) 作业范围　① 在作业范围内,很难准确地确定出物体(如机器人、工件等)相对于基准点的方位;② 外界工作环境(如温度)的变化,会对机器人的性能产生不利的影响。

(3) 离线编程系统　① 离线编程系统的数字精度;② 实际世界坐标系模型数据的质量。

以上这些因素,都会使离线编程系统工作时产生很大的误差。有效地消除误差,是离线编程系统进入实用化的关键。目前误差校正的方法主要有两种:一是用基准点方法,即在工作空间内选择一些基准点(一般不少于三点),这些基准点具有较高的位置精度,通过离线编程系统规划使机器人运动到基准点,根据两者之间的差异形成误差补偿函数;二是利用传感器(力觉或视觉传感器等)形成反馈,在离线编程系统所提供的机器人位置的基础上,靠传感器来完成局部精确定位。第一种方法主要用于精度要求不高的场合(如喷涂作业),第二种方法主要用于较高精度的场合(如装配作业)。

目前各大机器人制造厂商都提供了离线编程软件供用户使用,如:MOTOMAN机器人的编程仿真系统ROTSY (robot off-line teaching system of YASKAWA),它适用于Windows操作系统,具有仿真、示教、编辑及检测等功能;ABB机器人的离线编程仿真系统RobotStudio,用于机器人安装前的编程、配置和虚拟调试,具有CAD模型导入与建模、自动路径生成、碰撞检测、在线作业、模拟仿真验证及二次开发等功能,可完整构建生产线的实体或系统的数字孪生模型,让用户能够在虚拟的3D场景中创造、模拟和测试机器人安装全过程。FANUC机器人的离线编程仿真软件ROBOGUIDE用于方案设计、离线编程和系统优化一系列工作,根据不同的应用包括物料搬运模块、弧焊模块、码垛模块、喷涂模块、倒角去毛刺模块及其他辅助模块等,具有模型导入、虚拟仿真环境创建、离线程序编写、动作模拟、工作节拍计算、运动优化等功能。

拓展7-7:数控机床上下料离线编程案例

拓展7-8:数控机床上下料离线仿真视频

习　题

本章习题参考答案

7.1　要求一个六轴机器人的第一关节用3 s由起始点($\theta_0=50°$)移动到终止点($\theta_f=80°$)。假设机器人从静止开始运动,最终停在终止点上,计算一条三次多项式关节空间轨迹方程的系数,确定第1 s、第2 s、第3 s时该关节的角位移、角速度和角加速度。

7.2　要求一个六轴机器人的第三关节用4 s由起始点($\theta_0=20°$)移动到终止点($\theta_f=80°$)。假设机器人由静止开始运动,抵达终止点时角速度为5(°)/s。计算一条三次多项式关节空间轨迹方程的系数,绘制出关节的角位移、角速度和角加速度曲线。

7.3　一个六轴机器人的第二关节用5 s由起始点($\theta_0=20°$)移动到终止点($\theta_1=80°$),然后再用5 s运动到终止点($\theta_f=25°$)。计算关节空间的三次多项式轨迹方程的系数,并绘制关节的角位移、角速度和角加速度曲线。

7.4　要求用一个五次多项式来控制机器人在关节空间的运动,求五次多项式的系数,使得该机器人关节用3 s由起始点($\theta_0=0°$)运动到终止点($\theta_f=75°$),机器人的起始点和终止点角速度均为零,初始角加速度为10(°)/s^2,终止角减速度为-10(°)/s^2。

7.5 要求一个六轴机器人的第一关节用 4 s 以角速度 $\omega_1=30(°)/s$ 由起始点($\theta_0=40°$)运动到终止点($\theta_f=120°$)。若使用抛物线过渡的线性运动来规划轨迹,求线性段与抛物线之间所必需的过渡时间,并绘制关节的角位移、角速度和角加速度曲线。

7.6 试叙述关节空间下各种轨迹规划路径函数的特点。

7.7 以 MOTOMAN 机器人为例完成搬运作业,请规划作业动作步骤,并编写相应的作业程序,具体要求如下:

(1) 将工作台 A 桌面上两个堆叠的长方体(长、宽、高相同)搬运到工作台 B 桌面上,其中长方体的高度为 50 mm。

(2) 在搬运过程中不能有任何碰撞。

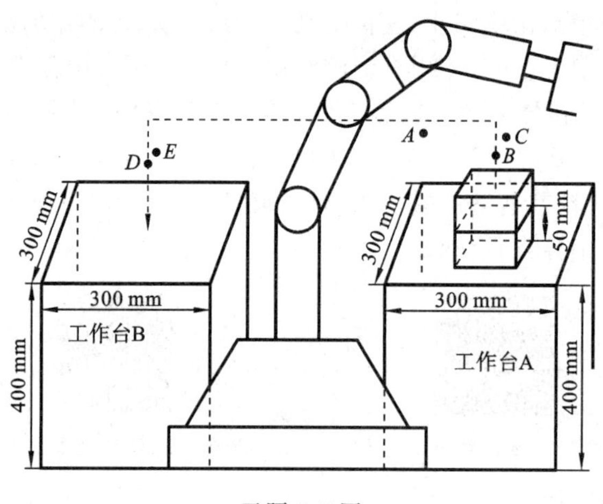

习题 7.7 图

7.8 以安川 MA1440 电弧焊机器人为例,完成焊接作业,请规划作业动作步骤,并编写相应的作业程序,具体要求如下:

(1) 在圆柱形工件与工作台的接触处进行焊接,焊缝为圆弧形;

(2) 在焊接过程中不能有任何碰撞。

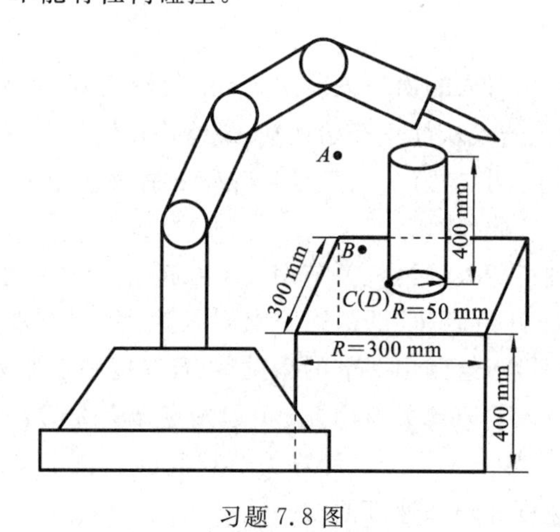

习题 7.8 图

第 8 章　工业机器人的应用

机器人可代替或协助人类完成各种工作，凡是枯燥的、危险的、有毒的、有害的工作，都可由机器人大显身手。机器人除了广泛应用于制造业领域外，还应用于资源勘探开发、救灾排险、医疗服务、家庭娱乐、军事和航天等其他领域。机器人是工业及非产业界的重要生产和服务性设备，也是先进制造技术领域不可缺少的自动化设备。

本章介绍工业机器人的应用准则、步骤和安全实施规范，通过工业机器人电弧焊接、点焊和喷涂作业典型应用实例，介绍其工作站的组成、工作原理、周边设备选用等内容。

拓展内容：电弧焊机器人工作站实例、点焊机器人工作站实例、喷漆机器人工作站实例。

8.1　工业机器人的应用准则、步骤和安全实施规范

8.1.1　工业机器人的应用准则

在设计和应用工业机器人时，应全面和均衡考虑机器人的通用性、环境的适应性、耐久性、可靠性和经济性等因素，具体遵循的准则如下。

(1) 在恶劣的工作环境中应用机器人。

机器人可以在有毒、风尘、噪声、振动、高温、易燃、易爆等危险或有害的环境中长期稳定地工作。在技术、经济合理的情况下，可采用机器人逐步把人从这些工作岗位上替代下来，以改善工人的劳动条件，降低工人的劳动强度。

(2) 在生产率和生产质量落后的部门应用机器人。

现代化生产的分工越来越细，操作越来越简单，劳动强度越来越大，可以用机器人高效地完成一些简单、重复性的工作，以提高生产效率和生产质量。

(3) 从长远考虑需要机器人。

一般来说，人的寿命要比机械的寿命长，不过，如果经常对机械进行保养和维修，对易换件进行补充和更换，有可能使机械的寿命超过人类。另外，工人会由于其自身的意志而放弃工作、停工或辞职，而工业机器人没有自己的意愿，它不会在工作中途因故障以外的原因而停止工作，能够持续地工作，直至其机械寿命完结。

与只能完成单一特定作业的设备不同，机器人不受产品性能、所执行任务的类型或具体行业的限制。若产品更新换代频繁，通常只需要重新编制机器人程序，并换装不同类型的末端操作器来完成部分改装就可以了。

(4) 机器人的使用成本。

虽然使用机器人可以减轻工人的劳动强度，但是人们往往更为关心使用机器人的经济性，要从劳动力、材料、生产率、能源、设备等方面比较人和机器人的使用成本。如果使用机器人能够带来更大的效益，则可优先选用机器人。

(5) 应用机器人时需要人。

在应用机器人代替工人操作时,要考虑工业机器人的实际工作能力,用现有的机器人完全取代工人显然是不可能的,机器人只能在人的控制下完成一些特定的工作。

8.1.2 工业机器人的应用步骤

在现代工业生产中,机器人一般都不是单机使用的,而是作为工业生产系统的一个组成部分来使用的。将机器人应用于生产系统的步骤如下。

(1) 全面考虑并明确自动化要求,包括提高劳动生产率、增加产量、减轻劳动强度、改善劳动条件、保障经济效益和社会就业率等问题。

(2) 制订机器人化计划。在全面可靠的调查研究基础上,制订长期的机器人化计划,包括确定自动化目标、培训技术人员、编绘作业类别一览表、编制机器人化顺序表和大致日程表等。

(3) 探讨使用机器人的条件。结合自身具备的生产系统条件,选用合适类型的机器人。

(4) 对辅助作业和机器人性能进行标准化处理。辅助作业大致分为搬运型和操作型两种。根据不同的作业内容、复杂程度或与外围机械在共同任务中的关联性,所使用的工业机器人的坐标系统、关节和自由度数、运动速度、作业范围、工作精度和承载能力等也不同,因此必须对机器人系统进行标准化处理。此外,还要判别各机器人分别具有哪些适于特定用途的性能,进行机器人性能及其表示方法的标准化处理。

(5) 设计机器人化作业系统方案。设计并比较各种理想的、可行的或折中的机器人化作业系统方案,选定最符合使用要求的机器人及其配套设备来组成机器人化柔性综合作业系统。

(6) 选择适宜的机器人系统评价指标。建立和选用适宜的机器人系统评价指标与方法,既要考虑到适应产品变化和生产计划变更的灵活性,又要兼顾目前和长远的经济效益。

(7) 详细设计和具体实施。对选定的实施方案进行进一步详细的设计工作,并提出具体实施细则,交付执行。

8.1.3 工业机器人安全实施规范

工业机器人产品有着与其他产品不同的特征,其运动部件,特别是手臂和手腕部分具有较高的能量,可以较快的速度掠过比机器人机座大得多的空间,并且随着生产环境和条件及工作任务的改变,其手臂和手腕的运动亦会随之改变。若遇到意外启动,则对操作者、编程示教人员及维修人员均存在着潜在的伤害。为防止各类事故的发生,避免造成不必要的人身伤害,在进行工业机器人工程应用开发时,必须考虑机器人的安全实施规范。

1. 安全分析的步骤

安全分析可按下述步骤进行。

(1) 对于考虑到的应用(包括估计需要出、入或接近危险区),确定所要求的任务,即确定机器人或机器人系统的用途,是否需要操作、示教人员或其他相关人员出入安全防护空间及是否频繁出入,都去做什么,是否会产生可预料的误用(如意外的启动等)。

(2) 识别危险源(包括与每项任务有关的故障和失效方式等),即识别由于机器人的运动以及为完成作业所需的操作中会发生的故障或失效,以及潜在的各种危险。

(3) 进行风险评价,确定属于哪类风险。

(4) 根据风险评价,确定降低风险的对策。

(5) 根据机器人及其系统的用途,采取一定的具体安全防护措施。

(6) 评估是否达到了可接受的系统安全水平,确定安全等级。

2. 采取的安全措施

一般建议进行工业机器人工程应用时,参照以下几点来实现安全作业。

(1) 工业机器人的工作区域外围一定要有防护设施,比如金属防护网或者有机玻璃防护窗。

(2) 工业机器人在运动的时候,禁止所有的人靠近机器人的工作区域。

(3) 如需要进入机器人工作区域,一定要有安全联锁装置,人员进入后机器人禁止运动。

(4) 维修人员在进行机器人维修的时候,一定要确保机器人运动程序处于关闭状态,确保电源的关闭。

(5) 维修人员在进行机器人维修测试的时候,一定要确认没有人员在机器人的工作区域内,并且要有随时按下急停开关的准备。

(6) 在任何新程序开始运行之前,一定要以最慢的速度确认机器人运行轨迹,确定运行轨迹正确,再以生产速度测试。

(7) 人员离开设备的时候,一定要将机器人断电,按下急停开关。

3. 机器人安全操作规程

示教和手动机器人时,要遵守以下安全操作规程。

(1) 不要戴手套操作示教盘和操作盘。

(2) 在点动操作机器人时要采用较低的倍率速度以增加对机器人的控制机会。

(3) 在按下示教盘上的点动键之前要考虑到机器人的运动趋势。

(4) 要预先考虑好避让机器人的运动轨迹,并确认该线路不受干涉。

(5) 机器人周围区域必须清洁,无油、水及杂质等。

生产运行时,要遵守以下安全操作规程。

(1) 在开机运行前,须知道机器人根据所编程序将要执行的全部任务。

(2) 须知道所有会控制机器人移动的开关、传感器的位置和控制信号的状态。

(3) 须知道机器人控制器和外围控制设备上的急停开关的位置,以便在紧急情况下按这些按钮。

(4) 永远不要认为机器人没有移动其程序就已经完成,因为这时机器人很有可能是在等待让它继续移动的输入信号。

8.2 焊接机器人系统及其应用

目前,工业机器人已广泛应用于汽车及汽车零部件制造业、机械加工行业、电子电气行业、橡胶及塑料工业、食品工业、木材与家具制造业等领域。在工业生产中,弧焊机器人、点焊机器人、喷涂机器人及装配机器人等都已被大量采用。机器人的应用状况是衡量一个国家工业自动化水平的重要标志。

焊接机器人是从事焊接作业的工业机器人，主要分为弧焊机器人和点焊机器人两大类，广泛应用于汽车及其零部件制造、摩托车、工程机械等行业。汽车行业是应用焊接机器人最多的，也是最早应用焊接机器人的行业。焊接机器人在汽车生产的冲压、焊装、涂装和总装四大生产工艺过程中都有广泛的应用。据统计，汽车制造和汽车零部件生产企业中应用的焊接机器人占全部焊接机器人的76%，其中点焊机器人与弧焊机器人的比例为3∶2。

焊接机器人系统主要包括机器人和焊接设备两部分。机器人一般由机器人本体和控制柜组成。智能焊接机器人则还有传感系统，如激光或摄像传感器及其控制装置等。而焊接装备，以弧焊和点焊装备为例，则由焊接电源、送丝机（弧焊）、焊枪（钳）等部分组成。

8.2.1 焊接机器人的选用

选用焊接机器人时，应从以下几个方面进行考虑。

(1) 机器人承载能力　机器人负载包括腕部的负载和背部（上臂）的负载。机器人用于弧焊时，其腕部负载包括焊枪、把持器、防碰撞传感器以及焊接集成电缆，一般为4～5 kg，而安装在机器人背部的送丝机构一般在10 kg左右，因此，要求机器人腕部具备5 kg以上的承载能力，背部具备10 kg以上的承载能力。

机器人用于点焊时，因焊钳质量大小差别较大，所以，对机器人承载能力的选择也就更为重要。常用点焊机器人腕部的握重一般在100 kg以上。当使用大型焊钳时，就有必要选用130 kg、165 kg甚至具有更大握重的机器人。

(2) 机器人自由度　机器人焊接作业不同于搬运作业，因为焊接工艺的需要，要求机器人具有一定的灵活性。为了实现各种焊接姿态，一般要求机器人具备六个自由度。

(3) 机器人作业范围　焊接机器人作业范围即腕部回转中心达到的最大空间。机器人装上焊枪或焊钳后，工具末端所能到达的空间范围会更大，但是，因为焊接姿态的需要，焊枪或焊钳末端经常会在靠近机器人的空间作业。所以，在对机器人作业范围进行选择时要考虑焊枪或焊钳在靠近机器人的空间作业时的可达范围。

(4) 机器人重复定位精度　机器人重复定位精度包含两个方面的精度：一是点到点的重复精度；二是轨迹的重复精度。弧焊机器人的重复定位精度一般要求为±0.1 mm，点焊机器人的重复定位精度一般要求为±0.5 mm。目前，生产厂商提供的机器人重复定位精度一般小于±0.05 mm，可以满足焊接作业要求。

(5) 机器人存储容量　机器人存储容量一般是以所能储存示教程序的步数和动作指令的条数来标注的。焊接机器人一般要求能够储存3000步程序和1500条指令以上。存储容量是可以追加的。

(6) 机器人的干涉性　机器人的上臂与工件、焊枪（焊钳）与工件、焊接电缆与工件、机器人上臂与焊接电缆、焊接电缆与变位机构、机器人与机器人之间都会发生干涉。因此，机器人的干涉性也是一个需要重点关注的因素。如果机器人要伸入工件内部进行焊接作业或者需要高密度配置机器人，则应该选用干涉性较小的机器人，也就是焊接电缆内置型的机器人。

(7) 机器人的安装形式　机器人的安装方式有落地安装、壁挂安装、倒挂安装等，以壁挂和倒挂方式安装时，对机器人的腰部要做特别处理。因此，用户在订货时要特别说明。

(8) 机器人的软件功能　弧焊机器人必须具备弧焊基本功能，如规范参数的设定，引弧熄弧、引弧熄弧确认、再引弧、再启动、防粘丝、摆焊、手动送丝、手动退丝、再现时规范参数的修订，脉冲参数的任意设定等。如果需要，还可以选加始端检出、焊缝跟踪、多层焊等功能。如果应用需要高频引弧的焊接方法，还必须具备防高频干扰功能。

点焊机器人在具备点焊功能的同时，还必须具备空打功能、手动点焊功能、电极粘连检出功能、自动修正电极修磨量功能等。在操作中，机器人应该具备坐标系选择、示教点修正、点动操作、手动试运转、通信等功能。在安全方面，机器人应该具备安全速度设定、示教锁定、干涉领域监视、试运转检查、自诊断以及报警显示等功能。如果需要外部轴扩展，则需要确认机器人的外部轴控制轴数以及外部轴协调能力等。

(9) 机器人的安装环境　对机器人的安装环境一般有如下要求。

温度：运转时为 0～45 ℃，运输保管时为－10～60 ℃。

湿度：最大为 90%，不允许结露。

振动：0.5g 以下。

电源：AC 380 V(－15%～＋10%)。

其他：避免接触易燃、腐蚀性气体、液体，勿溅水、油、粉尘等，勿靠近电气噪声源。

因此，在选用机器人时，要将机器人的安装环境与自己工厂的环境做比较。

8.2.2 弧焊机器人系统组成

弧焊机器人系统包括机器人和焊接设备两大部分。机器人由机器人本体和控制系统组成。焊接设备主要是由焊接电源(包括其控制系统)、送丝机、焊枪和防碰撞传感器等组成的。以上各部分以机器人控制系统为基础，通过软、硬件之间的连接，有机结合为一个完整的焊接系统。在实际的工程应用中，通常会辅以弧焊机器人各种形式的周边设施，如机器人底座、变位机、工件夹具、清枪剪丝装置、围栏、安全保护设施等，用来完善弧焊机器人的应用功能，从而形成工业生产中俗称的弧焊机器人焊接工作站。图 8-1 所示为 MOTOMAN 弧焊机器人工作站的基本组成。

1. 弧焊机器人的基本功能

在弧焊过程中，要求焊枪跟踪焊件的焊道运动，并不断填充金属以形成焊缝。因此，运动过程中速度的稳定性和轨迹精度是两项重要的指标。对焊丝端头的运动轨迹、焊枪姿态、焊接参数都要求精确控制。

从结构形式上看，虽然机器人具有五个自由度就可以用于电弧焊，但是将其用于复杂形状的焊缝时会有困难。因此，通常选用六自由度机器人进行焊接操作。

弧焊机器人除做“之”字形拐角焊或小直径圆焊缝焊接时，其轨迹应贴近示教的轨迹之外，还应具备不同摆动样式的软件，供编程时选用，以便做摆动焊，而且摆动在每一周期中的停顿点处，机器人也应自动停止向前运动，以满足工艺要求。此外，其还应具有接触寻位、自动寻找焊缝起点位置、电弧跟踪及自动再引弧功能等。

2. 焊接设备

弧焊机器人一般较多采用熔化极气体保护焊(如 MAG 焊、MIG 焊、CO_2 焊等)或者

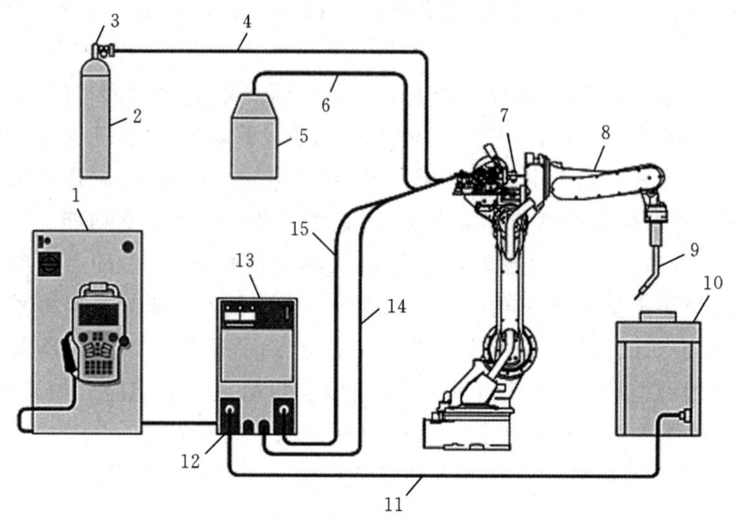

图 8-1　MOTOMAN 弧焊机器人工作站的基本组成

1—MOTOMAN 专用控制柜；2—保护气体瓶；3—气体调压阀；4—保护气体软管；5—焊丝；6—送丝管；7—送丝机；8—焊枪电缆；9—焊枪；10—夹具；11—动力线（负极）；12—焊接指令电缆；13—焊接电源；14—动力电缆（正极）；15—送丝机控制电缆

非熔化极气体保护焊（如 TIG 焊、等离子焊等）方法。无论哪一种方法都需要焊接电源、焊枪、送丝机和防碰撞传感器，但对于不填丝的 TIG 焊或者等离子焊就不必配备送丝机。

1）焊接电源

通常晶闸管式、逆变式、波形控制式、脉冲式和非脉冲式的焊接电源都可以装到弧焊机器人上做电弧焊。由于机器人控制柜采用数字控制方式，而焊接电源多采用模拟控制方式，所以需要在焊接电源与控制柜之间加一个 D/A 转换接口。近年来，机器人制造厂商都有自己特定的配套焊接设备，焊接设备与机器人控制柜之间设计有专用接口板，便于控制参数的调整与匹配，可大大缩短安装调试时间，方便维护。应当指出，在弧焊机器人工作周期中电弧时间所占比例较大，因此在选择焊接电源时，一般应该按 100％的负载持续率来确定电源容量。

2）送丝机

送丝机一般由焊丝盘、送丝电动机、减速装置、送丝滚轮、压紧装置及送丝软管等组成。弧焊机器人配备的送丝机可以按两种方式安装：一种是将送丝机安装在机器人的上臂上，与机器人组成一体；另一种是将送丝机与机器人分开安装。采用前一种安装方式时，焊枪到送丝机之间的软管较短，有利于保持送丝稳定性；采用后一种安装方式时，机器人把焊枪送到某些位置时软管将处于多弯曲状态，会严重影响送丝质量。所以弧焊机器人均采用第一种安装方式，以保证送丝质量稳定。

送丝机的送丝速度控制方法有开环控制和闭环控制两种。大部分送丝机仍采用开环控制方法，但也有一些采用装有光电传感器的伺服电动机，对送丝速度实现了闭环控制，不受网路电压或送丝阻力的影响，从而可提高送丝质量的稳定性。

3）焊枪

弧焊机器人用的焊枪大部分和手工焊的鹅颈式焊枪基本相同。鹅颈式焊枪的弯曲角一般都小于 45°，可以根据焊件的特点选用不同角度的鹅颈，以改善焊枪的可达性。如鹅颈角度选得过大,会增加送丝阻力,使送丝速度不稳,而角度过小,则导电嘴稍有磨损,就会出现导电不良现象。应该注意,更换不同的焊枪之后,必须对机器人的工具中心点(TCP,tool center point)进行相应的调整,否则焊枪的运动轨迹和姿态都会发生变化,焊接程序也应该重新调整。

4) 防碰撞传感器

对于弧焊机器人工作站,除了选好焊枪外,还必须在机器人的焊枪把持架上配备防碰撞传感器。防碰撞传感器的作用是,在机器人运动时,万一焊枪撞上障碍物,能马上使机器人停止运动,避免损坏焊枪或机器人。发生碰撞时,一定要检查焊枪是否被碰歪,否则由于 TCP 的变化,焊接路径将发生较大变化,从而焊出废品。有的机器人在第六轴装有电流反馈的防碰撞装置,如日本 FANUC 机器人,机器人碰到障碍物后,码盘电流将增大,机器人发出信号,电动机反转,从而可减小焊枪受到的撞击力。

5) 变位机

焊接变位机是焊接辅助机械中应用面较广的一种设备,它可以通过自身的回转及翻转机构,使固定在工作台面上的焊件做无级旋转和 135°的翻转运动,使焊缝经常处于最佳的水平及船型焊位置。变位机的种类也比较多,目前主要的变位机构有滑轨、龙门机架、旋转工作台(一轴)、旋转+翻转变位机(两轴)、翻转变位机(三轴)、复合变位机。

图 8-2 所示为单轴水平旋转变位机,它适合小型工作站、小工件的焊接,可实现±180°水平回转,满足工件焊接要求,保证工件焊接质量。图 8-3 所示为双轴标准变位机,其两轴均采用伺服电动机驱动,焊接夹具实现翻转的同时,也能实现±180°水平回转,这使得机器人的作业范围和与夹具的相互协调能力大大增强,机器人焊接姿态准确度和焊缝质量有很大提高。这类变位机适合小型焊接工作站,常用于小工件的焊接,如消声器的尾管、油箱等工件的焊接。

图 8-2 单轴水平旋转变位机

图 8-3 双轴标准变位机

8.2.3 弧焊机器人应用实例

汽车前桥焊接机器人工作站是一个以弧焊机器人为中心的综合性强、集成度高、多设备协同运动的焊接工作单元,对于工作站的设计,需要结合用户需求,分析焊接工件的材料、结构及焊接工艺要求,规划出合理的方案。在确定总体方案之前,首先应考虑以下三方面的问题。

(1) 焊接夹具具体尺寸的估算　根据汽车前桥的结构特点和焊接工艺,分析工件的定位夹紧方案并留有一定余地,估算出焊接夹具的外形及大小。

(2) 确定变位机的基本形式　焊接夹具应当能够变换位置,使工件各处的焊缝可以适应机器人可能的焊枪姿态；另外，为充分发挥机器人的工作能力，缩短焊接节拍，要把工件的装卸时间尽量和机器人工作时间重合起来，最好采用两套变位机，变位机采用翻转变位机形式。

(3) 设备选型　按承载能力、作业范围及工件材料焊接特点等，选定机器人和焊机的型号。

1. 工作站整体结构

根据经济性原则以及合理布局（有效利用厂房现有的布局空间）、科学生产（人员少、产量高且工人劳动强度低）、高效生产、安全生产（避免焊枪与周边设备发生干涉）等原则，汽车前桥焊接工作站的整体布局如图 8-4 所示。

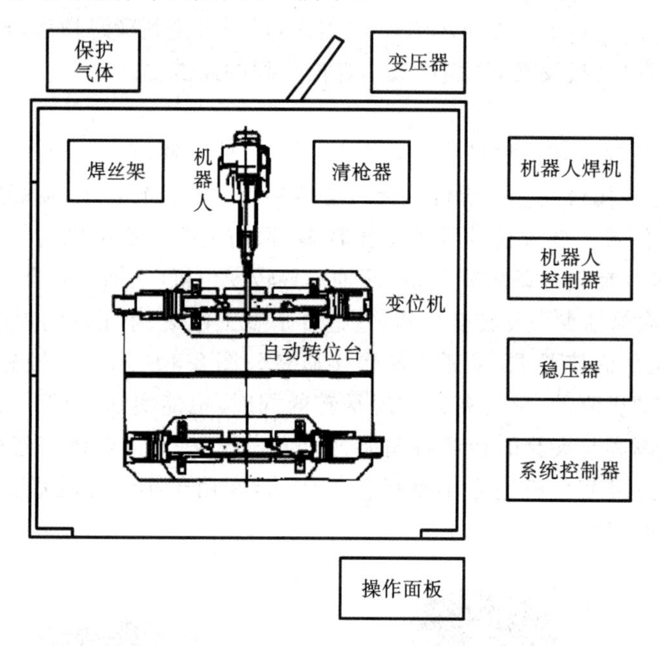

图 8-4　汽车前桥焊接机器人工作站整体布局

汽车前桥焊接机器人工作站的组成包括机器人系统、交流伺服双轴变位机、自动转位台、焊接夹具、工作站系统控制器、焊机、焊接辅助设备等。其中，弧焊机器人采用日本安川 MA1400 型机器人，焊机采用配套的 RD350 焊机。该机器人采用扁平型交流伺服电动机，结构紧凑、响应快、效率高。带有防碰撞系统，可以检测出示教、自动模式下机器人与周边设备之间的碰撞。机器人焊枪姿态变化时，焊接电缆弯曲小，送丝平稳，能够连续稳定工作。RD350 型焊机采用 100 kHz 高速逆变器控制，通过数字信号处理(DSP)芯片控制电流、电压以及对送丝装置伺服电动机进行全数字控制。自动转位台采用双工位双轴变位机，工作时机器人固定不动，由系统控制器控制自动转位台的转动及变位机的变位，机器人根据系统控制器发出的指令依次对前桥几个焊接面进行焊接。

2. 控制系统工作原理

前桥焊接机器人工作站的控制系统由系统控制器和机器人控制器两个 Agent（代理）组成，如图 8-5 所示。Agent 是指处在一定执行环境中具有反应性、自治性和目的驱动性等特征的智能对象。在工作中，两个 Agent 各自完成自己的任务，同时彼此之间又相互通信协作，对焊接动态过程进行智能传感，并根据传感信息对各自复杂的工作状态进行实时

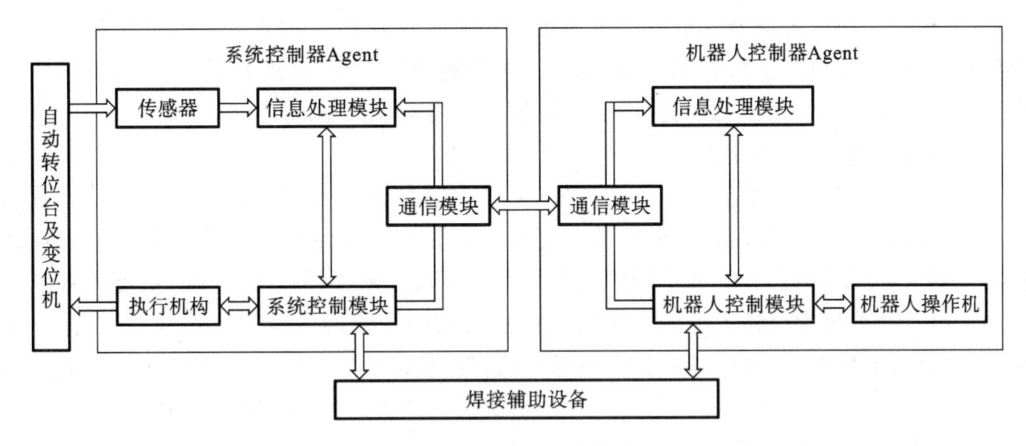

图 8-5 前桥焊接机器人工作站控制系统

跟踪，通过预先编好的程序，对现场传感信息进行逻辑判断，使执行机构按预定程序动作，实现以开关量为主的自动控制，从而控制焊接过程的每道工序。

系统控制器 Agent 的作用是根据控制要求及传感信息对变位机和自动转位台进行实时控制。在一个工位的焊接完成后，系统控制模块按变位要求通过执行装置向变位机发送转位要求，变位机开始变位，信息处理模块通过传感器确定变位完成，并将信息传送给系统控制模块，系统控制模块通知执行装置停止运行，变位机一次变位完成。

机器人控制器 Agent 的作用是实时监控和调整焊接工艺参数（如焊接电压、电流及焊缝跟踪等），调用正确的焊接程序，完成对前桥的自动焊接工作，并对一些实时信号（如剪丝动作信号等）做出响应。在自动焊接前，焊接轨迹是机器人控制器在手动工作方式时对焊接机器人示教得到的。对于每一轨迹，给定唯一的二进制编码的程序号。

8.2.4 机器人弧焊新技术

1. TCP 自动校零技术

焊接机器人的 TCP 就是焊枪的中心点，TCP 的零位精度直接影响着焊接质量的稳定性。但在实际生产中不可避免会发生焊枪与夹具之间的碰撞等不可预见事件，而导致 TCP 位置偏离。通常的做法是手动进行机器人 TCP 校零，但一般完成全过程需要 30 min，这样会影响生产效率。TCP 自动校零是用在机器人焊接中的一项新技术，用于校零的硬件设施是由一个梯形固定支座和一组激光传感器组成的。当焊枪以不同姿态经过 TCP 支座时，激光传感器会将记录下的数据传递到 CPU 与最初设定值进行比较与计算。当 TCP 发生偏离时，机器人会自动运行校零程序，自动对每根轴的角度进行调整，并在最短的时间内恢复 TCP 零位。

2. 双丝高速焊技术

双丝高速焊不仅焊接效率比传统焊接方式高，而且焊接时热影响区小，产品的疲劳强度较高。目前双丝高速焊主要有两种方式，一种是 Twin arc 法，另一种是 Tandem 法。Twin arc 焊接工艺是两根焊丝都采用同样或接近的焊接参数的工艺，而 Tandem 焊接工艺是每个电弧都有自己独立的焊接参数的工艺。焊接设备的基本组成类似，即都是由两个焊接电源、两个送丝机和一个共用的送双丝的电缆组成。为了防止同相位的两个电弧的相互干扰，常采用脉冲 MIG、脉冲 MAG 焊法，并保持两个电弧轮流交替燃烧。这样一来，就要求一个协同控制器保证两个电源的输出电流波形相位相差 180°。当焊接参数设置到最佳时，脉冲电弧能得到无短路、几乎无飞溅的过渡过程，真正做到“一个脉冲过渡一个熔滴”，每个熔滴的大小几乎完全相同(熔滴大小由电弧功率决定)。

3. 机器人等离子切割技术

对机器人焊接质量的高要求，势必带来对冲制件的匹配性的更高要求。尤其是管状件的相贯线焊缝，要求冲制件的匹配轮廓度小于 0.5 mm，传统的冲压工艺很难直接保证达到此要求，于是，机器人等离子切割被引入汽车底盘零部件焊接生产线。机器人等离子切割是由普通的抓举机器人持等离子割炬按机器人编程轨迹进行匀速切割，氧气作为切割气体，氮气起保护作用，所切割工件边缘平滑，轮廓度小于 0.3 mm，能保证焊接的质量稳定。当产品尺寸需要改进时，不需对冲压模具进行改进，只要对机器人切割轨迹进行简单的调整即可满足生产，能节约大量生产成本。

4. 模块式夹紧机构

在传统的底盘焊接机器人系统中，夹具通常采用的是四连杆机构，该机构有夹紧和自锁的功能，但结构体积较大，会影响机器人的焊接空间位置。目前一种全新的模块化夹紧机构已进入机器人焊接系统。其优点如下：首先，通用性强，各夹紧机构可方便互换，只要有几套标准的备件即可保证正常生产；其次，采用的是全封闭的结构，可对气缸起到很好的保护和润滑作用，并可有效地避免焊接飞溅对气缸活塞和连杆机构的破坏；最后，采用这种机构，可以方便地对夹紧行程和自锁角度进行调节。在今后机器人焊接系统的夹具部分将会更多地采用该结构方式。

拓展 8-1：电弧焊机器人工作站实例

8.2.5 点焊机器人

1. 点焊机器人系统

点焊的工作原理是：通过焊钳电极对两层板件施加一定的压力并保持，使板件可靠接触并输出合适的焊接电流，因板间电阻的存在，接触点产生热量、局部熔化，从而使两层板件牢牢地焊接在一起。点焊的过程可以分为预加压、通电加热和冷却结晶三个阶段。

典型的点焊机器人系统一般由机器人本体、焊钳、点焊控制箱、气/水管路、机器人变压器、焊钳水冷管及相关电缆等组成，如图 8-6 所示。通过点焊控制箱，可以根据不同材料、不同厚度确定和调整焊接压力、焊接电流和焊接时间等参数。点焊机器人可以焊接低碳钢板、不锈钢板、镀锌或多功能镀铅钢板、铅板、铜板等类薄板部件，具有焊接效率高、变形小、不需添加焊接材料等优点，广泛应用于汽车覆盖件、驾驶室、车体等部件的高质量焊接。

2. 点焊机器人的基本功能

点焊对所用机器人的要求并不高，因为点焊只需点位控制，而对焊钳在点与点之间的移动轨迹则没有严格要求，这也是机器人最早用于点焊的原因。点焊用机器人不仅要有

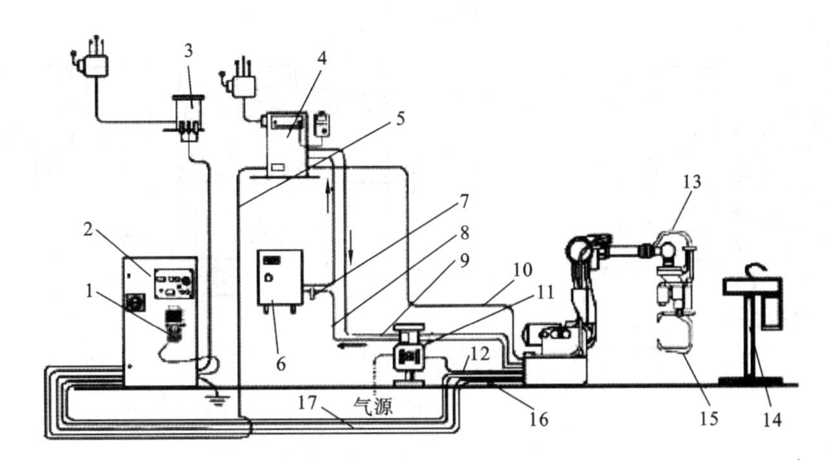

图 8-6　点焊机器人系统的基本组成

1—机器人示教盒；2—机器人控制柜；3—机器人变压器；4—点焊控制箱；5—电焊指令电缆；6—水冷机；7—冷却水流量开关；8—焊钳回水管；9—焊钳水冷管；10—焊钳供电电缆；11—气/水管路组合体；12—焊钳进气管；13—手部集合电缆；14—电动机修磨机；15—伺服/气动点焊钳；16—机器人控制电缆；17—焊钳（伺服/气动）控制电缆 S1

足够的承载能力，而且在点与点之间移位时速度要快捷、动作要平稳、定位要准确，以减少移位的时间，提高工作效率。点焊机器人需要的承载能力取决于所用的焊钳形式。对于与变压器分离的焊钳，承载能力为 30～45 kg 的机器人就足够了。但是，这种焊钳一方面由于二次电缆线长，电能损耗大，也不利于机器人将焊钳伸入工件内部焊接，另一方面电缆线需随机器人运动而不停摆动，电缆的损坏较快。因此，目前多采用一体式焊钳，这种焊钳连同变压器质量在 70 kg 左右。考虑到机器人要有足够的承载能力，能以较大的加速度将焊钳送到空间位置进行焊接，一般都选用承载能力为 100～150 kg 的重型机器人。

3. 点焊机器人的焊钳

点焊机器人由于采用了一体化焊钳，焊接变压器装在焊钳后面，所以变压器必须尽量小型化。对于容量较小的变压器，可以用 50 Hz 工频交流电；而对于容量较大的变压器，已经开始采用逆变技术把 50 Hz 工频交流电变为 600～700 Hz 交流电，使变压器的体积减小、重量减轻。变压后可以直接用 600～700 Hz 交流电焊接，也可以再进行二次整流，用直流电焊接。焊接参数由定时器调节，机器人控制柜可以直接控制定时器，无须另配接口。

点焊机器人的焊钳通常为一体化气动焊钳，通过压缩空气驱动气缸带动焊钳上、下电极夹紧至预设压力来完成焊接动作。气动焊钳可分为 C 型和 X 型两种类型，如图 8-7 所示。C 型焊钳主要用于点焊垂直及近似于垂直倾斜位置的焊缝，X 型焊钳主要用于点焊水平及近似于水平倾斜位置的焊缝。

不同型号的自动焊钳上都设计了一套电极位置自动微调机构，以保证焊钳能在一定的范围内根据工件的位置形状自动确定焊接平面，获得满意的焊接效果，并避免由工件的误差而引起的焊接变形，具有自动补偿功能。

气动焊钳两个电极之间一般只有两级冲程。电极压力由供气气源压力确定，一旦调定后即不能随意变化，所以气动焊钳无法根据所焊接工件的变化来时时调节焊接压力的大小，对压力有特殊要求的焊点不能完全满足其要求；此外，气动焊钳无法控制电极移动

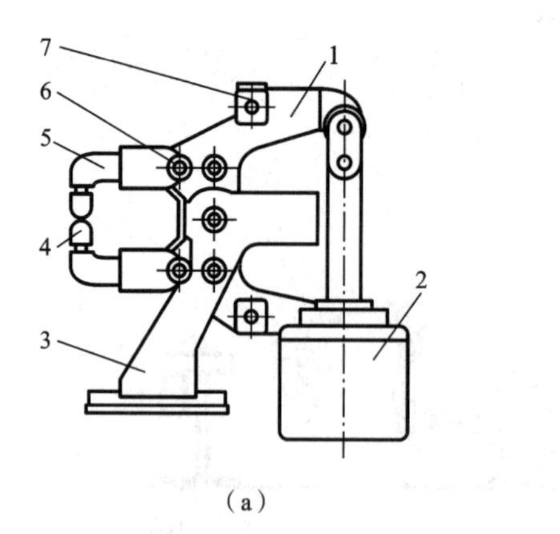

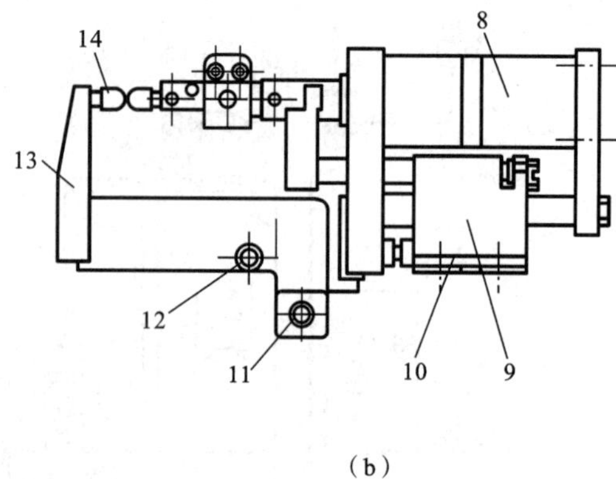

图 8-7　气动焊钳的类型

(a) C 型焊钳；(b) X 型焊钳

1,8—钳体；2,9—加压气缸；3,10—安装座；4,14—电极帽；5,13—电极夹头；6,12—冷却水管接口；7,11—二次电缆接口

过程的速度、位置等参数，造成焊接时对工件有很大的冲击性，容易使工件产生变形。

为克服这些缺点，提高焊接过程可控性，近年来随着伺服控制技术的日益成熟，伺服焊钳被越来越广泛地应用到汽车车体点焊中。

伺服焊钳采用伺服电动机驱动，用伺服电动机代替了气动焊钳中的气缸，如图 8-8 所示。

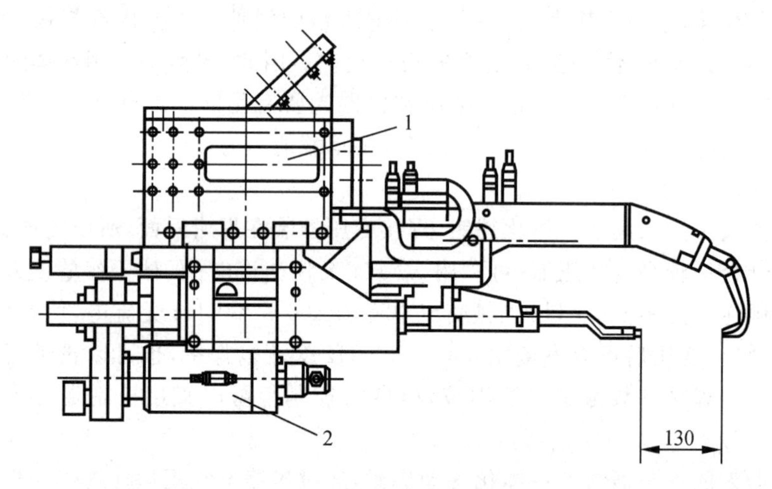

图 8-8　电伺服点焊钳

1—焊接变压器；2—伺服电动机

该焊钳的张开和闭合由伺服电动机驱动，码盘反馈位移，使焊钳的张开度可以根据实际需要任意选定并预置，同时，电极间的压紧力也可以无级调节。电伺服点焊钳具有如下优点。

(1) 每个焊点的焊接周期可大幅度降低，因为焊钳的张开度是由机器人精确控制的，机器人在点与点之间移动时，焊钳就可以开始闭合，而焊完一点后，机器人可以在焊钳张开的同时移位，不必等机器人到位后焊钳才闭合，也不必等焊钳完全张开后机器人再移动。

(2) 焊钳张开度可以根据工件的情况任意调整，只要不发生碰撞或干涉，即可尽可能减小张开度。加压时,不仅压力大小可以调节,而且两电极是轻轻闭合的,可减少撞击变形和噪声。在使用中,电伺服点焊钳可作为机器人的第七轴,其动作由机器人控制柜直接控制。

8.2.6 点焊机器人应用实例

1. 点焊机器人工作站的基本组成

汽车车体点焊机器人工作站主要由点焊机器人、点焊控制器、焊枪修磨器、PLC 控制系统单元、焊枪单元和点焊辅助设备组成。图 8-9 所示为某汽车车体点焊机器人工作站布局。

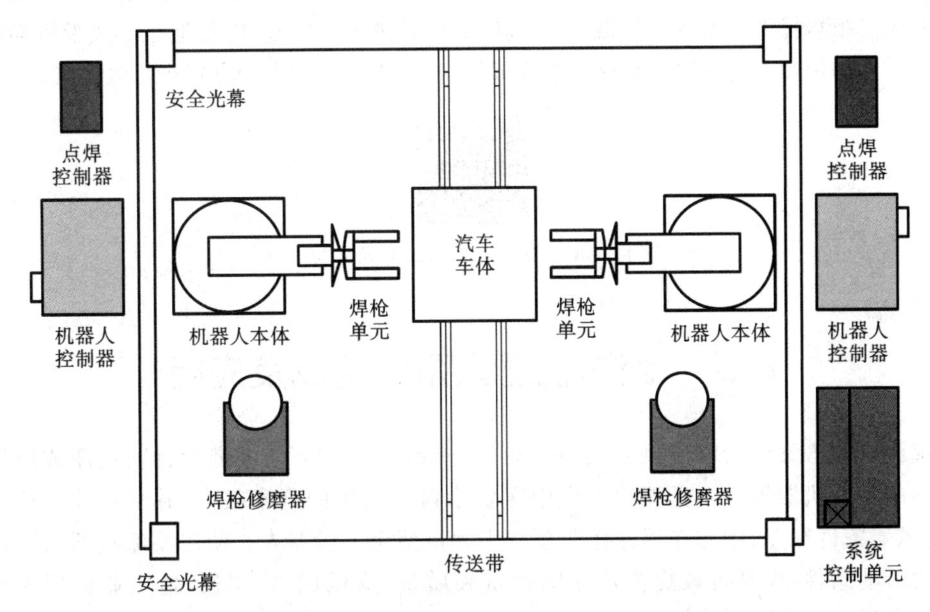

图 8-9 某汽车车体点焊机器人工作站布局

工作站采用 PLC 作为主控制装置,它负责整个系统的集中调度,通过 Fieldbus 总线和 I/O 接口获取各个 Agent 的功能和状态信息,将焊接任务划分为各个子任务,分发给各个 Agent 并协调各个 Agent 的工作。

工作站的焊枪单元采用逆变焊接电源,减小了焊接变压器的质量和体积,将变压器与焊钳制成一体式机器人点焊钳。一体式点焊钳的应用,有利于点焊机器人在其运动范围内实现轨迹运动及姿态变化。采用逆变焊接电源还可以改善焊机的电气性能,提高电源的热效率,达到节能的目的。中频逆变电源的作用是将三相工频交流电通过逆变器转换为1000 Hz的中频直流电,提供给中频逆变变压器。该工作站具有如下特点:控制器与电源模块一体化,因此控制器体积小,电缆用量少,同时,采用了自诊断专家系统,控制精度高。数字化的阻焊控制系统具有如下功能:控制程序任意编辑;电流、电极压力、焊接结束时间任意编程;自由的扩展编程输出;电流控制模式(如混合模式和标准模式,连续电流控制、电压控制、相角控制模式等)选择;电流、压力分步。

2. 控制系统工作原理

系统上电并初始化后,检测各个 Agent 的状态,主要检测内容包括机器人是否在原位,机器人工作是否完成,系统的水、气、光栅是否正常。系统和生产线控制器通信,获取和机器人工作站有关的生产线的多个状态,如输送线是否处于自动状态,相关传感器的信号是否正常等。对于安全信号，则分等级处理：重要的安全信号通过和机器人的硬线连接，引起机器人急停；级别较低的安全信号通过 PLC 给机器人发“外部停止”命令。系统的任务选择是由线控制器完成的，输送线控制器通过传感器来确定车型并通过编码方式向机器人点焊工作站发出相应的工作任务，点焊控制器接受任务并调用相应的机器人程序进行焊接。

在焊接过程中，系统检测各 Agent 的工作状态，如 Agent 发生错误或故障，系统自动停止机器人及焊枪的动作，并在触摸屏上对故障进行显示。当机器人在车身不同的部位焊接时，需要不同的焊接参数。控制焊枪动作的焊接控制器中可存储十六种焊接规范，每组焊接规范对应一组焊接工艺参数。机器人向 PLC 发出焊接文件信号，PLC 通过焊接控制器向焊枪输出需要的焊接工艺参数。车体焊接完成后，机器人可按设定的方式进行电极修磨。

拓展 8-2：点焊机器人工作站实例

8.3 喷涂机器人系统组成及应用

喷涂机器人又称为喷漆机器人(spray painting robot)，是可进行自动喷漆或喷涂其他涂料的工业机器人。由于喷涂工序中雾状涂料对人体的危害很大，并且喷涂环境中照明、通风等条件很差，因此在喷涂作业领域中大量使用了机器人。使用喷涂机器人不仅可以改善劳动条件，而且可以提高产品的产量和质量、降低成本。与其他工业机器人相比较，喷涂机器人在使用环境和动作要求方面有如下特点。

(1) 工作环境包含易燃、易爆的喷涂剂蒸气。

(2) 沿轨迹高速运动，轨迹上各点均为作业点。

(3) 多数被喷涂件都搭载在传送带上，边移动边喷涂。

因此，对喷涂机器人有如下的要求。

(1) 机器人的运动链要有足够的灵活性，以适应喷枪对工件表面的不同姿态的要求。多关节型运动链最为常用，它有五至六个自由度。

(2) 要求速度均匀，特别是在轨迹拐角处误差要小，以避免喷涂层不均匀。

(3) 控制方式通常为手把手示教方式，因此，要求在其整个工作空间内示教省力，同时要考虑重力平衡问题。

(4) 一般均用连续轨迹控制方式。

(5) 要有防爆机构。

另外，可能需要轨迹跟踪装置。

8.3.1 喷涂机器人系统基本组成

喷涂机器人是利用静电喷涂原理来工作的。工作时静电喷枪部分接负极，工件接正极并接地，在高压静电发生器高电压作用下，喷枪的端部与工件之间形成一静电场。涂料微粒通过枪口的极针时会带电，经过电离区时其表面电荷密度增加，向异极性的工件表面运动，并被沉积在工件表面上形成均匀的涂膜。

典型的喷涂机器人工作站一般由喷涂机器人、喷涂工作台、喷房、过滤送风系统、安全保护系统等组成。图8-10所示为一喷涂机器人工作站。喷涂机器人一般由机器人本体、喷涂控制系统、雾化喷涂系统三部分组成，如图8-11所示。喷涂控制系统包含机器人控制柜和喷涂控制柜。雾化喷涂系统包含换色阀、流量控制器、雾化器、喷枪、涂料调压阀等，其中调压阀的作用主要是实现喷枪的流量和扇幅调整，换色阀可以实现不同颜色涂料的喷涂以及喷涂完成后利用水性漆清洗剂进行喷枪和管路的清洗。

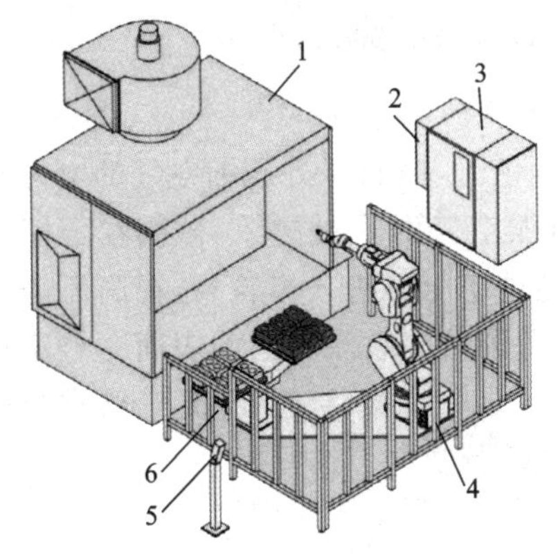

图8-10　喷涂机器人工作站

1—喷房；2—气动盘；3—机器人控制器；
4—安全围栏；5—手动操作盒；6—伺服蜻蛉转台

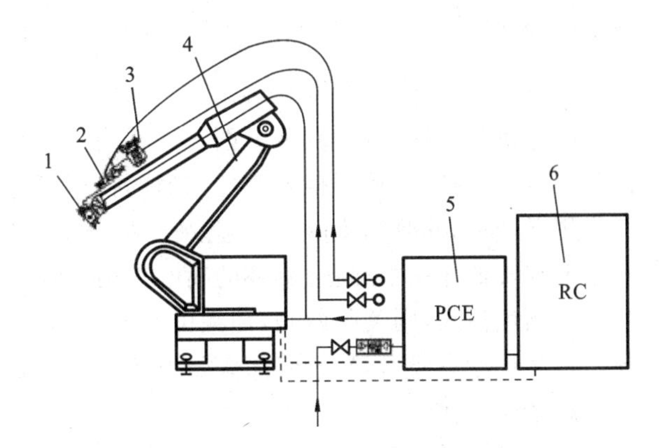

图8-11　喷涂机器人

1—自动混气喷枪；2—换色阀；3—涂料调压阀；
4—喷涂机器人；5—喷涂控制柜；6—机器人控制柜

1. 喷涂机器人的基本性能

喷涂机器人主要有液压喷涂机器人和电动喷涂机器人两类。采用液压驱动方式主要是从安全的角度着想。由于交流伺服电动机的应用和高速伺服技术的进步，喷涂机器人已采用电驱动。为确保安全，无论何种类型的喷涂机器人都要求有防爆机构，一般采用“本质安全防爆机构”，即要求机器人在可能发生强烈爆炸的0级危险中也能安全工作。

喷涂机器人一般为六自由度多关节型，其手腕多为3R结构。示教有两种方式：直接示教和远距离示教。远距离示教系统具有较强的软件功能，可以在直线移动的同时保持喷枪头姿态不变，改变喷枪的方向而不影响目标点。还有一种所谓的跟踪再现动作，只允许在传送带保持静止状态时示教，再现时则靠实时坐标变换连续跟踪移动的传送带进行作业。这样，即使传送带的速度发生变化，也能保持喷枪与工件的距离和姿态一定，从而保证喷涂质量。

2. 换色阀系统结构与工作原理

喷涂机器人换色主要通过换色阀组来实现。换色阀(CCV，color change value)系统主要安装在机器人大臂内，比较靠近机器人雾化器。换色阀组是由一个个换色块集成的，每一个换色块可以转换两种颜色，可根据需要增减换色块数目，每种颜色的涂料通过单独的供漆管路连接到换色块上。换色块结构如图8-12所示。微阀是换色块上的重要组成部件，其作用类似于开关，用于控制油漆走向。微阀的结构如图8-13所示，在压缩空气作用下，微阀内弹簧向 B 方向运动，此时顶针打开，油漆可以从管路流入公共通道。

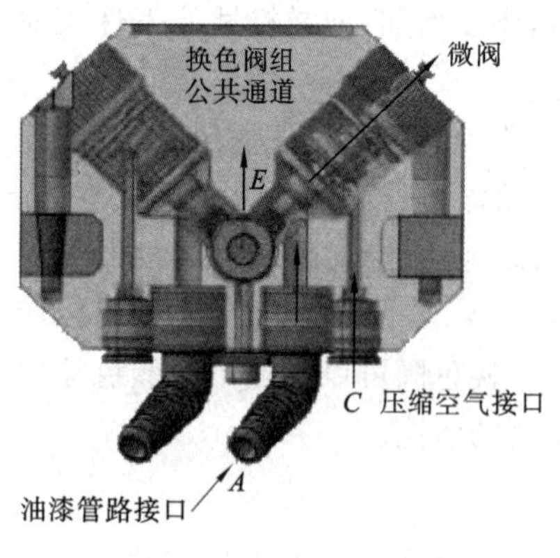

图 8-12　换色块结构

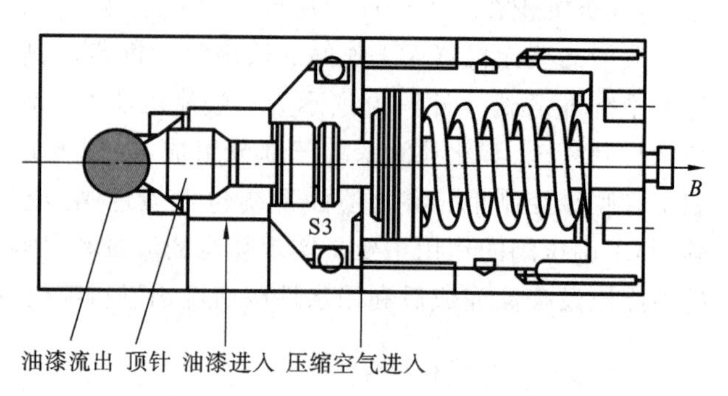

图 8-13　微阀的结构

喷涂机器人换色原理(参见图 8-12):当喷涂某一颜色时,控制 C 处压缩空气的电磁阀接收信号,此时喷涂控制柜内两位三通阀打开,释放压缩空气由 C 处进入,微阀在压缩空气作用下开启,此时油漆由 A 处流入 E 处通道,然后经过稳压器进入齿轮泵,在高压静电及整形空气的作用下,通过旋杯的离心作用,油漆雾化并附着在喷涂对象的表面。若不再喷涂此颜色油漆,则关闭微阀,油漆由 A 处进入后,从另外一个接口流入循环管路进行循环。每次喷涂完成后,E 通道都需要用溶剂和压缩空气进行吹洗。

3. 静电喷枪

静电喷枪是实现工业喷涂设备现代化的基础产品。在涂装工艺流水线里,静电喷枪就是担任表面处理工作的最核心设备的主体,它通过用低压高雾化装置以及静电发生器产生静电电场力,高效、快速地将涂料喷涂至被涂物的表面,使被涂物得到完美的表面处理,故既是涂料雾化器又是静电电极发生器。

喷枪按其用途可分为手提式喷枪、固定式自动喷枪、圆盘式喷枪等;按带电形式分为内带电枪和外带电枪;按其扩散机构形式可分为冲突式枪、反弹式枪、二次进风式枪、离心旋杯式枪等。

8.3.2　喷涂机器人的应用实例

1. 喷涂机器人工作站的基本组成

中国一拖集团有限公司在对国内汽车和农机行业底盘涂装技术调研基础上,从涂装工艺、设备、质量控制等方面进行了专项研究与生产测试,对原涂装工艺进行了全面改进和提升,采用 2C2B 整体底盘涂装工艺,研制开发了大型拖拉机底盘机器人自动喷涂集成系统。该工作站主要由喷涂机器人及其控制系统、集中供漆混气喷涂系统、集中供漆循环系统、喷涂室、积放链机运系统、工件识别控制系统等组成。系统布局如图 8-14 所示。

该系统包括四台 FANUC 喷涂机器人 P-250iA/15、四个机器人控制柜(RC)、四个喷涂控制柜(PEC)、一个系统控制柜(SCC)、两个接近开关、一个安全门开关、一对安全检测光电管、一个手动输入装置等,如图 8-15 所示。

2. 控制系统工作原理

系统设有手动输入单元(MIS),可编程逻辑控制器(PLC)接收 MIS 发给射频识别(RFID)系统的输入单元的工作信号或者 MIS 确认的工件号信息,并发送给机器人,通过对射传感器检测吊具上的工件,依靠与积放链同步动作的脉冲编码器计算脉冲数并将其

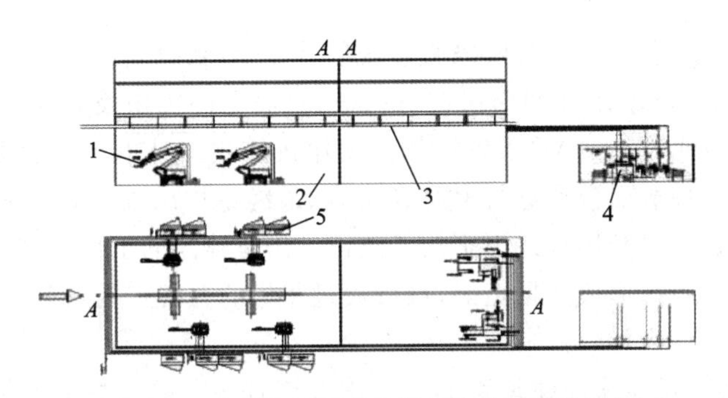

图 8-14 大型拖拉机底盘机器人自动喷涂系统

1—机器人；2—喷涂室；3—积放链机运系统；4—集中供漆混气喷涂系统；5—控制系统

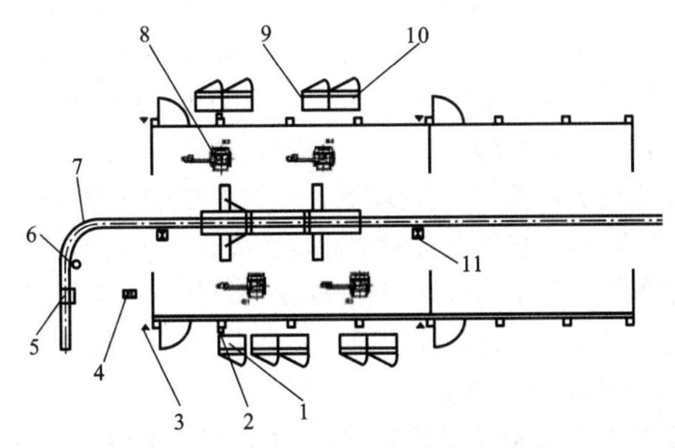

图 8-15 喷涂机器人系统布局

1—系统控制柜；2—安全门开关；3—安全检测光电管；4—手动输入装置；5—RFID 读写器；6—旋转编码器；7—积放链；8—喷涂机器人；9—机器人控制柜；10—喷涂控制柜

换算成距离，四台机器人分别按照其各自与工件之间的实际距离设定距离参数。机器人开始对工件实施追踪，在工件进入设定的工作窗口后，按事前接收到的来自 PLC 的调用程序及颜色号执行工作。

(1) 系统工作流程　整体底盘上线→前处理→水分烘干→射频识别系统自动识别底盘类型→将信息发送给机器人控制柜→机器人控制柜根据积放链的旋转编码器传送正确信号及工件类型，按照优化的程序，采用混气喷涂方式依次对底盘不同部位进行喷涂作业→每个机器人完成底盘喷涂后复位，开始接收下一条指令→人工空气喷涂水性磁漆→面漆烘干→自然冷却→整体底盘下线。

(2) 系统特点　系统具有降级和防撞、在线跟踪等功能。涂装工艺采用了多项国际先进技术，主要在底盘上采用能自动进行喷漆的机器人，与集中循环供漆系统及喷涂效率较高的混气喷涂技术集成后喷涂环保的水性磁漆。通过先进的射频识别系统与制造执行系统(MES)集成，使机器人能够自动根据识别码识别工件类型，通过预先在机器人控制系统中设置对应的程序，灵活柔性地改变喷涂轨迹，实现小批量、多品种、混线涂装的生产工艺。

8.3.3 喷涂机器人技术难点

1. 喷涂工件 CAD 造型的获取

喷涂机器人离线编程的第一步是获取喷涂工件的 CAD 数据，将工件的设计阶段与加工制造阶段集成起来,从工件设计阶段直接获取其CAD数据,再根据所获取的CAD数据进行路径规划。使用三维激光扫描仪进行扫描,获取工件实物表面的数据,形成点云,再通过三维重构,获取工件的CAD实物数据。使用机械式探针沿工件表面滑动,以获得工件表面数据,再对工件表面数据进行B样条拟合,最终重构出工件的三维模型。随着计算机视觉技术的成熟,可以利用模式识别技术先识别出待喷涂的工件,再利用图像处理技术提取工件表面的特征点,形成数据点云,最后通过图像的三维重构获取工件的CAD数据。

2. 喷涂路径规划

路径规划是喷涂机器人离线编程的另一项关键技术。路径规划的好坏,直接关系到喷涂作业的效率以及工件表面的涂层是否均匀,对喷涂工件的质量的影响巨大。在获取工件的CAD数据后,基于有限元的思想,以三角形小单元来近似逼近工件曲面,提取各个三角形单元的中点作为喷涂点,连接各个喷涂点获取喷涂路径。将获取到的工件CAD数据转换成STL文件,基于快速成形的切片技术将工件的三维模型进行分层,对各层的点数据进行矢量扩展,得到一系列有方向的点系,最后按照一定的排列顺序形成喷涂机器人的喷涂轨迹。采用虚拟现实技术,先构建喷涂过程的虚拟过程,在虚拟环境下进行喷涂作业,定义最优的喷涂轨迹,同时将所定义的轨迹转换成最终执行的机器人语言。根据喷枪在工件表面的涂层累积速率数学模型,构建工件曲面上任意一点的涂层厚度数学表达式,在曲面的函数空间内寻求一条最优路径的函数表达式,由此得出喷涂的轨迹路径。

3. 喷涂机器人的位姿精度与标定

喷涂机器人位姿精度受多种因素的影响,这些因素从大体上讲可分为静态与动态因素。静态因素包括:制造、装配时所带来的机器人本体机械结构上的误差;由外界温度的改变和长期的磨损引起的机械部件的尺寸变化。动态因素主要是由外力引起的机械部件本身的弹性变形所带来的机器人运动误差。为解决以上因素所造成的机器人位姿误差,必须在使用前对机器人进行标定,建立机器人的参照模型。目前用于机器人标定的技术有基于三坐标测量仪的标定、基于激光跟踪仪的机器人标定及基于CCD的机器人标定。根据机器人实际运行时的位姿与参照模型间的误差,建立机器人补偿机制,以进一步提高机器人喷涂作业的精度。

4. 喷涂机器人的控制

喷涂机器人控制较为常用的仍是传统的PID理论。在实际的应用中,喷涂机器人机械臂的长度往往很长,当整个机械臂伸展开时长度大约可达到2 m,且运行速度较高,各关节间的动力学效应非常显著,不能忽略,从而造成机器人各关节的被控对象模型是时变的。而传统PID理论的比例(P)、积分(I)、微分(D)参数的整定是建立在关节传递函数模型为定值的基础之上的,这就给传统的基于系统动力模型的控制理论带来了挑战。此外,实际工业现场往往存在各种不确定的干扰,这些干扰也会对PID控制器造成影响。以上两个因素决定了PID控制器必须具备一定的自适应性,其比例、积分、微分参数应能够随着外界环境的改变而自动变化。智能控制理论的提出与发展为问题的解决带来了新的思路。智能控制是人工智能、生物学与自动控制原理结合的产物,是一种模仿生物某些运行机制的、非传统的控制方法。将神经网络算法、模糊理论算法、人工免疫算法、遗传进化算法等智能控制算法与PID理论相结合,用于PID参数的整定,成为未来机器人控制发展的趋势。

拓展8-3:喷漆机器人工作站实例

上文列举了几个工业机器人在汽车制造行业的应用实例,便于读者充分了解机器人工作站的组成、工作原理、周边设备等。随着客户产品的不断升级换代,以及产品加工工艺和精度的不断提升,工业机器人会不断从自身硬件、系统软件、行业工艺包、集成外部新技术等方面来改进,以满足客户生产之需。在当今这个工业时代,工业机器人的应用范围越来越广泛,各个企业对工业机器人的需求也逐日增加。显而易见,工业机器人各个方面的技术也必须迅速地发展,促进社会生产率和产品的质量提高,为社会创造巨大的财富。

习　题

本章习题参考答案

8.1　简述工业机器人的应用准则。

8.2　简述工业机器人的应用步骤。

8.3　试说明焊接工业机器人系统的组成。

8.4　试叙述机器人弧焊新技术的发展。

8.5　试说明喷涂工业机器人系统的组成。

参考文献

[1] 熊有伦，李文龙，陈文斌，等. 机器人学：建模、控制与视觉[M]. 武汉：华中科技大学出版社，2018.

[2] LYNCH K M, PARK F C. Modern Robotics—mechanics, planning, and control[M]. Cambridge: Cambridge University Press. 2017.

[3] 哈肯·基洛卡. 工业运动控制：电机选择、驱动器和控制器应用[M]. 尹泉，王庆义，等译. 北京：机械工业出版社，2019.

[4] CRAIG J J. 机器人学导论[M]. 贠超，等译. 北京：机械工业出版社，2006.

[5] 郭彤颖，张辉. 机器人传感器及其信息融合技术[M]. 北京：化学工业出版社，2017.

[6] 熊有伦. 机器人技术基础[M]. 武汉：华中科技大学出版社，1996.

[7] 朱世强，王宣银. 机器人技术及其应用[M]. 杭州：浙江大学出版社，2001.

[8] 吴振彪. 工业机器人[M]. 武汉：华中科技大学出版社，1997.

[9] 刘极峰，易际明. 机器人技术基础[M]. 北京：高等教育出版社，2006.

[10] 张铁，谢存禧. 机器人学[M]. 广州：华南理工大学出版社，2001.

[11] 张建民. 工业机器人[M]. 北京：北京理工大学出版社，1988.

[12] 白井良明. 机器人工程[M]. 王棣棠，译. 北京：科学出版社，2001.

[13] 有本卓. ロボットの力学と制御[M]. 東京：朝倉書店，1990.

[14] SAEED B N. 机器人学导论——分析、系统及应用[M]. 孙富春，译. 北京：电子工业出版社，2006.

[15] 吴瑞祥. 机器人技术及应用[M]. 北京：北京航空航天大学出版社，1994.

[16] 陈哲，吉熙章. 机器人技术基础[M]. 北京：机械工业出版社，1997.

[17] 蔡自兴. 机器人学[M]. 北京：清华大学出版社，2000.

[18] 王元庆. 新型传感器原理及应用[M]. 北京：机械工业出版社，2003.

[19] 高国富，谢少荣，罗均. 机器人传感器及其应用[M]. 北京：化学工业出版社，2005.

[20] 高森年. 机电一体化[M]. 赵文珍，译. 北京：科学出版社，2001.

[21] 苏建，翟乃斌，刘玉梅，等. 汽车整车尺寸机器视觉测量系统的研究[J]. 公路交通科技，2007，24(4)：145-149.

[22] 徐德，涂志国，赵晓光，等. 弧焊机器人的视觉控制[J]. 焊接学报，2004，25(4)：10-14.

[23] 段彦婷，蔡陈生，王鹏飞，等. 机器人视觉伺服技术发展概况综述[J]. 伺服控制，2007(6)：14-16.

[24] 郝海青. 串联关节式机械手的控制系统分析与设计[D]. 西安：西安交通大学机械工程学院，2002.

[25] 胡中华，陈焕明，熊震宇，等. MOTOMAN-UP20 机器人运动学分析及求解[J]. 机械研究与应用，2006，19(5)：24-26.

[26] 李杰，韦庆，常文森，等. 基于阻抗控制的自适应力跟踪方法[J]. 机器人，1999，21

(1):41-43.
[27] 冯月晖.MOTOMAN 示教编程方法[J].西南科技大学学报,2005,20(2):20-22.
[28] 王仲民,崔世钢,岳宏.机器人关节空间的轨迹规划研究[J].机床与液压,2005(2):63-64.
[29] 张翼风,韩建海,刘继鹏,等.多轴协同运动机器人焊接工作站设计[J].机械设计与制造,2020(5) :249-252.
[30] 韩建海,刘跃敏,刘少东,等.一种新型气压式触觉传感器的研制[J].液压气动与密封,2007(2):26-27.
[31] 张雲枫,韩建海,李向攀,等.气动轻量型机械臂伺服控制系统和碰撞检测方法研究[J].液压与气动,2019(3):80-86.
[32] 张翔,韩建海,李向攀,等.轴孔装配作业机器人力控制系统设计[J].机械设计与制造,2019(12):63-66.
[33] 饶振纲. RV 型行星传动的设计研究[J]. 传动技术,2002(4):6-9.
[34] 杨晓钧,李兵.工业机器人技术[M].哈尔滨:哈尔滨工业大学出版社,2015.
[35] 罗志增,蒋静坪.机器人感觉与多信息融合[M].北京:机械工业出版社,2002.
[36] 袁军民.MOTOMAN 点焊机器人系统及应用[J].金属加工,2008(14):35-38.
[37] 王健强,杜辉,于澎.机器人点焊工作站在汽车制造中的应用[J]. 机器人技术与应用,2006(4):28-31.
[38] 李华伟.机器人点焊焊钳特点解析[C]//佚名.第七届中国机机器人焊接学术与技术交流会议论文集(CCRW'2008).上海:出版者不详,2008:40-43.
[39] 康惠春,王建军,马春庆,等.大型拖拉机底盘机器人自动喷涂集成系统[J].现代涂装,2012,15(7):59-64.
[40] 翟长龙.汽车涂装喷涂机器人的换色及清洗[J].现代涂料与涂装.2014,17(12):9-11.
[41] 中国电子学会. 2021 年中国机器人机器人产业发展报告[R].北京:中国电子学会,2021.

二维码资源使用说明

本书配套数字资源以二维码的形式在书中呈现，读者第一次利用智能手机在微信端扫码成功后提示微信登录，授权后进入注册页面，填写注册信息。按照提示输入手机号后点击获取手机验证码，稍等片刻收到4位数的验证码短信，在提示位置输入验证码成功后，重复输入两遍设置密码，点击“立即注册”，注册成功（若手机已经注册，则在“注册”页面底部选择“已有账号？绑定账号”，进入“账号绑定”页面，直接输入手机号和密码，提示登录成功）。接着提示输入学习码，需刮开教材封底防伪涂层，输入13位学习码（正版图书拥有的一次性使用学习码），输入正确后提示绑定成功，即可查看二维码数字资源。手机第一次登录查看资源成功，以后便可直接在微信端扫码登录，重复查看本书所有的数字资源。

友好提示：如果读者忘记登录密码，请在PC端输入以下链接 http://jixie.hustp.com/index.php? m=Login，先输入自己的手机号，再单击“忘记密码”，通过短信验证码重新设置密码即可。